Das Fan-Prinzip

Springer Nature More Media App

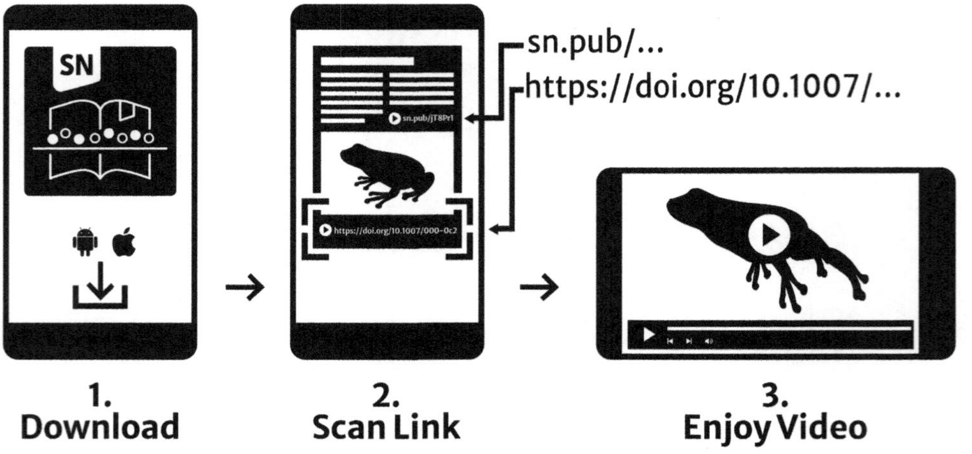

Support: customerservice@springernature.com

Roman Becker • Gregor Daschmann

Das Fan-Prinzip

Wie Sie aus Kunden wirklich Fans machen und wie Sie davon profitieren

3., überarbeitete und erweiterte Auflage

Springer Gabler

Roman Becker
2HMforum. GmbH
Mainz, Deutschland

Gregor Daschmann
Johannes Gutenberg-Universität Mainz
Mainz, Deutschland

Die Online-Version des Buches enthält digitales Zusatzmaterial, das durch ein Play-Symbol gekennzeichnet ist. Die Dateien können von Lesern des gedruckten Buches mittels der kostenlosen Springer Nature „More Media" App angesehen werden. Die App ist in den relevanten App-Stores erhältlich und ermöglicht es, das entsprechend gekennzeichnete Zusatzmaterial mit einem mobilen Endgerät zu öffnen.

ISBN 978-3-658-35891-4 ISBN 978-3-658-35892-1 (eBook)
https://doi.org/10.1007/978-3-658-35892-1

Die Deutsche Nationalbibliothek verzeichnet diese Publikation in der Deutschen Nationalbibliografie; detaillierte bibliografische Daten sind im Internet über http://dnb.d-nb.de abrufbar.

Springer Gabler

Titelbild: Roman Becker

Lektorat/Planung: Manuela Eckstein
Springer Gabler ist ein Imprint der eingetragenen Gesellschaft Springer Fachmedien Wiesbaden GmbH und ist ein Teil von Springer Nature.
Die Anschrift der Gesellschaft ist: Abraham-Lincoln-Str. 46, 65189 Wiesbaden, Germany

Das Wichtigste vorweg: Vom *Fan-Prinzip* zu *FANOMICS*

Wie macht man Kunden zu Fans? Zugegeben: Als wir vor sechs Jahren mit der Erstausgabe dieses Buches unsere Antwort auf diese Frage veröffentlichten, hatten wir noch Zweifel, wie das Buch wohl aufgenommen werden würde. Denn Kunden zu Fans machen zu wollen, war schon damals in aller Munde und ist es heute erst recht. Kunden zu Fans machen? Wer will das nicht? Sie werden kaum jemanden im Management finden, für den das nicht ein attraktives Ziel darstellt. Ja, das Thema ist sogar allgegenwärtig: Sucht man in Google nach der Begriffskombination „Kunden + Fans", erhält man derzeit rund 77 Millionen Treffer – und eine Suche nach „Customers + Fans" produziert mehr als 1,7 Milliarden Ergebnisse.

Offensichtlich übt die Vorstellung vom Fan-Kunden eine große Anziehungskraft auf Unternehmen aus. Es ist ein Schlagwort, zu dem sich Vorstandsetagen intuitiv bekennen – weil die Figur des Fans aus dem eigenen Alltagserleben heraus vertraut ist und so selbstverständlich für Emotion und Loyalität steht. Der Fan-Kunde war und ist somit in Unternehmen ein gängiges Schlagwort und Idealbild für besonders wertige Kundenbeziehungen – wenn auch die Vorstellungen davon, was einen Fan-Kunden überhaupt ausmacht, sehr diffus sind. Im Grunde waren alle Unternehmen bereits *Kunden-Fans* – wie also hätte ein Buch zum Thema Fan-Kunden noch große Aufmerksamkeit erregen sollen?

Doch unsere Befürchtung erwies sich als völlig unbegründet. Das Buch löste eine Welle aus, die uns nahezu überrollte. Die Erstausgabe entwickelte sich zu einem vielbeachteten Fachbuch im Management-Umfeld. Wir wurden zu Keynotes auf Fach-, Kongress- und Kundenveranstaltungen im In- und Ausland eingeladen. In zahlreichen Projekten haben wir Unternehmen verschiedenster Branchen erfolgreich dabei unterstützt, ihre Kunden zu Fans zu machen. Und wer heute „Kunden + Fans" googelt, erhält in der Liste der 77 Millionen Treffer als Top Hit – das „*Fan-Prinzip*".

Woher kam diese Welle der Aufmerksamkeit, die unserem Ansatz so eine enorme Sichtbarkeit bei relevanten Wirtschaftsentscheidern verschaffte? Was war das Besondere, womit er sich im Mainstream der skizzierten *Kunden-zu-Fans*-Diskussion durchsetzen konnte? Die Antwort ist einfach: Unser Ansatz versetzt Unternehmen *tatsächlich* in die Lage, Kunden zu Fans zu machen – im Gegensatz zu vielen anderen, die das nur vorgeben. Und das hat drei Gründe: (1) Basierend auf den Befunden der wissenschaftlichen Fan-Forschung haben wir entdeckt, dass eine wahre Fan-Beziehung durch das Zusammenspiel von Identifikation und gefühlter Einzigartigkeit entsteht und Fans diese Beziehung durch Rituale immer wieder aufladen wollen. Dieses Zusammenspiel nennen wir das *Fan-Prinzip*. Sie werden in der Marketing-Literatur keinen zweiten Ansatz finden, der so tiefgehend und wissenschaftlich fundiert wie das Fan- Prinzip herausarbeitet, was ein Fan ist und wieso Menschen zu Fans werden. (2) Wir haben das *Fan-Prinzip* auf die Beziehung von Kunden zu ihren Anbietern übertragen. Diesen Transfer des *Fan-Prinzips* in wirtschaftliche Zusammenhänge nennen wir *FANOMICS* – als Bezeichnung für das systematische Wirtschaften, also für die Ökonomie des *Fan-Prinzips*. *FANOMICS* bedeutet, seine Kundenbeziehungen – basierend auf den Erkenntnissen des *Fan-Prinzips* – wie Fan-Beziehungen auszurichten: Das heißt, die zentralen Bedürfnisse seiner Kunden zu kennen und diese in der Kundenreise an allen Kontaktpunkten immer wieder erlebbar zu machen. Mit *FANOMICS* ermöglichen wir es Unternehmen, Fan-Kunden zu identifizieren, die *Fan-Quote* unter ihren Kunden zu steigern und so nachweislich erfolgreicher zu werden.

Sie werden auf dem Markt inflationär Ansätze finden, die Ihnen versprechen, Kunden zu Fans zu machen. Bei genauerem Hinsehen entpuppen sich diese Ansätze jedoch sprichwörtlich als *alter Wein in neuen Schläuchen*. Diese Ansätze sprechen zwar von Fan-Kunden, verwenden diesen Begriff jedoch nur oberflächlich als Etikett oder Metapher für besonders zufriedene Kunden. Die grundlegenden Eigenschaften von Fan-Beziehungen dagegen, die das *Fan-Prinzip* aufdeckt, werden ignoriert. Ein Steuerungsinstrument wie *FANOMICS* zur Schaffung von Fan-Beziehungen im wirtschaftlichen Umfeld macht jedoch nur Sinn, wenn ihm ein fundiertes Verständnis der Mechanismen von Fan-Beziehungen zugrunde liegen. Diese konsequente Ausrichtung eines Unternehmens an den Erkenntnissen des *Fan-Prinzips* erfordert eine Neuausrichtung. Denn sie bricht mit vielen liebgewonnenen Glaubenssätzen des herkömmlichen Kundenzufriedenheitsmanagements und zeigt einen komplett neuen Weg auf, den Kundenwert zu steigern und Unternehmen auf diese Weise nachhaltig wirtschaftlich erfolgreicher zu machen. Wir verwenden den Begriff „nachhaltig" bewusst, weil *FANOMICS* nicht nur ein Wachstumsmotor ist, sondern gleichzeitig menschliche Grundbedürfnisse bedient und so aus Kunden glücklichere Menschen macht.

Unsere Entdeckung hat vier zentrale Aspekte: Wir haben erstens, gestützt auf wissenschaftliche Befunde, analysiert, was eine Fan-Beziehung ausmacht – und belegen zweitens, dass es Kundenbeziehungen gibt, die diese Eigenschaften ebenfalls aufweisen. Drittens können wir zeigen, dass man diese Eigenschaften anhand des von uns entwickelten *Fan-Indikators* messen kann und identifizieren so für jedes Unternehmen die Fan-Kunden und ihren Anteil am gesamten Kundenportfolio, die sogenannte *Fan-Quote*. Viertens zeigen wir auf, wie man anhand der *Fan-Quote* als *Key Performance Indicator (KPI)* ein Unternehmen steuert und damit erfolgreicher macht. Und eben dies, bezeichnen wir als *FANOMICS*, nämlich ein Unternehmen so aufzustellen, dass es sich in seinem gesamten Handeln am *Fan-Prinzip* ausrichtet.

Das vorliegende Buch ist die Einführung in das *Fan-Prinzip* und in *FANOMICS*: Wir führen den *Fan-Indikator* als Maß für emotionale Kundenbindung und die *Fan-Quote* als Währung für die Qualität der Kundenbeziehungen ein. Wir präsentieren die theoretische Konzeption hinter unseren Überlegungen, zahlreiche theoretische und empirische Belege für die Validität unseres Ansatzes sowie erprobte Werkzeuge zum Messen und Steuern, mit denen Sie Ihr Unternehmen erfolgreicher machen können.

Bei dieser grundsätzlichen Ausrichtung – und das wird unsere Fans freuen – ist es auch in dieser dritten Auflage geblieben. Und dennoch war eine grundlegende Überarbeitung unseres Buchs notwendig geworden: Durch unsere empirische Arbeit der letzten Jahre – eigenfinanzierte Grundlagenforschung, hunderte von Projekten zum Beziehungsmanagement sowie mehr als 100.000 zusätzliche Kundeninterviews und die daraus resultierenden Erkenntnisse – konnten wir unseren Modellansatz noch weiter optimieren. Der *Fan-Indikator*, unser zentrales empirisches Maß für emotionale Kundenbindung, wurde von uns konzeptionell zugespitzt, um Fan-Kunden noch trennschärfer und mit noch geringerem Erhebungsaufwand identifizieren zu können. Gleichzeitig können wir aufgrund von Anpassungen bei den verwendeten Indikatoren nun noch überzeugender den vielfältigen monetären Kundenwert des Fan-Kunden belegen. Auch andere Operationalisierungen unseres Ansatzes wurden verbessert und sind nun im Steuerungsalltag eines Unternehmens noch leichter einsetzbar.

Besonders wichtig ist es uns, in dieser dritten Auflage die Weiterentwicklungen und Verfeinerungen der Modellidee mit Ihnen zu teilen: Den Begriff des *Fan-Prinzips* haben wir, wie bereits erläutert, um den Begriff *FANOMICS* ergänzt. Dies ermöglicht eine klare analytische Trennung: Das *Fan-Prinzip* umfasst alle Phänomene echter Fan-Beziehungen, wie sie sich aus der sozialwissenschaftlichen Forschung ableiten lassen. *FANOMICS* hingegen ist die Übertragung dieser Erkenntnisse auf Kundenbeziehungen. *FANOMICS* umfasst die von uns entwickelten Steuerungs- und Analysetools, die Unternehmen anwenden sollten, wenn sie ihre Kunden wirklich zu Fans machen wollen. Neben dieser begrifflichen Schärfung und Erweiterung gibt es noch andere Weiterentwicklungen: Wir haben die geschilderten Erfahrungen genutzt, um den Implementierungsprozess neu zu sortieren und auszubauen. Den Kernelementen der Positionierung (als Ausdruck der Fokussierung) und der Orchestrierung haben wir einen weiteren zentralen Aspekt hinzugefügt, in dem wir uns mit der Schnittstelle zwischen Kunden- und Mitarbeiterbeziehungen beschäftigen und die Frage beantworten, was Unternehmen tun können, um ihre Mitarbeiter zu Fan-Machern weiterzuentwickeln. Zusätzlich haben wir unseren Ansatz inhaltlich ausgeweitet, und zwar hin zu den Nichtkunden, für die wir das Fan-Potential messen und Strategien für die gezielte Gewinnung von Neukunden ableiten. Zudem entstanden durch die fortschreitende Digitalisierung auch für *FANOMICS* neue Möglichkeiten und Konsequenzen: natürlich durch den Einsatz digitaler Instrumente, die die Umsetzung wesentlich erleichtern. Zum anderen hat sich auch der Stellenwert des Fan-Kunden als Multiplikator vor dem Hintergrund der allgegenwärtig verfügbaren digitalen Plattformen gewandelt. All das werden wir in diesem Buch aufgreifen und darstellen. Trotz dieser inhaltlichen Erweiterungen ist dieses Buch weiter lesefreundlich und klar strukturiert geblieben. Denn wir haben dasselbe getan, was wir auch unseren Lesern raten: Wir haben uns auf das Wesentliche fokussiert, unsere Aussagen verdichtet und zugespitzt sowie Unnötiges über Bord geworfen. So liegt nun ein umfangreicherer, aber inhaltlich dennoch wesentlich dichterer Band vor Ihnen.

Im ersten Kapitel beantworten wir zunächst einige für unseren Ansatz grundlegende Fragen, nämlich was Fans bzw. Fan-Kunden ausmacht, wie man sie identifizieren und wie man sein gesamtes Kundenportfolio an der Idee des Fan-Kunden ausrichten kann. Im zweiten Kapitel belegen wir den Nutzwert dieser Systematisierung, indem wir gestützt auf breite empirische Daten aufzeigen, welchen überragenden Kundenwert Fan-Kunden für jedes Unternehmen haben. Im dritten Kapitel zeigen wir, was wir unter *FANOMICS* als einem ganzheitlichen, kundenwertbasierten Steuerungsinstrument verstehen und im vierten Kapitel erläutern wir anhand eines neu strukturierten Implementierungsmodells, wie man Kunden zu Fans macht. Im fünften Kapitel gehen wir auf weiterführende Anwendungsfelder von *FANOMICS* ein – zum Beispiel im Rahmen der Neukundengewinnung. Das sechste und letzte Kapitel zeigt einige zentrale Erfolgsfaktoren von *FANOMICS* und ist vor allem für diejenigen gedacht, die anhand unseres Buches schon selbst und sofort konkrete Maßnahmen in ihrem Unternehmen einleiten wollen.

Unsere Ausführungen illustrieren wir anhand zahlreicher plastischer Beispiele. In diesem Zusammenhang hat Roman Becker Vorstände und Geschäftsführer von Unternehmen mit besonders hoher *Fan-Quote* persönlich interviewt. So erhalten Sie einen noch tieferen Einblick, wie die Besten ihre Kunden zu Fans machen. Die Links zu den Video-Podcasts mit den Interviews finden Sie an den passenden Stellen im Buch.

Am Ende werden Sie sehen: Durch die Ausrichtung am *Fan-Prinzip* und die Umsetzung von *FANOMICS* werden Ihre Investitionen in Kundenbeziehungen nicht steigen, sondern sinken. Denn Sie setzen Ihre Ressourcen dann nur noch gezielt dort ein, wo sie sich wirklich bezahlt machen. Unser Versprechen ist: Unabhängig von der Branche, unabhängig von der Größe Ihres Unternehmens, unabhängig davon, ob Sie im B2B- oder B2C-Bereich unterwegs sind, ob Sie ein kommerzielles Unternehmen leiten, einen Verband oder eine Non-Profit-Organisation – Ihr wirtschaftlicher Erfolg wird bei der Anwendung von *FANOMICS* steigen. Doch *FANOMICS* wirkt noch weitreichender: Konsequent umgesetzt, rückt es Menschen, deren Bedürfnisse und deren Beziehungen in den Mittelpunkt allen Handelns – die Rendite dieser Fokussierung stellt sich dann quasi von selbst ein. *FANOMICS* ist somit, wie wir zum Abschluss dieses Buches zeigen werden, nicht nur der Weg zu wirtschaftlichem Erfolg, sondern auch für jedes Unternehmen und seine Entscheider die detaillierte Anleitung, wie das eigene Handeln sinnstiftend ausgerichtet werden kann.

Das *Fan-Prinzip* mittels *FANOMICS* konsequent umzusetzen, verspricht Ihnen somit Fortschritte auf zahlreichen Ebenen: Es schafft Unternehmenswachstum und steigende Gewinne, es wirkt sinnstiftend aufgrund der Ausrichtung auf die Qualität von Beziehungen und fördert so Unternehmenskultur und Mitarbeiterloyalität, und es verschafft Ihnen als Anwender Wissens- und Kompetenzvorsprünge im Unternehmensalltag. All das zahlt am Ende auf Ihre Profilierung als Entscheider und auf Ihre persönliche Sichtbarkeit im Unternehmen ein – und damit auf Ihren ganz persönlichen Erfolg. Wir zeigen Ihnen also nicht nur, wie Sie aus Kunden *wirklich* Fans machen – sondern auch, wie *Sie* davon profitieren.

In diesem Sinne: Bauen Sie Ihre Fan-Kurve aus. Schon aus Prinzip!

Drei wichtige Hinweise zu diesem Buch:

- Aus Gründen der besseren Lesbarkeit verzichten wir in diesem Buch auf die gleichzeitige Verwendung der Sprachformen männlich, weiblich und divers. Sämtliche Personenbezeichnungen gelten natürlich gleichermaßen für alle Geschlechter.
- Die in diesem Buch verwendeten Begriffe *FANOMICS*, *Fan-Portfolio*, *Fanfocus Deutschland*, *Excellence Barometer*, *Motiversum* sowie *Deutschlands Kundenchampions* sind als Wort-/Bildmarken der 2HMforum. GmbH, Mainz geschützt.
- Weitere Informationen zum *Fan-Prinzip* und *FANOMICS*, die Interviews mit den Vorständen und Geschäftsführern sowie Videos und Podcasts mit den Autoren finden Sie im Internet unter: www.fan-prinzip.de

Inhaltsverzeichnis

Über die Autoren

Roman Becker ist Gründer und geschäftsführender Gesellschafter des Marktforschungs- und Beratungsunternehmens „2HMforum. Für beste Beziehungen." in Mainz. Er ist Pionier in der Analyse und Optimierung von emotionaler Kunden- und Mitarbeiterbindung. In den vergangenen 25 Jahren hat er Entscheider nationaler und internationaler Unternehmen dabei unterstützt, Kunden- und Mitarbeiterbeziehungen mithilfe von *FANOMICS* zu optimieren und so erfolgreicher zu werden.

Roman Becker ist zudem Initiator der Benchmark-Studien „*Fanfocus Deutschland*" und „*Mitarbeiterfocus Deutschland*" sowie des renommierten Unternehmenswettbewerbs „*Deutschlands Kundenchampions*". Becker studierte Publizistik und Volkswirtschaftslehre an der Johannes Gutenberg-Universität Mainz und war dort zudem viele Jahre als Statistik-Dozent tätig. Er ist Fan von Mainz 05 und leidenschaftlicher Wintersportler.

Gregor Daschmann ist Universitätsprofessor für Kommunikationswissenschaft am Institut für Publizistik der Johannes Gutenberg-Universität Mainz sowie Dekan des Fachbereichs Sozialwissenschaften, Medien und Sport. Er ist zudem wissenschaftlicher Beirat von „2HMforum. Für beste Beziehungen". Seine Arbeitsschwerpunkte liegen u. a. in den Bereichen Medienpsychologie, Medienwirkung und empirische Methoden. Nach dem Publizistikstudium und einem ARD-Volontariat war Daschmann als Journalist in verschiedenen Redaktionen von SWF (heute SWR) und ZDF tätig. Nach der Promotion wurde er zunächst Professor für Medien- und Kommunikationswissenschaft am IJK Hannover, von wo er zurück nach Mainz berufen wurde. Gregor Daschmann ist Fan von Mainz 05 und spielt in seiner Freizeit Bass in der Rockin' Blues Band.

Das *Fan-Prinzip*: Fans und Fan-Kunden 1

1.1 Worum es geht

In diesem Buch geht es um Fan-Kunden. Also um Kunden, deren Beziehung zu einem Anbieter ebenso intensiv ist wie die Beziehung, die Fans zu einem Star, einem Kultobjekt oder einem Verein haben. Falls Sie daran zweifeln sollten, ob es solche Kunden bzw. solche Kundenbeziehungen gibt: Es gibt sie, das werden wir noch schlüssig und überzeugend belegen. Wir werden zudem zeigen, dass Fan-Kunden für jede Art von Unternehmen, jede Art von Produkt und jede Art von Dienstleistung existieren. Und wir werden beweisen, dass solche Kunden der wichtigste Faktor für den Erfolg eines jeden Unternehmens sind. Spannende Aussichten also – dennoch müssen wir Sie noch um ein klein wenig Geduld bitten. Denn bevor wir uns so eingehend über Fan-Kunden auslassen, gilt es, einen anderen zwingend notwendigen Schritt zu gehen: Wir müssen zunächst das Wesen des Fans erläutern. Denn die Frage, was eigentlich ein Fan ist, steht am Anfang all unserer Überlegungen. Und nur, wer verstanden hat, was ein Fan ist und wie sich ein Fan verhält, ist in der Lage, Fan-Kunden zu verstehen und angemessen mit ihnen umzugehen.

Ergänzende Information Die elektronische Version dieses Kapitels enthält Zusatzmaterial, auf das über folgenden Link zugegriffen werden kann [https://doi.org/10.1007/978-3-658-35892-1_1]. Die Videos lassen sich durch Anklicken des DOI Links in der Legende einer entsprechenden Abbildung abspielen, oder indem Sie diesen Link mit der SN More Media App scannen.

R. Becker, G. Daschmann, *Das Fan-Prinzip*,
https://doi.org/10.1007/978-3-658-35892-1_1

1.2 Was ist ein Fan?

Was ist überhaupt ein „Fan“? Woher kommt der Begriff, wen bezeichnet man heutzutage damit, und welche Merkmale zeichnen typische Fans aus, wie wir sie aus den Bereichen Sport, Musik oder Medien kennen? Was verstehen wir in diesem Buch unter dem Etikett „Fan“? Diese Fragen werden wir im Folgenden beantworten. Ziel ist es zu analysieren, welche Eigenschaften Fans haben und was Fan-Verhalten eigentlich ausmacht, um daraus Indikatoren und Gesetzmäßigkeiten abzuleiten, die sich auf die Beziehung von Kunden zu Unternehmen übertragen lassen.

1.2.1 Der Fan-Begriff und seine Entstehungsgeschichte

Etymologisch geht der aus dem Englischen stammende Begriff „Fan“ auf das lateinische Wort „fanaticus“ zurück, mit dem im Mittelalter maßlose religiöse Eiferer bezeichnet wurden. Die ursprüngliche Bedeutung im Englischen entspricht also etwa dem heutigen deutschsprachigen Begriff des „religiösen Fanatikers“. Erst im 19. Jahrhundert erfolgte im Englischsprachigen eine Säkularisierung des Begriffs: Als „fanatics“ titulierte man nun auch die Gefolgschaft und Mitläufer der erstmals auftretenden politischen Massenbewegungen. Ende des 19. Jahrhunderts wurde der Begriff in seiner Kurzform „Fan“ erstmals in US-amerikanischen Zeitungen für Anhänger bestimmter Baseballteams verwendet (sowie für Theaterbesucherinnen, denen man offenbar eine nicht ernstzunehmende Rezeption des Bühnengeschehens unterstellte). Fan-ähnliche Verhaltensweisen – natürlich ohne Bezug auf den heutigen Fan-Begriff – werden allerdings schon vom Publikum der antiken Olympischen Spiele oder des römischen Circus berichtet.[1]

Im 20. Jahrhundert wurde frei verfügbare Lebenszeit – also Freizeit – erstmals zu einem Massenphänomen. Eine ausgedehntere Nutzung kultureller Angebote war die Folge, wovon insbesondere die Entwicklung der Film- und Sportsparte sowie später auch die Gastronomie, Musik- und Eventindustrie nachhaltig profitierten. Mit der Ausweitung und Professionalisierung dieser Freizeitsparten wurden auch ihre Akteure immer prominenter – so bauten sich Stars oder Star-Ensembles und mithin auch die Fan-Kultur immer weiter auf.

Die Übernahme des Lehnwortes „Fan“ in den deutschen Sprachraum erfolgte in den 50er-Jahren des 20. Jahrhunderts, als im Zuge von nacheinander nach Deutschland überschwappenden US-Jugendtrends wie Jeans, Twist, Hula-Hoop oder Rock'n'Roll auch der Fan-Begriff in die Alltagssprache übernommen wurde – der damals gleichzeitig auch die

---

[1] Vgl. Göttlich und Krischke-Ramaswamy 2003 sowie Roose et al. 2017a. Auch vor der Entstehung der modernen Konsumgesellschaften und vor der Prägung des Begriffs „Fan“ gab es vermutlich – bis zurück in die Antike – schon „Fans“, wenn auch nicht in den heutigen massenartigen Bewegungen. Der „Fan“ ist also kein reines Phänomen der Moderne. Vgl. hierzu die historischen Abrisse von Schmidt-Lux (2017) sowie Schlicht et al. (2003, S. 236 ff.).

Geringschätzung der Elterngeneration für die jugendlichen Anhänger dieser Trends ausdrückte. Bis zu diesem Zeitpunkt war in der deutschen Sprache der Begriff „Anhänger“ statt des Worts „Fans“ üblich. Auch wenn noch heute die beiden Wörter „Anhänger“ und „Fans“ alltagssprachlich meist synonym verwendet werden, illustrieren bereits ihre unterschiedlichen sprachlichen Wurzeln eine Ambivalenz, die dem Fan-Phänomen bis heute innewohnt: Der „Fan“ ist auf der einen Seite ein „Anhänger“, d. h. er gehört zum „Anhang“ einer Bewegung, zu den passiven Gefolgsleuten eines Trends, dessen Richtung durch andere Akteure bestimmt wird. Dieser passive „Anhänger“ ist aber zugleich auch ein „Fan“, d. h. ein hoch involvierter, nahezu fanatischer Akteur, der sich überdurchschnittlich für seine Sache einsetzt – eine Sache, der er eben nicht nur am Ende des Zuges passiv folgt, sondern die er durch eigenes Engagement an der Spitze der Bewegung auch gleichzeitig aktiv vorantreibt. Mit dieser Janusköpfigkeit als Follower und Leader zugleich werden Fans heutzutage in nahezu allen Kulturen wahrgenommen. Und tatsächlich ist, wie wir im Weiteren zeigen werden, ein Fan weder ausschließlich ein willenloser Trendkonsument noch ausschließlich ein unkontrollierbarer Überzeugungstäter, sondern eine komplexe Mischform dieser beiden Typen.

Durch die sogenannte *Beatlemania* (vgl. Abb. 1.1) in den 60er-Jahren trat erstmals Fan-Verhalten als hysterische Massenkultur ins öffentliche Bewusstsein. In dieser Zeit hatte der Fan-Begriff durchaus noch eine verbreitete negative Konnotation. Allein dies belegt schon, dass die vom Fan selbst positiv erlebte Leidenschaft von Außenstehenden auch negativ empfunden werden kann: Von Nicht-Fans werden Fans häufig als suspekt wahrgenommen – als übertriebene Enthusiasten sowie als skurrile oder schrullige Gefolgsleute einer Idee. Und extreme Fans werden nicht selten als verrückte Jünger oder gar pathologisch Besessene abgestempelt. Der Fan-Begriff ist also im Alltag nicht nur positiv besetzt (Mikos 2010, S. 108).

In den Folgejahren wandelte sich diese vorherrschend negative Sichtweise: Zum einen brachte die Postmoderne eine größere Toleranz für individuelle Leidenschaften und Lebensentwürfe, was auch den akzeptierten Artikulationsraum für Fans erweiterte. Zum anderen setzte sich gleichzeitig die Erkenntnis durch, dass die vielen verschiedenen Fangruppierungen auch einen gesellschaftlich relevanten Wirtschaftsfaktor mit hoher Zahlungsbereitschaft darstellen. Aufgrund dieser Vermarktungspotenziale wurde das Fan-Phänomen sukzessive Teil einer heute selbstverständlichen Kulturindustrie (Akremi und Hellmann 2017; Göttlich und Krischke-Ramaswamy 2003, S. 168). Die Folge war eine zunehmende gesellschaftliche Akzeptanz des „Fan-Seins“, was wiederum zu einem frei ausgelebten und somit auch aktiveren Fan-Verhalten führte. Fans begannen durch Vereinigungen, Zusammenkünfte und eigene Veröffentlichungen, ihr Fan-Sein selbst zu organisieren. Diese kreativen Aktivitäten von Fans und Fangruppierungen bekamen in den letzten 20 Jahren durch das Web 2.0 mit seinen Möglichkeiten zur weltweiten Verbreitung von *User-Generated-Content* einen entscheidenden kommunikativen Schub: Auf Social-Media-Plattformen haben Fans heute erstmals die Möglichkeit, sich weltweit zu vernetzen, auszutauschen und die aktiv-kreative Seite ihres Fan-Seins über alle Grenzen hinweg auszuleben.

Abb. 1.1 Fan-Hysterie als neue Massenbewegung: Die Beatlemania. (Mit freundlicher Genehmigung von © picture alliance/Heritage Images | Keystone Archives 2021. All Rights Reserved) (▶ https://doi.org/10.1007/000-53n)

Die zunehmende Akzeptanz und Vermarktung des Fan-Phänomens lösten seit den späten 60er-Jahren neue Marketingstrategien in der Kulturindustrie aus, die nun Stars und Kultobjekte am Reißbrett entwarf, um Fan-Verhalten zu stimulieren und so Absatzmärkte zu schaffen oder zu beleben. Beispielsweise schufen in der Pop-Musik erfindungsreiche Produzenten seit den 70er-Jahren immer wieder artifizielle Musikgruppen: Profi-Musiker spielten im Studio Musiktitel ein, die dann durch eingekaufte Protagonisten mit Playback-Auftritten vermarktet wurden. Die ersten Fälle solcher konzeptionierter Pop-Gruppen wie z. B. das deutsche Quartett „Boney M." führten interessanterweise zu Skandalen – dass die Musiker, die auf den Tonträgern zu hören waren, nicht auch die in der Öffentlichkeit auftretenden Akteure waren, wurde vielerorts als unauthentisch oder gar als Betrug empfunden. Heutzutage hingegen werden solche Divergenzen völlig unaufgeregt zur Kenntnis genommen: Strategisch geplante Starkonzeptionen vom Reißbrett sind in der Pop-, Massen- und Jugendkultur nahezu selbstverständlich geworden. Fasst man die skizzierten Veränderungen im Verhalten von Fans, Stars und Kulturindustrie zusammen, so wird deutlich: Der Fan von heute hat drei Gesichter. Er ist erstens Konsument eines Kulturgutes, zweitens ein aktiver Mitgestalter dieser Kultur sowie oft auch ein Produkt der zugehörigen Kulturindustrie.

1.2.2 Was versteht man unter einem Fan?

Die Frage, wer oder was nach heutigem Verständnis ein Fan ist, erscheint auf den ersten Blick trivial, denn das Wort ist mittlerweile ein Alltagsbegriff, der uns in vielerlei Ausprägungen begegnet. Wenn wir den Begriff „Fan" hören, sehen wir ganz unterschiedliche

Phänomene vor uns: *Fußballfans*, die in Vereinsfarben gekleidet zum Stadion pilgern, *Justin Bieber-Fans*, die als kreischende Teenagerhorde eine vorfahrende Limousine begrüßen, *Donald Duck-Fans*, die eigene Vereine oder gar wissenschaftliche Gesellschaften gründen, *Porsche-Fans*, die sich zu Überlandfahrten treffen, *Brad Pitt-Fans*, die stundenlang vor dem roten Teppich ausharren, um ein Autogramm oder gar ein „Selfie" mit ihrem Star zu erheischen, *Herr der Ringe-Fans*, die sich in Elbensprache unterhalten, *Harry-Potter-Fans*, die sich zu Quidditch-Turnieren treffen, *Haute-Couture-Fans*, die jede Modenschau ihres Meisters besuchen oder *Star Trek-Fans*, die sich mit dem Vulkaniergruß willkommen heißen. Sie alle bezeichnen wir im Alltag als Fans im engeren Sinne, obwohl die Art und Weise, wie sie ihr Fan-Sein ausleben, völlig unterschiedlich ist. Was sie eint, ist der offenbar positiv empfundene emotionale Bezug zu einem außerhalb ihrer Person liegenden Phänomen sowie die sich daraus ergebenden Verhaltensweisen. Dieses Phänomen, auf das sich der Fan fokussiert, kann sowohl eine reale Person sein, wie beispielsweise ein Schauspieler oder ein Pop-Star, als auch eine fiktive Figur wie zum Beispiel *Donald Duck*. Es kann sich um ein materielles Objekt wie beispielsweise ein Automobil handeln, um ein bestimmtes kulturelles Genre wie etwa *Westernfilme* oder *Rap-Musik*, oder gar um ein reines Fantasieprodukt wie zum Beispiel das Universum des *Raumschiff Enterprise*.

Zusätzlich zu dieser Vielgestaltigkeit des Fan-Begriffs im engeren Sinne hat sich in der Alltagssprache ein Fan-Begriff im weiteren Sinne entwickelt. Im Alltag benutzen wir das Wort „Fan" mittlerweile als Synonym für die Worte „Kenner" oder „Liebhaber – so, wie es den „Weinkenner" oder den „Kuchenliebhaber" gibt. So bezeichnen Sie vielleicht Ihr Kind als „*Nutella*-Fan", Ihren Freund als „Rotwein-Fan" oder sich selbst als „Pasta-Fan" – ohne damit jedoch ein übertrieben besessenes Verhalten zu meinen. Menschen, die auf Social-Media-Plattformen irgendwen oder irgendetwas mit einem Klick auf einen Button „liken" und damit im Grunde nur eine vage Zustimmung oder Sympathie ausdrücken, werden mittlerweile ebenfalls als „Fans" bezeichnet. Und Sportjournalisten sprechen häufig von „den Fans", wenn sie nur die Gesamtheit der Stadionbesucher meinen. Mit dieser weitesten Verwendung des Begriffs sind eigentlich nur noch harmlose Vorlieben charakterisiert, ohne dass damit – im Gegensatz zu dem engeren Fan-Begriff – bestimmte Verhaltensweisen impliziert sind. Es scheint also auf den ersten Blick unzählig viele Auffassungen des Fan-Begriffs zu geben. Und je weiter wir in die alltagssprachliche Verwendung schauen, umso facettenreicher und schillernder wird der Begriff. Am Ende scheint er sich nahezu beliebig auszudehnen – und nicht mehr zu sein als ein Synonym für das Wort „Sympathisant".

Offensichtlich hilft uns das Alltagsverständnis des Begriffs nicht weiter, wenn wir dem Phänomen „Fan" auf die Spur kommen wollen. Werfen wir also stattdessen einen Blick in die Wissenschaft. Interessanterweise tut sich hier eine Parallele zum Alltagsverständnis auf: Auch in den Sozialwissenschaften war der Fan-Begriff zunächst fast ausschließlich negativ besetzt. Bis in die 80er-Jahre hinein galt das Fan-Sein in der soziologischen Literatur als ein triviales und nicht ernst zu nehmendes Verhalten, und Fans galten eher als besessene Einzelgänger oder hysterische Masse. Das Verständnis wandelte sich erst, als im Zuge des gesellschaftlichen Wertewandels in den 80er-Jahren Soziologen des angloamerikanischen Sprachraums im Rahmen der sogenannten *Cultural Studies* begannen, sich ernsthaft mit den Phänomenen und Begriffen populärer Kultur auseinanderzusetzen (vgl. hierzu z. B. den Überblick in Winter 2017). Diese Forschungsansätze wurden in den 90er-Jahren auch in Europa aufgegriffen und führten zu einer positiveren Rezeption des Fan-Phänomens in der deutschsprachigen sozialwissenschaftlichen Literatur. Seitdem sind in Deutschland wie auch international zahlreiche soziologische Studien zu Fans und Fan-Verhalten erschienen (Fritzsche 2011, S. 29 ff.). Viele davon setzen sich – der Tradition der Cultural Studies folgend – in qualitativen Analysen mit den Erscheinungsformen, Motiven und Verhaltensweisen spezieller Fan-Gemeinden, den sogenannten Fan-Communitys, auseinander. Anfangs handelte es sich dabei – entsprechend der noch fraglichen Akzeptanz des Fan-Phänomens – meist um distanzierte wissenschaftliche Betrachtungen. In jüngeren sogenannten ethnografischen Studien hingegen sind die Forscher oft selbst Teil der untersuchten Fan-Community (z. B. Benzecry 2011). Entsprechend mehren sich auch die Arbeiten, die in ihrem Grundtenor Fans gegen Stigmatisierung oder Geringschätzung verteidigen (z. B. Maar 2018, S. 24). Ungeachtet dessen verharren die meisten dieser Studien allerdings einzelfallbezogen in der Beschreibung des Verhaltens konkreter Fan-Gruppierungen (Fritzsche 2011). Fallübergreifende Untersuchungen hingegen, die theoriebildend abstrahieren und herausarbeiten, was über die vielen verschiedenen konkreten Fan-Communitys hinweg Fan-typische Verhaltensmuster und Motive sind, sind ebenso rar wie quantitative Studien mit großen repräsentativen Stichproben.

Dementsprechend heterogen, wenn auch längst nicht so vielfältig wie in der alltagssprachlichen Begriffsverwendung, ist auch die Definition des Fan-Begriffs in der wissenschaftlichen Literatur. Eine verbindlich anerkannte Definition gibt es nicht. Allerdings gibt es zentrale Merkmale, die als konstituierende Bestandteile in vielen Definitionen wiederkehren. So betonen ausnahmslos alle Definitionen das Moment der leidenschaftlichen und längerfristigen Beziehung des Fans zu seinem Kultobjekt (z. B. König 2002, S. 44). Die hohe emotionale Qualität der Beziehung einerseits und ihre daraus resultierende Langfristigkeit oder gar Dauerhaftigkeit andererseits werden also in der Forschungsliteratur durchgehend als der Kern jeder Fan-Beziehung angesehen. Beide Phänomene – hohe emotionale Qualität und Dauerhaftigkeit – lassen sich unter dem Begriff der *Emotionalen Bindung* zusammenführen. *Emotionale Bindung* ist somit nach dem derzeit geltenden wissenschaftlichen Verständnis der zentrale und notwendige Bestandteil jeder Fan-Definition.

Aber warum sind Fan-Beziehungen emotionale Beziehungen? Die Behauptung, dass dies so sei, zieht sich zwar als Feststellung – explizit oder implizit – durch die gesamte Forschungsliteratur. Sie wird aber kaum näher ausgeführt oder begründet. Wir wollen diese Lücke im Folgenden schließen und erörtern, warum Fan-Beziehungen emotionale Beziehungen sind. Und dabei gleichzeitig aufzeigen, dass dies nicht bedeutet, dass Fan-Beziehungen irrational wären oder nur auf Gefühlen basieren. Hierfür müssen wir jedoch zunächst einen kurzen Seitenblick in die Psychologie werfen – nämlich zu der Frage, was Emotionen sind und welchem Zweck sie dienen.

1.2.3 Warum Fan-Beziehungen emotionale Beziehungen sind

Im Alltag verwenden wir den Begriff der Emotionen oft synonym zum Begriff der Gefühle. Doch diese Gleichsetzung ist wissenschaftlich betrachtet unzutreffend: Emotionen sind weit mehr als Gefühle. Gefühle sind Zustände wie beispielsweise Trauer, Freude, Angst oder Stolz, die wir meist bewusst durchleben oder bewältigen müssen und die wir häufig konkreten externen Ursachen wie etwa einem Unglück oder einem Lotteriegewinn zuschreiben können. Emotionen gehen hingegen weit über diese bewussten Gefühle hinaus. Es sind vorübergehende, ganzheitliche geistig-körperliche Erlebenszustände, die nach Ansicht der Forschung aus mindestens sechs verschiedenen Dimensionen bestehen: Man unterscheidet zwischen affektiven, physiologischen, kognitiven, expressiven, motivationalen und subjektiven Komponenten von Emotionen (vgl. u. a. Scherer 2005; Myers 2014; Frenzel et al. 2009) (s. Abb. 1.2).

Die *affektive Komponente* bilden die eingangs schon erwähnten impulsiven, jedoch bewusst wahrnehmbaren Gefühlszustände, die wir oft fälschlich mit der Emotion als Ganzes gleichsetzen. Die *physiologische Komponente* sind sämtliche mit der Emotion verbundenen körperlichen Reaktionen. Einige wenige davon, wie etwa die Atmung, sind bewusst steuerbar. Die meisten jedoch können wir nicht kontrollieren, wie etwa unseren Puls, die Erregung bestimmter Hirnregionen oder die situativ ausgelöste Ausschüttung von Hormonen und Neurotransmittern. Sie unterliegen der Steuerung durch unser Zentralnervensystem. Die *kognitive Komponente* sorgt quasi für die situationsgerechte

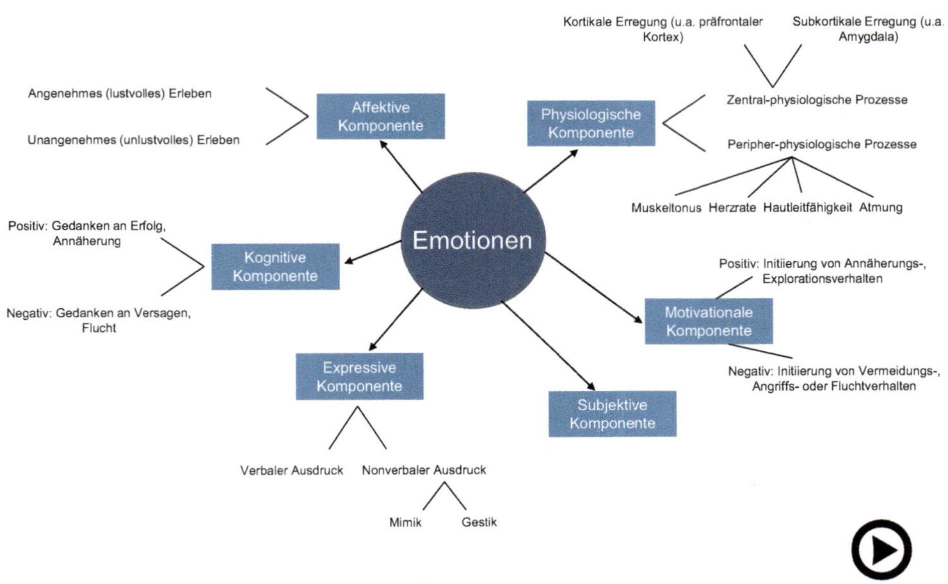

Quelle: Eigene Darstellung, angelehnt an Frenzel et al. (2009: 207)

Abb. 1.2 Die Komponenten von Emotionen – Warum sind Fan-Beziehungen emotionale Beziehungen? (▶ https://doi.org/10.1007/000-53k)

Informationsverarbeitung: Sie interpretiert die situativen Reize aus der Umwelt, die Emotionen auslösen, und sie interpretiert die eigenen Erregungszustände. Wir werden das gleich noch näher erläutern. Die *motivationale Komponente* übernimmt einen Abgleich des emotionalen Erlebens mit den eigenen Zielen: Verspricht das Emotionsobjekt Belohnung oder Zugewinn? Erfüllt es unsere Bedürfnisse? Solche positiven Reize führen zu Annäherungs- oder Explorationsverhalten. Negative, bedrohliche Reize hingegen lösen Angst, Flucht- und Vermeidungsverhalten aus. Wir werden im Folgenden noch zeigen, dass unsere Motive und Bedürfnisse zentral dafür sind, welche Emotionen wir erleben. Die *expressive Komponente* ist die Gesamtheit des beobachtbaren Verhaltens, das aus dem Emotionserleben resultiert. Dies umfasst bewusste, motivationsgesteuerte Handlungen wie z. B. Zuwendung oder Rückzug ebenso wie unbewusste Verhaltensweisen (z. B. Abwehr- und Fluchtreflexe oder Gestik und Mimik). Und die *subjektive Komponente* moderiert diese Prozesse letztlich je nach Persönlichkeit: Ein Choleriker wird sich über eine Beleidigung beispielsweise wesentlich mehr aufregen als ein phlegmatischer Zeitgenosse. Allerdings sind hier weniger die subjektiven Unterschiede bedeutsam als vielmehr die Gemeinsamkeiten: Die Forschung zeigt, dass wir Menschen auf ähnliche Umweltreize emotional überraschend ähnlich reagieren.

In der frühen Psychologie und in unserer Alltagswahrnehmung findet man häufig eine simple Abgrenzung zwischen Kognitionen und Emotionen: Die rationale Informationsverarbeitung, also Wahrnehmen und Denken, wird der Kognition zugerechnet, während das gefühlsmäßige Erleben, also Erregung und Empfinden, der Emotion zugeschrieben wird – so, als wären dies zwei voneinander völlig getrennte Prozesse. Damit einher ging in der Psychologie lange ein Streit: Gehen die Kognitionen der Emotion voraus und begründen diese? Oder wird zuerst die Emotion ausgelöst, die anschließend kognitiv verarbeitet wird? Diese Frage galt lange als das Henne-Ei-Problem der Emotionsforschung. Aus heutiger Sicht weiß man: Die künstliche Trennung zwischen Kognitionen und Emotionen ist unzutreffend. Beide Prozesse sind vielmehr eng miteinander verwoben: Emotionen können einerseits Produkt von Kognitionen sein und andererseits auch wieder Kognitionen auslösen. Im Grunde kann man sogar sagen: Emotionen könnten ohne Beteiligung von Kognitionen gar nicht ablaufen. Und umgekehrt unterliegen nahezu alle kognitiven Prozesse unseres Verstandes emotionalen Färbungen (Myers 2014, S. 498 ff.).

Der kognitiven Komponente kommt im Ablauf des Emotionsprozesses eine zweifache Rolle zu: Zum einen kann die Bewertung einer Situation durch unser kognitives System eine Emotion auslösen. Wenn Sie z. B. jemanden beobachten, der gerade den Lack Ihres neuen Autos zerkratzt, interpretiert Ihr kognitives Wahrnehmungs- und Verarbeitungssystem dies als Schädigungsabsicht durch einen Mitmenschen – was für uns immer mit dem Gefühl „Ärger" verbunden ist und zu den entsprechenden Reaktionen führt. Diese kognitiven Situationsbewertungen, sogenannte Appraisals, sind zentral und steuern im Abgleich mit den subjektiven Motiven das weitere Handeln im Emotionsprozess (Scherer 2005). Das Kognitionssystem kann jedoch nicht nur im Vorfeld einer emotionalen Erregung eine Situation interpretieren und hierdurch Emotionen begründen. Es kann ebenso nach Auftreten einer Emotion den physiologischen Erregungszustand interpretieren. In unserem Beispiel hieße das: Ihr Kognitionssystem nimmt wahr, dass Sie erregt sind, und interpretiert diesen physiologischen Zustand als „Ärger" über den Lackkratzer. Man könnte auch sagen: Ihr Gefühl ist Ihre subjektive Deutung Ihres Erregungszustands.

Diese Interpretationsleistung ist nötig, weil Emotionen häufig schon auftreten, noch bevor das kognitive System eine Situation bewusst interpretiert hat. Ein Beispiel, das alle Eltern nachvollziehen können: Stellen Sie sich vor, Sie haben Ihr Kind aus dem Kindergarten abgeholt und sind nun mit ihm an der Hand am Rande einer stark befahrenen Straße zu Fuß unterwegs. Plötzlich und unerwartet reißt das Kind sich von Ihrer Hand los und rennt auf die Straße. Geistesgegenwärtig fassen Sie intuitiv nach – und können Ihr Kind im letzten Moment an der Kapuze zurückreißen, bevor es die Fahrbahn erreicht. Erschrocken und erleichtert drücken Sie Ihren Nachwuchs an sich – und erst jetzt bemerken Sie, wie sehr die Situation Sie aufgewühlt hat. Ihre Hände sind schweißnass, Ihr Herz rast, Ihr Puls pocht in Ihren Schläfen – Sie spüren, dass Sie Angst haben. Oder, genauer gesagt: Sie spüren eine emotionale Erregung und interpretieren diese im Nachhinein als Angst – weil dies zum Erlebten passt.

Was genau ist in diesem Beispiel abgelaufen? Ihr kognitives System hat eine Situation wahrgenommen (Losreißen des Kindes) und im Umfeld ein Gefahrenmuster (stark befahrene Straße) erkannt. Dieses Erkennen von handlungsauslösenden Mustern ist zwar eine kognitive Leistung, sie geschieht jedoch noch im Wahrnehmungsprozess und erfolgt daher völlig unbewusst. Schon diese vorbewusste Mustererkennung reicht aus, dass Körper und Geist in Sekundenbruchteilen aus dem Entspannungszustand in höchste Leistungsfähigkeit versetzt werden. Der Kreislauf wird schlagartig hochgefahren, Neurotransmitter und Hormone wie beispielsweise Adrenalin werden ausgeschüttet, der gesamte Nerven- und Muskelapparat geht in Alarmbereitschaft, und sämtliche kognitiven Ressourcen werden sofort auf die Gefahrensituation fokussiert (was wir gemeinhin als Aufmerksamkeit bezeichnen). Der Alarmbereitschaft folgt sofort die Alarmhandlung: Reflexartig wird ein Handlungsprogramm zur Gefahrenabwehr ausgelöst (das Greifen nach dem Kind). Es erfolgt unbewusst – so, wie Sie reflexhaft den Arm heben, wenn ein Gegenstand auf Sie zufliegt. In Abwandlung eines Goethe-Gedichts könnte man sagen: „Es ist getan, noch eh gedacht."

Das Beispiel veranschaulicht, dass es alltägliche Situationen gibt, in denen Emotionsprozesse ablaufen, noch bevor unser Bewusstsein beteiligt ist. Und es macht gleichzeitig auch ersichtlich, warum dies so ist: Es sichert unser Überleben, weil besonders Gefahrensituationen kürzeste Reaktionszeiten erfordern, um Abwehrprogramme erfolgreich einzuleiten. Und unser Bewusstsein wird hieran aus zwei Gründen nicht beteiligt: Zum einen, weil es schlichtweg zu langsam ist. Oder, anders gesagt: Wenn keine Zeit ist zum Überlegen, ist Überlegen das Dümmste, was man tun kann. Zum anderen, weil Emotionen Verhaltensprogramme sind, die evolutionär schon lange vor unserem Kognitionsapparat mit seinen bewussten Verarbeitungsprozessen entstanden sind. Die jüngere neurologische Forschung zeigt, dass zumindest bei höherentwickelten Wirbeltieren ähnliche emotionale Programme ablaufen und sich auch in vergleichbaren Hirnarealen abspielen: Das spontane

Fluchtprogramm eines Kaninchens im Rudel unterscheidet sich im Ablauf kaum vom Panikverhalten des Menschen – beim ersten Anzeichen flüchtender Artgenossen wird das Programm sofort aktiviert. Das vergrößert die Überlebenschancen drastisch. Das Verhalten und das dahinterstehende Panikprogramm sind also ähnlich, doch der Folgeprozess ist unterschiedlich: Wir Menschen denken anschließend darüber nach, wie und warum wir uns verhalten haben, und interpretieren die Situation kognitiv. Das Kaninchen hat solche Anwandlungen vermutlich nicht.

Das Panikprogramm ist nicht das einzige Emotionsprogramm, das wir haben. In der jüngeren Forschung werden sieben solcher evolutionär bedingter Handlungsprogramme unterschieden, die mit den plastischen Etiketten SEEKING, FEAR, RAGE, LUST, CARE, PANIC und PLAY versehen wurden (vgl. Panksepp 1998). Das SEEKING-System prüft neue Reize, ob sie potenziell Belohnung liefern. Das FEAR-System sorgt dafür, dass bedrohliche Situationen und Gefahren vermieden werden. Das RAGE-System ist mit Angriffsverhalten assoziiert, das sich insbesondere im Konkurrenzkampf zeigt. Mit LUST wird das System bezeichnet, das zur Fortpflanzung motiviert, während das CARE-System Fürsorgefunktionen erfüllt, um über die Nachkommenschaft die Verbreitung der eigenen Gene zu stärken. Das PANIC-System löst sofortiges Fluchtverhalten aus. Und das PLAY-System erlaubt spielerisches Erproben von Verhaltensweisen, insbesondere auch in sozialen Interaktionen (Müller und Kuchinke 2019, S. 66).

Lässt man diese sieben verschiedenen Programme Revue passieren, so stellt man rasch fest: All diese Programme sind auf die Befriedigung grundlegender existenzieller Bedürfnisse ausgelegt, wie sie in den drei unteren Ebenen der Maslow'schen Bedürfnispyramide (vgl. Abb. 1.3) eingeordnet sind: Den physiologischen Bedürfnissen (Nahrungs- und Beuteerfolg durch das SEEKING-Programm), den Sicherheitsbedürfnissen (Konflikt-, Schutz- und Fluchtprogramme wie RAGE, CARE, FEAR und PANIC) sowie den sozialen Bedürfnissen (PLAY und LUST) sind die jeweils genannten Programme zugeordnet (Maslow 1981; Myers 2014, S. 440 f.). Die Umsetzung der genannten Emotionsprogramme erhöht die Wahrscheinlichkeit, dass diese Bedürfnisse erfüllt werden. *Emotionsprogramme dienen also in erster Linie der Befriedigung zentraler Bedürfnisse.* Und umgekehrt versetzt uns die Erfüllung zentraler Bedürfnisse in einen emotional positiv empfundenen Zustand, den wir als angenehmes Gefühl wahrnehmen.

Hier wird nun deutlich, wie sehr Emotionen und Bedürfnisse Hand in Hand gehen: Wir haben ein grundlegendes Bedürfnis, beispielsweise nach Sicherheit. Das heißt, wir wünschen uns die Abwesenheit von Gefahr oder Bedrohung. Ist dies nicht gegeben und wir fühlen uns unsicher, meldet sich unser evolutionäres FEAR-Programm: Wir empfinden Angst – und Angst ist ein extrem unbehagliches Gefühl, das uns entweder zu Flucht oder Vermeidung treibt oder zu Handlungsoptionen, mit denen wir den Zustand der Sicherheit wieder herzustellen versuchen. Beides dient unserer Selbsterhaltung. Wird hingegen unser grundlegendes Bedürfnis nach Sicherheit erfüllt, empfinden wir ein ganz anderes Gefühl, nämlich das der Geborgenheit, und fokussieren unser weiteres Handeln auf das nächsthöhere Bedürfnis der Pyramide. Das Sicherheitsbedürfnis als Beispiel macht deutlich: Emotionen sind Programme, die im Grunde an die Erfüllung von Bedürfnissen gekoppelt

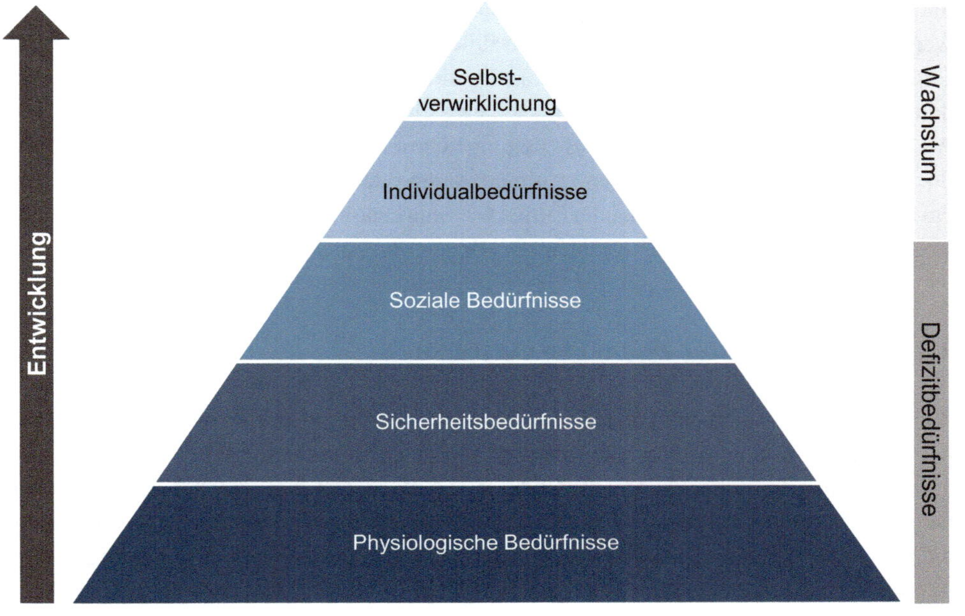

Quelle: Eigene Darstellung, angelehnt an Maslow (1981)

Abb. 1.3 Maslow'sche Bedürfnispyramide

sind. Werden grundlegende Bedürfnisse erfüllt, werden positive Gefühle aktiviert. Sind wichtige Bedürfnisse hingegen nicht erfüllt, werden negative Gefühle aktiviert, die Handlungen zur Abhilfe auslösen. Emotionen sind somit ein Ausdruck unserer wahrgenommenen Bedürfniserfüllung.

Dieser Zusammenhang zwischen Emotionen und zentralen Bedürfnissen führt uns zurück zu unseren Ausgangsüberlegungen: Warum ist die Fan-Beziehung eine emotionale Beziehung? Die Antwort liegt nun auf der Hand: Weil sie zentrale Bedürfnisse des jeweiligen Fans erfüllt. Nur handelt es sich in diesem Fall nicht mehr um die grundlegenden existenziellen Bedürfnisse der Bedürfnispyramide, sondern vielmehr um die Bedürfnisse an der Spitze der Pyramide, die zum Tragen kommen, wenn unsere existenziellen physiologischen und unsere Sicherheitsbedürfnisse erfüllt sind (was in Wohlstandsgesellschaften in der Regel gegeben ist): Es geht um die Bedürfnisse nach sozialer Zugehörigkeit, nach Individualität und Selbstverwirklichung. Im Gegensatz zu den existenziellen Bedürfnissen gibt es für die Erreichung dieser Ziele keine evolutionär verankerten Programme. Sie zu realisieren ist also deutlich schwieriger, weil es hierfür keine Patentrezepte gibt – eben deshalb scheitern viele Zeitgenossen daran und werden unzufrieden oder unglücklich.

Wir werden im Folgenden zeigen, dass Fan-Beziehungen diese zentralen Bedürfnisse erfüllen: Sie ermöglichen Selbstverwirklichung, erfüllen das Bedürfnis nach Individualität und stiften soziale Zugehörigkeit. Aufgrund der Einlösung dieser zentralen Bedürfnisse werden Fan-Beziehungen als emotional erfüllend erlebt – und aufgrund dieses positiven Erlebens der Bedürfniserfüllung wird das emotional gesteuerte Verhaltensprogramm, das dahintersteht, verstärkt und wiederholt, sodass sich langsam eine Bindung daran aufbaut. Aus diesem Grunde also sind Fan-Beziehungen emotionale Bindungen. Das bedeutet jedoch nicht, dass Fan-Beziehungen irrational wären oder nur auf Gefühlen basierten. Ihre emotionale Wirkung beruht auf der subjektiv wahrgenommenen einzigartigen Erfüllung von Bedürfnissen – und diese Bedürfnisse können durchaus ganz rational sein.

1.2.4 Was wir unter einem Fan verstehen

Zusätzlich zur emotionalen Bindung rücken viele Fan-Definitionen deren spezifische Verhaltensweisen in den Vordergrund. Dies ist in der Tat plausibel, weil es in der Regel ja gerade die Fan-typischen, mitunter recht extravertierten, exponierten oder auffälligen Verhaltensweisen sind, mit denen Fans in der Öffentlichkeit wahrgenommen werden. Fans, die ihr Fantum nicht nach außen tragen, wären somit keine echten Fans. Allerdings kann das aus der Fan-Beziehung resultierende Verhalten so verschiedenartig sein wie die Kultobjekte der Fan-Beziehung. Kriterien wie die „Investition von Zeit und/oder Geld" erscheinen uns als Definitionsbestandteil daher zu eng geführt (Roose et al. 2017a, S. 4). Für unsere Zwecke ist es vorerst ausreichend festzuhalten, dass Fan-Sein nicht nur eine bestimmte innere Haltung zu einem Objekt bedeutet, sondern vom jeweiligen Fan auch durch beobachtbare Verhaltensweisen ausgelebt wird.

Neben diesen beiden fundamentalen Elementen – der emotionalen Bindung sowie dem daraus resultierenden Verhalten – sollte unserer Ansicht nach eine Fan-Definition notwendigerweise noch folgende vier Elemente enthalten: (1) Die Fan-Beziehung bezieht sich in jedem Fall auf ein außerhalb des Fans liegendes Objekt, gleichgültig, ob es sich hierbei um Personen, Gegenstände oder ideelle Objekte handelt; (2) dieses Fan-Objekt kann für jeden einzelnen Fan unterschiedlich sein, weil, wie die Ausführungen zu Emotionen gezeigt haben, mit jeder Fan-Beziehung individuell verschiedene, aber jeweils zentrale Bedürfnisse erfüllt werden können; (3) ein Fan ist, wie schon gezeigt, sowohl Follower als auch Leader – er gehört also zur Gefolgschaft eines Trends, den er selbst auch führend mitgestaltet; (4) ein Fan grenzt sich aktiv durch seine Leidenschaft von anderen ab, die diese Leidenschaft nicht teilen.

Aufgrund dieser Überlegungen definieren wir den Begriff des Fans folgendermaßen:

► Ein Fan ist Konsument und gleichzeitig Mitgestalter eines spezifischen Kulturgutes,[2] der hierdurch die Erfüllung eines zentralen Bedürfnisses erlebt und daher eine starke emo-

[2] Unter „Kulturgut" wird in den Sozialwissenschaften auch jedes von Menschen geschaffene Produkt, Artefakt oder gesellschaftliches Phänomen verstanden.

tionale Bindung zu diesem Kulturgut entwickelt, die ihn von anderen unterscheidet und ihn zu spezifischen Verhaltensweisen veranlasst.

Somit sind Fan-Beziehungen durch sieben zentrale Merkmale gekennzeichnet:

1. Der Fan erlebt die Fan-Beziehung als die Erfüllung eines zentralen individuellen Bedürfnisses.
2. Die Fan-Beziehung stiftet soziale Zugehörigkeit, Individualität und Selbstverwirklichung.
3. Fan-Objekte sind Fan-spezifisch: Für jeden Fan erfüllt nur *sein* individuelles Fan-Objekt seine zentralen individuellen Bedürfnisse in hinreichendem Maße.
4. Ein Fan ist in der Beziehung zu einem Fan-Objekt sowohl passiver Anhänger als auch aktiver Mitgestalter.
5. Der Fan hat eine leidenschaftliche und längerfristige Beziehung (also emotionale Bindung) zu seinem Fan-Objekt.
6. Der Fan unterscheidet sich durch diese Beziehung von anderen Konsumenten und grenzt sich aktiv von diesen ab.
7. Der Fan entwickelt aufgrund dieser Beziehung Handlungs- und Verhaltensweisen, die ihn in der Öffentlichkeit als Fan identifizierbar machen.

Diese Definition bündelt nicht nur unser Verständnis vom Fan-Begriff und von Fan-Beziehungen, sondern hilft uns auch, diese von den zuvor skizzierten vielfältigen Alltagsbedeutungen abzugrenzen. Wenn wir im Folgenden von Fans oder von Fan-Beziehungen sprechen, beziehen wir uns auf diese Definition. Sie besagt im Kern, dass Fan-Beziehungen emotionale Beziehungen sind, weil für den Fan damit zentrale Bedürfnisse erfüllt werden. Dass Fan-Beziehungen diese Bedürfniserfüllung leisten können, beruht auf zwei notwendigen Eigenschaften, die jede Fan-Beziehung hat: Fan-Beziehungen basieren auf Identifikation. Und Fan-Beziehungen werden als einzigartig erlebt. In den folgenden Ausführungen werden wir dies erläutern.

1.2.5 Die Suche nach Identifikation als Basis jeder Fan-Beziehung

Mit unserer Definition vom Fan haben wir nun zwar umrissen, was ein Fan ist und welche Eigenschaften ihn ausmachen. Eine drängende, wenn nicht sogar die zentrale Frage haben wir allerdings bislang ausgeklammert: Weshalb werden Menschen überhaupt zu Fans von irgendetwas? Warum begeistern sich Menschen für ein Phänomen außerhalb ihrer eigenen Person, ja sogar außerhalb ihres eigenen Lebensumfelds? Warum investieren sie Ressourcen in die Beziehung zu einem Akteur oder Objekt, zu dem sie häufig nicht einmal direkten Kontakt haben? Welche Bedürfnisse motivieren den späteren Fan zum Aufbau einer solchen Beziehung? Und welche Belohnung zieht er daraus?

Es liegt auf der Hand, dass man diese Fragen am besten den Fans selbst stellt. Das ist in der Forschung auch oft getan worden – interessanterweise sind jedoch die Antworten wenig erhellend. „Weil es Spaß macht …“, „weil es mich fasziniert …“, „weil der Star so toll ist …“, „weil es mich begeistert …“ sind die typischen Rückmeldungen der Betroffenen. Diese Antworten sind Scheinerklärungen, weil sie nicht wirklich erläutern, *warum* das Fan-Sein Spaß macht und was daran fasziniert oder begeistert. Offenbar, und dieses Phänomen werden wir wenig später noch einmal aufgreifen, ist vielen Fans nicht bewusst oder es ist für sie sprachlich nicht fassbar, was das zentrale Motiv ihrer Leidenschaft ist.

Wenn also schon die Fans selbst keine überzeugende Begründung für ihr Treiben liefern können, hilft uns vielleicht wieder ein Blick in die Wissenschaft. Doch auch dieser fällt ernüchternd aus. Denn viele Studien aus dem Bereich der Fan-Forschung klammern die Frage „Warum wird ein Mensch zum Fan?“ schlichtweg aus. Immerhin gibt es stellenweise erste theoretische Erklärungsansätze. Roose et al. (2017b, S. 20) beispielsweise diskutieren, ob sich Fan-Verhalten auf Basis der Rational-Choice-Theorie erklären lässt. Das würde – kurz gesagt – bedeuten, dass der Fan sich bewusst, rational und nutzenmaximiert für sein Fantum entscheidet, weil er sich hiervon Vorteile verspricht. Die Autoren zeigen, und das spricht zunächst für ihre Vermutung, durchaus soziale Belohnungsstrukturen des Fan-Seins auf, z. B. dass besonders dauerhafte Fan-Beziehungen soziale Anerkennung in der Fan-Community verschaffen, oder dass das Fan-Sein die Chancen für wiederholtes positives emotionales Erleben erhöht. Allerdings greift, wie die Verfasser selbst eingestehen, dieser Erklärungsansatz dennoch zu kurz. Denn er erklärt zwar, warum der Fan durch diese Belohnungen immer wieder im Ausüben seines Fan-Verhaltens bestärkt wird. Jedoch sind die skizzierten Belohnungsstrukturen für einen Nicht-Fan völlig unattraktiv. Daher vermag der Ansatz auch nicht zu erklären, warum ein Nicht-Fan überhaupt zum Fan wird – und dies war ja die Ausgangsfrage.

Maar (2018) untersuchte, ob Fans bestimmte psychologische Persönlichkeitsmerkmale aufweisen. Auch dieser Erklärungsansatz kann das Phänomen des Fan-Seins nicht zufriedenstellend erklären – möglicherweise, weil die zugrunde liegende Prämisse zweifelhaft ist: nämlich die Vermutung, dass nur bestimmte Menschen mit bestimmten Eigenschaften Fans werden. Diese Annahme mag auf den ersten Blick zutreffend erscheinen, weil wir bei dem Begriff des Fans häufig nur bestimmte Stereotype vor Augen haben, wie z. B. Fußballfans. Und wir uns natürlich die nette ältere Dame von nebenan nicht mit Fan-Schal im Stadion vorstellen können. Deshalb neigen wir spontan zu der Annahme, nur bestimmte Menschen könnten Fans sein. Tatsächlich kann die ältere Dame aber durchaus Fan von etwas sein, z. B. von Pilcher-Romanen oder von Sissi-Filmen (um nur stereotype Beispiele zu erwähnen – sie könnte natürlich auch eine *Harley-Davidson* fahren …). Mit anderen Worten: Da man Fan „von fast allem werden“ kann (Roose et al. 2017a, S. 11), kann im Umkehrschluss auch jeder ein Fan werden – weil es für jede noch so skurrile Leidenschaft auch ein Zielobjekt gibt. Fans sind also kein bestimmter Charaktertyp oder Menschenschlag. Fan kann jeder sein, und möglicherweise ist ja sogar jeder ein

Fan von irgendetwas, ohne es zu wissen – was aber noch immer nicht erklärt, *warum* man zum Fan wird.

In einigen Studien wird das Fantum als Folge des neu entstandenen Phänomens der Freizeit dargestellt – schließlich entstand vor etwa 120 Jahren erstmals ein größeres Publikum, das über Zeit- und Geldressourcen für kulturelle Darbietungen verfügte. Mit Sicherheit hat dieser Faktor das Aufkommen des Fantums begünstigt – als alleinige Ursache taugt diese Erklärung allerdings nicht. Denn es hat schon damals mit Sicherheit mannigfach andere Möglichkeiten gegeben, seine Zeit zu vertreiben und Geld auszugeben, als diese Ressourcen in eine Fan-Beziehung zu investieren.

Die vorliegenden Erklärungen sind somit unbefriedigend – was uns veranlasst, eigene theoretische Überlegungen darüber anzustellen, warum Menschen Fan-Beziehungen eingehen. Dabei ist die oben erwähnte Beobachtung ein hilfreicher Ausgangspunkt, wonach sich das Phänomen des Fans erst im 20. Jahrhundert mit dem Aufkommen von Freizeit entwickelte. Es setzten allerdings zeitgleich noch zwei gravierendere soziale Veränderungen ein: Zum einen wurden die industriellen und die postindustriellen Gesellschaften immer wohlhabender. Für breite Bevölkerungsschichten wurde es immer selbstverständlicher, dass grundlegende Bedürfnisse wie Hunger, Obdach oder körperliche Unversehrtheit gesichert waren. Dementsprechend rückten insbesondere im breiten Mittelstand zuvor nachrangige Bedürfnisse wie soziale Teilhabe, Identifikation oder Selbstverwirklichung (vgl. die Maslow'sche Bedürfnispyramide in Abschn. 1.2.3) in den Fokus. Parallel zu dieser wachsenden Suche nach Identifikationsmöglichkeiten kam es auf der „Angebotsseite" zu einer gegenläufigen Entwicklung, da traditionell sinnstiftende Identifikationsobjekte mehr und mehr wegbrachen. Es waren allen voran die Kirchen, zu denen zahlreiche Menschen erst die Identifikation und anschließend die emotionale Bindung verloren. Ähnliche Bindungsverluste sind auch hinsichtlich staatlicher Instanzen zu beobachten, im Verschwinden familiärer Strukturen begründet sowie im Verlust von Heimat. All diese Bezugsobjekte gingen nach und nach verloren – und mit ihnen identitätsstiftende Angebote, die zum Selbstverständnis und Selbstbild vieler Menschen gehörten. Somit war spätestens mit der Beginn der Postmoderne in westlichen Gesellschaften ein Dreiklang entstanden, der zu einem „Identifikationsvakuum" führte und das Fan-Phänomen, wie wir es heute kennen, auslöste und beschleunigte: (1) Das Bedürfnis nach Identifikationsangeboten war gestiegen, (2) die vorhandenen Identifikationsinstanzen waren weggebrochen und (3) eine breite Gesellschaftsschicht verfügte sowohl über die Zeit- als auch über die Geldmittel, ihr Bedürfnis nach identifikationsstiftenden Angeboten anderweitig zu stillen.

Das Wegbrechen sozialer Instanzen führte bei vielen nicht nur zur Verunsicherung in Bezug auf das eigene Selbstkonzept und die eigene Identität – es hatte vielmehr auch soziale Folgen. Denn bei dem Bedürfnis nach Identität geht es immer auch um die eigene Positionierung im sozialen Umfeld: „In welchem Umfeld ordnet man sich ein, von wem grenzt man sich ab?" sind soziale Fragen, die direkt mit der Identitätsfindung einhergehen. Der Verlust von Identifikationsinstanzen löst somit nicht nur eine Suche nach neuer Identität, sondern immer auch die Suche nach sozialer Teilhabe in neuen sozialen Gruppen aus.

Diese neuen sozialen Orientierungen bleiben nicht ohne Folgen: Die Sozialpsychologen Tajfel und Turner (1986) zeigen im Rahmen der Theorie der sozialen Identität auf, wie sich Menschen und ihre Verhaltensweisen durch die wahrgenommene Zugehörigkeit zu einer sozialen Gruppe verändern. Sobald Menschen glauben, mit bestimmten Personen Gemeinsamkeiten zu haben, die sie mit anderen Menschen nicht teilen, bauen sie eine emotionale Bindung an diese wahrgenommene Gruppe auf und beginnen, ihre Mitgliedschaft in dieser Gruppe positiv zu bewerten. Sie fangen an, pro-sozial für die Gruppe zu agieren (ingroup bias) und sich gleichzeitig von Nicht-Gruppenmitgliedern aktiv zu distanzieren (outgroup bias). Grund hierfür ist das Streben nach einer positiveren sozialen Identität. Zu ähnlichen Ingroup-Effekten (Verinnerlichung der Haltung der eigenen Gruppe) führt nach George Herbert Mead auch das Bedürfnis nach kultureller Identität (Jörissen und Zirfas 2010). Ein Verlust an identitätsstiftenden Angeboten führt also in der Regel zu sozialen Neuorientierungen, die auf den Gewinn neuer Identitätsanker zielen.

Durch das Wegbrechen von Identifikationsinstanzen in der Postmoderne blieb somit ein grundlegendes menschliches Bedürfnis mehr und mehr unerfüllt: das Bedürfnis, dazuzugehören und über diese Zugehörigkeit ein eigenes Selbstverständnis, eine eigene Identität zu finden. Wir hatten bereits bei der Erläuterung der Frage, warum Fan-Beziehungen eine so hohe emotionale Qualität haben, herausgearbeitet, dass sie das Bedürfnis nach sozialer Zugehörigkeit, nach Individualität und Selbstverwirklichung erfüllen. Folgt man diesen Überlegungen, ist das heutzutage vielerorts brachliegende Bedürfnis nach identitätsstiftender sozialer Zugehörigkeit der zentrale Treiber dafür, warum es Fans gibt: Weil Menschen auf der Suche nach passgenauen Werten und Haltungen sind – also nach Identitätsbausteinen, die sie sich aneignen und ihrem Selbstbild hinzufügen können. Sie benötigen Personen, Aussagen, Objekte oder Ideen, mit denen sie sich identifizieren können, weil diese für eigene Werte und Haltungen stehen – und sie fühlen sich geborgen, wenn sie spüren, dass gleichzeitig andere Menschen diese Werte und Haltungen mit ihnen teilen. Daraus resultiert unsere zentrale Folgerung: Das Bedürfnis nach Identifikation ist die Ursache jeder Fan-Beziehung.[3]

Eine solche Identifikation kann jedoch nur entstehen, wenn der Fan intuitiv eine maximale Kongruenz, also eine optimale Passung zwischen sich und seinem Star empfindet. Wie kann es zu dieser Empfindung kommen, wodurch entsteht dieses subjektive Gefühl der Passung? Dazu muss es notwendigerweise eine gefühlte Übereinstimmung geben – die wahrgenommenen prägenden Merkmale des Stars müssen mit den zentralen Bedürfnissen und Motiven des Fans zusammenfallen. Der Star muss also in den Augen des Fans genau bezüglich derjenigen Kriterien herausragend sein, die für den Fan subjektiv von besonderem Wert sind. Die Bedürfnisse des einen und die Charakteristika des anderen müssen also miteinander korrespondieren. Wenn das Bild, das der Fan von seinem Star entwickelt, diese hohe Deckung mit seinen zentralen Motiven und Werten verspricht, dann ist der Star als Träger dieses Bildes eine prädestinierte Fan-Plattform (Mikos 2010, S. 116).

---

[3] Damit wird auch intuitiv plausibel, warum ausgerechnet Jugendliche häufig besonders ausgeprägtes Fanverhalten zeigen: Sie befinden sich in der Lebensphase der Identitätssuche.

Ist diese Identifikation gar in höchster Ausprägung gegeben, verschmelzen Träger und Fan sogar. Der Star wird Teil der eigenen Identität, der eigenen Persönlichkeit. Er wird für den Fan quasi identitätsstiftend. Typisch für diese maximale Form der Identifikation ist, dass sich Fans eine Welt ohne ihren Star, also ohne ihre Fan-Plattform, gar nicht mehr vorstellen können (Schäfer 2017; Fritzsche 2011) – man erinnere sich beispielsweise an die fatalen Suizidversuche von Fans als Folge der Auflösung der Boygroup *Take That*.

Für eine Fan-Beziehung ist somit eine maximale Identifikation zwingend notwendig. Sie beruht auf einer subjektiv wahrgenommenen Übereinstimmung von zentralen Bedürfnissen und Motiven auf der Fan-Seite und den wahrgenommenen Stärken des Stars auf der anderen Seite. Fan zu werden ist also nicht eine bewusste, spaßgetriebene hedonistische Entscheidung. Fan zu sein befriedigt vielmehr eine tiefe innere Sehnsucht. „Diese Sehnsucht mündet häufig in eine zentrale Leidenschaft (…) ein Feuer, das inmitten der inneren Kammer eines jeden Menschen brennt. (…) Die zentrale Leidenschaft eines Menschen stellt den Mittelpunkt seines Lebens dar“ (Chu 1999). Es geht gewissermaßen um das Bedürfnis nach einem erweiterten Selbst – um das Bedürfnis, Teil eines Ganzen zu sein, das über das eigene Ich hinausgeht. Noelle-Neumann bezeichnete dieses Bedürfnis als „soziale Isolationsfurcht“ des Menschen (Noelle-Neumann 1980).

Akzeptiert man die Suche nach Identifikationsobjekten als Erklärung des Fan-Seins, so ergibt sich daraus ein bedeutsamer Umkehrschluss, der unterstreicht, was wir oben schon erwähnt hatten: Im Grunde ist jeder Mensch Fan von irgendetwas – oder er hat zumindest das Potenzial dazu, weil im Grunde jeder nach sozialer Identität sucht: danach, dazuzugehören zu einem erweiterten Selbst. Und wahrscheinlich gibt es Abertausende, die derzeit mit offenen emotionalen Fan-Synapsen durch die Welt gehen und mit Sehnsucht darauf warten, endlich an ein genau für sie passendes Angebot anzudocken. Oder, um es populärer und treffender mit den Worten von Bruce Springsteen (1980) auszudrücken: „*Everybody's got a hungry heart …*“.

1.2.6 Die Suche nach Einzigartigkeit als Basis jeder Fan-Beziehung

Da Identifikation der zentrale Treiber einer Fan-Beziehung ist, ist die Passung zwischen dem Fan und seinem Kultobjekt von entscheidender Bedeutung (Mikos 2010, S. 115). Die Projektionsfläche, die der Star oder das Kultobjekt anbietet, muss in ihrem Angebot an identitätsstiftenden Inhalten exakt den Sehnsüchten des nach Identifikationsobjekten suchenden Fans entsprechen.[4] Je mehr der Fan eine solche Passung verspürt, umso stärker erlebt er das Identifikationsmoment. Mit anderen Worten: Das Angebot muss die zentralen Bedürfnisse des Fans bedienen. Ist dies der Fall, wird das Fan-Sein als Belohnung erlebt, denn es verspricht Identitätsstiftung und soziale Zugehörigkeit zu einer Gemeinschaft.[5]

[4] Schlicht et al. (2003, S. 140) sprechen sogar davon, dass der Fan „einen Teil seines Selbstkonzepts aus der Verbindung zum Star“ aufbaut.

[5] Vgl. Roose et al. (2017b). Diese Überlegungen sind kongruent zur Mood-Management-Theorie, wonach Individuen gezielt (mediale) Außenreize einsetzen, um ihre eigene Stimmung zu regulieren.

Besonders deutlich ist dieses Moment identitätsstiftender sozialer Zugehörigkeit an den Fans von Nationalmannschaften im Sport abzulesen: Fans küren fast ausschließlich die Mannschaft ihres eigenen Landes zum Kultobjekt (vgl. Abb. 1.4) – eben weil dort die kulturellen und sozialen Gemeinsamkeiten am größten und damit die Möglichkeiten zur Identifikation am passendsten sind (vgl. Otte 2017, S. 65 f. sowie Schlicht et al. 2003, S. 140). Dies erscheint uns im Alltag so selbstverständlich, dass es keiner Frage mehr wert scheint – es ist aber, wie wir noch zeigen werden, alles andere als selbstverständlich.

Aus dieser empfundenen Passung heraus ergibt sich die vom Fan empfundene Einzigartigkeit als zweites konstitutives Merkmal jeder Fan-Beziehung. Denn jede echte Fan-Beziehung besitzt eine unvermeidbare Exklusivität: Innerhalb des Genres – zum Beispiel Fußball oder Popmusik – wird sich ein Fan immer nur *einen* echten Star erwählen (Mikos

Abb. 1.4 Identifikation mit dem Nationalteam: Erlernt oder angeboren? (Mit freundlicher Genehmigung von © Adobe Stock/picture alliance (dpa/Revierfoto/Sven Simon | Frank Hoermann) 2021. All Rights Reserved)

2010, S. 117). Aus Sicht des Fans bietet stets nur *ein* Fan-Objekt die optimale Passung – der Fan findet also *ein* einzigartiges Versprechen in der Person seines Stars. Der Star nimmt eine Ausnahmestellung im Kopf des Fans ein. Diese Einzigartigkeit wirkt wiederum identitätsstiftend: Ein Anhänger von exakt diesem Star und nicht von irgendeinem anderen Star zu sein, wird für den Fan zur bewussten Handlung – es wird Teil seiner Persönlichkeit. Und langfristig wird das individuelle Bild, das der Fan von seinem Star wahrnimmt, somit ein Teil seines eigenen Selbstkonzepts (Leistner 2017, S. 249–279). Die Konsequenz ist: Man hat eben nur *einen* Fußballverein – man kann nicht Fan von *Bayern* und *Dortmund* gleichzeitig sein. Oder man schwärmt eben entweder für die *Beatles* oder die *Rolling Stones*. Was natürlich nicht ausschließt, dass man unter *Dortmund*-Fans dann gleichermaßen Fans der *Beatles* wie der *Stones* finden kann – denn nach der Theorie der sozialen Identität ist immer nur die Abgrenzung zur jeweils *relevanten* Outgroup interessant, im Fall von Fußballfans also die Abgrenzung zum anderen Fußballverein.

Warum schließen sich mehrere Stars eines Genres aus? Weil sie dann dem Prinzip der Identifikation, also der optimalen Passung, widersprechen würden. Entscheidend für die maximale Identifikation mit dem Star bis hin zur identitätsstiftenden Verschmelzung ist eben nicht nur, dass er in der Wahrnehmung des Fans optimal zu den zentralen Motiven und Bedürfnissen passt, sondern dass er in den Augen des Fans dies so gut wie kein anderer Star erfüllt (Mikos 2010, S. 117). Das heißt: Für den Fan nimmt der Star stets eine Ausnahmeposition ein – ihm wird quasi das Monopol für die Erfüllung der zentralen Fan-Bedürfnisse zugeschrieben.

Wir halten also zusammenfassend fest: Neben der Identifikation ist die Einzigartigkeit eine weitere notwendige Bedingung jeder Fan-Beziehung. Denn aus Sicht des Fans gibt es für die Erfüllung seiner zentralen Bedürfnisse keine Alternative – dem Star wird so ein Alleinvertretungsanspruch zugeschrieben. Die Folge: Aus dem dargestellten Zusammenspiel der beiden genannten Komponenten *Identifikation* und *Einzigartigkeit* erlangt der Star eine „Monopolstellung im Kopf" des Fans.

1.2.7 Wie der Fan seinen Star findet

Wenn jeder Mensch im Grunde das Potenzial zu einer Fan-Beziehung hat, stellt sich allerdings sofort die nächste Frage: Wieso werden manche Menschen Fans eines bestimmten Vereins oder Stars, während andere Menschen diesen völlig gleichgültig gegenüberstehen? Nach welchen Kriterien wählen Menschen ihre Kultfiguren?[6] Sicher ist: Die Auswahl des Kultobjekts und die Etablierung der Fan-Beziehung erfolgt durch den (späteren) Fan, nicht durch das sich hierfür anbietende Objekt. Es ist unter zahlreichen möglichen Identifikationsobjekten nur eines von vielen – eine Projektionsfläche, die sich anbietet und erwählt wird.

[6] Zu den Motiven von Sportfans vgl. Gabler (2002).

Doch auch, wenn die „Wahl" des Stars durch den Fan erfolgt: Die Entscheidung zur Aufnahme der Fan-Beziehung erscheint dem Fan selbst wie auch Beobachtern von außen meist nicht rational oder bewusst. Gerade Fußballfans wissen das. Als Pfälzer liebt man den *FCK*, als Dortmunder die *Borussia* und als Franke die *Clubberer* (vorausgesetzt, man ist nicht in Fürth geboren). Wieso und wie es dazu kam, weiß man oft selbst nicht mehr – es ist eben einfach so. Die meisten dieser „eingeborenen" Fans haben nicht das Gefühl, sich jemals für diese Fan-Beziehung bewusst entschieden zu haben. Sie war einfach da. Fan zu sein, so empfinden sie es, kann man nicht lernen. Fan ist man einfach. Oder, wie es in einem Song der Kölner Band *Wise Guys* scherzhaft heißt: „Im Leben gibt's für jedermann zwei Dinge, die man sich nicht aussuchen kann: die Familie, denn die ist schon vorher da, und seinen Fußballclub – traurig, aber wahr …" (Wise Guys 2002/2003). Auf den ersten Blick erscheint dies plausibel: Fußballfans aus Köln sind tatsächlich entweder Fans des *1. FC* oder der *Fortuna* – in jedem Fall aber eines Kölner Vereins. Doch muss dies so sein? Gehen wir einmal heraus aus den Großstädten mit ihren Fußballtraditionsvereinen, hinaus in weniger dicht besiedelte Gegenden. Dorthin, wo es zum nächsten Erstligastadion mehr als 100 Kilometer sind. Auch dort finden wir Fußballfans – aber bunt gemischt: Da finden wir *Bayern-*, *Dortmund-* und *HSV*-Fans. Dies ist keine Verbindung von Geburt an – diese Fans haben sich ihren Club offensichtlich erwählt.[7]

Das Beispiel zeigt: Tatsächlich wird niemand als Fan von irgendwem oder irgendetwas geboren. Es bedarf in der Regel eines Erlebnisses, das die Fan-Beziehung auslöst. So gerät man vielleicht durch einen Zufall in ein Konzert eines Musikers, dessen Werk man bis dahin ganz anders eingeschätzt hatte, und ist nach diesem Abend völlig hingerissen. Oder es ist ein Kinofilm, in dem uns plötzlich der Hauptdarsteller aus der Seele zu sprechen scheint. Oder man wird von einer Leidenschaft aus dem Freundeskreis angesteckt. Zahlreiche Interviews mit Fans zeigen zwei bemerkenswerte Aspekte: Zum einen gehen nahezu alle Fan-Biografien auf solche Initialerlebnisse zurück. Und zum anderen wurden diese Auslöseereignisse von den späteren Fans meist nicht aktiv gesucht, sondern passiv erlebt. Ein biografischer Zufall sorgte häufig für das initiale Erlebnis, das dann zur Basis einer lebenslangen Fan-Beziehung wurde. Das bedeutet nicht, dass dieses Auslöseereignis austauschbar gewesen wäre – der besondere biografische Wert des Ereignisses liegt vielmehr genau in diesem seltenen Zufall des Zusammentreffens: dass eine Person zufällig an genau das Identifikationsangebot gerät, das exakt zu ihren Bedürfnissen passt.[8] Im Übrigen gilt dies auch für die meisten Fußballfans – sie wissen es in der Regel nur nicht mehr (Akremi und Hellmann 2017, S. 276 f.). Denn in ihrem Fall liegen solche Erlebnisse oft weit zurück in der Kindheit.[9] Beispielsweise, dass sie miterlebten, wie die Familie vor dem Fernseher

[7] Dabei wird die Wahl des Stars in einer globalisierten und medialisierten Welt mehr und mehr kulturunspezifisch, vgl. hierzu Roose (2017) sowie Ohr (2017).

[8] Das erklärt auch, warum es vermeintlich so wenig Fans gibt, obwohl doch jeder ein Fan werden kann: Weil der biografische Zufall erforderlich ist, auf das entsprechende Angebot zu stoßen.

[9] „Nur auf Vaters Schultern, konnte ich was seh'n, und sofort war es um mich geschehen … Meine neuen Helden, die Elf in Rot-Weiß … Mainz 05, Liebe meines Lebens …" Rimini Piranhas (2004).

mitfieberte. Oder wie der Vater samstags mit dem Fan-Schal ins Stadion ging. Oder, dass man als Kind oder Jugendlicher erstmals ein volles Stadion erlebt – so erging es uns, den Autoren. Als der *1. FSV Mainz 05* im Jahr 1977 im *DFB-Pokal* 1:4 gegen den *HSV* verlor, standen wir im Mainzer *Bruchweg-Stadion*. Seitdem leben und leiden wir mit den 05ern.

Sie werden keinen Fan finden, der sich irgendwann aufgrund bewusster Planung entschieden hat, ein Fan seines Stars zu werden. Die meisten Fan-Biografien beruhen vielmehr auf diesen zufällig zustande gekommenen Auslöseereignissen. Die Ursache hierfür liegt in der vom Fan wahrgenommenen Einzigartigkeit der Fan-Beziehung: Der spätere Fan macht durch Zufall die Erfahrung, dass ein Identifikationsangebot eines Stars genau seine Identitätssuche, also exakt seine subjektiven Bedürfnisse bedient. Dieser Zufall wird emotional als überwältigend erlebt – geradezu wie eine Offenbarung, und mündet in eine sofortige Hingabe des Fans, die dann später auch nicht mehr in Worte gefasst werden kann.

Eine Fan-Beziehung hat also zum einen immer ein Auslöseereignis. Zum anderen ist eine Fan-Beziehung häufig eine sozial vermittelte Beziehung (Skrobanek und Jobst 2017). Sie entsteht, weil wir auf die Vorlieben von Bezugspersonen aufmerksam werden und diese Vorlieben zu teilen beginnen. In vielen Fan-Communitys hat diese soziale Vermittlung sogar einen zentralen Stellenwert. Es bedarf mancherorts sogar eines formalen Aufnahmeritus durch etablierte Fans. Auch das ist ein initiales Erlebnis.

Wie bereits erwähnt, sind die meisten Fans nicht in der Lage, mit Worten zu begründen, warum sie Fans sind. Ähnlich unbewusst, das wurde hier nun deutlich, ist auch die Wahl des Bezugsobjekts, der häufig ein biografischer Zufall zugrunde liegt. Fragt man Fans danach, was sie konkret an ihrem Star „toll“ finden und warum, erhält man oft ebenfalls keine schlüssigen Antworten. Das ist typisch für emotionale Bindungen. Wenn Sie gefragt würden, warum Sie Ihre Kinder lieben, würden Sie irritiert mit den Achseln zucken. Denn schon die Frage nach dem „Warum?“ erscheint Ihnen geradezu absurd. Sie lieben sie, weil sie Ihre Kinder sind. Punkt. Eines weiteren Grundes bedarf es nicht. Ähnlich geht es einem echten Fan. Er liebt seinen Star oder sein Fan-Objekt – jede weitere Begründung wäre überflüssig. Denn man wird nicht Fan, weil man damit einen rationalen Zweck verfolgt oder ein bestimmtes Ziel erreichen möchte, sondern weil man darin die Erfüllung eines zentralen Bedürfnisses erlebt. Fan zu sein ist eben eine emotionale Bindung (Schäfer 2017).

1.2.8 Wie der Star seinen Fan findet

Werfen wir nun einmal einen Blick auf die andere Seite der Beziehung, nämlich auf die Stars. Was tragen die Stars dazu bei, damit eine Fan-Beziehung entsteht? Was sind die zentralen Mechanismen, mit denen Stars aus Kunst, Musik oder Sport die gewaltige emotionale Bindung erzielen, die eine Fan-Beziehung ausmacht?

Auch die Stars haben in der Mediengesellschaft längst gelernt, wie sie aktiv an der Gestaltung ihrer Fan-Beziehungen arbeiten können. Denn deren Ausgestaltung liegt nicht alleine in den Händen des Fans. Zwar „erwählt“ der Fan den Star, eröffnet somit aktiv die emotionale Beziehung zu ihm und füllt diese mit Hinwendung und Leidenschaft aus. Und dennoch können die Stars oder die Produzenten des Kultobjekts entscheidend am Entstehen und Erhalt des Fantums mitwirken. Sie müssen dies sogar tun (Akremi und Hellmann 2017).

Wir haben gezeigt, dass eine Fan-Beziehung nur durch Identifikation entstehen kann, also wenn es eine vom Fan intuitiv verspürte Passung zwischen ihm und seinem zukünftigen Star gibt. Der Star muss somit vermitteln, für welche Bedürfnisse er steht. Und er muss dabei eine Unverwechselbarkeit des eigenen Auftritts herstellen und so die Grundlage für eine einzigartige Wahrnehmung des Fans schaffen. Nur wer eine Identifikationsplattform anbietet, die eine klare und einzigartige Botschaft vermittelt, wird auf Dauer auch eine Fan-Community um sich scharen können. Das bedeutet: Der Star benötigt eine Positionierung. Hierfür ist natürlich einerseits die Ausbildung eines unverwechselbaren Images eine notwendige Grundlage. Wer nicht erkennbar macht, wofür er steht, wird niemals eine Star-Karriere machen. Aber für den nachhaltigen Erfolg ist Image allein noch nicht ausreichend: Der Star muss andererseits auch entsprechend „liefern": Er muss die Positionierung, die er nach außen kommuniziert, auch glaubwürdig umsetzen, sonst werden sich die Fans nach kurzer Zeit enttäuscht abwenden, weil das zentrale Versprechen nicht eingelöst wird. Der Popstar, der als ewiger Junggeselle gilt, darf nicht heiraten; der Schlagersänger, der sich das Image des Vorzeigeschwiegersohns gibt, darf sich nicht danebenbenehmen; der Künstler dagegen, der das Enfant terrible mimt, darf sich nicht anpassen; und wer vorgibt, es bereite ihm große Freude, auf der Bühne Musikinstrumente zu zertrümmern, der muss das dann auch wirklich tun, wie wir im Folgenden noch sehen werden. Der Star ist somit gewissermaßen Gefangener seiner Fan-Identifikationen.

Dies gilt selbst dann, wenn diese Fan-Identifikationen auf Positionierungen zurückgehen, die der Star absichtlich und bewusst herbeigeführt hat. Helene Fischer beispielsweise zählt trotz (oder vielleicht auch gerade wegen) ihrer Fokussierung auf deutschsprachigen Schlager zu den weltweit kommerziell erfolgreichsten Musikerinnen. Sie hat eine professionelle Ausbildung als Musical-Darstellerin und tanzte in der *Rocky-Horror-Picture-Show* – sie war somit ursprünglich in musikalischen Genres weit weg vom deutschen Schlager unterwegs. Ihre spätere Fokussierung auf deutschsprachigen Schlager war, wie sie selbst in Interviews preisgab, eine bewusste Entscheidung, die sie zusammen mit ihrem Management traf, da in diesem Genre – im Gegensatz zur fast nur noch über das Internet verkauften Popmusik – Tonträger noch deutlich besser zu vermarkten seien. Diese bewusste Positionierung, die Fischer von Karrierebeginn an professionell und glaubwürdig verkörperte, hat ihr zwar hohe Fan-Zahlen beschert. Dennoch ist sie auch Gefangene dieser Positionierung.

Man stelle sich nur einmal vor, Helene Fischer würde morgen verkünden, zukünftig statt deutschem Schlager nur noch englischsprachige Heavy-Metal-Songs zum Besten geben zu wollen – sie würde den Großteil ihrer alten Fans sofort verlieren, da sie in deren Augen aufgäbe, wofür sie steht: für den volkstümlichen deutschen Schlager, der emotionale Geborgenheit mit eingängigen Texten und Melodien zum Mitsingen anbietet. Sie würde aber – trotz ihrer zahlreichen darstellerischen und musikalischen Talente – auch zunächst keine neuen Fans hinzugewinnen, da ihr bisheriges Schlager-Image eine Positionierung als rebellische Heavy-Rock-Lady für potenzielle Heavy-Fans absolut unglaubwürdig machen würde und daher für diese Fan-Bedürfnisse keine Passung bietet. Ein Image-Wechsel ist, wie das Beispiel zeigt, für einen Star also stets ein langer und steiniger Weg. Und nicht umsonst sagen manche Manager sarkastisch, dass verstorbene Künstler leichter zu vermarkten seien als lebendige – eben deshalb, weil sie dann nicht mehr auf die Idee kämen, unabgestimmt ihre Positionierung zu ändern.

Das Beispiel veranschaulicht, wie wichtig die Positionierung des Stars ist: Die Passung des Star-Angebots zu den zentralen Bedürfnissen des Fans ist wesensprägend für die Fan-Beziehung. Denn die Erfüllung der Bedürfnisse erzeugt, wie bereits in Abschn. 1.2.3 erläutert, emotionale Erregung, positive Gefühle und letztlich langfristige emotionale Bindung.

Zusätzlich zur konsequenten Positionierung muss der Star die Fan-Beziehung für den Fan erlebbar machen. Denn der Fan will das verbindende Erlebnis mit dem Star – und er will es immer und immer wieder. Es gilt also, regelmäßige, rituell wiederkehrende Berührungspunkte zu schaffen, bei denen der Fan sein Fan-Sein ausleben und bei denen die Fan-Beziehung gleichzeitig emotional neu aufgeladen werden kann, weil Fans immer wieder aufs Neue die Passung zu ihren zentralen Bedürfnissen erleben wollen. Nur wer dauerhaft und regelmäßig solche Kontaktmöglichkeiten mit hohem Wiedererkennungswert anbietet, wird mittelfristig seine Fan-Community ausweiten können.

Die Schaffung von Identifikation und Einzigartigkeit könnte der Star nun dem Zufall überlassen, was beispielsweise in den frühen Zeiten der Popmusik auch häufig der Fall war. So waren die *Beatles* selbst von dem Phänomen der *Beatlemania* so überrascht, dass sie in den ersten Jahren nicht wussten, wie sie mit diesem Hype umgehen sollten. Doch aus den unorganisierten Woodstock-Zeiten der Popmusik ist heutzutage längst ein milliardenschweres Pop-Business geworden, in dem die Positionierung der Stars nicht mehr dem Zufall überlassen bleibt. Diese Prozesse werden vielmehr aktiv angestoßen, auf dem Reißbrett geplant und kontrolliert – bis hin zu den Castingshows im Fernsehen (Daschmann 2007; Schneider 2004). Diese Vermarktungsprozesse setzen vor allem auf eine vollumfassende Kommunikationsstrategie. Hierdurch wird der konsistente Aufbau eines auf die Fan-Gemeinde abgestimmten Images vorangetrieben, denn erst das Image ist die Projektionsfläche, die dem Fan die Aufnahme der Beziehung ermöglicht. Mit dieser Imagebildung geht oft auch eine Fokussierung einher. Der Star vermittelt nicht nur, wofür er steht, sondern auch, welche Fans er *nicht* haben will. Es ist also ein Irrtum zu glauben, dass ein Star mehr Fans einsammelt, je breiter er sich aufstellt. Wichtiger ist, dass die Positionierung des Stars klar vermittelt, welche Fan-Zielgruppe er bedient und an welchen Fans er hingegen gar nicht interessiert ist. Denn nur die Ansprüche einer homogenen Fan-Community kann er auf Dauer befriedigen.

Die Maßnahmen, auf die sich ein Star aus Sport, Film, Kunst oder Musik konzentrieren muss, wenn er erfolgreich eine Fan-Gemeinde aufbauen will, ergeben sich dabei quasi zwingend aus dem Katalog der zuvor herausgearbeiteten Eigenschaften von Fans und Fan-Beziehungen. Identifikation zu ermöglichen und als einzigartig wahrgenommen zu werden, sind also für den Star zentrale Faktoren des Erfolgs. Hierfür muss er die relevanten Bedürfnisse der Fans identifizieren und sich an diesen ausrichten: Er muss wahrnehmbar machen, dass er genau diese Bedürfnisse bedient. Zudem muss er eine Unverwechselbarkeit des eigenen Auftritts herstellen – also den Eindruck vermitteln, dass er diese Bedürfnisse wie kein Zweiter erfüllt. Nur so wird Austauschbarkeit vermieden und wahrnehmbare Einzigartigkeit erzeugt.

Auch wenn man es aus heutiger Sicht kaum glauben mag: Solcher Konzepte haben sich erfolgreiche Stars schon vor Jahrzehnten bedient – teils unbewusst und ohne diesen theoretischen Hintergrund zu kennen, teils aber auch ganz zielgerichtet. Die Pop-Gruppe *The Who* aus England ist hierfür ein gutes Beispiel. Erst 1964 gegründet, schien es für das Quartett unmöglich, gegen den Siegeszug der *Beatles* und der *Rolling Stones* – und dazu noch unter dem Druck der gleichzeitig auf den Markt drängenden *Kinks* – die britischen Hitparaden zu erobern. Also musste eine Strategie her, die Identifikation ermöglichte und Einzigartigkeit versprach.

Kit Lambert, der damalige Manager von *The Who*, wusste, dass es unter den Jugendlichen im England der frühen 60er-Jahre brodelte: Schlechte Berufsaussichten, autoritäre Elternhäuser sowie verkrustete gesellschaftliche Strukturen ließen viele junge Leute verzweifeln. Rebellentum stand somit hoch im Kurs. Mit Ungeheuerlichem auf sich aufmerksam zu machen und aufzubegehren – das war das zentrale Bedürfnis vieler Jugendlicher (Schmidt-Joos und Kampmann 2008). Schon die *Stones* hatten sich deshalb am Reißbrett ein Bad-Boy-Image verpassen lassen – auch, um sich von den als eher brav geltenden *Beatles* erkennbar zu unterscheiden. Lambert ahnte, dass er hier noch einen Schritt weiter gehen musste: Er wies Schlagzeuger Keith Moon und Gitarrist Pete Townshend an, am Ende jedes Auftritts, insbesondere im Fernsehen, ihre Instrumente mit brachialer Gewalt zu zerstören (vgl. Abb. 1.5) (Winkler 2010).[10] Lambert spürte das zentrale Verlangen der jungen Fans, so etwas Unerhörtes und nie Dagewesenes zu sehen – und setzte so intuitiv nichts anderes um als das, was Fan-Beziehungen ausmacht: Er richtete die Positionierung von *The Who* an den zentralen Bedürfnissen potenzieller Fans aus.

Die *BBC*-Aufzeichnung, bei der Townshend eine E-Gitarre mit dem Hals vorweg in eine Lautsprecherbox rammt, ist bis heute legendär.[11] Und *The Who* waren mit einem Schlag in aller Munde. Sie hatten ihr einzigartiges Image als Rebellen herausgestellt. Instinktiv koppelte Manager Lambert diese neue Positionierung mit einer klaren Zielgruppenfokussierung: Er verpasste den *The Who*-Musikern das Image einer Mod-Band, einer jugendlichen Subkulturbewegung der 60er-Jahre, die fortwährend mit der gleichzeitig auf-

[10] In einem Interview mit der *Süddeutschen Zeitung* erklärt Sänger Roger Daltrey, wie es überhaupt dazu kam, dass die Zerstörung der Instrumente zum Markenzeichen von *The Who* wurden: „Die Leute in dem Club, in dem wir auftraten, begannen plötzlich wie hypnotisiert zu stampfen. Pete Townshend machte das etwas nervös. Er schlug mit dem Gitarrenhals gegen den Verstärker. Unser Manager Kit Lambert freute sich. Von da an musste Pete es dann erstmal immer machen." (Winkler 2010, S. 2).

[11] Anfangs war diese Vorgehensweise alles andere als rentabel: Die Kosten der zertrümmerten Instrumente und Verstärker überstiegen die Gagen der Band bei weitem, vgl. Winkler (2010, S. 2).

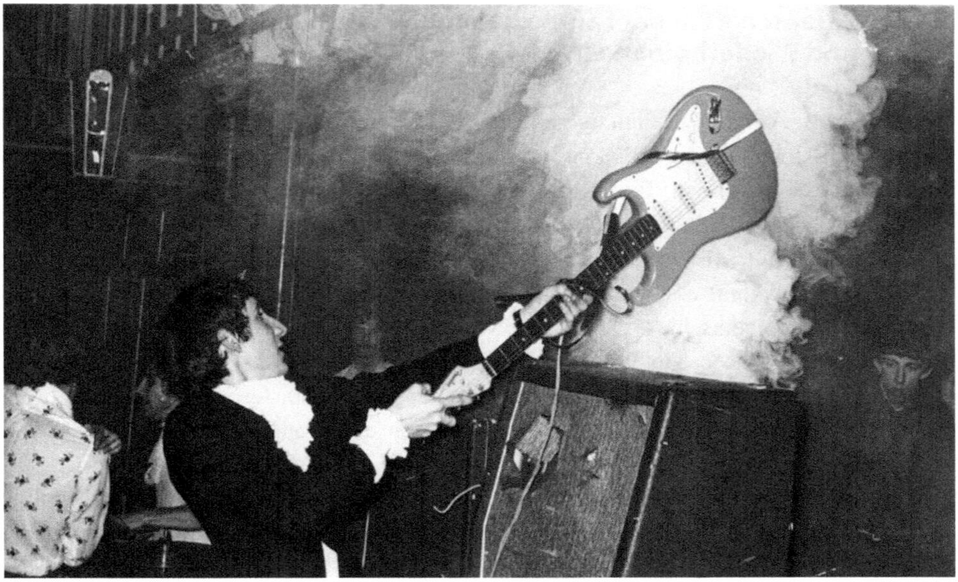

Abb. 1.5 Inszenierte Wiederholung: *The Who* auf Zerstörungskurs (Mit freundlicher Genehmigung von © Getty Images/Chris Morphet 2021. All Rights Reserved)

kommenden Rockerbewegung im Clinch lag (Winkler 2010).[12] Die Botschaft war eindeutig: Wer Mod ist, hört *The Who* – Rocker hören etwas anderes. Wenige Tage später musste sich der blonde Bassist der Band, John Entwhistle, auf Weisung des Managers die Haare schwarz färben (Geisselhart 2008, S. 123 ff.). Nur Sänger Roger Daltrey sollte als Blondschopf erscheinen, damit die Fans wüssten, wer die Identifikationsfigur der Band sei. Offensichtlich hatte Lambert intuitiv den Stellenwert von Identifikation und Einzigartigkeit für Fan-Beziehungen verstanden. Der Erfolg gab ihm Recht. *The Who* wurden – trotz der Konkurrenz durch *Beatles*, *Stones* und *Kinks* – eine der einflussreichsten und erfolgreichsten Rockbands aller Zeiten. Und Entwhistle trug bis zu seinem Tod schwarze Haare.

Fan-Beziehungen basieren somit auf Identifikation und Einzigartigkeit, haben aber noch weitere Eigenschaften, die aus den beiden ersten resultieren: Sie sind dauerhaft, Fan-Beziehungen sind hoch belastbar, und Fan-Beziehungen führen zu spezifischem kommunikativem Fan-Verhalten. Auf diese Aspekte von Fan-Beziehungen werden wir in den folgenden Kapiteln genauer eingehen.

[12] Aus dem Interview der *Süddeutschen Zeitung*: „Aber Sie waren doch ein Mod!" Daltrey: „Nein, ich habe den Mod gespielt". (Zitiert nach Winkler 2010, S. 3).

1.2.9 Eigenschaften der Fan-Beziehung: Dauerhaftigkeit und Wiederholbarkeit

Ist eine Fan-Beziehung wirklich tiefgehend, ist der Fan ihr nahezu ausgeliefert. Denn eine Fan-Beziehung wird nicht aufgekündigt – man ist in ihr quasi gefangen. Stellen Sie sich nur folgende Situation vor: Ein Fußballverein ist in die zweite Liga abgestiegen. Werden dessen Fans nun in das Stadion des Lokalrivalen pilgern, um dort Erstligafußball zu sehen? Natürlich nicht. Dieser Gedanke scheint jedem Fußballfan absurd – man wechselt nicht den Verein, man könnte es auch gar nicht. Die Verbindung zum Verein ist für den Fan quasi eine Schicksalsgemeinschaft – gerade die ewige Treue ist ja das besondere Markenzeichen dieser Verbindung (Roose und Schäfer 2017). Der Fan kann nicht aussteigen – und er will es auch gar nicht. Denn Fan-Beziehungen sind langanhaltend, wenn nicht sogar lebenslänglich. Sie werden so blauäugig und optimistisch eingegangen, wie wir auch andere emotionale Bindungen in unserem Leben eingehen: Sie sind auf Dauer angelegt. Zumindest im Moment der Etablierung der Beziehung ist der Fan sich sicher, diese Bindung nie mehr aufgeben zu wollen. Er tut das Gleiche, was wir alle tun, wenn wir ein Bindungsversprechen abgeben – sei es der Treueschwur unter Freunden oder vor dem Traualtar: Der Fan bindet sich nicht auf Zeit, sondern für sein ganzes Leben. Und für manche Fans geht die emotionale Bindung sogar über den Tod hinaus – wie eigens eingerichtete Fan-Friedhöfe in Hamburg oder Gelsenkirchen anschaulich belegen (vgl. Abb. 1.6).

Dem scheint nun auf den ersten Blick zu widersprechen, dass gerade bei jugendlichen Fans die Fan-Beziehungen zwar heftig, aber nur von kurzer Dauer sind. Jugendliche zeigen einerseits besonders auffälliges Verehren und hingebungsvolles Schwärmen für einen Star. Dies mag kaum verwundern, denn in der sinnsuchenden Lebensphase der Adoleszenz verspricht die Identifikation mit den Stars Halt und Orientierung. Andererseits sind manche dieser Fan-Beziehungen offensichtlich nur ein kurzes pubertäres Phänomen (Fritzsche 2017): Die Leidenschaft für Nena, Lena, *Tamagotchis* oder ähnliche „Teenie-Schwärme" scheint bei 14-Jährigen eine stabile und dauerhafte Fan-Beziehung zu sein,

Abb. 1.6 Emotionale Bindung über den Tod hinaus: Fan-Friedhöfe in Hamburg und auf Schalke (Mit freundlicher Genehmigung von © picture alliance (HSV: Marcus Brandt) (S04: Bernd Thissen) 2021. All Rights Reserved)

von der dieselben Fans wenige Jahre später dann plötzlich nichts mehr wissen wollen (Fritzsche 2011, S. 56 ff.). Dies ist jedoch kein Widerspruch zur festgestellten Dauerhaftigkeit von Fan-Beziehungen. Denn in Wirklichkeit werden diese jungen Fans nicht untreu, jedenfalls empfinden sie es nicht so. Was sich hier tatsächlich wandelt – und das ist der Unterschied zu Fan-Beziehungen im Erwachsenenalter –, ist vielmehr die Grundlage der Fan-Beziehung, nämlich die zentralen Bedürfnisse der jungen Fans, die sich unausweichlich mit der persönlichen Reife verändern. Altersbedingt steigt nun die Sehnsucht nach anderen identitätsstiftenden Inhalten sowie das Bedürfnis, sich mit der Wahl seiner Stars nicht mehr an seine ursprüngliche Bezugsgruppe anzugleichen, sondern sich von ihr abzugrenzen. Die bisherigen Stars werden deshalb nicht verstoßen, aber sie können das zentrale Versprechen einer Fan-Beziehung, nämlich perfekt zu den Sehnsüchten des Fans zu passen, nicht mehr einlösen.

Genau betrachtet ist die Auflösung dieses Versprechens der einzige Anlass, aus dem heraus eine Fan-Beziehung überhaupt zerbrechen kann. Wie bei jeder dauerhaften Bindung basiert auch die Fan-Beziehung auf Vertrauen. Auf Vertrauen in die Integrität des Stars. Mit dieser Integrität ist keine moralische Integrität gemeint, sondern das Vertrauen darauf, dass der Star das identitätsstiftende Versprechen auch weiterhin und dauerhaft einlöst. Mit anderen Worten: dass der Star sich selbst treu bleibt. Dass er nicht die gemeinsamen Werte verrät. Ein sich regelmäßig wiederholendes Beispiel für einen solchen Verrat ist der Wechsel eines von den Fans verehrten Fußballprofis zu einem anderen Verein – wenn nicht gar zum Erzrivalen. Etwa der Wechsel der *BVB*-Legende Andy Möller zu *Schalke 04* vor 20 Jahren. Umgekehrt unterschrieb der *Schalke*-Keeper Manuel Neuer vor zehn Jahren beim *FC Bayern*. Und Christiano Ronaldo wechselte vor wenigen Jahren von Madrid nach Turin, was seine eingefleischten Fans ebenso überraschte wie der jüngste Transfer Lionel Messis von Barcelona nach Paris.[13] Für die Fans dieser Fußballerpersönlichkeiten mögen diese Vertragswechsel noch hinnehmbar gewesen sein. Für die Fans der verlassenen Vereine hingegen gilt es regelmäßig schlichtweg als Verrat an den als identitätsstiftend betrachteten Werten. Der Star darf somit die in ihn gestellten Erwartungen keinesfalls enttäuschen. Und wenn millionenschwere Fußballvereine den Spielmodus der gesamten Sportart umzukrempeln versuchen, ohne die Fans dabei mitzunehmen, endet das in einem Desaster – wie die Auseinandersetzungen um die Einführung der Super-League im Frühjahr 2021 gezeigt haben (vgl. Abb. 1.7).

Will der Star seine Fan-Gemeinde zusammenhalten, muss er wiederholbare, ja rituelle Ereignisse schaffen, die die Bedürfnisse der Fans bedienen. Der Star ist somit dazu verdammt, das Identifikationserlebnis, mit dem er einst Fans gewann, immer und immer wieder zu ermöglichen. So konnte der Schauspieler Pierre Brice in seinem weiteren Berufsleben der Rolle des *Winnetou* nie wieder entkommen (vgl. Abb. 1.8). Und Udo Jürgens war nahezu 50 Jahre lang dazu verdammt, bei seinen Konzerten zur letzten Zugabe

[13] Dass Ronaldo nach wenigen Jahren von Turin weiter nach Manchester zog, hatte hingegen aus Sicht der Turin-Fans längst nicht diesen Geruch des Verrats: Ronaldo war als Söldner gekommen, und so verließ er den Verein auch wieder.

Abb. 1.7 Unsere Leidenschaft muss man sich verdienen – Britische Fan-Proteste gegen die Einführung der Super-League (Mit freundlicher Genehmigung von © Getty Images (Chloe Knott – Danehouse) 2021. All Rights Reserved)

Abb. 1.8 Der Star als Gefangener: Verdammt zur Wiederholung (Mit freundlicher Genehmigung von © picture alliance (Winnetou: United Archives/IFTN) (Udo Jürgens: Volker Dornberger), Getty Images (Helene Fischer: Isa Foltin) 2021. All Rights Reserved)

im Bademantel auf der Bühne zu erscheinen. Insofern können Stars sogar zu Gefangenen ihrer Fans werden.

Denn der Fan sucht nicht die Abwechslung. Er will keine Überraschungen. Er erwartet vielmehr die Wiederholung des initialen Erlebnisses, das ihn einst zum Fan machte (Mikos 2010, S. 116 f.). Popstars können von dieser Sehnsucht – im Wortsinn – ein Lied singen.

Denn die Fans fordern die großen Hits, die Kristallisationspunkte ihrer Identifikation, bei jeder Begegnung immer wieder aufs Neue ein. Ein Rockmusiker, der auf seinen Konzerten ausschließlich Songs seines neuen Albums präsentiert, ohne die alten großen Hits zu spielen, wird seine Fans enttäuschen (Fritzsche 2011, S. 259 ff.). Der kanadische Songwriter Neil Young soll einmal sinngemäß über seinen größten Hit „Heart of Gold" gesagt haben, er hasse dieses Lied, denn er könne seit Jahrzehnten nicht die Bühne verlassen, ohne es gespielt zu haben.

Doch gerade diese rituelle Wiederholung ist das, was der Fan einfordert. Er will den Kern seines Fan-Seins wieder erleben, konservieren und festhalten. Er will kein „*variety-seeking*", er will „*more of the same*". Wie anders ist es zu erklären, dass die *Museum Lichtspiele* in München seit mehr als 40 Jahren die „*Rocky Horror Picture Show*" regelmäßig im Programm haben und sich über mangelnden Zuschauerzuspruch dennoch – oder gerade deswegen – nicht beklagen können? Die eingeschworenen Fans, die allesamt den Film schon zigfach gesehen haben, genießen das Ritual: Man kommt in Verkleidung, singt lauthals mit und wirft während der Hochzeitsszene Reis. Und der Abend ist nur dann ein Genuss, wenn er so war wie immer. Fans wollen die Uhr anhalten – sie wollen Unwiederbringliches wiederholbar machen, sie wollen Ereignisse mit Wiedererkennungswert. Und je häufiger der Star Möglichkeiten und Kontaktpunkte anbietet, um diesen gefühlten Kern des Fan-Seins erlebbar zu machen, umso fester wird auch die Bindung der Fans.

Unser Beispiel der Rockband *The Who*, die durch das Zertrümmern der Instrumente auf sich aufmerksam machte, verdeutlicht diesen Zwang zur Wiederholung eindrucksvoll. Denn bei allem Erfolg seiner Band-Positionierung musste *Who*-Manager Lambert erkennen: Die Geister, die er gerufen hatte, wurden *The Who* nie mehr los. Von nun an forderten die Fans bei jedem Konzert die legendäre abschließende Zerstörungsorgie auf der Bühne – ja, ein Großteil der Fans kam überhaupt nur deshalb zu den Konzerten.[14] Doch die Musiker wollten sich auf dieses Verhalten nicht festlegen lassen. Denn jedes gute Instrument ist ein Einzelstück – und jeder Gitarrist weiß: Hat man erst einmal die perfekte Gitarre gefunden, will man sie keinesfalls wieder verlieren. So fühlte auch Townshend, der kaum Lust verspürte, solcherart lieb gewonnene Instrumente auf der Bühne zu zertrümmern (Winkler 2010).[15] Auf der anderen Seite wusste Lambert aber auch, dass die Forderungen der Fans erfüllt werden mussten, wenn *The Who* ihrem Image als Rebellenband treu bleiben und dauerhaft erfolgreich sein wollten. Lambert löste das Problem elegant: Er wies die Stagehands an, Townshend während des letzten Songs rasch eine billige, zweitklassige Gitarre zuzuschustern (Stein 1979), die dieser dann wie gehabt rebellisch zertrümmern konnte – unter tosender Begeisterung der Fans.

---

[14] Roger Daltrey: „Sie kamen dann nicht mehr wegen der Musik, sondern weil sie zuschauen wollten, wie Pete die Gitarre opferte", zitiert nach Winkler (2010, S. 2).

[15] Roger Daltrey: „Es wurde aber irgendwann nicht bloß teuer, sondern auch lästig", zitiert nach Winkler (2010, S. 2).

Stars sind somit nicht nur Stars – sie sind aufgrund ihrer erfolgreichen Positionierung auch Gefangene ihrer Fans, weil sie ihre Positionierung immer und immer wieder bestätigen müssen. Die Forderung der Fans nach Wiederholung des Fan-Erlebnisses zwingt sie, immer wieder zu „liefern" – also an jedem Kontaktpunkt mit dem Fan das zu sein, was dem Bild des Stars im Kopf des Fans entspricht. Und nur denjenigen Stars, die diesen Ruf nach Wiederholung immer wieder erfüllen, schwören die Fans die ewige Treue – denn nur sie verraten die gemeinsamen Werte nicht. Wiederholbarkeit ist also der zentrale Mechanismus, mit dem Stars ihre Fans binden – und das Instrument, mit dem sie ihre Fan-Gemeinde zusammenhalten. Wichtig ist: Dieser Mechanismus funktioniert nur, wenn das Fan-Erlebnis, dessen Wiederholbarkeit geboten werden soll, auch authentisch und glaubhaft angeboten wird. Es genügt also nicht, um das Beispiel von *The Who* noch einmal abschließend aufzugreifen, nur das *Image* eines „Gitarrenzertrümmerers" zu haben – man muss dann auch tatsächlich regelmäßig Gitarren zertrümmern, will man die Fans bei der Stange halten. *The Who*-Manager Lambert wusste das.

1.2.10 Eigenschaften der Fan-Beziehung: Belastbarkeit und Konsumbereitschaft

Da eine Fan-Beziehung auf emotionaler Bindung basiert, ist sie nur durch wenig zu erschüttern. Erst recht nicht durch Unzufriedenheit. Das bereits erwähnte Beispiel der Fußballfans, die den Verein trotz Erfolglosigkeit nie wechseln würden, verdeutlicht dies: Für die affektive Bindung des Fans ist die „Leistung" seiner Kultfigur oder seiner Stars im Grunde zweitrangig. Mag sein, dass dies in den Anfängen der Beziehung für die aufkommende Leidenschaft zunächst eine Rolle spielt. Doch ist die Fan-Beziehung erst einmal etabliert, ist es für die Bindung unerheblich, ob der Star mit seiner Performance sein Leistungsniveau dauerhaft hält (Göttlich und Krischke-Ramaswamy 2003, S. 169). Auch wenn der geliebte Rockstar seit Jahrzehnten keinen Top-Ten-Hit mehr hat, der Fußballverein in die dritte Liga absteigt oder die Lieblingsschriftstellerin in ihrem neuen Buch zum dritten Mal den gleichen Plot bemüht: Der Fan bleibt Fan, auch wenn der Star hinter den Ansprüchen zurückbleibt. Und er hat kein Verständnis für diejenigen, die sich aufgrund schwächerer Leistungen vom Star abwenden. Zuschauer beispielsweise, die nur dann im Stadion auftauchen, wenn die Mannschaft gerade eine hervorragende Saison spielt, also wenn die Leistung stimmt, sind dem selbst ernannten „echten" Fan als „Modefans" sogar ein Dorn im Auge.

Ein anderes Beispiel: Ein amerikanischer Literaturkritiker hat einmal behauptet, Stephen King könne auch seine Wäscheliste veröffentlichen – seine Fans würden das Buch auch dann noch kaufen. Einmal davon abgesehen, dass dieser Spott dem literarisch oft unterschätzten Werk Kings kaum gerecht wird, trifft er, was die Fan-Beziehung angeht, doch den Nagel auf den Kopf: Es ist nicht die immer wiederkehrende Erbringung von Top-Leistung, mit der der Star seine Fans bindet. Es ist die stets wiederholbare Möglichkeit zur Identifikation. Aus ihr heraus ist der Fan bereit, vieles zu verzeihen und auch unter widrigen Bedingungen Fan zu bleiben. Es sei denn, gerade die Erbringung von Top-Leistungen ist das identitätsstiftende Moment, wofür der Star steht. Dann ist durchgehende Top-Performance notwendig, um Fan-Bedürfnisse zu erfüllen. Wir denken in diesem Zusammenhang zum Beispiel an die Fans des *FC Bayern München*, für die schon eine Vize-Meisterschaft an den Fundamenten ihrer Fan-Beziehung rüttelt.

Überhaupt ist der Fan extrem einsatzbereit und leidensfähig:[16] Er ist bereit, weite Wege zurückzulegen, um seinen Star zu treffen; er zahlt klaglos überteuerte Preise für Konzertkarten oder Merchandising-Artikel; er investiert Zeit, Energie und Geld in die Arbeit der Fan-Community, oder er steht bei Wind und Wetter im Stadion (Schlicht et al. 2003, S. 141). Für den „echten" Fan ist dieses Engagement selbstverständlich. Zuschauer, die nur bei Sonnenschein das Stadion aufsuchen, betrachtet er geringschätzig als „Schönwetterfans". Er empfindet, auch wenn sie seinen Verein unterstützen, keine Sympathie für sie. Denn in seinen Augen fehlt ihnen die Bereitschaft, alles für diese Fan-Beziehung zu geben (Hornby 1992).

Um hier Missverständnisse zu vermeiden: Dass die emotionale Bindung des Fans nicht vorrangig auf Leistung basiert, heißt nicht, dass dem Fan die Leistung gleichgültig ist. Der Fan ist kritisch gegenüber seinem Star, insbesondere, was dessen Leistung angeht.[17] Er hat überdurchschnittlich hohe Ansprüche und Erwartungen an seine Kultfiguren. Und wenn die Leistung ausbleibt, ist er ebenso unzufrieden wie andere Anhänger und fordert diese Leistung ein. Er kommuniziert verzweifelt mit anderen Fans darüber, er wendet sich flehend via Facebook an seinen Star, oder er hält in der Kurve Transparente in die Höhe. Wenn die Fußballsaison für den Club schlecht läuft, versammeln sich schon einmal hartgesottene Fans vor dem Vereinshaus und singen: „Wir haben die Schnauze voll!" (König 2002, S. 51 ff.). Und kommt es noch schlimmer und die Saison endet in einer Katastrophe, wie es beispielsweise in der Saison 20/21 für *Schalke 04* geschah, kann die Fan-Zuneigung sogar in Aggression umschlagen (vgl. Abb. 1.9).

Kein Zweifel: Fans sind äußerst kritisch und unbequem, und sie können durchaus unzufrieden sein (Schmidt-Lux 2017). Nur entscheidet diese Unzufriedenheit, die aus mangelnder Leistung resultiert, nicht über ihre emotionale Bindung. Die kritische und fordernde Haltung des Fans tut seiner affektiven Verehrung keinen Abbruch – solange der Star nicht das zentrale Versprechen aufkündigt, das ihn mit dem Fan verbindet: die Projektionsfläche zu sein, mit der der Fan sich identifizieren kann. Fans bleiben also zunächst einmal Fans – auch dann noch, wenn die erwartete Leistung einmal ausbleibt. Erst wenn sein Vertrauen auf lange Sicht immer und immer wieder enttäuscht wird, empfinden sie ihr Fan-Sein als Belastung und beginnen sich abzuwenden.

Dank dieser Hingabe ist der Fan ein erstklassiger Konsument (Akremi und Hellmann 2017). Er konsumiert nicht nur den Gegenstand seines Kults, sondern auch zahlreiche

---

[16] Bis hin zu Gesundheitsrisiken, vgl. Kohlmann und Eschenbeck (2009, S. 635–680).

[17] Zu Versagensängsten durch Zuschauereinflüsse vgl. Alfermann (2000, S. 65–109) sowie Alfermann und Würth (2008, S. 719–778); zur Sportlermotivation durch Fans vgl. Daschmann (2014, S. 46–62).

Abb. 1.9 Fans sind leidensfähig: Protestierende Fußballfans (Mit freundlicher Genehmigung von © picture alliance/Sven Simon, Anke Waelischmiller 2021. All Rights Reserved)

weitere Utensilien, mit denen er sein Fan-Sein ausdrückt und seine Zugehörigkeit zum Fantum demonstriert. Er hat bezüglich sämtlicher Angebote, die mit seinem Fan-Objekt in Zusammenhang stehen, eine hohe Kaufbereitschaft (Mikos 2010, S. 109). Mit der zunehmenden Bedeutung der Unterhaltungsindustrie seit dem Zweiten Weltkrieg wurde auch dieses Vermarktungspotenzial von Fan-Kulturen erkannt. Mittlerweile wird Letzteres durch Merchandising und andere kultbezogene Vermarktungsaktivitäten nicht mehr nur bedient, es wird geradezu entfacht und sorgt auf Seiten der Vereine und der Stars für klingende Münze. Das berühmteste Beispiel hierfür ist wohl das Trikot des portugiesischen Fußballstars Christiano Ronaldo. Nachdem *Real Madrid* den Star von *Manchester United* abgeworben hatte, ging sein Trikot über 1,2 Millionen Mal über den Ladentisch der *Real*-Fanshops. Die 94 Millionen Euro Ablösesumme für „*CR7*", wie ihn die Fans nennen, die Madrid einst an Manchester gezahlt hatte, wurden damit komplett refinanziert (Mikos 2010, S. 110). Und als vor wenigen Jahren die Nachricht kam, dass Ronaldo für die Ablösesumme von 105 Millionen Euro zu *Juventus Turin* wechselte (vgl. Abb. 1.10), verkaufte der italienische Verein allein in den ersten 24 Stunden 520.000 Ronaldo-Trikots (20min.ch 2018). Der letzte Wechsel von Ronaldo im Sommer 2021 zurück nach Manchester brach dann alle Rekorde: Innerhalb von einer Woche verkaufte ManU Ronaldo-Trikots im Wert von 220-Millionen Euro (Bild 2021).

Kein Zweifel: Das in allen Genres festzustellende Ansteigen des Fantums ist nicht allein durch die wachsende Suche nach Identifikationsobjekten in der postindustriellen Gesellschaft zu erklären, es wird wesentlich verstärkt durch das aktive Geschäft mit den Be-

Abb. 1.10 Fans sind kaufbereit: Ronaldo-Trikot als Kassenschlager (Mit freundlicher Genehmigung von © Getty Images/Isabella Bonotto, AFP 2021. All Rights Reserved)

dürfnissen der Fans – und wird durch entsprechende Vermarktungsinteressen zusätzlich vorangetrieben.

1.2.11 Eigenschaften der Fan-Beziehung: Kommunikation und Community

Der Fan ist kein Einzelgänger, sondern Teil einer wahren Fan-Kultur (Göttlich und Krischke-Ramaswamy 2003, S. 169). Er lebt in einer virtuellen oder tatsächlichen Fan-Gemeinschaft, die man als kulturelle Geschmacksgemeinschaft mit gemeinsamen Deutungen und Praktiken verstehen kann. Die Gesamtheit dieser Fan-Gemeinschaft und ihrer Aktivitäten wird in der Literatur in der Regel als „Fandom" (seltener: „Fantum") bezeichnet. Sie definiert sich durch eine gemeinsame kulturelle und soziale Praxis. Sie beruht auf gemeinsamen ästhetischen, sinnlichen oder affektiven Erlebnissen, gemeinsamen Handlungspraktiken und gemeinsamer Weltdeutung. Den Kult und seine Praktiken schaffen die Fans dabei selbst. Es sind gemeinsame Lebensstilgruppen, die ihre Kulthandlung expressiv ausleben. Fans treffen sich auf eigenen *Conventions* und genießen in der Gruppe das Verbindende ritueller Verhaltensweisen (vgl. Abb. 1.11). Die hierfür erforderlichen Gemeinsamkeiten müssen nicht kommunikativ ausgehandelt werden: Sie sind Teil der Fan-Kultur – und gerade, weil sie latent und implizit sind, stiften sie Gemeinschaft (Fritzsche 2011, S. 38 ff.).

Abb. 1.11 Fans als Community: *Star Trek*-Kostüm-Rekord in Las Vegas (Mit freundlicher Genehmigung von © Getty Images/David Livingston 2021. All Rights Reserved)

In diesem Gemeinschaftserleben liegt vermutlich die eigentliche soziale und emotionale Belohnung des Fan-Daseins: Mit seinem Bekenntnis zum Fan-Objekt und zur damit einhergehenden Fan-Gemeinschaft schafft sich der Fan einen positiven Flucht- und Erlebnisraum mitten im häufig ernüchternden Alltag (Schlicht et al. 2003, S. 141). Er gewinnt durch den Gruppenprozess des Fantums ein Stück individuell empfundener Identität. Er schafft sich eine soziale Heimat und geschützte Erfahrungsräume. Betrachtet man das Phänomen aus dieser Perspektive, wird deutlich, dass Fantum keineswegs pathologische Züge trägt, sondern nachvollziehbare soziale und emotionale Bedürfnisse nach Identität und Geborgenheit bedient (Mikos 2010, S. 113). Ebenso wird sichtbar, warum gleichzeitig mit dem Wegbrechen klassischer sinnstiftender Instanzen wie Kirche, Staat oder Familie das Fan-Phänomen und die Fan-Communitys solchen Zulauf erhielten.

Mit dem so gesteigerten Ingroup-Gefühl der Fan-Community geht eine Abgrenzung nach außen einher. Es geht um das Vergnügen, anders zu sein und sich herauszuheben. Das Fan-Verhalten, das dem unbeteiligten Beobachter von außen als Konformität und Massenverhalten erscheint, wird vom Fan selbst als ein Vorgang der Identitätsstiftung und damit der Individualisierung erlebt. Hierdurch erlangt die Beziehung zu seinem Star eine Einzigartigkeit. Fan zu sein heißt für ihn somit auch immer, anders sein zu wollen, auffallen zu wollen und sich der Normalität zu entziehen – und dies nicht isoliert tun zu müssen, sondern in einer Gruppe vermeintlich Gleichgesinnter (Gebhardt 2017). Die Unterscheidung zwischen der eigenen Peergroup, also den Fans, mit denen man die Leidenschaft teilt, und dem „Rest" der Gesellschaft, ist dabei für ihn zwingend notwendig.

Soziodemografisch gibt es den „typischen" Fan eines bestimmten Stars oder Kultobjekts daher im Grunde nicht. Fans teilen zwar den gemeinsamen Star, sie sind aber dennoch meist keine homogene soziologische Gruppe. Zwar gibt es Fan-Gemeinschaften, insbesondere unter Jugendlichen, die soziodemografisch sehr homogen sind bzgl. Alter, Geschlecht oder sozialer Herkunft, andere Fan-Communitys z. B. von Sportvereinen oder Filmstars zeigen aber, dass Fan-Gemeinschaften soziodemografisch in der Regel heterogen besetzt sind (Otte 2017).

Der Fan ist als Kommunikator und Multiplikator von unschätzbarem Wert. Er ist ständiger Botschafter seines Kultobjekts. Nicht nur, dass er seine Verehrung öffentlich macht durch Insignien, die er bewusst zur Schau stellt – wie z. B. ein Logo, ein T-Shirt oder auch ein Tattoo. Hinzu kommt sein *Word-of-Mouth*-Marketing, durch das er den Star und seinen Kult in persönlichen Gesprächen in seinem Umfeld immer wieder thematisiert. Die Bedeutung dieses *Word-of-Mouth* und der Botschafterrolle des Fans erfuhr durch das Aufkommen der sozialen Netzwerke eine wesentliche Aufwertung. Denn der Fan braucht Plattformen, um sein Fan-Sein ausleben zu können – und Online-Plattformen ermöglichen dies in nie dagewesener Weise (Winter 2017). Fans sind dank der neuen Kommunikationstechnologien nicht mehr lokal oder regional gebunden. Die Fan-Gemeinschaft kann jetzt virtuell in Foren, Blogs oder auf Facebook-Seiten zusammenkommen – die Community wird so für den Einzelnen trotz erheblicher räumlicher Distanzen täglich erfahrbar, in ihrer Willensbildung handlungsfähiger und nach außen hin wahrnehmbarer. Hinzu kommt, dass Fans sich nun vielgestaltiger in die öffentliche Debatte um ihren Star oder ihr Kultobjekt einmischen können.

Das betrifft auch die Kommunikation mit den Stars oder den Produzenten der Kultobjekte selbst. Denn Fans sind nicht nur Rezipienten, sie sind auch aktive Produzenten kultureller Produkte. Fans schreiben Bücher und Handlungsstränge ihrer Kultautoren fort, sie produzieren eigene Musikvideos ihrer Lieblingstitel, sie komponieren eigene Fan-Gesänge für die Fan-Kurve, überlegen sich Stadionchoreografien für den Moment des Einlaufens der Mannschaften oder entwerfen eigene Kleidung, die zum geliebten Fantasyroman passt. *Herr der Ringe*-Fans beispielsweise lernen die Fantasysprachen, die *J.R.R. Tolkien* einst in seiner Trilogie ersann, nicht nur auswendig, sie ergänzen sie um neue Vokabeln. Die Fans eignen sich den Gegenstand ihres Kults an und treiben ihn weiter voran. Sie sind somit aktiver Mitarbeiter am Fantum des Stars sowie Impulsgeber und Innovator für seine Performance.

1.2.12 Zusammenfassung: Was ist ein Fan?

Wir haben – basierend auf der sozialwissenschaftlichen Fan-Forschung – herausgearbeitet, was wir unter einem Fan verstehen: Ein Fan ist Konsument und gleichzeitig Mitgestalter eines spezifischen Kulturgutes, der sich durch eine starke emotionale Bindung gegenüber diesem Kulturgut von anderen Konsumenten unterscheidet und infolgedessen spezifische Verhaltensweisen entwickelt. Wir haben aufgezeigt, dass die Suche nach Identifikation und das Bedürfnis nach sozialem Anschluss die grundlegenden Motive sind, die den unbewussten Impuls zur Aufnahme einer Fan-Beziehung geben, und dass es kennzeichnend für diese Beziehung ist, dass sie vom Fan als exklusiv und einzigartig erlebt wird. Die mit dieser Qualität von Identifikation und Einzigartigkeit ausgestattete Fan-Beziehung zeigt zahlreiche Folgeeigenschaften, die wir ebenfalls herausgearbeitet haben. Alle diese Merkmale finden Sie im Folgenden noch einmal aufgeführt und inhaltlich sinnvoll gruppiert. Die hierdurch entstandenen Bündel von Merkmalen bezeichnen wir als Dimensionen der Fan-Beziehung. Allerdings gibt es zwischen diesen Dimensionen eine klare Hierarchie: Während Identifikation und Einzigartigkeit die ursächlichen Treiber sind, ohne die keine Fan-Beziehung zustande kommen kann, sind die drei weiteren Dimensionen Folgeeigenschaften, die zwar auch in jeder Fan-Beziehung zu finden sind, aber für das Entstehen der Beziehung nicht ursächlich sind. Dieser Katalog der Wesensmerkmale von Fan-Beziehungen sowie die Identifikation der hierarchischen Bezüge zwischen diesen verschiedenen Merkmalen machen den zentralen Entdeckungsgehalt des *Fan-Prinzips* aus: Es beschreibt, welchen grundlegenden Prinzipien echte Fan-Beziehungen folgen.

Dimensionen und Merkmale von Fan-Beziehungen

Identifikation und Einzigartigkeit als Grundlage jeder Fan-Beziehung

1. *Identifikation als grundlegendes Motiv jeder Fan-Beziehung*
   - Die Fan-Beziehung bedient Bedürfnisse nach Identitätsstiftung und sozialer Zugehörigkeit.
   - Die Fan-Beziehung basiert auf Identifikation: Der Star verkörpert zentrale Werte des Fans.
   - Der Fan erwählt den Star aufgrund dieser individuell wahrgenommenen Passung.
   - Die Fan-Beziehung schafft hierdurch maximale affektive und emotionale Bindung.
   - Der Fan hat konkrete Erwartungen und Ansprüche an die Performance seines Stars.
   - Der Fan kann emotional gebunden, aber dennoch unzufrieden sein.
2. *Einzigartigkeit als notwendiges Element jeder Fan-Beziehung*
   - Die Fan-Beziehung ist exklusiv. In den Augen des Fans ist sie ein Alleinstellungsmerkmal.
   - Die Fan-Beziehung vermittelt dem Fan das Gefühl der Individualität.
   - Der Fan grenzt sich durch sein Fandom von anderen „Nicht-Fans" ab.

Eigenschaften der Fan-Beziehung, die aus Identifikation und Einzigartigkeit resultieren

3. *Dauerhaftigkeit der Fan-Beziehung und die Wiederholbarkeit des Identifikationserlebnisses*
   - Die Fan-Beziehung entsteht durch Initialereignisse.

- Die Fan-Beziehung ist auf Dauerhaftigkeit angelegt.
- Der Fan braucht häufige Kontaktmöglichkeiten, die das Fan-Sein erlebbar machen.
- Der Fan braucht wiederholbare Erlebnisse, die Identifikation immer wieder ermöglichen.
- Der Fan braucht Ereignisse mit Wiedererkennungswert: Er sucht „more of the same".
- Der Fan empfindet jede Veränderung der identitätsstiftenden Eigenschaften als Bedrohung. Sie kann zur Aufkündigung der Fan-Beziehung führen.

4. *Der Fan als Botschafter und als Mitglied der Fan-Community*
   - Die Fan-Beziehung ist eine sozial vermittelte Beziehung.
   - Der Fan ist ein aktiver Botschafter des Stars.
   - Der Fan ist Multiplikator durch *Word-of-Mouth.*
   - Der Fan bewegt sich in einer Fan-Community.
   - Der Fan kommuniziert aktiv in seiner Community.
   - Der Fan braucht eine Plattform, um sein Fan-Sein auszuleben.
5. *Die Belastbarkeit der Fan-Beziehung und die Konsumbereitschaft des Fans*
   - Die Fan-Beziehung ist geprägt von hohem Vertrauen in die Integrität des Stars.
   - Der Fan ist bereit, sein Fan-Sein auch unter widrigen Bedingungen auszuleben.
   - Der Fan verzeiht vieles und hat eine hohe Leidensfähigkeit.
   - Der Fan ist ein aktiver Mitarbeiter am Fandom seines Stars.
   - Der Fan ist Impulsgeber und Innovator für die Leistung des Stars.
   - Der Fan ist bereit, einen hohen Preis für sein Fan-Erlebnis zu zahlen.

1.3 Vom *Fan-Prinzip* zu *FANOMICS*: Was ist ein Fan-Kunde?

Nachdem wir eingehend erläutert haben, was ein Fan ist und welche Eigenschaften typisch für ihn sind, stehen wir nun vor der entscheidenden Frage: Lassen sich diese Erkenntnisse des *Fan-Prinzips* über Fans und Fan-Beziehungen gewinnbringend auf Kunden und Kundenbeziehungen übertragen? Kann man aus den Eigenschaften von Fans etwas lernen, das es uns ermöglicht, Kunden längerfristiger zu binden und Unternehmen entsprechend auszurichten? Gibt es überhaupt so etwas wie „Fan-Kunden" – also Kunden, deren Kundenbeziehung zu ihrem Anbieter einer Fan-Beziehung gleicht? Diese grundlegende Feststellung ist die Voraussetzung für den zweiten Schritt unseres Ansatzes: Den Transfer der Erkenntnisse des *Fan-Prinzips* auf wirtschaftliche Zusammenhänge und Kundenbeziehungen sowie die darauf basierende Entwicklung eines umfassenden Steuerungskonzeptes für Unternehmen, das wir als *FANOMICS* bezeichnen. Wir werden uns daher mit den skizzierten Fragen im Folgenden auseinandersetzen.

1.3.1 Fans gibt es auch in Kundenbeziehungen

Ja, es gibt sie, die Fan-Kunden! Zugegeben: Das Beispiel der Motorrad-Fans, die sich das Logo von *Harley Davidson* tätowieren lassen (vgl. Abb. 1.12), ist mittlerweile ein alter Hut in der Marketing-Literatur. Und nicht jedes Unternehmen hat ein so emotionales Produkt anzubieten wie ein Kult-Motorrad. Aber dennoch ist das *Harley*-Beispiel an dieser Stelle genau richtig, denn es illustriert anschaulich, was ein Fan-Kunde ist und was geschieht, wenn Kunden zu Fans werden.

Harley-Davidson hat solche Kunden, denen die Beziehung zur Marke sprichwörtlich unter die Haut geht. Und *Harley* weiß, was solche Kunden wert sind. Schon seit Jahrzehnten versteht es die Motorradschmiede aus den Vereinigten Staaten, ihre Marke dementsprechend zu platzieren: „Unsere Motorräder sind mehr Weltanschauung als Transportgerät",[18] weiß man dort und bedient diese Markenpositionierung bei jedem öffentlichen Auftritt. Die Botschaft dahinter ist klar: Wer eine *Harley* kauft, erwirbt eine Philosophie – und bekommt das Motorrad quasi kostenlos dazu.

Das Besondere an dieser Positionierung: Produkteigenschaften spielen dabei kaum eine Rolle. Wenn *Harley-Davidson* für seine Maschinen wirbt, geht es nicht um Motorleistung, Federwege oder Rahmenqualität. Es geht um Emotion, um das Versprechen eines Erlebnisses. Und als Folge dieser Positionierung treten die eigentlichen Produkteigenschaften in den Hintergrund. Nicht die technische Qualität des Motorrads ist für den *Harley*-Fahrer das Thema, sondern das emotionsgeladene Kult-Bike.

Offensichtlich haben viele Kunden somit eine ganz besondere Beziehung zur Marke *Harley-Davidson*. Das Wort Zufriedenheit reicht wohl kaum aus, um diese Beziehung zu charakterisieren. Diese Kunden sind vielmehr emotional gebunden. Und zwar so stark, dass sie sich sogar das Unternehmenslogo eintätowieren lassen und es als Markenbotschafter stolz zur Schau tragen. Sie identifizieren sich mit dieser Motorradmarke – und für sie kommt auch kein anderes Bike in Frage. Identifikation und Einzigartigkeit – in vielen Kundenbeziehungen von *Harley-Davidson* sind genau diese beiden zentralen Eigenschaften von Fan-Beziehungen erfüllt. Mit anderen Worten: Viele *Harley*-Kunden sind eben „Fans".

Nun mögen Sie einwenden wollen, eine solche Hingabe eines Kunden bis hin zum Tattoo sei nur bei hoch emotionalen Produkten wie Motorrädern denkbar. Wenn Sie das glauben, kennen Sie Christoph Harasim nicht. Der junge Mann aus dem Ruhrpott war vor wenigen Jahren Kandidat bei Günter Jauchs TV-Quiz „Wer wird Millionär?" und gewann dort 16.000 Euro. Auf Jauchs übliche Frage, was er mit dem Geld zu tun gedenke, antwortete Harasim zur Verblüffung des Moderators mit den Worten: „Ich lasse mir ein *Hansa-Pils*-Logo stechen … das ist bei uns im Ruhrpott ein absolutes Kultbier."

Diese beiden Beispiele deuten nicht nur an, dass es das Phänomen des Fan-Kunden in ganz verschiedenen Sparten und Branchen geben kann. Sie vermitteln zugleich eine erste

[18] Bernhard Gneithing, ehemaliger Marketing Direktor von *Harley-Davidson* Deutschland (zitiert nach Ilg 2009).

Abb. 1.12 Das Fan-Tattoo: Eine Kundenbeziehung, die unter die Haut geht (Mit freundlicher Genehmigung von © Getty Images/Chicago Tribune 2021. All Rights Reserved)

Vorstellung, dass Fan-Kunden, also Kunden mit einer hohen emotionalen Bindung, für jedes Unternehmen von unschätzbarem Wert sind. Denn es sind Kunden, die immer wieder kommen, die immer wieder kaufen und die weiterempfehlen. Solche Kunden zu haben, ist eine Sehnsucht, die viele Unternehmensentscheider umtreibt. Denn stabile Kundenbeziehungen, steigende Umsätze pro Kunde sowie aktive Weiterempfehlungen sind Wachstumsmotoren.

Um zu begreifen, was das konkret bedeutet, schließen Sie kurz die Augen und stellen sich folgendes Szenario einmal bildlich vor: Ein Kunde, der in Ihre Geschäftsräume kommt oder den Sie zu einem Verkaufsgespräch besuchen, hätte Ihr Unternehmens-Logo eintätowiert. Sie wüssten sofort: Dieser Abschluss ist Ihnen sicher. Denn dieser Kunde schwört offensichtlich auf Ihr Unternehmen und Ihre Marke. Für die Bedürfnisse, die er in diesem konkreten Moment hat, weiß er keinen besseren Anbieter als Sie. Er wird Ihren Preis bezahlen, er wird mit absoluter Sicherheit nicht bei der Konkurrenz kaufen, er wird Sie weiterempfehlen und – am wichtigsten – er wird wiederkommen. Die Beziehung zu Ihnen geht ihm eben „unter die Haut" – in seinem Kopf nehmen Sie für seine Bedürfnisse eine Monopolstellung ein. Und diese Überzeugung trägt er als Botschafter mit seinem Tattoo offensiv nach außen und empfiehlt Sie so aktiv weiter.

Zweifellos eine traumhafte Vorstellung. Sie halten das für unrealistisch? Sie meinen, das sei eine absurde Idee und solche Kunden könne es für Ihr Unternehmen nicht geben? Wenn Sie das denken, dann irren Sie sich. Natürlich gibt es solche Kunden. Und das Beispiel von *Harley Davidson* verdeutlicht, dass es Unternehmen gibt, die es seit Jahrzehnten verstehen, eine so tiefgehende Beziehung zu ihren Kunden zu pflegen.

Dennoch meinen die meisten Unternehmen, es sei unmöglich, solche Fan-Beziehungen zu ihren Kunden aufzubauen. Sie unterliegen dem Irrtum, eine solche emotionale Bindung von Kunden sei nur bei emotional aufgeladenen Produkten wie Motorrädern möglich. Entgegen dieser Annahme werden wir im weiteren Verlauf dieses Buches zeigen, dass es für Unternehmen jedweder Branche, ob B2B oder B2C,[19] möglich ist, Kundenbeziehungen dieser emotionalen Qualität aufzubauen. Kundenbeziehungen, die unter die Haut gehen.

Doch obwohl es möglich wäre, dass Unternehmen viele solcher hochwertigen Kundenbeziehungen hätten – sie haben sie nicht, oder sie nutzen ihr Potenzial dafür bei weitem nicht aus. Warum haben die meisten Unternehmen nur so wenig Fan-Kunden? Weil sie im Kundenbeziehungsmanagement auf das falsche Pferd setzen – nämlich nicht auf die emotionale Bindung, sondern auf die Kundenzufriedenheit. Und das ist, wie wir gleich sehen werden, ein schwerwiegender Fehler.

1.3.2 Vorsicht vor zufriedenen Kunden

Auf den ersten Blick mag die Überschrift irritieren: Wieso sollte man vor zufriedenen Kunden warnen? Denn ein zufriedener Kunde – so die weitverbreitete Annahme – ist ein loyaler und damit gleichzeitig ein wertvoller Kunde. Tatsächlich jedoch ist es gefährlich, das Kundenbeziehungsmanagement eines Unternehmens vorrangig oder gar ausschließlich an der Kundenzufriedenheit auszurichten. Denn zum einen führt Kundenzufriedenheit in unseren hoch entwickelten Märkten eben *nicht* zu nachhaltiger Kundenbindung. Und zum anderen verschlingt der Versuch, Kundenzufriedenheit zu steigern, immense Unternehmensressourcen, die an anderer Stelle wesentlich gewinnbringender eingesetzt werden könnten. Die folgenden Ausführungen werden dies verdeutlichen.

Kundenzufriedenheit alleine schafft noch keine Kundenbindung

Das sprichwörtliche Etikett von der „Servicewüste Deutschland" ist, wenn es überhaupt jemals zutraf, längst überholt: Kundenorientierung ist mittlerweile für die meisten deutschen Unternehmen ein selbstverständlicher Bestandteil der Unternehmensstrategie. Entsprechend intensiv investieren deutsche Unternehmen seit vielen Jahren in die Qualität ihrer Kundenbeziehungen. Dieses Engagement beruht auf der Einsicht, dass gut gepflegte,

---

[19] Von B2B („Business-to-Business") spricht man dann, wenn es sich um eine Geschäftsbeziehung zwischen Unternehmen handelt. Beide, also Anbieter und Kunde, sind Unternehmen. B2C („Business-to-Consumer") meint hingegen die klassische Kundenbeziehung zwischen einem Anbieterunternehmen und dem privaten Verbraucher.

dauerhafte und loyale Kundenbeziehungen ein zentraler, wenn nicht sogar der zentrale unternehmerische Erfolgsfaktor sind – denn zum einen erlauben stabile Kundenbeziehungen zuverlässigere Umsatzplanungen, und zum anderen ist es unter den Bedingungen des sich verschärfenden Wettbewerbs wesentlich rentabler, einen Bestandskunden zu halten und die Beziehung zu ihm zu pflegen, als einen Neukunden aufwändig zu gewinnen und aufzubauen.

Als Gradmesser für den Erfolg ihrer aufwändigen Maßnahmen zur Steigerung der Kundenbeziehungsqualität orientieren sich die deutschen Unternehmen vor allem an einem zentralen Parameter: an der Zufriedenheit ihrer Kunden. Das ist nicht weiter überraschend. Denn zufriedene Kunden, dessen schien man sich lange sicher, sind loyalere Kunden mit stabileren und dauerhafteren Kundenbeziehungen – in der einschlägigen Management-Literatur[20] ist diese Ansicht, wonach Kundenzufriedenheit unweigerlich zu Kundenbindung führt, noch immer weit verbreitet. Die Annahme scheint sogar so selbstverständlich, dass sie vielerorts nicht hinterfragt wird. Und so wurde beim Streben nach Kundenbindung die Kundenzufriedenheit zum Mantra der Kundenorientierung deutscher Unternehmen. Entsprechend wurde und wird in erheblichem Maß in Kundenzufriedenheit investiert. Und offenbar auch mit großartigem Erfolg: Wie Abb. 1.13 zeigt, sind die Kundenzufriedenheitswerte deutscher Unternehmen beeindruckend hoch.

Um diese hervorragenden Zufriedenheitswerte zu erreichen, waren immense Anstrengungen nötig. Gewaltige Summen wurden in die Qualitäts- und Leistungssteigerung investiert, um die Kunden erst zufrieden und dann immer noch zufriedener zu machen.

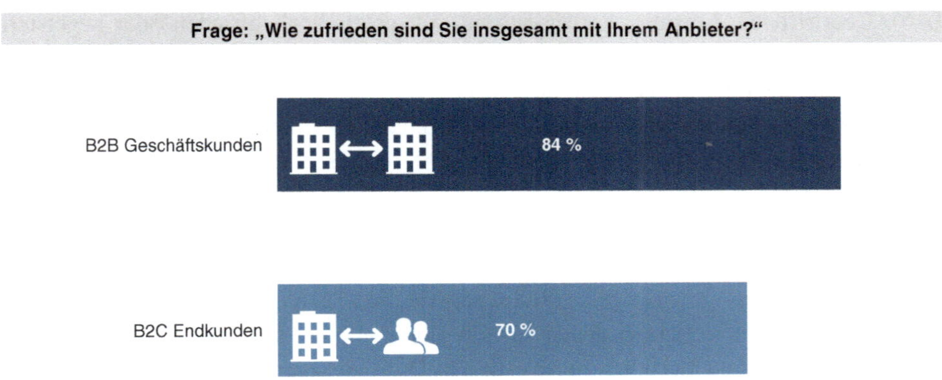

Werte: Top-2-Boxen (Kategorien 100 und 75) auf einer Skala von 100 (sehr zufrieden) bis 0 (sehr unzufrieden)
Basis: B2B: 800 Interviews mit Unternehmensentscheidern, B2C: 125.222 Interviews mit Kunden von 337 Unternehmen aus 35 Branchen; zur Erhebungsmethode vgl. die Ausführungen in Abschn. 1.6
Quelle: *2HMforum*.-Grundlagenforschung

Abb. 1.13 Kundenzufriedenheitswerte deutscher Unternehmen

[20] Dass gesteigerte Zufriedenheit langfristig Bindung erzeugt, wird selbst in der einschlägigen betriebswissenschaftlichen Literatur ungeprüft vorausgesetzt (vgl. z. B. Homburg 2016).

Studien zur Kundenzufriedenheit schossen wie Pilze aus dem Boden. Werbe-Claims prahlten mit „mehr als 90 % zufriedene Kunden“. Zufriedenheit schafft Bindung, hieß die Devise – also „Keep the customer satisfied“ –, koste es, was es wolle. Auf den ersten Blick ging diese Rechnung auch auf – die überwältigende Mehrheit hochzufriedener Kunden scheint dies zu belegen.

Tatsächlich jedoch führte der eingeschlagene Weg in die Irre. Denn die deutschen Unternehmen haben zwar in Sachen Kundenzufriedenheit ihre Hausaufgaben gemacht, aber sie haben hierdurch ihr eigentliches Ziel, eine höhere Kundenbindung, nicht erreicht. Zahlreiche Unternehmen machen vielmehr die gegenteilige Erfahrung: Die Kunden werden zwar immer zufriedener – aber sie wandern dennoch zur Konkurrenz ab. Offensichtlich verhalten sich zufriedene Kunden zunehmend genauso illoyal wie unzufriedene. Die immensen Investitionen in die Steigerung von Produkt- und Dienstleistungsqualität wurden von den Kunden immer weniger honoriert. Sie blieben wirkungslos, da sie zwar mehr Zufriedenheit, jedoch keinerlei Bindung schufen.

Offensichtlich gilt der postulierte Einfluss der Kundenzufriedenheit auf die Kundenbindung also nur noch bedingt. Der Grund dafür erschließt sich, wenn wir uns das Konstrukt der Kundenzufriedenheit näher anschauen. In der Forschung gibt es dazu zahlreiche Modelle und Ansätze. Sie alle verstehen Kundenzufriedenheit im Kern als das Ergebnis eines Prozesses, bei dem der Kunde seine Erwartungen an ein Produkt oder eine Leistung mit der tatsächlich erbrachten Qualität des Produkts oder der Leistung vergleicht. Werden die Erwartungen nicht erfüllt, kommt es zu Unzufriedenheit oder Ärger. Halten sich Erwartung und Leistung die Waage, ist der Kunde zufrieden (Homburg und Stock-Homburg 2016). Übertrifft die Leistung die Erwartung, gilt er als hochzufrieden oder begeistert (Oliver et al. 1997). Am Ende, so die Annahme, steht bei hochzufriedenen Kunden eine höhere Kundenloyalität, also eine Steigerung der Kundenbindung (Homburg und Bucerius 2016). Steigende Kundenzufriedenheit, so wird zudem gemeinhin postuliert, führt zu geringerer Preissensibilität des Kunden und zu erhöhter Bereitschaft für Wiederkauf, Weiterempfehlung und Cross-Buying. Kurzum, zufriedene Kunden seien folglich die Kunden mit dem höchsten Kundenwert.

Doch dieser Wirkzusammenhang hat sich längst erledigt. Denn Kundenzufriedenheit basiert auf Leistung – genauer gesagt reflektiert sie die Leistungs*wahrnehmung* der Kunden. Sie steigern zu wollen, bedeutet für ein Unternehmen, kostspielig in ein „Immer Mehr“ an Qualität und Leistung zu investieren. Die Crux hierbei ist jedoch: Durch die Steigerung der Leistungen ist es kaum mehr möglich, sich tatsächlich vom Wettbewerber zu differenzieren. Erst recht dann nicht, wenn dieser ebenso daraufsetzt, die Zufriedenheit seiner Kunden durch ein Mehr an Leistung zu steigern. Was dann entsteht, ist ein ruinöser Wettbewerb zwischen Unternehmen, die permanent ihre Leistungen steigern und für ihre Kunden dennoch – oder sogar gerade deswegen – kaum unterscheidbar sind. Die wahrgenommene Leistung führt somit nicht zu einer stärkeren Bindung des Kunden, sondern vielmehr zu seiner Verunsicherung: Er nimmt wahr, dass er die gleiche Leistung bei anderen Anbietern auch erhält. Sie ist für ihn austauschbar.

Zusätzlich gilt es zu bedenken: In vielen Branchen hat die Leistungswahrnehmung der Kunden bereits das Maximum erreicht. Erinnern wir uns: Wenn die Leistungen die Erwartungen erfüllen, sind die Kunden zufrieden. Das entspricht etwa der Note „gut" in der Schulnotenarithmetik. Doch schon jetzt machen viele Unternehmen die Erfahrung, dass sie in der Zufriedenheit mit der Bestnote – also mit „sehr gut" – bewertet werden. Das heißt: Viele Unternehmen übererfüllen jetzt schon die Leistungserwartungen – sie differenzieren sich aber trotzdem nicht von ihren Wettbewerbern, die eine ebensolche Übererfüllung anbieten und daher von ihren Kunden auch mit „sehr gut" bewertet werden. In der Kundenwahrnehmung gleichen die Produkte der Wettbewerber somit einander wie ein Ei dem anderen – und lassen sich beliebig austauschen.

Eben dieser Mechanismus führt dazu, dass hochzufriedene Kunden nicht automatisch loyal sind, sondern sich genauso schnell dem Angebot der Konkurrenz zuwenden können wie unzufriedene Kunden. Aufgrund der mangelnden Profilierung der Unternehmen ist die Wechselbereitschaft auch bei hochzufriedenen Kunden hoch – und bei preisaggressiven Angeboten ist der Weg zum Wettbewerb kurz. Der Kunde springt also von Angebot zu Angebot. Die zufriedenen Kunden – das zeigen aktuelle Studien – sind somit ebenso illoyal wie die unzufriedenen. Sie verhalten sich wie Söldner.

Weitere positive Eigenschaften wie geringe Preissensibilität oder hohe Weiterempfehlungsbereitschaft, die man üblicherweise mit hochzufriedenen Kunden in Verbindung bringt, lassen sich kaum noch nachweisen: Auch hochzufriedene Kunden legen vermehrt eine „Geiz ist geil"-Mentalität an den Tag und verfolgen „Smart shopping"-Strategien. Ähnlich verhält es sich mit der Weiterempfehlungsbereitschaft, die in vielen Unternehmen vermehrt als der zentrale Indikator für die Kundenbindung gilt: Statt ihre positiven Erfahrungen mit anderen zu teilen und durch Weiterempfehlung zur Gewinnung neuer Kunden beizutragen, genießen viele hochzufriedene Kunden still und leise. Ihr Kundenwert als Botschafter geht somit gegen Null.

Wenn Unternehmen sich also fragen, warum sie trotz großer Investitionen in Qualität und Leistung zwar zufriedene, aber keine treuen Kunden haben, finden sie die Antwort in einer verhängnisvollen Fehlerkette: Sie haben einseitig auf Kundenzufriedenheit gesetzt, die keine Bindung schafft. Und sie haben zur Steigerung dieser Zufriedenheit auf Leistung gesetzt. Über die Leistung allein lassen sich jedoch kaum noch Differenzierungsmerkmale transportieren, denn in entwickelten Märkten gleichen sich die konkurrierenden Produkte und Leistungen zusehends, und in der Wahrnehmung des Kunden gibt es stets mindestens einen weiteren Anbieter, der genauso gut ist. Die Folge dieses ruinösen Wettbewerbs war nicht etwa eine Abkehr der Unternehmen von der Orientierung an der Kundenzufriedenheit, sondern eine weitere Intensivierung der Anstrengungen: Nach dem Motto „Viel hilft viel" wurde weiter in jeden Leistungsbereich investiert, der die Zufriedenheit der Kunden beeinflussen könnte – meist ohne zu prüfen, ob diese Maßnahmen wirklich zielführend sind. Ein „Mehr ist Mehr"-Mantra war geboren, das ohne jede Fokussierung über sämtliche Leistungsbereiche gleichermaßen streut und dabei Unsummen verschlingt.

Kundenzufriedenheit als Kostenfalle

Wir halten fest: Durch die einseitige Leistungsorientierung haben es viele Unternehmen versäumt, ihren Käufern alternative Unterscheidungsmerkmale zu bieten. Das gilt für große wie kleine Unternehmen und über praktisch alle Branchen hinweg. Mit dieser fehlerhaften Strategie haben die Firmen ihre Kunden geradezu ins „Söldnertum" getrieben. Und dabei die Kosten in die Höhe geschraubt: Da mangels Alternativen die Differenzierung nur noch über den Preis funktioniert, geht die Strategie auf Kosten der Marge und schmälert die Rendite. Das heißt: Zufriedenheitsmanagement alleine verfehlt nicht nur das Ziel, Kundenloyalität zu steigern. Es ist auch unprofitabel. So führt die Ausrichtung an der Kundenzufriedenheit unweigerlich auch in eine Kostenfalle.

Wie gravierend diese Kostenfalle ist, zeigt das folgende Beispiel eines Handelsfilialisten. Das Unternehmen hatte eine Reihe von qualitäts- und zufriedenheitssteigernden Maßnahmen in einigen seiner Filialen durchgeführt. Unter anderem wurde die Produktpalette erweitert, es wurden breitere Gänge in den Märkten eingerichtet, mehr und größere Parkplätze angeboten und größerer Wert auf Sauberkeit gelegt. All diese Maßnahmen waren naturgemäß teuer: Das immer größere, breiter gefächerte Angebot reduzierte die Chancen, bei den Produzenten gute Rabatte zu erzielen, und breitere Gänge sorgten zwar für entspanntes Einkaufen, kosteten aber Geld. Mehr Sauberkeit war mit höheren Kosten für das Reinigungspersonal verbunden und auch mehr Parkplätze hatten ihren Preis. Man glaubte eben an das „Mehr ist Mehr"-Prinzip: Mehr Ressourceneinsatz schafft auch mehr Zufriedenheit, mehr Bindung, mehr Umsatz und mehr Rendite.

Die teuren Maßnahmen verfehlten auf den ersten Blick ihre Wirkung nicht. Tatsächlich stieg durch all diesen Aufwand die Kundenzufriedenheit in den betroffenen Filialen, doch dieser Zugewinn an Zufriedenheit zahlte sich nicht aus. Im Gegenteil: Er ging zu Lasten der Rendite. Je höher die Kundenzufriedenheit war, desto niedriger war die Umsatzrendite pro Filiale. Abb. 1.14 verdeutlicht diesen verblüffenden Zusammenhang.

Jeder Punkt im Diagramm repräsentiert eine einzelne Filiale. Je weiter ein Punkt links im Diagramm liegt, desto niedriger ist die Kundenzufriedenheit, je weiter rechts der Punkt liegt, umso höher ist die Kundenzufriedenheit. Weiter gilt: Je weiter unten der Punkt liegt, desto niedriger ist die Umsatzrendite, je weiter oben er liegt, desto höher ist die Umsatzrendite in dieser Filiale. Die durchgezogene Linie ist eine Regressionsgerade: Sie beschreibt den über alle Filialen hinweg errechneten Zusammenhang zwischen Kundenzufriedenheit und Umsatzrendite. Sie ist in unserem Beispiel in der Tendenz fallend, das heißt: Je höher die Kundenzufriedenheit, desto niedriger die Umsatzrendite.

Zufriedenheit schmälert die Rendite? Wie kann das sein? Der scheinbare Widerspruch löst sich auf, wenn man sich anhand dieses Beispiels nochmals die bereits erläuterten Wirkmechanismen vergegenwärtigt: Die Investition in Leistung führte im Beispiel unserer Handelskette zwar zu einem Mehr an Zufriedenheit, aber nicht zur besseren Differenzierung. Denn der Kunde erlebte die Leistung zwar positiv, wusste aber, dass ihn eine vergleichbare Leistungspalette und -qualität auch beim konkurrierenden Anbieter erwartete. Die Folge: Die Kunden reagierten unverändert sensibel auf preisaggressive An-

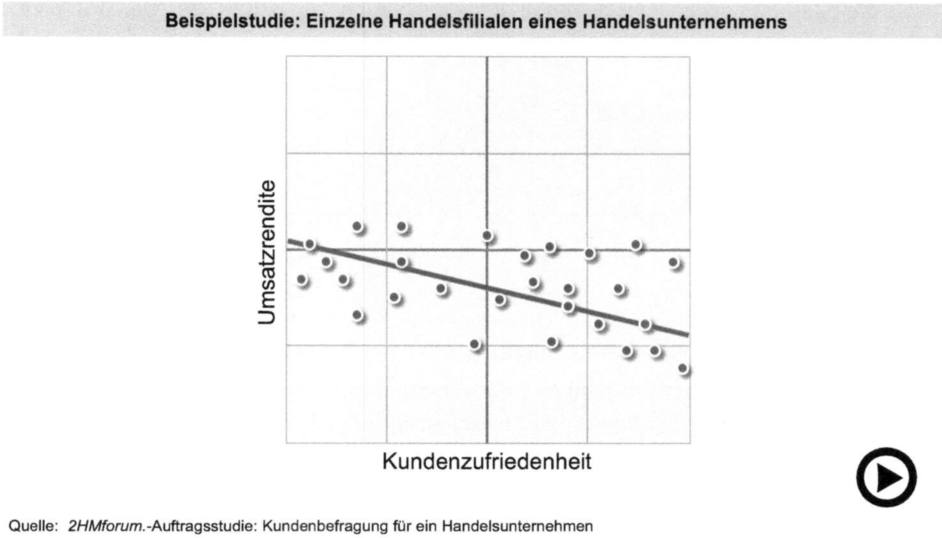

Abb. 1.14 Der Zusammenhang zwischen Kundenzufriedenheit und Umsatzrendite (▶ https://doi.org/10.1007/000-53m)

gebote des Wettbewerbs. Das Mehr an Zufriedenheit, das unser Anbieter durch ein Mehr an Leistung geschaffen hatte, führte also nicht zu einem Mehr an Bindung. Das heißt, die Kunden waren zufriedener, sie kauften deshalb jedoch nicht mehr oder öfter. Die Maßnahmen führten somit nicht zu der erhofften Umsatzsteigerung in den betroffenen Filialen. Da aber gleichzeitig das Mehr an Leistung in diesen Filialen Geld kostete, sank dort die Rendite – trotz steigender Zufriedenheit.

Ein ähnlicher Vorgang hat sich vor einigen Jahren in der Möbelbranche im Rhein-Main-Gebiet, genauer im Raum Mainz-Wiesbaden, ereignet. Dort war über Jahrzehnte die Filiale einer bekannten Möbelhauskette alleiniger Platzhirsch für Mitnahmemöbel. Dann eröffnete etwa 15 Kilometer entfernt ein Konkurrent eine neue, großflächige Filiale. Reflexartig reagierte der alteingesessene Anbieter mit Investitionen in seine Leistung. Mit immensem Aufwand wurde das bestehende Haus fast vollständig abgerissen, die Verkaufsfläche durch den Neubau von 28.000 qm auf 43.000 qm vergrößert, 80 zusätzliche Parkplätze sowie neue Zufahrten wurden geschaffen. Die Kosten hierfür gingen in die Millionen. Allein die Baugenehmigung kostete ein halbe Million Euro. Zu diesen Kosten addiert sich der Umsatzeinbruch während der Umbauphase, in der der Platzhirsch seine Angebotspalette nur reduziert und unter provisorischen Bedingungen anbieten konnte. Mit Sicherheit führen all diese Maßnahmen – ein größeres und moderneres Verkaufshaus mit mehr Fläche und mehr Parkplätzen – zu einer größeren Zufriedenheit der Kunden. Doch sie schaffen keine Bindung, weil man sich nicht vom neuen Wettbewerber unterscheidet.

Die Ausführungen verdeutlichen, warum die einseitige Orientierung an Kundenzufriedenheit in eine Kostenfalle führt – und dass gleichzeitig der weitverbreitete Ansatz, durch die Steigerung der Zufriedenheit Kunden binden zu wollen, aus den folgenden Gründen zu kurz greift:

- Zufriedenheit basiert auf Leistung.
- Leistung bietet jedoch kaum mehr die Möglichkeit, sich vom Wettbewerber zu differenzieren.
- Daher bleibt auch bei Leistungssteigerung die Wechselbereitschaft der Kunden hoch.
- Folglich verhalten sich zufriedene Kunden immer häufiger ebenso illoyal wie unzufriedene.
- Die Steigerung von Leistungen führt somit nicht zu steigender Loyalität.
- Zufriedenheit ist demnach kein verlässlicher Treiber für Kundenbindung.
- Zufriedenheit ist somit als alleiniger Gradmesser für das Kundenverhalten untauglich.
- Investitionen in die Leistung schmälern gleichzeitig die Rendite.
- Die Steigerung von Zufriedenheit ist daher nicht profitabel.

Das bedeutet: Kundenzufriedenheit ist zwar ein notwendiger und unverzichtbarer Bestandteil intakter Kundenbeziehungen, denn niemand wird ernsthaft behaupten, dass ein Unternehmen mit unzureichender Leistung und dementsprechend unzufriedenen Kunden langfristig erfolgreich sein kann. Als alleinige Steuerungsgröße des Kundenbeziehungsmanagements greift die Kundenzufriedenheit jedoch offensichtlich zu kurz. Denn auch hochzufriedene Kunden zeigen häufig keine Bindung mehr an ihren Anbieter und verhalten sich stattdessen illoyal. Für Unternehmen, die Kundenbindung erreichen wollen, ist somit neben der Zufriedenheit eine neue, zusätzliche Orientierungsgröße zwingend notwendig.

Auf der Suche nach einer solchen neuen Kenngröße macht es Sinn, noch einmal auf das *Harley-Davidson*-Beispiel aus dem vorangegangenen Abschnitt zu schauen. Dort wurden zwei Dinge deutlich: Zum einen basiert die außergewöhnliche Beziehung der *Harley*-Kunden zu ihrem Lieblingshersteller offensichtlich auf etwas anderem als nur allein auf Zufriedenheit. Zum anderen sind *Harley*-Kunden tatsächlich Fan-Kunden: Sie haben eine emotionale Bindung an *Harley-Davidson*, weil sie dort – entsprechend einer Fan-Beziehung – ein einzigartiges Identifikationsangebot finden.

Was wäre also, wenn man eine Kenngröße für diese Art der emotionalen Bindung entwickeln würde? Quasi eine Messgröße, die indiziert, ob eine Kundenbeziehung Fan-Qualität hat? Diese neue Kenngröße müsste einerseits in der Lage sein, innerhalb des Kundenstamms eines Unternehmens die Fan-Kunden zu identifizieren, also Kunden mit überdurchschnittlicher emotionaler Bindung. Und sie müsste dies unabhängig von der Kundenzufriedenheit leisten, da – wie soeben gezeigt – sich zunehmend auch hochzufriedene Kunden illoyal verhalten. Es kommt also entscheidend darauf an, mit der neuen Kenngröße Kunden mit hoher und niedriger Bindung auch innerhalb der hochzufriedenen Kunden differenzieren zu können.

Eine solche Kenngröße wäre aus zwei Gründen anderen Maßen von Kundenbeziehungsqualität überlegen: Zum einen würde sie das messen, was eine Fan-Beziehung ausmacht – maximale emotionale Bindung, oder, da wir sie auf Kunden beziehen, maximale emotionale Kundenbindung. Und zum anderen würde sie uns in der Folge in die

Lage versetzen, diese emotionale Kundenbindung zu steigern, indem wir die Erkenntnisse aus der sozialwissenschaftlichen Fan-Forschung auf die Beziehung von Unternehmen und Kunden übertragen. Und tatsächlich, es ist uns gelungen, eine solche Kenngröße, die die Fan-typische emotionale Bindung von Kunden unabhängig von ihrer Zufriedenheit erheben und identifizieren kann, zu entwickeln. Wir nennen sie den *Fan-Indikator*. Er ist das Herzstück des Transfers der Erkenntnisse des *Fan-Prinzips* in unser Steuerungsmodell *FANOMICS*.

1.4 Die *FANOMICS*-Grundlage: Der *Fan-Indikator*

Wir haben auf theoretischer und empirischer Grundlage hergeleitet, dass eine Fan-Beziehung eine Beziehung mit hoher emotionaler Bindung ist. Und wir haben anschließend aufgezeigt, dass es Fan-Kunden gibt, die eine solche Fan-ähnliche Beziehung zu ihrem Anbieter haben. Es liegt also nahe, ausgehend von den Merkmalen von Fan-Beziehungen eine Kenngröße für die emotionale Bindung von Fan-Kunden zu entwickeln. Mit dieser Vorgehensweise lösen wir ein zentrales Problem der Handhabbarkeit einer Kenngröße für emotionale Bindung: Das Unterfangen, emotionale Kundenbindung *direkt* messen zu wollen, hätte wenig Aussichten auf Erfolg. Es würde bedeuten, dass man den emotionalen Bezug des Kunden zum Unternehmen oder zur Marke messen müsste. Dies ist zwar möglich und wird in wenigen Ansätzen auch verfolgt, gleichwohl ist es aber empirisch schwierig und vor allem wirtschaftlich kaum praktikabel. Denn die Messung von Emotionen setzt ein ausgeklügeltes und extrem umfangreiches Inventar an psychologischen Messinstrumenten voraus (Müller und Kuchinke 2019). Genau dies würde aber unserem Ziel widersprechen. Denn wir suchen nicht nur eine valide Kenngröße, um emotionale Kundenbindung zu messen, sondern wollen auf Basis dieser Messung *FANOMICS* als ein schlankes, alltagstaugliches Steuerungsinstrument entwickeln. Wir suchen also nach einem Indikator, der wiederholt und mit geringem Aufwand gemessen werden kann.

Auf der Suche nach einer schlanken und praktikablen Lösung zur Messung von emotionaler Bindung nutzen wir unser Wissen über die Fan-Eigenschaften. Um Kunden, die eine emotionale Bindung an ihren Anbieter zeigen, identifizieren zu können, müssen wir nicht zwingend deren Emotionen erfassen. Denn unser Ziel ist ja nicht, die Emotionen der Kunden zu kennen, sondern deren Beziehungsqualität. Wenn wir Kunden identifizieren können, deren Beziehungsqualität zu ihrem Anbieter eine ähnliche Qualität aufweist wie die Beziehung eines Fans zu seinem Star, haben wir, da Fan-Beziehungen immer eine hohe emotionale Bindung aufweisen, somit auch die Kunden mit hoher emotionaler Bindung identifiziert. Es reicht daher völlig aus, diejenigen Beziehungsmerkmale zu erfassen, von denen wir wissen, dass sie auch konstitutiv für Fan-Beziehungen sind. Und eben diese Merkmale haben wir als *Fan-Prinzip* im Abschn. 1.2 anhand des sozialwissenschaftlichen Forschungsstands sowie aufgrund theoretischer Überlegungen identifiziert: *(1) Identifikation* und *(2) Einzigartigkeit der Beziehung*.

Der Kern unserer Argumentation lautet somit: Fan-Beziehungen sind Beziehungen mit hoher emotionaler Bindung, weil sie für den Fan ein zentrales Bedürfnis erfüllen. Kunden, die sich ähnlich wie Fans mit ihrem Anbieter identifizieren und die Beziehung zu ihm als einzigartig wahrnehmen, weisen eine vergleichbare emotionale Beziehungsqualität wie Fans auf und sind daher, so definieren wir es hier und im Folgenden, „Fan-Kunden". Der Begriff des Fan-Kunden ist dabei als Metapher zu verstehen: Es ist unerheblich, ob diese Kunden tatsächlich „Fans" des Unternehmens im Sinne der sozialwissenschaftlichen Definition sind. Sie sind Kunden, die eine Fan-ähnliche Beziehung zu diesem Anbieter haben – mehr soll dieses Etikett nicht besagen.

Somit war unser Ziel, die beiden konstituierenden Merkmale von Fan-Beziehungen, Identifikation und Einzigartigkeit, in Kundenbefragungen messbar zu machen – und dies mit minimalem Aufwand. Dabei galt es, die zu messenden Eigenschaften sprachlich, treffend und so knapp wie möglich auf Beziehungen zwischen Unternehmen und ihren Kunden zu übertragen. Basierend auf zahlreichen eigenen empirischen Erhebungen und Analysen operationalisieren wir die beiden Merkmale „Identifikation und Einzigartigkeit" folgendermaßen: Als Identifikationspotenzial der Beziehung messen wir, ob der Kunde angibt, der Anbieter sei wie geschaffen für jemanden wie ihn. Zur Einzigartigkeit der Beziehung erheben wir, ob der Kunde den Anbieter als den attraktivsten in diesem Bereich ansieht. Die Zustimmung oder Ablehnung zu diesen Aussagen erheben wir in fünfstufigen Zustimmungs-Skalen.

Diese beiden Dimensionen haben wir nun – basierend auf zahlreichen empirischen Erhebungen und Analysen – in einem rechnerischen Wert, in einem zentralen Indikator, zusammengefasst. Die beiden Messgrößen fließen dabei gewichtet nach ihrer Bedeutsamkeit ein, die sie für die Beziehungsqualität haben. Das Ergebnis ist ein gewichteter Indexwert, der sogenannte „*Fan-Indikator*" (vgl. Abb. 1.15). Die ihm zugrunde liegende Messung erfasst die notwendigen und hinreichenden Merkmale, die es braucht, um Fan-Kunden zu identifizieren. Das heißt, Fan-Kunden zeigen immer diese Beziehungsmerkmale, und umgekehrt: Beziehungen, die diese Merkmale nicht zeigen, sind keine Beziehungen von Fan-Kunden.

Der *Fan-Indikator* ist somit ein bivariates Konstrukt, dessen Bestandteile zunächst theoretisch und qualitativ hergeleitet, anschließend verdichtet und dann gestützt auf empirische Analysen gewichtet zusammengeführt wurden. Da er auf den zentralen Merkmalen basiert, die wir zuvor im *Fan-Prinzip* als typisch für Fan-Beziehungen mit hoher emotionaler Bindung identifiziert hatten, ist er auch ein Indikator für emotionale Bindung – ohne

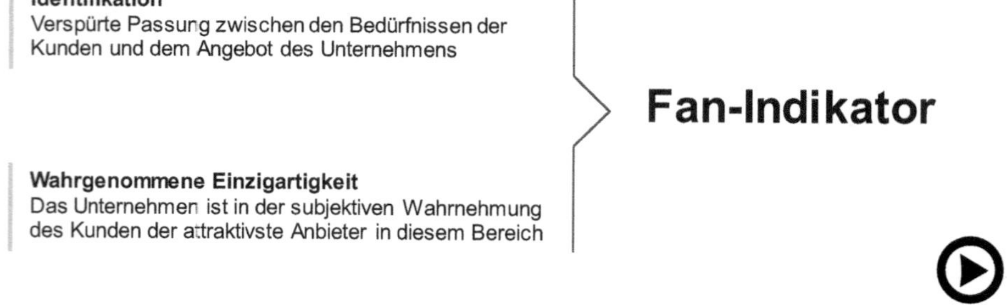

Quelle: *2HMforum.*-Grundlagenforschung

Abb. 1.15 Die Dimensionen des *Fan-Indikators* (▶ https://doi.org/10.1007/000-53j)

selbst direkt Emotionen zu messen. Da dieser Indikator die grundlegenden sozialwissenschaftlichen Erkenntnisse aus dem *Fan-Prinzip* schlüssig auf Kundenbeziehungen überträgt, vollziehen wir durch seine Entwicklung den Schritt vom *Fan-Prinzip* in unser darauf aufbauendes ökonomisches Steuerungsmodell. Weil sich hierin theoretische Überlegungen und empirische Befunde aus Fan-Forschung und Ökonomie vereinen, bezeichnen wir dieses Steuerungsmodell entsprechend als *FANOMICS*. Es beinhaltet, aufbauend auf dem *Fan-Indikator*, den gesamten unternehmerischen Werkzeugkasten zur Umsetzung des *Fan-Prinzips* in Kundenbeziehungen und wird in den Folgekapiteln ausführlich vorgestellt.

Was hat sich methodisch geändert?

Falls Sie *„Das Fan-Prinzip"* in der hier vorliegenden Ausgabe erstmalig lesen, können Sie den Text in diesem Kasten überspringen. Er ist lediglich zur Erläuterung für jene Leser gedacht, die schon die erste oder die zweite Auflage des *Fan-Prinzips* kennen.

Vielleicht hat der ein oder andere bemerkt, dass wir die empirische Basis des *Fan-Indikators* im Vergleich zu den vorherigen Ausgaben verändert haben. In den früheren Ausgaben basierte der *Fan-Indikator* noch auf sechs Dimensionen: (1) Dauerhaftigkeit der Beziehung, (2) Weiterempfehlungs bereitschaft, (3) Cross-Buying-Bereitschaft, (4) Vertrauen, (5) Alleinstellungsanspruch und (6) Commitment. In der neuen, hier vorgestellten Konzeption basiert der *Fan-Indikator* nur noch auf zwei dieser sechs Dimensionen (Commitment und Alleinstellungsanspruch), die wir zudem anders etikettiert haben, nämlich als Identifikation und Einzigartigkeit. Der Grund hierfür ist eine konzeptionelle Fokussierung: Im Laufe unserer fortschreitenden empirischen Studien ist uns immer klarer geworden, dass es unter den noch in der ersten Ausgabe dargestellten sechs Dimensionen einer Fan-Beziehung eine deutliche Hierarchie gibt. Während Identifikation und Einzigartigkeit für Fan-Beziehungen ursächlich sind, sind Vertrauen, Dauerhaftigkeit der Beziehung, Weiterempfehlungs- sowie Cross-Buying-Bereitschaft Folgen dieser Beziehungen: Es sind Haltungen oder Verhaltensweisen, die daraus resultieren, dass eine Fan-Beziehung besteht. Diese tiefere Einsicht in die hierarchischen Zusammenhänge der Dimensionen hat sich in der theoretischen Aufarbeitung zu Beginn dieses Buches niedergeschlagen. Dementsprechend ist es theoretisch trennschärfer, diese Verhaltensdimensionen in den *Fan-Indikator* nicht mit aufzunehmen, sondern sie zur Validierung des zu nutzen. Nach unserem neuen Verfahren ermittelte Fan-Kunden müssten also bezüglich der vier Indikatoren Dauerhaftigkeit der Beziehung, Weiterempfehlungsbereitschaft, Cross-Buying-Bereitschaft und Vertrauen deutlich höhere Werte aufweisen als andere Kunden. In Abschn. 1.6 kommen wir auf diese Überlegungen zurück. Die theoretisch sinnvolle Reduktion des *Fan-Indikators* auf zwei zugrunde liegende Messdimensionen hat zudem mehrere Vorteile: (1) Fan-Kunden können so trennschärfer identifiziert werden, (2) der empirische Aufwand sinkt erheblich, was die Anwendbarkeit weiter verbessert und (3) die Qualität und Validität der Zuordnung der Kunden verbessert sich.

Wir hatten in Abschn. 1.2 herausgearbeitet, dass die Passung zwischen dem Angebot des Stars einerseits und den zentralen Bedürfnissen des Fans andererseits entscheidend ist für die emotionale Fan-Beziehung. Exakt dieselben inhaltlichen Zusammenhänge misst der *Fan-Indikator* für das Verhältnis zwischen dem Angebot eines Unternehmens (ausgedrückt durch seine Positionierung) und den zentralen Bedürfnissen seiner Fan-Kunden: Durch die stetige Erfüllung zentraler Bedürfnisse erleben die Kunden Identifikation und gefühlte Einzigartigkeit. Dies führt zu einer Fan-ähnlichen Kundenbeziehung und somit zu positivem emotionalem Erleben und Bindungsverhalten. Wir bezeichnen diesen Indikator daher im Folgenden auch als Maß der *emotionalen Kundenbindung*. Und ähnlich wie bereits in Abschn. 1.2 für die Fan-Beziehung dargelegt, gilt auch für Fan-Kunden: *Die Beziehung hat eine emotionale Erlebnisqualität, weil sie zentrale Bedürfnisse erfüllt.* Das bedeutet jedoch nicht, dass es sich bei der *emotionalen Kundenbindung* um eine rein gefühlsbasierte, affektive oder irrationale Beziehung handelt.

Im Unterschied zum weitläufig verbreiteten Indikator der Kundenzufriedenheit, der ausschließlich auf der Leistungswahrnehmung basiert, beruht der *Fan-Indikator* als Maß der Beziehungsqualität auf zwei Komponenten, die den Grad der Passung spiegeln. Während die Kundenzufriedenheit ausdrückt, bis zu welchem Grad *irgendwelche* Bedürfnisse erfüllt werden – von „überhaupt nicht" bis hin zur Übererfüllung – drückt die *emotionale Kundenbindung* aus, in welchem Maß das *zentrale* Bedürfnis der Kunden erfüllt wird, damit wahrgenommene Passung entsteht. Stellen wir beides zueinander in Beziehung, so erhalten wir eine Matrix von Zufriedenheit und emotionaler Bindung (vgl. Abb. 1.16):

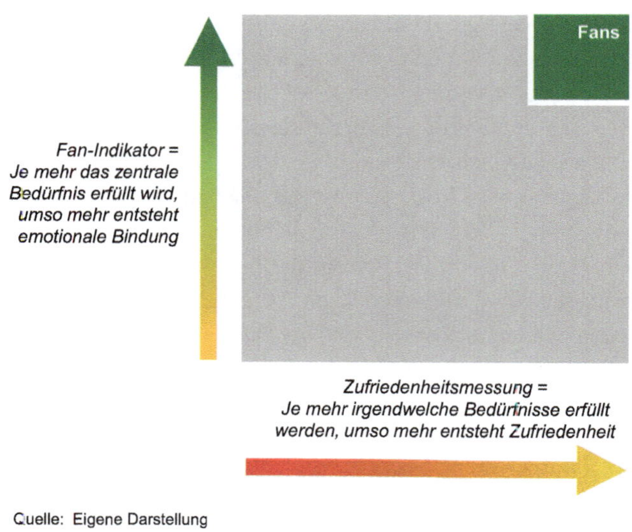

Abb. 1.16 Die Matrix von Zufriedenheit und emotionaler Bindung

Abb. 1.17 Der Zusammenhang zwischen Kundenzufriedenheit und emotionaler Kundenbindung

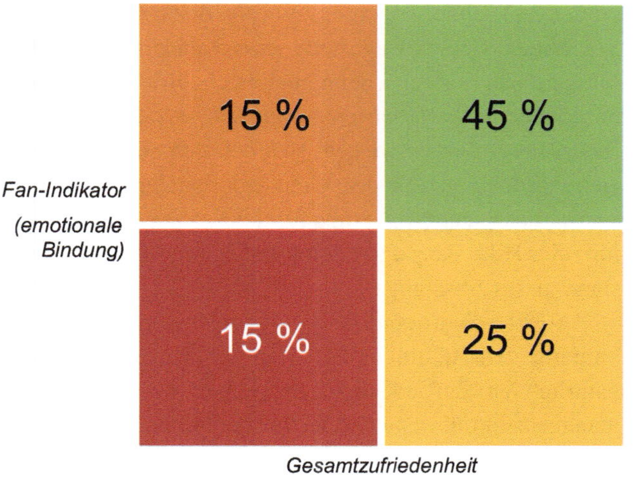

Basis: 125.222 Kundeninterviews über 337 Unternehmen aus 35 Branchen
Quelle: *2HMforum.*-Grundlagenforschung *Fanfocus Deutschland* 2017-2021 aggregiert

Das Schaubild stellt im Grunde das „Mehr ist Mehr"-Mantra des Zufriedenheitsmanagements dem zentralen Kennwert von *FANOMICS* gegenüber, der wiederum auf den empirischen Erkenntnissen des *Fan-Prinzips* beruht. Die horizontale Achse verdeutlicht das Ergebnis der reinen Zufriedenheitsorientierung: Mehr und mehr wird ziellos in Leistungsbereiche investiert, um Zufriedenheit zu steigern. Dies schafft aber in der Regel keine Bindung, weil hier *irgendwelche* Bedürfnisse der Kunden bedient werden – aber eben nicht gezielt ihr *zentrales* Bedürfnis. Hier wird somit auch kein emotionales Erleben erzeugt. Ganz anders der *Fan-Indikator* auf der vertikalen Achse: Hier ist die Passung zwischen den *zentralen* Bedürfnissen der Kunden und der wahrgenommenen Positionierung des Anbieters abgetragen. Je mehr diese deckungsgleich sind, umso emotionaler wird die Bedürfnisbefriedigung erlebt und schafft emotionale Bindung. Es kommt für den Anbieter also darauf an, fokussiert das Richtige zu tun und sich entsprechend zu positionieren. Und wenn beides – Ausrichtung auf zentrale Bedürfnisse und bedarfsgerechte Bedürfniserfüllung – zusammenkommt, sprechen wir von Fan-Kunden: Kunden, deren zentralen Bedürfnisse vom Anbieter stets fokussiert erfüllt werden, sodass gefühlte Einzigartigkeit entsteht.

Die Validität und Erklärungskraft dieses Ansatzes ist ausgesprochen hoch. Die Daten von mehreren tausend Kundeninterviews in Abb. 1.17 belegen dies.

1.5 Die *Fan-Quote* als KPI

Lassen Sie uns die bisherigen Schritte noch einmal zusammenfassen: Wir hatten zunächst gezeigt, dass die in vielen Unternehmen angewandte Steuerungsgröße „Kundenzufriedenheit" vor allem auf Leistungs- und Qualitätsurteile über Unternehmen und Produkte zurückgeht, ohne jedoch emotionale Bezüge der Kundenbeziehung zu berücksichtigen. Wir hatten weiter festgestellt, dass Kundenzufriedenheit nicht ausreicht, um Kundenbindung zu erklären – denn auch hochzufriedene Kunden können sich illoyal verhalten. Wir haben deshalb, basierend auf den Beziehungen von Fans zu ihren Stars, eine neue Steuerungsgröße entwickelt, nämlich den sogenannten *Fan-Indikator*: ein Maß für Beziehungsqualität, das den Grad emotionaler Bindung erfasst. Welchen Erkenntnisfortschritt diese neue Messgröße für die Analyse der Kundenbeziehungen bringt und wie man mit ihrer Hilfe Fans unter den Kunden eines Unternehmens identifizieren kann, ist Gegenstand dieses Abschnitts.

Als erster Schritt hierfür bietet sich an, diesen neuen Indikator für emotionale Kundenbindung dem traditionellen Maß der Kundenzufriedenheit gegenüberzustellen. Denn natürlich ist Zufriedenheit, das haben wir stets betont, eine im Kundenbeziehungsmanagement relevante Größe, da man mit unzufriedenen Kunden nicht erfolgreich ist. Sie ist nur als alleinige Steuerungsgröße nicht ausreichend, weil sie keine nachhaltige Kundenbindung schafft. Es ist also notwendig, eine zusätzliche Messgröße zu entwickeln, die innerhalb des Segments der zufriedenen Kunden zwischen gebundenen und ungebundenen Kunden unterscheidet und somit wertige und weniger wertige Kunden unterscheidbar macht. Daraus folgt im Umkehrschluss: Der von uns entwickelte Indikator ist gegenüber dem herkömmlichen Maß der Kundenzufriedenheit nur dann ein Fortschritt, wenn er solche weiteren Differenzierungen innerhalb der zufriedenen Kunden ermöglicht. Genau diesen Mehrwert bietet unser *Fan-Indikator*. Abb. 1.17 demonstriert dies anhand des Zusammenhangs zwischen Kundenzufriedenheit und emotionaler Kundenbindung – basierend auf den Daten von mehr als 125.000 branchenübergreifenden Kundeninterviews aus dem B2C-Bereich (zur genauen Erhebungsmethode vgl. Abschn. 1.6.1).

Wenn wir, wie in Abb. 1.17 geschehen, die konventionelle Steuerungsgröße „Kundenzufriedenheit" gegen den neuen *Fan-Indikator* als Maß für emotionale Kundenbindung abtragen, wird deutlich, wie wichtig es ist, beide Indikatoren zur Einteilung der Kundenlandschaft heranzuziehen. Denn es zeigt sich eine spannende Differenzierung. Wenn man die horizontale Achse, auf der die Zufriedenheit abgetragen wird, anhand des Durchschnittswerts unterteilt, wie wir es hier getan haben, kann man zwischen überdurchschnittlich und unterdurchschnittlich zufriedenen Kunden unterscheiden. Wir sehen, dass insgesamt 70 % der Kunden im B2C überdurchschnittlich zufrieden sind. Das ist exakt der Wert, den wir auch in Abb. 1.13 ausgewiesen hatten. Dementsprechend sind 30 % der Kunden nur unterdurchschnittlich zufrieden. Die gleiche Unterteilung am Mittelwert haben wir auf der vertikalen Achse vorgenommen, auf der der *Fan-Indikator*, also unser Maß für emotionale Kundenbindung, abgetragen wird. Kombiniert man nun beide Unterteilungen miteinander, ergeben sich vier Felder, die das, was wir im vorausgegangenen Abschnitt empirisch vermuteten, klar bestätigen: Offenbar weisen unter den 70 % hochzufriedenen Kunden, die auf der rechten Seite des Schaubilds zu sehen sind, nahezu zwei Drittel auch eine hohe emotionale Bindung an ihren Anbieter auf. Aber ebenso gibt es rund ein Drittel hochzufriedene Kunden, die eine geringe oder gar keine emotionale Bindung zeigen (45 vs. 25 %). Auch unter den 30 % unterdurchschnittlich zufriedenen Kunden auf der linken Seite des Schaubilds gibt es zwei Lager: Jeweils 15 % haben eine hohe oder eine niedrige Kundenbindung.

Wir können also als Erstes festhalten: Beide Indikatoren messen offensichtlich Unterschiedliches. Wir erfahren mehr über die zufriedenen Kunden, wenn wir auch ihre emotionale Bindung betrachten. Wir können sie nun unterteilen in Kunden mit hoher und niedriger Beziehungsqualität. Die in Abschn. 1.3 gemachte Feststellung, dass auch zufriedene Kunden nicht immer gebundene Kunden sein müssen, bestätigt sich somit deutlich. Wir erfahren aber auch mehr über die emotional gebundenen Kunden, denn sie können mehr oder weniger zufrieden sein.

Die zweite Feststellung ist: Schon aus diesem Schaubild ergibt sich, dass Kundenzufriedenheit allein als Orientierungsgröße im Management unbrauchbar ist. Denn sie differenziert in der Betrachtung nicht zwischen zufriedenen Kunden, die gebunden und daher loyal sind, und zufriedenen Kunden, die trotz dieser Zufriedenheit untreu zu werden drohen, weil sie keine emotionale Bindung aufweisen. Es liegt auf der Hand, dass die Ansprache beider Kundengruppen sehr unterschiedlich sein muss, um erfolgreich zu sein. Wer nur nach Zufriedenheit steuert, kann hierauf nicht adäquat reagieren.

Die dritte Feststellung ist: Diese Gegenüberstellung im Schaubild ermöglicht es uns zudem, im Folgenden denjenigen Kunden-Typus zu identifizieren, der Ausgangspunkt unserer gesamten Überlegungen war: den Fan-Kunden. Der Quadrant rechts oben in Abb. 1.17 identifiziert diejenigen Kunden, die überdurchschnittlich zufrieden und überdurchschnittlich stark emotional gebunden sind. Es ist intuitiv plausibel, dass wir Fan-Kunden nur in diesem Quadranten finden werden. Allerdings würde es unseren bisherigen Ausführungen widersprechen, wenn wir nun alle Kunden dieses Quadranten zu Fans deklarieren würden. Entsprechend unserer Definition müssen die Fans vielmehr innerhalb dieses überdurchschnittlich zufriedenen und überdurchschnittlich gebundenen Segments diejenigen Kunden mit ganz besonders hoher Beziehungsqualität sein. Denn eine „nur überdurchschnittliche" Beziehung würde kaum das charakterisieren, was eine Fan-Beziehung ausmacht. Als „Fan-Kunden" betrachten wir vielmehr jetzt und im Folgenden diejenigen Kunden, die sich sowohl in der emotionalen Bindung als auch bei der Kundenzufriedenheit durch maximale Bewertungen ihrer Anbieter auszeichnen. Wir können sie somit in der Kombination beider Merkmale als ein ganz besonderes Kundensegment identifizieren, das sich – wie wir in Kap. 2 noch zeigen werden – durch den höchsten Kundenwert auszeichnet. Wir haben es in der Grafik in Abb. 1.18 dunkelgrün eingefärbt. Diese Kunden, so unsere Definition, werden wir im Folgenden als „Fans" oder als „Fan-Kunden" bezeichnen. Fans sind somit nicht nur mit den Leistungen sehr zufrieden, sondern haben auch eine sehr hohe emotionale Bindung zu Produkten, Dienstleistungen oder Marken und Unternehmen.

Im Zusammenhang mit Abb. 1.17 haben wir auf die 45 % der Kunden im oberen rechten Viertel der Grafik hingewiesen, die überdurchschnittlich zufrieden und überdurchschnittlich gebunden sind. Aufgrund unserer besonders hohen Messlatte an Fan-Kunden unterteilen wir diese Gruppe noch einmal: in überdurchschnittlich zufriedene und gebundene Kunden einerseits versus hochzufriedene und hochgebundene Kunden anderer-

Abb. 1.18 Fan-Kunden: Kunden mit höchster Zufriedenheit und höchster emotionaler Bindung

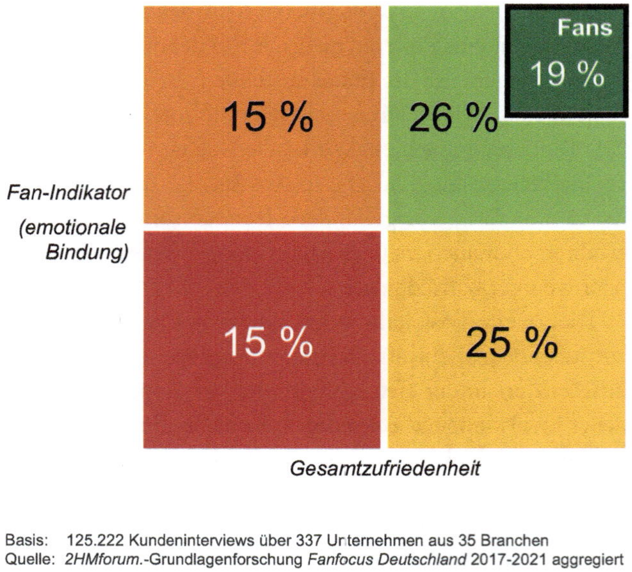

seits, die Fans. Diese Fan-Kunden sind in der rechten oberen Ecke der Grafik zu finden – denn es sind die Kunden, die höchste Zufriedenheit und höchste emotionale Bindung miteinander vereinen. Durch diese Unterteilung wird nun auch der Anteil der Fans an der Gesamtheit der Kunden erkennbar: 19 %, also nahezu ein Fünftel der Kunden, sind Fan-Kunden – im Durchschnitt über alle B2C-Branchen hinweg. Wir können somit eine prozentuale Kenngröße ablesen: die *Fan-Quote*. Sie gibt uns Auskunft darüber, welcher Anteil der Kunden eines Unternehmens hochzufrieden und gleichzeitig emotional stark gebunden ist und so nach unserer Definition als Fan-Kunden gelten kann. Doch diese Zahl besagt noch mehr: Sie kann uns im Vergleich vieler Unternehmen und Branchen Aufschluss darüber geben, wie erfolgreich das Kundenbeziehungsmanagement eines einzelnen Unternehmens tatsächlich ist. Je höher die *Fan-Quote*, desto besser das Management. Denn Fan-Kunden, diesen Beweis werden wir noch führen, haben einen höheren Kundenwert als alle anderen Kundensegmente (vgl. Kap. 2). Je höher ihr Anteil, desto größer der wirtschaftliche Erfolg. Es ist also gewinnbringend, sein Unternehmen auf eine stetige Steigerung dieser *Fan-Quote* auszurichten – was nichts Geringeres bedeutet, als sie zur zentralen Steuerungsgröße des Managements zu machen.

Somit kann die *Fan-Quote* als zentraler *Key Performance Indicator* unseres Ansatzes verstanden werden. Sie ist die neue Steuerungsgröße für Unternehmen, die wir für die grundlegende Ausrichtung des Managements vorschlagen und empfehlen. Denn die *Fan-Quote* macht die Kundenbeziehungsqualität und den damit einhergehenden Kundenwert messbar und bietet so den Unternehmen eine valide und verlässliche Steuerungsmöglichkeit. Neben ihrer inhaltlichen und theoretischen Aussagekraft hat die *Fan-Quote* als Kenngröße noch weitere praktikable Vorzüge: Sie kann erstens mit geringem empirischem Aufwand gemessen werden. Dieser Aspekt scheint auf den ersten Blick nachrangig, ist jedoch von zentraler Bedeutung. Denn um ein Unternehmen nach dem *Fan-Prinzip* zu steuern, ist es notwendig, es immer wieder an der *Fan-Quote* auszurichten. Nur regelmäßige Messungen der *Fan-Quote* versprechen hier also nachhaltigen Erfolg. Zweitens ist die *Fan-Quote* kein abstraktes Maß, sondern intuitiv nachvollziehbar und leicht verständlich. Die Aussage, dass beispielsweise „23 % der Kunden Fans sind", kann jeder Mitarbeiter, vom Praktikanten bis zum CEO, verstehen und auch weitervermitteln. Dies bringt uns zum dritten Vorteil der *Fan-Quote*: Sie ist innerhalb der Firmenhierarchie einfach und nachdrücklich kommunizierbar. Wer sie als Steuerungsinstrument wählt, wird vermutlich bei seinen Mitarbeitern rasch auf Akzeptanz stoßen. Denn die *Fan-Quote* ist plastisch, prägnant, intuitiv, konkret und nachvollziehbar. Den Anteil der Fan-Kunden des eigenen Unternehmens zu kennen und steigen zu sehen, ist für viele Mitarbeiter wesentlich verständlicher als beispielsweise ein abstrakter Weiterempfehlungs-Score. Zumal der Informationsgehalt der *Fan-Quote* weit über solche Scores hinausgeht, wie wir in Kap. 2 noch zeigen werden.

1.5.1 Die *Fan-Quoten* deutscher B2C-Unternehmen

Wir haben empirisch aufgezeigt, dass Fan-Kunden ein besonders wertvolles Kundensegment sind, das über Zufriedenheitsmessungen alleine nicht identifizierbar ist. Und wir haben darauf basierend die *Fan-Quote* als wichtigsten Indikator für die Qualität von Kundenbeziehungen und somit als bedeutende Steuerungsgröße für Unternehmen herausgearbeitet. Doch die *Fan-Quote* ist nicht nur aufgrund ihrer theoretischen Herleitung und ihrer intuitiven Plausibilität überzeugend – sie bewährt sich auch in der Alltagswirklichkeit deutscher Unternehmen. Dies können wir mit umfangreichen empirischen Befunden aus der eigenen Grundlagenforschung untermauern. Denn seit 2013 messen wir jährlich die *Fan-Quoten* der namhaften und führenden Unternehmen in Deutschland aus zahlreichen Branchen. Die Ergebnisse dieser Forschung werden von uns regelmäßig als *Fanfocus Deutschland* veröffentlicht und sind online abrufbar (2HMforum. 2021). Bevor wir ausgewählte Befunde zur Illustration unserer theoretischen Überlegungen präsentieren, wollen wir die Vorgehensweise des *Fanfocus* kurz skizzieren.

Der *Fanfocus Deutschland* ist eine Benchmarkstudie, die branchenübergreifend die Qualität der Kundenbeziehungen führender deutscher Unternehmen im B2C-Bereich ermittelt und miteinander vergleicht. Dies erfolgt in einem dreistufigen Vorgehen. In einem ersten Schritt werden mittels qualitativer Betrachtung die zu untersuchenden Branchen von einer Expertenrunde ausgewählt. Maßgeblich ist hierbei die wirtschaftliche Relevanz der Branche. Die Auswahl berücksichtigt die Höhe des Jahresumsatzes einer Branche, ihre Beschäftigungszahlen, ihre volkswirtschaftliche und damit politische Bedeutung sowie ihre mediale Beachtung. In einem zweiten Schritt werden für jede ausgewählte Branche die marktführenden Unternehmen anhand einer Marktrecherche ermittelt. Alle Unternehmen, für die sich ein Marktanteil von zwei Prozent oder höher ergibt, werden in der folgenden Hauptbefragung berücksichtigt.

In der Hauptbefragung als drittem und letztem Schritt wird eine umfangreiche bevölkerungsrepräsentative Stichprobe befragt. Denn zu jedem der in der zweiten Stufe identifizierten Anbieter mit zwei oder mehr Prozent Marktanteil werden in der Regel 100 Kundeninterviews realisiert. Das heißt, die Stichprobe umfasst mehrere tausend Interviews und wächst so lange, bis für jedes der identifizierten Unternehmen 100 Interviews mit aktuellen Kunden vorliegen. Diese werden einerseits nach ihrer Zufriedenheit mit dem Anbieter befragt, andererseits nach ihrer emotionalen Bindung – es werden also die zwei Dimensionen des *Fan-Indikators* erhoben, wie wir ihn in Abschn. 1.4 vorgestellt haben. Die eigentliche Durchführung der Befragung erfolgt über *computer-assisted web interviewing* (*CAWI*); die Rekrutierung der Befragten geschieht über ein deutschlandweites Onlinepanel von Personen zwischen 18 und 69 Jahren.[21] Die Ergebnisse dieser Onlinestichprobe werden anschließend anhand der Daten des Statistischen Bundesamtes hinsichtlich Alter und Geschlecht sowie Bundesland gewichtet, sodass statistisch belastbare Rückschlüsse auf die Gesamtheit aller Kunden dieser Unternehmen möglich sind. In den *Fanfocus* Studien der letzten fünf Jahre (2017–2021) wurde so die *Fan-Quote* von 337 Unternehmen aus 35 Branchen in 125.222 Interviews erhoben; der Erhebungszeitraum war jeweils das erste Quartal des Jahres. Die Abb. 1.19 zeigt die im *Fanfocus Deutschland* in den letzten fünf Jahren untersuchten Branchen und Unternehmen im Überblick.

Warum ist die Ermittlung der *Fan-Quoten* von bedeutenden Branchen und führenden Unternehmen, wie sie der *Fanfocus Deutschland* leistet, so wertvoll? Dies ergibt sich aus dem Kundenwert der Fan-Kunden. Fans kaufen mehr und sie kaufen häufiger. Sie sind zudem loyaler: Sie bleiben länger als andere Verbraucher „ihrem" Unternehmen treu. Des Weiteren sind sie weniger preissensibel und können in der Außenkommunikation sowie der Produktentwicklung und -positionierung für „ihr" Unternehmen ein wichtiger und hilfreicher Partner sein. All diese überragenden Vorteile der Fan-Kunden werden wir in Kap. 2 detailliert herausarbeiten und belegen. Bis wir dieses Versprechen einlösen, bitten wir Sie, liebe Leser, einfach von folgender Prämisse auszugehen: Unternehmen, die mehr Fan-Kunden haben, sind – unter sonst gleichen Bedingungen – auch wirtschaftlich erfolgreicher. Und unter dieser Prämisse sind auch die nachfolgenden Ergebnisse des *Fanfocus Deutschland* zu betrachten und erhalten ihre besondere Relevanz: Sie zeigen anhand der Darstellung der *Fan-Quote*, welche Branchen und Unternehmen in Deutschland besonders erfolgreich sind – weil sie es verstehen, aus Kunden Fans zu machen.

Betrachtet man die Daten des *Fanfocus Deutschland* aus dieser Perspektive, ergeben sich schon auf den ersten Blick unerwartete und verblüffende Befunde. Wie verblüffend, können Sie mit einem kleinen Selbsttest herausfinden. Versuchen Sie einfach, intuitiv aus Ihrem Alltagsgespür heraus folgende Fragen zu beantworten:

- Fünf der 35 untersuchten Branchen gehören im weitesten Sinne zu *der* deutschen Vorzeigebranche: dem Automobilbereich. Dazu gehören neben den eigentlichen Auto-

[21] Der Panelanbieter ist Mitglied der *DGOF*, des *BVM* und der *ESOMAR* und den Standesrichtlinien verpflichtet.

Auto-/ Mietwagenvermittlungs-portale	Automobilhersteller	Autovermietungen	Autowerkstätten	Banken
AutoBild	Audi	AVIS	A.T.U	comdirect
auto.de	BMW	Buchbinder	Audi-Markenwerkstatt	Commerzbank
AutoScout24	Fiat	Budget	BMW-Markenwerkstatt	Deutsche Bank
billiger-mietwagen.de	Ford	Enterprise	Bosch Car Service	DKB
check24.de	Hyundai	Europcar	Ford-Markenwerkstatt	HypoVereinsbank/UniCredit
gebrauchtwagen.de	Mercedes	Hertz	Mercedes-Markenwerkstatt	ING
happycar.de	Opel	Sixt	Opel-Markenwerkstatt	Postbank
heycar	Peugeot		pitstop	Santander
meinauto.de	Renault		Skoda-Markenwerkstatt	Sparkasse
mobile.de	Seat		VW-Markenwerkstatt	Targobank
	Skoda			VR-Bank
	Toyota			
	Volkswagen			

Baumärkte	Bausparkassen	Bekleidungsgeschäfte	Drogerien/Parfümerien	Elektromärkte
Bauhaus	Badenia	bonprix	dm	Conrad
Globus Baumarkt	BHW	C&A	Budni	EP: ElectronicPartner
Hagebau	Debeka	Ernsting's Family	Douglas	Euronics
Hellweg	Deutsche Bank Bauspar AG	Esprit	Müller	expert
Hornbach	LBS	Galeria Karstadt Kaufhof	Rossmann	Media Markt
OBI	Schwäbisch Hall	H&M		Medimax
Toom Baumarkt	Wüstenrot	KiK		Saturn
		New Yorker		
		Peek & Cloppenburg Düsseldf.		
		Peek & Cloppenburg Hamburg		
		Primark		

Essens-Lieferservice	Flughäfen	Gesetzliche Krankenversicherer	Haftpflichtversicherer	Hausratversicherer
Deliveroo	Flughafen Berlin-Tegel	AOK Baden-Württemberg	Allianz	AachenMünchener
Foodora	Flughafen Düsseldorf	AOK Bayern	AXA	Allianz
Lieferando.de	Flughafen Frankfurt	AOK Niedersachsen	Ergo	AXA
Lieferheld.de	Flughafen Hamburg	AOK NordWest	Generali	DEVK
pizza.de	Flughafen Köln-Bonn	AOK Plus	Gothaer	Ergo
	Flughafen München	AOK Rheinland/Hamburg	R+V	Generali
	Flughafen Stuttgart	Barmer	VHV	HUK-Coburg
		DAK Gesundheit		LVM
		IKK classic		R+V
		KKH		
		TK		

Hotelketten	Immobilienportale	Internetprovider	Kaffeehäuser	Kfz-Haftpflichtversicherer
Best Western	Immonet	1&1	Coffee Fellows	AachenMünchener
Dorint	ImmoScout24	Congstar	McCafé	Allianz
Hilton	Immowelt	EWE TEL	Segafredo	AXA
Holiday Inn	WG-gesucht.de	Kabel BW	Starbucks	DEVK
Ibis		Kabel Deutschland	Tchibo	ERGO
Mercure		M-net		HDI
NH Hotels		NetCologne		HUK24
Novotel		o2		HUK-Coburg
Ramada		PŸUR		LVM
Steigenberger		Telekom		R+V
		Unitymedia		VHV
		Vodafone		Württembergische

Lebensmittelhandel	Möbelhäuser	Mobilfunkanbieter	Private Kranken- oder Krankenzusatzversicherer	Radiosender
ALDI Nord	Dänisches Bettenlager	1&1	Allianz	1LIVE
ALDI Süd	Höffner	ALDI Talk	AXA	Antenne Bayern
Edeka	IKEA	Base	Barmenia	BAYERN 1
Kaufland	Möbel Martin	Blau Mobilfunk	Bayerische Beamtenkasse	BAYERN 3
LIDL	OTTO	Congstar	Central	Hit Radio FFH
Netto	Poco Einrichtungsmärkte	E-Plus	Continentale	MDR 1 Radio Sachsen
Norma	Porta	Klarmobil	Debeka	NDR 2
Penny	Roller/Tejo	Lidl Connect	DKV	SWR3
Real	Segmüller	Mobilcom-debitel	Ergo Direkt	SWR4 BW
REWE	XXXLutz	o2	HanseMerkur	WDR 2
		Otelo	HUK-Coburg	
		smartmobil.de	Signal Iduna	
		Tchibo mobil		
		Telekom		
		Unitymedia		
		Vodafone		
		winSIM		

Abb. 1.19 (Fortsetzung)

Rechtsschutz	Reiseportale ohne Buchung	Reiseveranstalter	Restaurantketten	Social Media
ADAC Rechtsschutz	ab-in-den-urlaub	1-2-FLY	Blockhouse	Facebook
Advocard	Expedia	AIDA	Burger King	Instagram
Allianz	fluege.de	Alltours	Dominos Pizza	LinkedIn
ARAG	HolidayCheck	Dertour	KFC (Kentucky Fried Chicken)	Pinterest
D.A.S.	Kayak	FTI	L'Osteria	Snapchat
Deurag	Opodo	IST	Maredo	Twitter
DEVK	TripAdvisor	JAHN Reisen	McDonald's	WhatsApp
Ergo	Trivago	L'tur	Mövenpick	Xing
HUK-Coburg	Urlaubspiraten	Meier	Nordsee	YouTube
LVM	weg.de	Neckermann	Pizza Hut	
ÖRAG		Schauinsland	Subway	
R+V		Thomas Cook	Vapiano	
Roland		TUI		

Sportartikelhersteller	Stromanbieter	Tankstellen	Versandhändler	Videostreaming-Dienste
Adidas	E wie einfach	Agip	Amazon	Amazon Prime Video
ASICS	E.ON	Aral	ebay	Apple TV+
FILA	EnBW	Avia	HSE24	DAZN
Jack Wolfskin	Envia	Esso	lidl.de	Disney+
Kappa	Eprimo	Jet	OTTO	Google Play Video
New Balance	EWE	OMV	QVC	Joyn PLUS+/Maxdome
Nike	Lichtblick	Orlen/Star	tchibo.de	Magenta TV
Puma	RWE	Raiffeisen	Zalando	Netflix
Reebok	Stromio	Shell		Sky Ticket
The North Face	Vattenfall	Total		TVNOW
Under Armour	Yello Strom			Videoload

Basis: 337 Unternehmen aus 35 Branchen
Quelle: *2HMforum.*-Grundlagenforschung *Fanfocus Deutschland* 2017 - 2021 aggregiert

Abb. 1.19 Im *Fanfocus Deutschland* 2017–2021 untersuchte Unternehmen

mobilherstellern auch KFZ-Versicherer, KFZ-Werkstätten, Tankstellen und Autovermietungen. Eine dieser fünf Branchen hat im Ranking den Spitzenplatz mit der höchsten *Fan-Quote*. Was glauben Sie: Welche Branche ist das? Und wo im Ranking platzieren sich die anderen vier?

- Gesetzliche Krankenkassen erstatten in der Regel geringere Sätze als Private Krankenversicherer. Was denken Sie: Welche Versicherungen haben den höheren Fan-Kunden-Anteil?
- Über vertragliche Scherereien, die Kunden mit Mobilfunk- und Stromanbietern haben, liest man immer wieder. Rächt sich das in deren *Fan-Quote*?
- Haben Baumärkte mit ihrer Vor-Ort-Beratung mehr Fan-Kunden als der Versandhandel?
- Unterscheidet sich die *Fan-Quote* von Banken von der der Bausparkassen?
- Einige Zeitgenossen verbringen täglich mehrere Stunden lesend und schreibend auf Social-Media-Plattformen. Führt dies zu emotionaler Bindung, also zu einer hohen *Fan-Quote*?

Haben Sie sich Ihre Antworten gemerkt? Dann kommen hier die Ergebnisse. Abb. 1.20 zeigt in einem Ranking die durchschnittlichen *Fan-Quoten* der von 2017–2021 im *Fanfocus Deutschland* untersuchten 35 Branchen.

Und? Haben Sie alles richtig vorhergesagt? Wenn ja, dann sind Sie offensichtlich ein „Beziehungsorakel", mit besonderem Gespür für emotionale Kundenbindung. Sie können es sich leisten, ein Unternehmen allein durch Intuition zu steuern. Geht es Ihnen aber eher so wie uns, nämlich, dass Sie intuitiv keine der Fragen richtig beantworten konnten, dann sollten Sie nun erst recht weiterlesen.

Basis: 125.222 Kundeninterviews über 337 Unternehmen aus 35 Branchen
Quelle: *2HMforum.*-Grundlagenforschung *Fanfocus Deutschland* 2017 - 2021 aggregiert

Abb. 1.20 Die durchschnittlichen *Fan-Quoten* von 35 B2C-Branchen

Denn ein jeder von uns wäre wohl aufgrund seiner eigenen Markt- und Verbrauchererfahrungen davon ausgegangen, dass er intuitiv „typische Fan-Branchen", also Branchen mit hoher *Fan-Quote*, nennen kann – und auch, dass er weiß, was die „weniger typischen" Branchen, also die mit geringer *Fan-Quote,* sind. Aber nun mal ehrlich: Hätten Sie vermutet, dass die KFZ-Versicherer mit ihren eher „trockenen" Produkten wie Haftpflicht- und Kaskoverträgen auf Platz 1 des Rankings landen würden? Und damit die Automobilhersteller hinter sich lassen, die mehr als den zehnfachen Werbeetat für ein wesentlich emotionaleres Produkt einsetzen? Selbst wenn man die jüngsten Skandale der Automobilindustrie miteinbezieht, ist dieses Ergebnis doch überraschend. Sogar die Autowerkstätten haben eine höhere *Fan-Quote* als die Autohersteller. Kein Wunder, werden Sie vielleicht antworten wollen, dort gibt es ja auch den Service vor Ort und den Kontakt von Mensch zu Mensch. Das allein taugt jedoch kaum als Erklärung – denn umgekehrt haben die Tankstellen die geringste *Fan-Quote* aller Branchen. Ähnlich überraschend sind die Ergebnisse aus der Gesundheitsbranche: Die gesetzlichen Krankenkassen haben zwar den schmaleren Leistungskatalog, jedoch einen höheren Anteil an Fan-Kunden als die privaten Krankenversicherer. Umgekehrt verzeichnen die Mobilfunk- und Stromanbieter durchschnittliche *Fan-Quoten* – sie sind also möglicherweise weitaus kundenorientierter als ihr landläufiger Ruf. Baumärkte hingegen haben trotz vermeintlicher Vor-Ort-Beratung niederschmetternd wenige Fans, während der Versandhandel, mit dem man doch nur via Mausklick und Paketservice Kontakt hat, einen mehr als doppelt so hohen Anteil an Fan-Kunden aufweist. Banken und Bausparkassen kommen zwar beide aus dem Finanzsektor, haben aber völlig unterschiedliche *Fan-Quoten*. Und selbst die stundenlange Online-Präsenz in Social-Media-Kanälen macht Teilnehmer noch nicht zu Fans dieser Plattformen – auch nicht dadurch, dass Facebook damals den „Fan-Button" einführte.

Schaut man genauer hin, wird deutlich, dass das Abschneiden im Ranking des *Fanfocus Deutschland* offenbar nur wenig mit dem Charakter der eigentlichen Produkte der jeweiligen Branchen zu tun hat. Beispielsweise finden sich unter den ersten drei Plätzen des Rankings, wie Abb. 1.20 zeigt, zwei Versicherungsbranchen (KFZ-Haftpflicht und Hausrat). Die Haftpflichtversicherer hingegen schneiden nur durchschnittlich ab. Die Branche der Video-Streamingdienste wie *Netflix* oder *Amazon-Prime* hätte, so würde man annehmen, beste Chancen auf vordere Plätze, da sich ein Großteil ihrer Kunden ihren emotionsgeladenen Angeboten mehrere Stunden täglich zuwendet. Tatsächlich schneiden die Streamingdienste zwar recht gut ab, landen mit ihrer *Fan-Quote* jedoch im Fünf-Jahres-Durchschnitt hinter weit weniger „aufregenden" Branchen wie Rechtsschutzanbieter oder gesetzliche Krankenversicherer. Reise- und Immobilienportale finden sich gemeinsam auf dem vorletzten Platz, während der Versandhandel, dessen Geschäftsmodell ebenfalls auf Online-Portalen basiert, die zweitbeste *Fan-Quote* aufweist.

Offensichtlich treffen also viele unserer intuitiven und plausibel klingenden Alltagshypothesen einfach nicht zu. Diese Diskrepanz zwischen unseren intuitiven Einschätzungen von „Fan-Branchen" und den empirischen Befunden hat einen plausiblen Grund: Wenn wir versuchen, die *Fan-Quoten* der einzelnen Branchen abzuschätzen, denken wir unwillkürlich über das emotionale Potenzial der Produkte nach. Ein Video-Streamingdienst scheint uns emotionaler als eine KFZ-Versicherung, ein Sportwagen aufregender als eine Bestellung bei *Amazon*. Wir wollen glauben, dass man dem Konstrukteur einer *Harley-Davidson* emotional verbunden sein kann, weniger aber dem Hersteller einer Waschmaschine. Weil wir intuitiv und selbstverständlich nur vom Produkt her denken. Offensichtlich erklärt sich emotionale Kundenbindung jedoch so gut wie gar nicht über die Art des angebotenen Produkts oder der Dienstleistung. Entscheidend ist einzig und allein die Strategie des Managements, nämlich in welchem Ausmaß ein Unternehmen – intuitiv oder angeleitet – bereits *FANOMICS* anwendet und dadurch hohe Bindungsqualität erzielt. Das heißt im Umkehrschluss auch: Jeder kann *FANOMICS* erfolgreich anwenden. Und weil die Umsetzung in manchen Branchen offenbar weiter fortgeschritten ist als in anderen Branchen, kommt es zu den scheinbar überraschenden Branchenunterschieden. Die Gründe hierfür werden wir im weiteren Verlauf dieses Buches noch ausführlich erläutern.

Nun könnte man aufgrund der Branchendurchschnittswerte aus Abb. 1.20 annehmen, innerhalb einer jeden Branche wären die *Fan-Quoten* der einzelnen Anbieter ähnlich. Tatsächlich ist dies nicht der Fall. Auch innerhalb der Branchen unterscheiden sich die

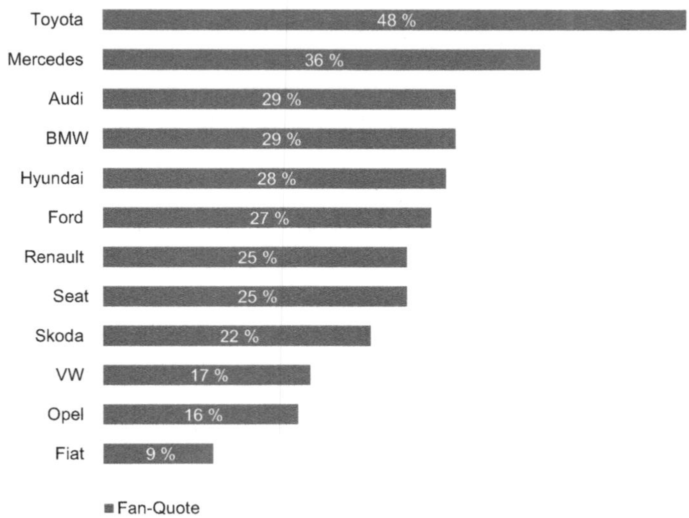

Basis: 21.262 Kundeninterviews, daraus 1.200 Interviews mit Kunden der aufgelisteten 12 Anbieter
Quelle: *2HMforum.*-Grundlagenforschung *Fanfocus Deutschland* 2021

Abb. 1.21 Die *Fan-Quoten* der führenden Automobilmarken in Deutschland im Jahr 2021

Unternehmen gravierend bezüglich der emotionalen Kundenbindung. Lassen Sie uns gemeinsam auf ein Beispiel schauen: Die *Fan-Quoten* der marktführenden Automobilhersteller. Sie sind für das Jahr 2021 in Abb. 1.21 aufgeführt.

Auch hier lassen sich bemerkenswerte Befunde ablesen. Zum einen erkennen wir, dass die Unterschiede innerhalb einer Branche noch gravierender sein können als im Branchenvergleich: Zwischen der *Fan-Quote* von *Toyota* auf Platz 1 und der von *Fiat* auf Platz 12 liegen sage und schreibe 39 Prozentpunkte.[22] Dies bestätigt das bereits Ausgeführte: Nicht die Produktkategorie ist die Ursache für hohe oder niedrige emotionale Kundenbindung, sondern offensichtlich Faktoren, die zwischen den Anbietern einer Branche differieren. Und da man innerhalb der Branche unter gleichen Rahmen- und Marktbedingungen agiert, liegt die Folgerung auf der Hand, dass dies Faktoren sind, die in der Hand der Unternehmensführung liegen. Entscheidend ist offenbar nicht, das lässt sich hier schon ablesen, die Nationalität des Herstellers. *Toyota* gelingt es, sich mit großem Abstand noch vor *Mercedes* zu schieben, und *Skoda* überflügelt seinen Mutterkonzern *VW* deutlich. Die Unterschiede in den *Fan-Quoten* müssen also auf andere Ursachen rückführbar sein. Die hohe Spannweite innerhalb der Branche bestätigt zudem die hohe Aussagekraft unseres

[22] Das Ranking umfasst nicht nur zehn, sondern zwölf Anbieter, da aufgrund ähnlicher Marktanteile zwei Unternehmen mehr in die Untersuchung einbezogen wurden.

zentralen Kennwerts, der *Fan-Quote*: Sie versetzt uns in die Lage, deutlich und trennscharf zwischen den verschiedenen Unternehmen zu differenzieren. Und sich an ihr auszurichten, versetzt Unternehmen in die Lage, sich im Wettbewerb gegen die Konkurrenz durchzusetzen – selbst dann, wenn die Produkte der Branche für den Endverbraucher wenig unterscheidbar erscheinen mögen.

Werfen wir noch einmal einen Blick auf die überragende *Fan-Quote* von *Toyota*. 48 % aller *Toyota*-Fahrer sind offensichtlich echte Fans dieser Marke. Das ist eine außergewöhnlich hohe Quote, und zwar nicht nur für einen Automobilhersteller, sondern auch im branchenübergreifenden Vergleich: Im *Fanfocus Deutschland* haben wir für das Jahr 2021 insgesamt 204 Unternehmen aus 23 Branchen in 19.909 Kundeninterviews untersucht. Welche dieser Unternehmen haben branchenübergreifend die höchsten *Fan-Quoten*? Abb. 1.22 zeigt die Unternehmen auf den ersten zehn Plätzen.

Toyota belegt unter allen Unternehmen der 23 untersuchten Branchen die Spitzenreiterposition. Wie es *Toyota* gelingt, sich nicht nur im Branchenvergleich gegen Premiummarken wie *BMW*, *AUDI*, oder *Mercedes* durchzusetzen, sondern auch branchenübergreifend alle marktführenden Unternehmen hinter sich zu lassen, das erfahren Sie im Interview mit dem President *Toyota Deutschland*, André Schmidt (Abb. 1.23).

Die *Fan-Quote* von *Toyota* ist auch deutlich höher als die des besten Versandhändlers *Amazon*. Und das, obwohl der Versandhandel, wie wir zuvor gezeigt haben, offenbar im Branchendurchschnitt hohe *Fan-Quoten* vorweisen kann. Der Grund dafür sind die unterschiedlichen Streuungen der Messwerte in den Branchen: Während im Versandhandel alle untersuchten Unternehmen passable *Fan-Quoten* vorweisen können, gehen, wie in Abb. 1.22 gezeigt, in der Automobilbranche die Werte zwischen den Anbietern deutlich auseinander – *Toyota* bildet dort quasi den einsamen und nicht branchentypischen Spitzenwert. Dahinter finden wir, auf drei der vier folgenden Plätze, Mobilfunkanbieter: *Aldi-Talk* mit einer mit *Toyota* vergleichbaren *Fan-Quote*, sowie *winSIM* und *1&1*. Warum, mögen Sie fragen, sind drei Mobilfunkanbieter unter den ersten fünf Unternehmen mit den höchsten *Fan-Quoten*, während die gesamte Branche in Abb. 1.20 nur durchschnittlich abschneidet? Die Antwort ist ähnlich wie bei der Automobilbranche: Die Streuung der *Fan-Quoten* ist in der Mobilfunkbranche extrem hoch. Neben den genannten Anbietern gibt es in dieser Branche auch Unternehmen, deren *Fan-Quoten* niederschmetternd sind. Eine hohe oder niedrige *Fan-Quote* ist eben keine Frage des Produkts – und sie ist auch kein Branchenschicksal. Der Automobilhersteller aus Japan und der Mobilfunkanbieter *Aldi-Talk* beweisen vielmehr: Eine extrem hohe *Fan-Quote* ist in jeder Branche möglich – gleichgültig, wie die emotionale Bindung im Branchendurchschnitt auch aussehen mag. Und die anderen in den Top-Ten vertretenen Unternehmen wie *LVM* (Haftpflichtversicherung), *dm* (Drogeriekette), *Skoda* (Autowerkstätten), *ING* (Bank) oder *Meier* (Reiseveranstalter) unterstreichen diese Botschaft.

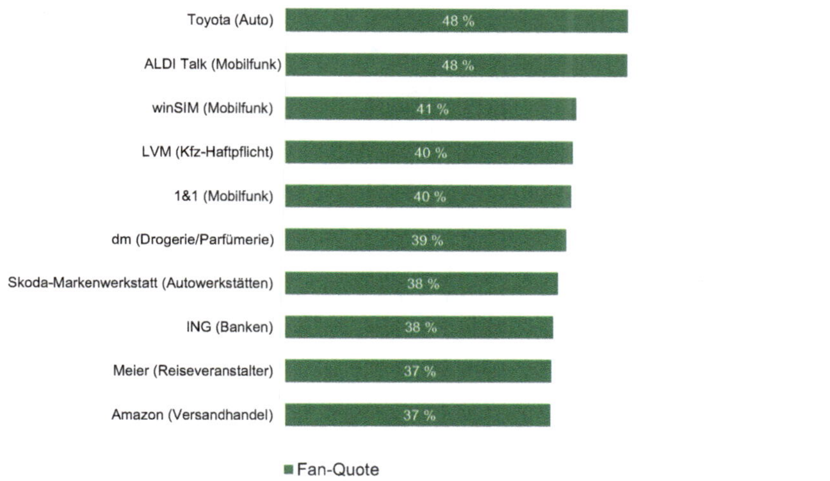

Basis: 19.909 Kundeninterviews über 204 Unternehmen aus 23 Branchen, daraus 976 Interviews mit Kunden der aufgelisteten 10 Anbieter
Quelle: *2HMforum.*-Grundlagenforschung *Fanfocus Deutschland* 2021

Abb. 1.22 Die höchsten *Fan-Quoten* im *Fanfocus Deutschland* 2021

Abb. 1.23 Podcast – André Schmidt, President *Toyota Deutschland*
(▶ https://doi.org/10.1007/000-53p)

1.5.2 Die *Fan-Quoten* im B2B-Bereich

Bislang haben wir uns ausschließlich mit den *Fan-Quoten* von B2C-Anbietern befasst – also von Unternehmen, die vor allem Endverbraucher als Kunden haben. Aber was ist mit der großen Zahl der B2B-Anbieter – also derjenigen Unternehmen, die nicht Endverbraucher als Kunden haben, sondern andere Unternehmen? Spielt auch dort emotionale Kundenbindung eine Rolle? Auf den ersten Blick mag man daran zweifeln wollen: Der Endverbraucher, so könnte man meinen, ist eher anfällig für emotionale Entscheidungsprozesse und Verhaltensweisen. Er trifft seine Kaufentscheidungen nicht immer rational, sondern oft auch spontan aus dem Bauch heraus, und er ist empfänglich für die emotionale Färbung von Marken und Produkten, die sich ja auch dementsprechend emotionalisiert präsentieren und bewerben. In Unternehmen hingegen, das könnte man jedenfalls vermuten, fallen Kaufentscheidungen wesentlich systematischer und rationaler – emotionale Kundenbindung entfaltet hier also gar keine Wirkung. Diese Spekulation scheint plausibel, ist aber falsch. Tatsächlich spielt emotionale Kundenbindung auch im B2B-Bereich eine bedeutende Rolle. Denn dass hier Unternehmen mit Unternehmen handeln, ist eigentlich nur juristisch oder fiskalisch richtig. Tatsächlich jedoch handeln auch im B2B-Bereich Menschen mit Menschen – nämlich die jeweiligen Vertreter beider Unternehmen. Und eben deshalb spielen emotionale Kundenbindung und die *Fan-Quote* auch im B2B-Bereich eine wichtige Rolle.

Dass es emotionale Kundenbindung nicht nur im B2C-, sondern auch im B2B-Bereich gibt, können wir mit Befunden einer weiteren Grundlagenstudie belegen. Dafür haben wir in Interviews 800 Vertreter von Unternehmen aus unterschiedlichsten Branchen nach den Kundenbeziehungen zu ihren Zulieferfirmen befragt. Abb. 1.24 weist aus, wie die Kundenbindung der befragten Unternehmensvertreter an ihre Zulieferer – getrennt nach Anbieterbranchen – ausfiel.

Wie sich zeigt, gibt es auch im B2B-Bereich erhebliche *Fan-Quoten*. Auch hier sind weniger die Unterschiede zwischen den Branchen wichtig. Die grundsätzliche Botschaft ist vielmehr, dass es offensichtlich in jeder B2B-Branche möglich ist, Fan-Kunden zu haben. Gleichgültig, was ein Anbieter einem anderen Unternehmen verkauft – ob Zeitarbeitslösungen, Software, Teile und Komponenten oder Unternehmensberatung – es ist mit jedem dieser Geschäftsmodelle möglich, die verantwortlichen Entscheider in Kundenunternehmen zu Fans zu machen.

Ein weiteres Beispiel von einem unserer eigenen Kunden unterstreicht dies ebenfalls. Ein süddeutsches Unternehmen namens *MADEIRA Garnfabrik*, ein Hersteller von Industriegarnen, der weltweit Textilunternehmen beliefert, hatte uns mit der Analyse der Kundenbindung beauftragt. Auch hier erhoben wir in Kundeninterviews auf dem schon geschilderten Weg die *Fan-Quote*. Abb. 1.25 vergleicht das Ergebnis dieses Garnherstellers mit dem Automobilhersteller *Toyota* als erfolgreichstem Unternehmen im *Fanfocus Deutschland*.

Wie man in Abb. 1.25 sehen kann, übertrifft der B2B-Anbieter *MADEIRA Garnfabrik* mit einer *Fan-Quote* von 50 % sogar noch die Quote von *Toyota* um zwei Prozentpunkte.

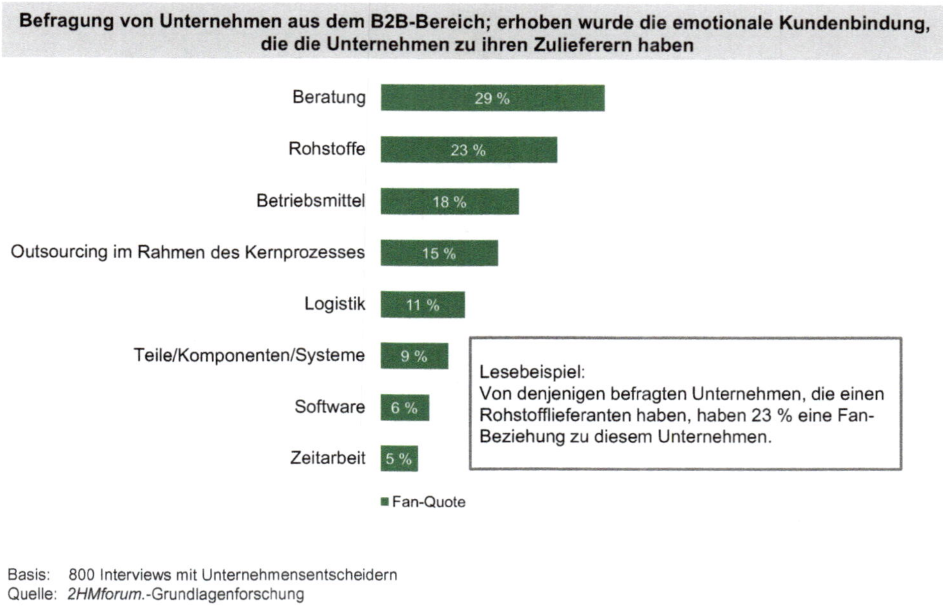

Abb. 1.24 Fan-Kunden gibt es auch im B2B-Bereich

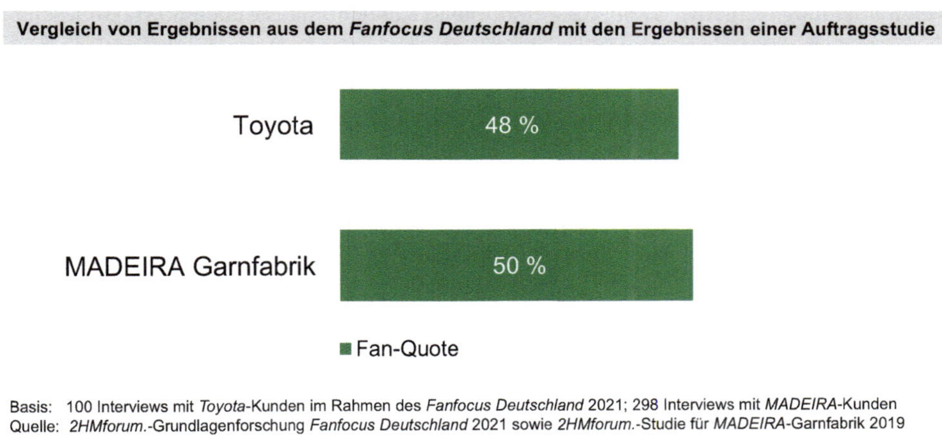

Abb. 1.25 Die *Fan-Quoten* der Besten – B2C- und B2B-Unternehmen im Vergleich

Oder, wenn Sie die Werte mit denen der besten B2C-Unternehmen des *Fanfocus Deutschland* aus dem Jahr 2021 (vgl. Abb. 1.22) vergleichen wollen: Was die emotionale Kundenbindung angeht, lässt der Hersteller von Garnen und Stickzubehör, der ausschließlich Unternehmen beliefert, mehr als 200 namhafte und marktführende B2C-Unternehmen aus über 20 Branchen hinter sich. Insofern lautet die entscheidende Frage nicht: „Gibt es im B2B-Bereich emotionale Kundenbindung, und ist sie vergleichbar zum B2C-Bereich?"

Abb. 1.26 Podcast – Udo Aull, Geschäftsführer der *SEW Eurodrive* (▶ https://doi.org/10.1007/000-53q)

Die Frage muss vielmehr lauten: „Wie kann man auch im B2B-Bereich die emotionale Kundenbindung steigern?“ Denn dass emotionale Kundenbindung auch im B2B-Geschäft existiert, dort ebenfalls ausbaufähig ist und eine bedeutende Rolle spielt, weil die Einkaufsentscheidungen auch in der überwältigenden Anzahl von Unternehmen immer noch von Menschen getroffen werden, belegen die präsentierten Daten eindeutig.

Einen fundierten Einblick, wie das gelingen kann, bietet das Interview mit dem Geschäftsführer des Antriebsherstellers *SEW Eurodrive*, Udo Aull (vgl. Abb. 1.26). Das Familienunternehmen mit Stammsitz in Bruchsal erwirtschaftet mit 18.000 Mitarbeitern einen Umsatz von ca. 3,3 Mrd. Euro weltweit. Die *Fan-Quote* der *SEW Eurodrive* ist seit Jahren weit überdurchschnittlich, und das in einem sehr schwierigen Marktumfeld, denn zur Kundschaft gehört auch die Automobilindustrie, die durch strikte Lieferanten-Auswahlverfahren versucht, den Einfluss des „Faktors Mensch“ zu eliminieren.

1.5.3 Die *Fan-Quoten* von Vereinen und Verbänden

Fans gibt es natürlich nicht nur von Unternehmen – im Gegenteil: So, wie wir den Fan-Begriff eingangs hergeleitet haben, ergibt sich automatisch, dass man Fan von jeder Organisation sein kann: von Vereinen, Clubs, Parteien, Kirchen, Verbänden usw. Und gerade für solche Organisationen sind „Fans“ zwingend notwendig. Zum einen, weil auch für Vereine und Verbände der Wettbewerb untereinander, aber auch der Wettbewerb zu Unternehmen, härter geworden ist. Wer seine Mitglieder zu Fans gemacht hat, kann sich getrost diesem Wettbewerb stellen und muss keinen Mitgliederschwund befürchten. Zum anderen sind Fans notwendig, um dem Verein- oder Verbandszweck überhaupt gerecht werden zu können. Denn diese Organisationen leben vom ehrenamtlichen Engagement, das nur die hochinvolvierten Mitglieder wirklich zu leisten bereit sind. Und diese hochinvolvierten Mitglieder sind in der Regel Fans. Was liegt also näher, als die *Fan-Quote* auch bei Verbänden und Vereinen zu untersuchen? Diese Überlegungen führten uns zum *Fanfocus Deutschland Verbände*, den wir seit 2014 erheben – letztmals im Jahr 2021. Die methodische Vorgehensweise ähnelt dabei der des *Fanfocus Deutschland*: Zunächst wurde von Experten ein Katalog von 15 verschiedenen, gesellschaftlich relevanten Organisationstypen erstellt, darunter Umwelt-, Sozial- und Verbraucherschutzverbände, Arbeitgeberverbände, Gewerkschaften, Automobilclubs, Kirchen und Sportvereine. Anschließend wurde eine bevölkerungsrepräsentative Stichprobe zur Mitgliedschaft in diesen Organisationen und zu ihrer emotionalen Bindung befragt. Ziel war es, den Einfluss der emotionalen Bindung auf das Mitgliederverhalten zu identifizieren. In die Befragung wurden alle Personen aufgenommen, die mindestens in einem der 15 untersuchten Typen von Mitgliedsorganisationen Mitglied sind. Die emotionale Bindung an die Organisation und die Zufriedenheit mit ihr wurden vergleichbar zum *Fanfocus Deutschland* erhoben. Insgesamt wurden 1881 Interviews geführt. Abb. 1.27 zeigt die resultierenden *Fan-Quoten* für die 15 verschiedenen Organisationstypen.

Am besten schneiden im Rahmen der Studie die Umwelt- und Naturschutzverbände ab, gefolgt von den Automobilclubs, unter denen der *ADAC* mit einer *Fan-Quote* von 34 % besonders hervorsticht. Diese *Fan-Quoten* sind im Bereich von Top-Unternehmen angesiedelt. Warum ist das so? Weil diese Verbände hervorragend auf die Bedürfnisse ihrer Mitglieder ausgerichtet sind (vgl. dazu auch Abschn. 3.1).

Doch sieht man einmal von den Spitzenreitern wie dem *ADAC* ab, ist das Bild der *Fan-Quoten* im Vereins- und Verbändebereich ernüchternd: Da viele der aufgeführten Organisationen gemeinnützige oder soziale Zwecke verfolgen, hätte man annehmen können, dass die emotionale Bindung hier deutlich höher ausfällt als bei den bislang dargestellten Kundenbeziehungen zu profitorientierten Unternehmen. Die Ergebnisse zeigen jedoch, dass dies nicht zutrifft. Die durchschnittliche *Fan-Quote* liegt über alle untersuchten Organisationen hinweg lediglich bei rund 25 % – also nur wenige Prozentpunkte über der durchschnittlichen *Fan-Quote* der Unternehmen im *Fanfocus Deutschland*. Offensichtlich ist es um die emotionale Verbindung vieler Mitglieder zu ihren Verbänden und Vereinen nicht zum Besten bestellt. Viele der Befragten äußern, schon einmal mit Austrittsgedanken gespielt zu haben, darunter auch Mitglieder, die mit den Leistungen ihres Verbandes per se zufrieden waren. Am schlechtesten schneiden in der Studie diejenigen Organisationen ab, bei denen man häufig aufgrund des Elternhauses oder wegen gesetzlicher Vorgaben Mitglied ist: Kirchen und Kammern wie Handwerks-, Industrie- und Handelskammern.

Basis: 1.881 Interviews von Personen mit Mitgliedschaft in einem der 15 Typen von Mitgliedsorganisationen
Quelle: *2HMforum.*-Grundlagenforschung *Fanfocus Deutschland* Verbände 2021

Abb. 1.27 Fan-Kunden von 15 verschiedenen Organisationstypen

Die geringen *Fan-Quoten* der Vereine und Verbände sind umso dramatischer, wenn man bedenkt, wie wertvoll Fans als Mitglieder für diese Verbände sind. Sie gestalten laut eigenen Angaben Prozesse aktiv mit, engagieren sich häufiger ehrenamtlich und sind bereit, höhere Mitgliedsbeiträge zu zahlen. Jeder zweite Fan gibt an, seinem Verband selbst dann treu bleiben zu wollen, wenn hohe Repräsentanten der Organisation wegen Fehlverhaltens massiv in der öffentlichen Kritik stehen würden. Diese Loyalität entspricht somit exakt dem Verhalten, das wir eingangs als Fan-typisch identifiziert hatten. Doch dieses hohe Fan-Potenzial wird von vielen großen Vereinen und Verbänden nicht wirklich proaktiv genutzt, um die eigene Sache voranzutreiben. Stattdessen wird die Engelsgeduld der emotional hoch gebundenen Mitglieder durch immer wiederkehrende Skandale und Fehlentscheidungen bis zum Anschlag strapaziert – gleichgültig, ob es sich hierbei um den *DFB* oder die Kirchen handelt. Das scheint lange gut zu gehen – denn schließlich sind Fans äußerst leidensfähig, wie wir herausgearbeitet haben. Aber wir haben auch klargestellt, dass selbst die langlebigste Fan-Beziehung zerbrechen kann – und zwar immer dann, wenn der „Star" eben diejenigen Ideale zu verraten scheint, die den Fan einst zum Fan machten. Die massiven Kirchenaustritte der jüngsten Zeit belegen dies auf dramatische Weise.

Soweit die Darstellung unserer empirischen Befunde zu den *Fan-Quoten* von Unternehmen und Organisationen in Deutschland. Die Ergebnisse lassen sich wie folgt zusammenfassen:

- Die *Fan-Quote* ist ein Maß mit Aussagekraft, das deutlich und trennscharf zwischen Anbietern der gleichen Branche differenziert.
- Die *Fan-Quoten* verschiedener Unternehmen und Branchen können intuitiven Vorstellungen widersprechen. Hier geben nur empirische Erhebungen verlässlich Auskunft.
- Der Steigerung der *Fan-Quote* sind keine Grenzen gesetzt.
- Auch in B2B-Branchen ist der Aufbau emotionaler Kundenbindung möglich und notwendig.
- Die Höhe der *Fan-Quote* und somit der emotionalen Kundenbindung ist weder eine Frage der angebotenen Produkte oder Dienstleistungen noch der Branche.
- Die *Fan-Quote* von Unternehmen, die unter ansonsten gleichen Rahmen- und Marktbedingungen agieren, kann sehr stark divergieren. Dies beweist, dass die auslösenden Faktoren hierfür in den Unternehmen selbst liegen – nämlich einzig und allein in der Konsequenz, mit der dort *FANOMICS* umgesetzt wird.

Die Befunde zeigen also, um es mit einem Satz zu sagen: Fans kann es überall geben, und jedes Unternehmen, gleichgültig ob groß oder klein, ob B2B oder B2C, ob attraktive Produktpalette oder angestaubte Ladenhüter, hat die Chance, seine Kunden zu Fans zu machen – solange es nach *FANOMICS* vorgeht.

Mit der Identifizierung der Fans und der Ermittlung der *Fan-Quoten* ist der Nutzen unseres Ansatzes allerdings beileibe nicht erschöpft. Vielmehr eröffnet die Gegenüberstellung von Kundenzufriedenheit und emotionaler Bindung zahlreiche weitere Perspektiven. Denn es lassen sich hiermit nicht nur Fans identifizieren. Es entsteht eine völlig neue Segmentierungsmöglichkeit sämtlicher Kunden entsprechend ihrer Beziehungsqualität: das *Fan-Portfolio*. Im Folgenden beschreiben wir diesen Weg vom Fan-Kunden zum *Fan-Portfolio* – und wir zeigen auf, welche Potenziale in dieser Aufschlüsselung der gesamten Kundenlandschaft liegen.

1.6 Das *Fan-Portfolio*

Wir haben gesehen, dass alle Branchen und Unternehmen Fans unter ihren Kunden haben – oder zumindest haben könnten. Bevor wir uns weiter mit den Fans beschäftigen, lassen Sie uns nochmal einen Schritt zurückgehen. Erinnern Sie sich noch, auf welchem Weg wir die Fans unter den Kunden identifiziert haben? Wir haben – ausgehend von der wissenschaftlichen Fan-Forschung – ein empirisches Messinstrument entwickelt, das in der Lage ist, emotionale Kundenbindung zu messen: den sogenannten *Fan-Indikator* (vgl. Abschn. 1.4). Diesen haben wir anschließend (vgl. Abschn. 1.5) der Kundenzufriedenheit gegenübergestellt und so die Fans identifiziert: Fan-Kunden definierten wir als diejenigen Kunden, die hochzufrieden und gleichzeitig emotional besonders stark gebunden sind. In Abb. 1.18 haben wir diesen Zusammenhang anhand der Daten aus dem *Fanfocus Deutschland* auch grafisch dargestellt und dabei bereits auf einen überaus spannenden Sachverhalt hingewiesen – nämlich, dass es unter den verbleibenden „Nicht-Fans" Kundengruppen gibt, bei denen das Zusammenspiel zwischen Zufriedenheit und emotionaler Bindung keineswegs so gleichgerichtet ausfällt wie bei den Fan-Kunden. Offensichtlich gibt es auch Kunden mit hoher Zufriedenheit bei gleichzeitig geringer Bindung – und umgekehrt. Das Zusammenspiel beider Parameter fällt also sehr unterschiedlich aus – als Ausdruck unterschiedlicher Formen von Beziehungsqualität. Die hierdurch entstehende Vielfalt der Kundentypen verdeutlicht den überlegenen Erklärungsansatz des *Fan-Portfolios*, in dem Beziehungsqualität – im Gegensatz zu vielen anderen gängigen Modellen – nicht länger eindimensional dargestellt wird, sondern zweidimensional: als Wechselspiel aus bindungsbasierten und leistungsbasierten Einflüssen. Dies eröffnet völlig neue Erklärungsperspektiven und damit einhergehend neue Möglichkeiten, verschiedene Kundengruppen entsprechend ihres Beziehungsstatus differenzierter anzusprechen. Auf diese verschiedenen Kundengruppen wollen wir nun näher eingehen.

Wir betrachten also im Folgenden die „Nicht-Fans". Und das ist in fast allen Unternehmen die Mehrheit der Kunden: Wie die einzelnen mit Prozentwerten etikettierten Segmente in Abb. 1.28 zeigen, verteilen sich 80 % der rund 125.000 im *Fanfocus Deutschland* befragten Kunden – nämlich alle, die wir nicht als Fans bezeichnet haben – recht breit gestreut über die gesamte Diagrammfläche.

Diese Fläche des Diagramms haben wir eingeteilt in vier weitere Bereiche und diese mit verschiedenen Farben kenntlich gemacht. Wie wir die Grenzen dieser Bereiche festgelegt haben, haben wir bereits in Abschn. 1.5 erläutert: Es sind die durchschnittliche Zufriedenheit bzw. die durchschnittliche emotionale Bindung, die auf beiden Achsen die Messwerte in „unterdurchschnittlich" versus „überdurchschnittlich" unterteilen. Die Einteilung beruht also auf empirischen Befunden. Aus ihr resultieren vier gleich große Felder – abzüglich der Fans, die eine in jeder Hinsicht besondere Rolle einnehmen und die Extremwerte des rechten oberen Quadranten belegen. Die Prozentwerte innerhalb eines jeden der vier Felder sind keine Werte für Flächenintegrale; sie geben also nicht wieder, wie viel Prozent der Diagrammfläche von dem jeweiligen Segment eingenommen wird. Sie geben vielmehr – bezogen auf den *Fanfocus Deutschland* – den Anteil der Befragten wieder, den wir über alle 35 untersuchten Branchen hinweg dem jeweiligen Segment zuordnen konnten. Deshalb ist es z. B. möglich, dass die Fläche mit 15 % der Befragten genau so groß ist wie die Fläche mit 25 % der Befragten. Wir werden nun die einzelnen Kundengruppen innerhalb des Diagramms näher betrachten und erläutern. So schaffen wir die Grundlage für eine zielgruppenspezifische, ursachenadäquate Ansprache.

1.6.1 Die Kundentypen des *Fan-Portfolios*

Die Sympathisanten

Die erste Gruppe, auf die wir uns konzentrieren wollen, ist der hellgrüne Quadrant rechts oben: das Feld, das mit 26 % der Befragten direkt an die schon identifizierte und ausführlich besprochene Gruppe der Fans angrenzt (vgl. Abb. 1.28). Diese Personen scheinen den Fans offenbar sehr ähnlich zu sein: Es sind augenscheinlich überdurchschnittlich zufrie-

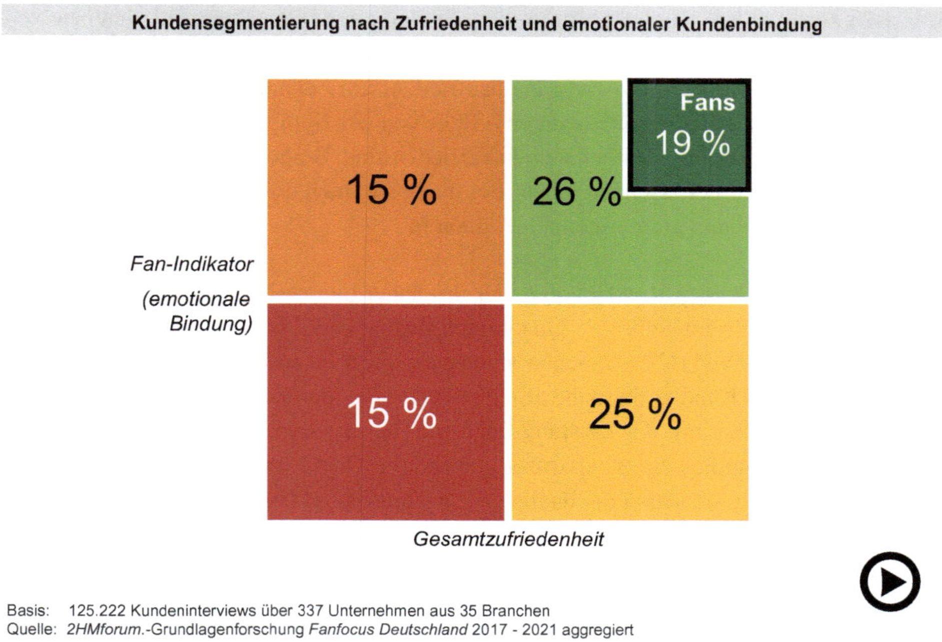

Abb. 1.28 Die Kundentypen im *Fanfocus Deutschland* (▶ https://doi.org/10.1007/000-53r)

dene Kunden, die auch eine überdurchschnittliche emotionale Bindung aufweisen. Wie bei den Fans sind also auch bei ihnen Kundenzufriedenheit und emotionale Bindung gleichermaßen positiv ausgerichtet. Allerdings sind beide Werte bei ihnen nicht so stark ausgeprägt wie bei den Fan-Kunden. Es sind also Kunden, die in vielerlei Hinsicht eine Sympathie für das Unternehmen und seine Produkte haben, dies jedoch nicht (oder noch nicht) in Fan-typischem Verhalten ausdrücken. Wir nennen sie deshalb die „Sympathisanten". Solche Sympathisanten-Kunden sind für jedes Unternehmen wertvoll, denn sie sind zum einen – ähnlich wie die Fans – besonders treu und sehr zufrieden, und zum anderen bilden sie die Gruppe, aus der heraus auch kurzfristig weitere echte Fan-Kunden entstehen können. Doch trotz ihrer überdurchschnittlichen Verbundenheit reicht ihre Identifikation mit dem Unternehmen und seinen Produkten nicht an die der Fans heran. Das gilt vor allem für ihr Auftreten nach außen: Während die Fans ihr Fan-Sein kommunikativ und extravertiert ausleben und so aktive Botschafter „ihrer" Marke sind, gilt dies nur eingeschränkt für die Sympathisanten. Sie sind in ihrer Kommunikation nach außen eher zurückhaltend. Sympathisanten sind eher die „stillen" Genießer unter den treuen Kunden – mit erheblichen Konsequenzen für ihren Kundenwert (vgl. Kap. 2).

Die Söldner

Während die Zusammenhänge bei Fans und Sympathisanten noch leicht nachvollziehbar sind, weil Zufriedenheit und Bindung gleichermaßen positiv ausfallen, finden wir in

Abb. 1.28 zwei weitere Kundengruppen, die schwieriger zu verstehen sind, denn sie vereinen offenbar widersprüchliche Eigenschaften. Wir sehen zum einen – unterhalb der Sympathisanten – Kunden, die zwar hochzufrieden, aber dennoch nicht emotional gebunden sind. Und wir finden zum anderen – links von den Sympathisanten – Kunden, die zwar emotional gebunden, aber dennoch unzufrieden sind. Beides sind also Kundentypen, die in einer gewissen Zerrissenheit leben: Bei ihnen stimmen offensichtlich Zufriedenheit und emotionale Bindung nicht miteinander überein.

Der erste dieser beiden Kundentypen, der uns näher interessiert, sind die Personen im rechten unteren, gelb eingefärbten Quadranten der Abb. 1.28: hochzufriedene Kunden ohne Bindung. Über alle B2C-Branchen hinweg entsprechen etwa 25 % aller Kunden diesem Typus. Solche Kunden hat nahezu jedes Unternehmen. Es sind diejenigen, die bei Befragungen angeben, mit der Leistung hochzufrieden zu sein, aber dann plötzlich und augenscheinlich grundlos zur Konkurrenz abwandern. Die Gründe hierfür liegen auf der Hand, und wir haben sie schon in einem der Eingangskapitel (vgl. Abschn. 1.3) erläutert: Diese Kunden schätzen die Leistung eines Anbieters, aber sie haben – aus Gründen, die wir noch herausarbeiten werden – keine emotionale Beziehung zu den Produkten oder zur Marke aufgebaut. Und weil sie nicht gebunden sind, haben sie keinerlei Skrupel, den Anbieter zu wechseln und zur Konkurrenz abzuwandern, sofern ihnen diese eine aus ihrer Sicht vergleichbare Leistung bietet.

Wenn der Konkurrent sich in der Leistung also nicht unterscheidet oder dieser Unterschied kaum wahrnehmbar ist, braucht es für diese ungebundenen Kunden nur noch einen kleinen Anlass, einen kleinen Impuls, um tatsächlich zur Konkurrenz zu wechseln. Und dieser Impuls ist in der Regel der Preis. Sobald ein Konkurrent bei vergleichbarer Produktqualität preisaggressiv auftritt, werden diese Kunden zu ihm überlaufen. Denn sie können keine sonstigen Unterschiede zwischen ihrem alten Anbieter und der Konkurrenz ausmachen. Die Leistung scheint ihnen gleich, im Image erkennen sie keine Unterschiede, eine emotionale Bindung haben sie nicht – und dann reicht eben das Versprechen eines Preisvorteils, um ihre Abwanderung auszulösen. Diese Kunden sind somit nicht loyal – sie gehen vielmehr wie Söldner bei der ersten Gelegenheit von der Fahne, sobald ein finanziell attraktiveres Angebot winkt. Deshalb bezeichnen wir sie im Folgenden als „Söldner-Kunden".

Söldner sind also hochzufriedene, aber wankelmütige Kunden. Und genau ihretwegen mahnten wir eingangs unseres Buches: „Vorsicht vor zufriedenen Kunden!" Denn diese Söldner-Kunden kommen jedes Unternehmen teuer zu stehen – sie sind quasi ein Indikator dafür, dass ein Anbieter seine Ressourcen falsch investiert. Ein großer Anteil von Söldner-Kunden bedeutet nämlich nichts anderes, als dass ein Unternehmen das Gros seiner Anstrengungen immer wieder in die kostspielige Verbesserung der Leistung gesteckt hat, um die Zufriedenheit der Kunden weiter zu steigern. Und es dabei gleichzeitig versäumt hat, emotionale Bindung aufzubauen. Die Folge: Die Kunden blieben Söldner – also Kunden, die sich trotz hoher Zufriedenheit genauso illoyal verhalten wie unzufriedene Kunden – mit verheerenden Effekten für den wirtschaftlichen Erfolg.

Diese Söldner schaffen zwar kurzfristig Umsatz, aber dieser Umsatz ist ein Pyrrhussieg. Er ist Ergebnis eines einseitig auf Zufriedenheit fokussierten und damit verfehlten Kundenbeziehungsmanagements. Denn der Umsatz mit Söldner-Kunden ist erstens wenig attraktiv, weil er aufgrund der hohen Investitionen in die Leistung des Unternehmens bei gleichzeitig niedrigen Preisen teuer erkauft ist. Zweitens ist dieser Umsatz nur kurzfristig und nicht nachhaltig – die Söldner werden trotz aller Anstrengungen bald von der Fahne gehen, sodass die hohen Leistungsinvestitionen auch langfristig nicht gegenfinanziert werden können. Und drittens bringen Söldner-Kunden jedes Unternehmen in einen Teufelskreis: Denn ein Anbieter, der sein Kundenbeziehungsmanagement einseitig auf Zufriedenheit ausrichtet und sich auf diese Weise ein großes Söldnerheer unter den Kunden geschaffen hat, wird die Untreue dieser Söldner-Kunden kompensieren müssen. Sobald er realisiert, dass die Kunden aufgrund günstigerer Preise zum Wettbewerber abzuwandern drohen, wird er versuchen, diese Kunden durch noch günstigere Preise zu halten – was zu einer noch größeren Preisaggressivität des Wettbewerbers führt und schließlich in eine für beide Unternehmen ruinöse Preisschlacht mündet. Oder der Anbieter wird versuchen, die schon erfolgte Abwanderung von Söldner-Kunden zu kompensieren, indem er wiederum von einem anderen Anbieter Kunden abwirbt. Doch weil er in seinem Auftritt einseitig auf Leistung setzt, spricht er mit seinen Abwerbeversuchen nur solche Kunden des Wettbewerbs an, die preissensibel und wechselbereit sind – mit anderen Worten: dessen Söldner-Kunden. Diese werden dann zu seinen Söldner-Kunden, für die er nun wieder ein Mehr an Leistung bringen muss, um sie nicht zu verlieren. Spielt man diese Zusammenhänge vollständig durch, wird es nachvollziehbar, warum einige Branchen wie die Telekommunikationsanbieter oder der Elektrogerätehandel in Preis- und Rabattschlachten ersticken.

Söldner-Kunden kosten am Ende also bares Geld. Weshalb sich die Frage aufdrängt, wie Unternehmen der Entwicklung des Söldnertums überhaupt wirkungsvoll begegnen sollen. Können sie überhaupt etwas tun, um aus ihren Söldnern zunächst Sympathisanten – also Kunden mit echter Bindung – und nachfolgend vielleicht sogar Fans zu machen? Oder ist, dies könnte man ja mit gleicher Plausibilität annehmen, Söldnertum etwa eine unabänderliche Persönlichkeitseigenschaft bestimmter Verbraucher? Sind Söldner vielleicht deshalb so preissensibel, weil sie unter stärkerem wirtschaftlichem Druck stehen? Oder: Sind sie deshalb so illoyal, weil sie ein Zeitgeistprodukt der postmodernen Gesellschaft sind, in der Treue wenig gilt und der permanente Wechsel (*variety-seeking*) Selbstzweck ist? Träfen diese Erklärungen zu, würde das bedeuten, dass bestimmte soziodemografische, persönliche oder psychologische Eigenschaften unweigerlich zum Söldnertum führen. Dann wären Söldner-Kunden quasi Schicksal – ein bestimmter Typus von Verbrauchern, der in allen Branchen auftaucht und unvermeidbar ist. *FANOMICS* als Management-Steuerungssystem liefe dann ins Leere oder würde sich darauf reduzieren, aus der Masse der potenziellen Kunden jene zu identifizieren, die aufgrund ihrer Persönlichkeits- und Verhaltensmerkmale bereits Fans respektive Sympathisanten sind. Eine Beeinflussung und damit Entwicklung von Söldnern hin zu Sympathisanten oder Fans wäre somit wenig erfolgversprechend. Dies käme einem „Freispruch" für das Marketing und das Beziehungsmanagement gleich: Am ständigen Anstieg der Söldner-Quote wären die Unternehmen quasi schuldlos.

Sind Söldner-Kunden also Schicksal oder ein selbstverschuldetes Problem? Um diese Frage zu klären, untersuchten wir im Rahmen unserer Grundlagenforschung die verschiedenen Kundengruppen systematisch hinsichtlich ihrer sozioökonomischen Profile und ihrer Anforderungen an die Anbieter. Dabei war für uns insbesondere die Beantwortung der Frage von Interesse, ob die Ursachen für das Söldnertum eher in strukturellen Merkmalen zu finden sind oder auf ein Missmanagement der Unternehmen schließen lassen. Zur Beantwortung haben wir Söldner und Sympathisanten einander gegenübergestellt – also die beiden Kundentypen mit identischen Zufriedenheitswerten, aber unterschiedlicher Bindung. Der Vergleich ihrer soziodemografischen und sozioökonomischen Eigenschaften lässt dann darauf schließen, ob diese Merkmale potenzielle Einflussgrößen für Söldnertum sind. Die Ergebnisse sind in Abb. 1.29 dargestellt.

Schauen Sie zunächst auf die linke Seite der Grafik: Wie Sie sehen unterscheiden sich Söldner-Kunden und Sympathisanten weder im Durchschnittsalter noch in der Geschlechterverteilung voneinander. Dies spricht zunächst gegen die These, dass soziodemografische Merkmale dafür verantwortlich sind, dass man zum Söldner-Kunden wird. Auf der rechten Seite der Grafik sehen wir allerdings kleine Diskrepanzen zwischen Sympathisanten und Söldnern: Unter Söldner-Kunden ist der Anteil der Personen mit Abitur etwas größer – und dementsprechend ist auch ihr durchschnittliches Einkommen höher. Wir finden also durchaus einen Unterschied zwischen Sympathisanten und Söldnern. Nur ist dieser Unterschied gegenläufig zur Ausgangsthese: Wir haben aufgezeigt, dass Söldner-Kunden aufgrund ihrer Leistungsorientierung bei gleichzeitig fehlender Bindung besonders preissensibel sind. Daraus hat sich uns die Frage gestellt, ob dies möglicherweise finanzielle Gründe hat – also ob Söldner-Kunden deshalb preissensibel sind, weil sie quasi auf jeden Cent achten müssen. Die vorliegenden Daten zeigen das Gegenteil: Söldner-Kunden agieren nicht aus wirtschaftlicher Not – sie verfügen sogar über die etwas größeren finanziellen Ressourcen.

Die Preissensibilität der Söldner-Kunden entspringt somit keinem finanziellen Motiv. Sie schauen auf den Preis, obwohl ihnen ihre wirtschaftliche Lage dies nicht gebietet. Woran mag dies liegen? Die Antwort: Söldner nehmen wenig bis keine Passung zwischen ihren zentralen Bedürfnissen und den Leistungen des Anbieters wahr – daher sind sie auch nicht emotional gebunden. Dementsprechend illoyal sind sie in ihrem Kaufverhalten. Sie kaufen heute hier und morgen dort, weil es ihnen letztlich gleichgültig ist: Denn der Anbieter und seine Wettbewerber erscheinen ihnen aufgrund mangelnder Passung austauschbar. Wegen dieser wahrgenommenen Austauschbarkeit greifen die Söldner-Kunden bei ihrer Kaufentscheidung auf das einzige differenzierende Leistungskriterium zurück, nämlich den Preis.

Der Wunsch, so günstig wie möglich einzukaufen, ist also häufig keine bewusste grundsätzliche Einkaufsstrategie der Söldner, sondern eine Entscheidungsheuristik: ein Notnagel, um in der Flut des Angebots überhaupt eine Kaufentscheidung treffen zu können. Mit anderen Worten: Söldner-Kunden verhalten sich wie Söldner, weil ihre zentralen Bedürfnisse vom Anbieter nicht (ausreichend) angesprochen werden. Daraus folgt, dass

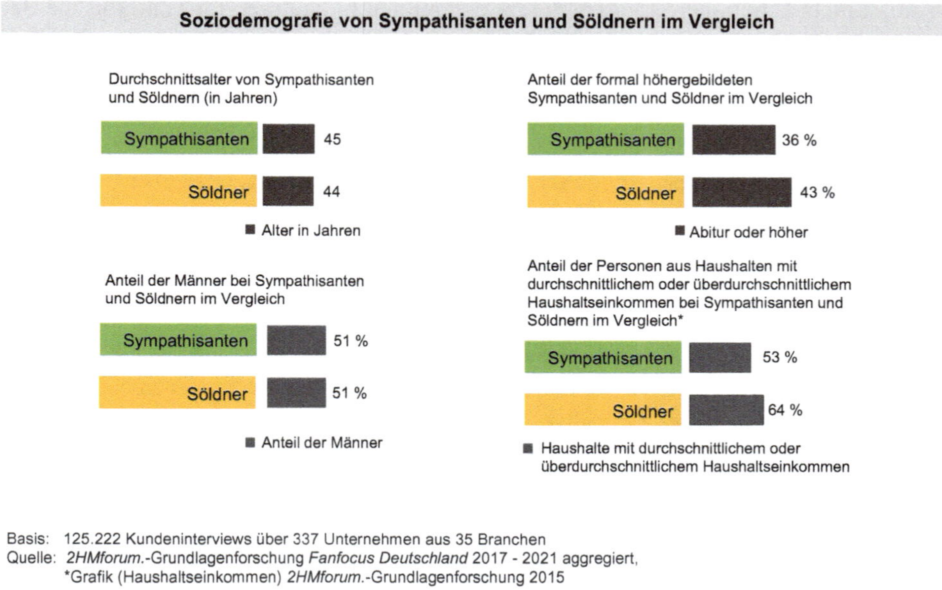

Abb. 1.29 Söldner-Kunden sind gebildeter und wohlhabender

Söldner-Kunden kein Schicksal sind. Söldner-Kunden sind nicht Söldner, weil sie nicht anders können. Sie sind Söldner, weil man sie dazu macht. Die Anbieter selbst haben sie zu Söldnern erzogen – indem sie das zentrale Bedürfnis dieser Kunden nicht verstanden oder ignoriert haben und so die Kunden in den Preisvergleich trieben. Die Ursache für das Söldnertum der Kunden ist also hauptsächlich in der verfehlten Fokussierung der Anbieter auf die Bedürfnisse dieser Kunden zu suchen. Dabei verfügen die Unternehmen – wie wir in Kap. 3 und 4 noch ausführlich zeigen werden – sehr wohl über Stellschrauben, um Söldnertum unter ihren Kunden deutlich zu reduzieren.

Die Gefangenen

Der zweite widersprüchliche Kundentyp hat zwar eine relativ hohe Bindung an das Unternehmen, ist aber dennoch unzufrieden. Wir sprechen von dem orangefarbenen Quadranten links oben in Abb. 1.28, der 15 % der Kunden umfasst. Auf den ersten Blick könnte man meinen, solche Kunden seien zum Beispiel Vertragskunden, die – obwohl unzufrieden – durch langfristige Kontrakte an einen Anbieter gebunden sind. Doch das trifft auf diesen Kundentyp nicht zu. Denn wenn *wir* von Bindung reden, dann meinen wir nicht juristische oder vertragliche, sondern emotionale Bindung. Es handelt sich also vielmehr um Kunden, die zu den Marken, Produkten oder Dienstleistungen eines Anbieters zwar eine gefühlsmäßige Beziehung aufgebaut haben, bei denen aber die Leistung des Anbieters ihre Erwartungen nicht oder nicht mehr erfüllt. Wie kann das sein?

Um dies zu verstehen, ist es wichtig, sich noch einmal zu vergegenwärtigen, wie wir emotionale Bindung messen. Wir erheben emotionale Bindung durch den *Fan-Indikator*:

Er misst nicht Emotionen, sondern die zwei zentralen Indikatoren für Fan-typische Beziehungen, die wir aus der wissenschaftlichen Fan-Forschung abgeleitet haben: nämlich Identifikation und wahrgenommene Einzigartigkeit der Fan-Beziehung. Kunden, bei denen wir mit diesem Indikator hohe Werte messen, zeigen also Fan-ähnliche Beziehungen, woraus wir auf ihre emotionale Verbundenheit schließen können. Für die hier diskutierte Gruppe bedeutet das somit: Wir haben es mit Kunden zu tun, die eine Fan-ähnliche Beziehung zu ihrem Anbieter haben, aber mit der Leistung unzufrieden sind. Vermutlich waren diese Kunden früher nicht nur hochgebunden, sondern auch hochzufrieden. Es sind, mit anderen Worten, enttäuschte Sympathisanten oder gar enttäuschte Fans.

Wie kommt es dazu? Erinnern Sie sich noch an unseren Abschnitt über Fans? Dass Fans auch unzufrieden mit der Leistung sein können und trotzdem Fans bleiben? Dass sie vor dem Vereinsheim ihres Fußballvereins wüste Protestparolen skandieren – die nicht etwa bedeuten, dass diese Fans keine Fans mehr sind, sondern die im Gegenteil gerade belegen, dass es sich bei ihnen um echte Fans handelt. Solche enttäuschten Fans erleben die Situation, dass ihr Fußballverein oder ihr Unternehmen die erwartete Leistung nicht erbringt, nicht als angenehm. Sie leiden darunter, weil sie in der Beziehung zu diesem Akteur gefangen sind. Sie haben in diese Beziehung emotional investiert, und diese Investition können sie nicht so einfach aufgeben. Sie sind in dieser Beziehung gefangen – gleichgültig, ob die Leistung weiterhin stimmt oder nicht. Deshalb bezeichnen wir diesen Kundentypen als „Gefangene".

Was also ist passiert, dass diese Kunden von Sympathisanten oder Fans zu Gefangenen wurden? Ursprünglich waren sie von dem Anbieter sehr angetan: Ihre Erwartungen wurden erfüllt, die Zufriedenheit war also hoch, und gleichzeitig haben die Marke und das Unternehmen sie emotional angesprochen und gebunden. Dann ging die Leistung oder der Service des Anbieters zurück – jedenfalls haben diese Kunden es so wahrgenommen. Dabei ist es übrigens unerheblich, ob sich die Leistung des Anbieters tatsächlich verschlechtert hat oder ob es sich „nur" um eine Wahrnehmung handelt. Für den Kunden spielt dies keine Rolle. Für ihn ist lediglich entscheidend: Er ist subjektiv davon überzeugt, dass die Leistung zurückging. Und diesen Eindruck kann ihm keine Leistungsstatistik des Anbieters nehmen.[23]

Was passiert nun aufgrund dieser Wahrnehmung einer vermeintlich schlechteren Leistung? Wird der Kunde dem Unternehmen gleich den Rücken kehren und sich der Konkurrenz zuwenden? Nein, das wird er nicht tun. Denn er hat eine vergleichsweise hohe emotionale Bindung, er ist ein Sympathisant des Unternehmens oder gar ein Fan. Und Fans, das hatten wir eingangs ja ausführlich dargestellt, verzeihen Fehler. Dieser Kunde hat sich, weil er seine Erwartungen nicht mehr erfüllt sah, vermutlich bei dem Unternehmen gemeldet und die erwartete Leistungserbringung eingefordert. Mit anderen Worten: Er hat

[23] In den Sozialwissenschaften bezeichnet man diese subjektive Absolutheit der Urteilsbildung als Thomas-Theorem: „If men define situations as real, they're real in their consequences" (Thomas und Thomas 1928).

sich beschwert. Und damit lag der entscheidende Schlüssel zur Vermeidung von „Gefangenschaft" in der Hand des Unternehmens: Ein erfolgreiches Beschwerdemanagement hätte die Leistungserbringung wieder in Einklang mit den Erwartungen gebracht, und dieser Kunde wäre ein Sympathisant oder Fan geblieben. Gelingt die Beschwerdebehandlung allerdings nicht, wird er zum Gefangenen: Zu einem Kunden mit immer noch relativ hoher Bindung, der aber aktuell unzufrieden ist; zu einem Kunden, der ein hohes Potenzial für nachhaltiges Geschäft mitbringt, das man aber aktuell leichtfertig verspielt hat. Auf diese Zusammenhänge und die Bedeutung des Beschwerdemanagements werden wir in Abschn. 4.2 noch weiter eingehen.

Aber was wird aus den Gefangenen? Werden sie ewig treu ergeben bleiben und – wie Fußballfans ihrem Verein – im übertragenen Sinn auch den Abstieg in die Dritte Liga verzeihen? Werden sie ein dauerhaftes Leistungsdefizit akzeptieren? Wohl kaum. Schon die in den bisherigen Erläuterungen über die Gefangenen bewusst gewählte Formulierung „relativ hohe emotionale Bindung" sollte verdeutlichen, dass bei den gefangenen Kunden eine langsame Erosion der emotionalen Verbundenheit stattfindet. Bekommt das Unternehmen die Leistungsdefizite nicht in den Griff oder vermittelt es dem gefangenen Kunden nicht, dass es alles unternimmt, um die wahrgenommenen Probleme in den Griff zu bekommen, so wendet er sich sukzessive ab – im schlimmsten Fall wandelt sich die ursprüngliche, nun unerfüllte Liebe in Abneigung: Die Gefangenen „wandern" nach unten links in unserem Schaubild – zu den Gegnern.

Die Gegner

Diese letzte Gruppe, die in unserem Diagramm (vgl. Abb. 1.28) identifizierbar ist, ist der rote Quadrant links unten mit 15 % der Kunden. Es sind Personen, die – wie die Fans oder Sympathisanten – in Bezug auf ihren Anbieter offensichtlich ein recht konsistentes Verhältnis zwischen Zufriedenheit und emotionaler Bindung aufweisen, was in ihrem Fall allerdings alles andere als beruhigend ist. Denn es sind Kunden, die unzufrieden und nicht emotional gebunden sind. Um es klar zu sagen: Es handelt sich bei dieser Gruppe um aktuelle Kunden des Unternehmens. Möglicherweise sind sie dies nicht mehr lange, aber sie waren es zumindest zum Zeitpunkt der Befragung noch. Diese Kunden sind mit Blick auf Bindung und Zufriedenheit also das genaue Gegenteil der Fans – und: Sie verhalten sich auch so. Denn diese Kunden sind mehr als nur enttäuscht. Sie sind zu wahren Widersachern des Unternehmens geworden (vgl. Abschn. 4.3). Sie kommunizieren diese Gegnerschaft aktiv nach außen und können so durch negative Mundpropaganda die Neukundengewinnung eines Unternehmens gravierend stören. Es sind Gegenspieler, die wie Guerillakämpfer plötzlich und unerwartet querschießen, wenn ein Unternehmen versucht, sich über Kommunikation und Marketing zu platzieren. Wir nennen sie deshalb Gegner. Ein Gegner-Kunde ist also in unserem Modell nicht jeder, der schlecht über ein Unternehmen redet, sondern nur ein (Noch-)Kunde, der dies tut.

Gegner-Kunden sind keine schlechteren oder asozialeren Menschen als die anderen Kundengruppen. Sie sind keine Miesepeter, Nörgler oder destruktiven Zeitgenossen, die einem Unternehmen nur aus Missgunst das Leben schwermachen wollen. Und: Sie waren nicht immer Gegner. Denn niemand wird bereits als Gegner Kunde eines Unternehmens. Gegner-Kunden sind also Kunden, die vermutlich eine lange Reise durch das gesamte Kundenportfolio hinter sich haben – in der sie vom erwartungsvollen und anfangs zufriedenen Neukunden mit langfristigem Potenzial langsam zum Gegner wurden. An den Gegner-Kunden wird deutlich, was passiert, wenn Unternehmen Kunden dauerhaft weder zufriedenstellen noch emotional binden – ja, sie in deren Wahrnehmung sogar massiv verärgern. Diese Kunden wandern eben nicht „nur" ab, was für sich genommen bereits einen erheblichen Schaden darstellt, wenn man sich vergegenwärtigt, dass es sich um ehemalige Fans oder Sympathisanten handeln kann, also um Kunden, bei denen die ursprüngliche emotionale Zuneigung aufgrund nachhaltiger Leistungsdefizite ins Gegenteil umgeschlagen ist. Sondern diese Gegner-Kunden arbeiten zudem aktiv gegen das Unternehmen, um ihrer Enttäuschung Ausdruck zu verleihen. Sie werden aufgrund ihrer negativen Kommunikation ein empfindlicher Störfaktor und Unruheherd und vielen potenziellen oder tatsächlichen Kunden aktiv vom betroffenen Anbieter abraten. Das macht sie für jedes Unternehmen zum echten Schreckgespenst (vgl. Abschn. 4.2).

1.6.2 Die Validierung der Kundensegmentierung des *Fan-Portfolios*

Betrachten wir nun die dargestellten Kundentypen – Fans, Sympathisanten, Söldner, Gefangene und Gegner – zusammen, so erkennen wir, dass die in Abschn. 1.5 vorgenommene Gegenüberstellung von Zufriedenheit und emotionaler Bindung weitaus mehr Früchte trägt als „nur" die Identifizierung der Fans. Es spannt sich vor uns vielmehr eine umfassende Segmentierung der gesamten Kundenlandschaft eines Unternehmens auf – ein vollständiges Portfolio von Kundentypen. Abb. 1.30 zeigt das *Fan-Portfolio* nun noch einmal im Gesamtüberblick (s. auch Video, Abb. 1.28).

Nachdem wir nun die fünf verschiedenen Kundentypen im *Fan-Portfolio* benannt und beschrieben haben, ist es an der Zeit, zunächst noch einmal die Richtigkeit unserer theoretischen Vorüberlegungen zu prüfen und zu belegen. Wir haben den *Fan-Indikator* aus unserer Aufarbeitung des Forschungsstands über Fans hergeleitet, indem wir aufgezeigt haben, dass Identifikation und Einzigartigkeit die zentralen Treiber hinter jeder Fan-Beziehung sind. Daher haben wir den *Fan-Indikator*, der ja zur Identifizierung von Fan-Kunden dienen soll, empirisch nur auf Basis dieser beiden Konstrukte gebildet.

Allerdings haben wir in der theoretischen Analyse zu Beginn gezeigt, dass Fans noch zahlreiche weitere Eigenschaften haben und einige Fan-typische Verhaltensweisen zeigen: Beispielsweise machen sie ihr Fantum öffentlich sichtbar und gehen offensiv damit um, oder sie investieren viel Zeit und Geld, um ihre Fan-Beziehung auszuleben. Ebenso zeigen sie rückhaltloses Vertrauen in ihren Star und begreifen die Beziehung zu ihm als langlebig und dauerhaft (vgl. hierzu die Aufstellung in Abschn. 1.2). All diese Merkmale treten – das zeigen auch die sozialwissenschaftlichen Studien zum Fan-Verhalten – zwar typischerweise bei Fans auf. Wir haben diese Verhaltensweisen dennoch nicht in unsere Definition

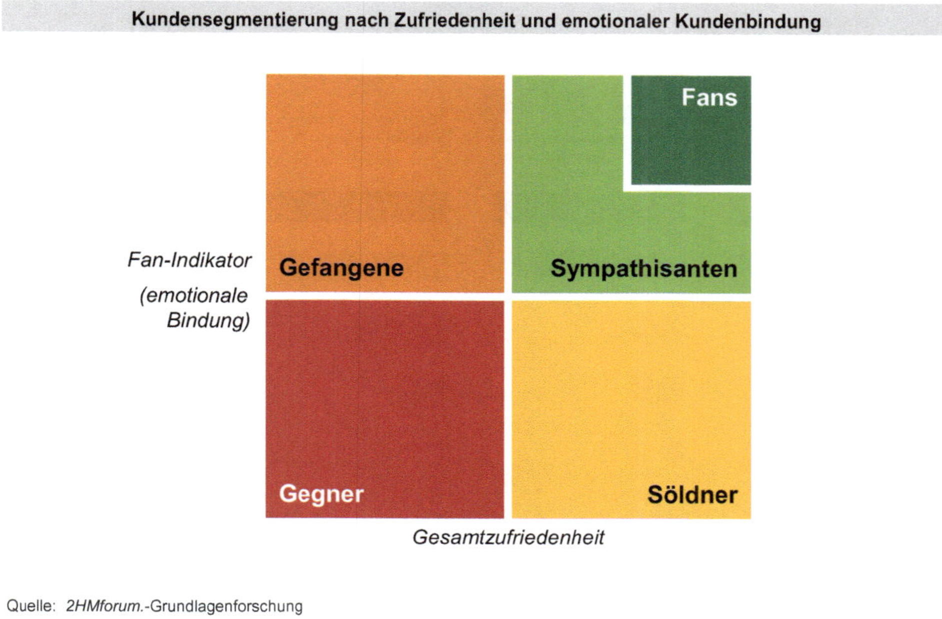

Abb. 1.30 Das *Fan-Portfolio*

einbezogen, weil sie im Gegensatz zu den Merkmalen *Identifikation* und *Einzigartigkeit* nicht ursächlich sind für die Fan-Beziehung. Allerdings sind diese Verhaltensweisen durchaus brauchbare Indikatoren für das Fantum. Was liegt also näher, als diese Indikatoren unserer Definition von Fan-Kunden gegenüberzustellen? Wenn unsere Identifizierung von Fan-Kunden durch den *Fan-Indikator* valide ist, dann müssten nach unserem Verfahren ermittelte Fan-Kunden diese Fan-typischen Verhaltensweisen häufiger zeigen als andere Kunden. Um dies zu prüfen, haben wir über alle Kunden hinweg vier Fan-typische Verhaltens-Indikatoren erhoben, nämlich (1) ihre Bereitschaft, positiv über den Anbieter zu reden, also zur Kommunikation der Beziehung nach außen, (2) ihre Investitionsbereitschaft, (3) ihre Bereitschaft zur langlebigen Beziehung sowie (4) ihr Vertrauen in die Beziehung. Diese Fan-typischen Verhaltens-Indikatoren haben wir, da es sich ja um Fan-Kunden handelt, sprachlich an eine Kundenbeziehung angepasst und die Kunden nach ihrer *Weiterempfehlungsbereitschaft* (= Bereitschaft zur offensiven Kommunikation nach außen), *Cross-Buying-Bereitschaft* (= Investitionsbereitschaft), Absicht zur *Dauerhaftigkeit der Beziehung,* (= Bereitschaft zur langlebigen Beziehung) sowie nach ihrem *Vertrauen* in den Anbieter befragt. Die Abbildungen Abb. 1.31 und 1.32 zeigen das Ergebnis getrennt nach B2C- und B2B-Kunden:

Die Identifizierung der Fan-Kunden durch unseren Fan-Indikator ist in mehrfacher Hinsicht erfolgreich verlaufen. Fan-Kunden, wie wir sie definiert haben, zeigen nahezu ausnahmslos höchstes Vertrauen in ihren Anbieter; sie haben die Absicht zur dauerhaften

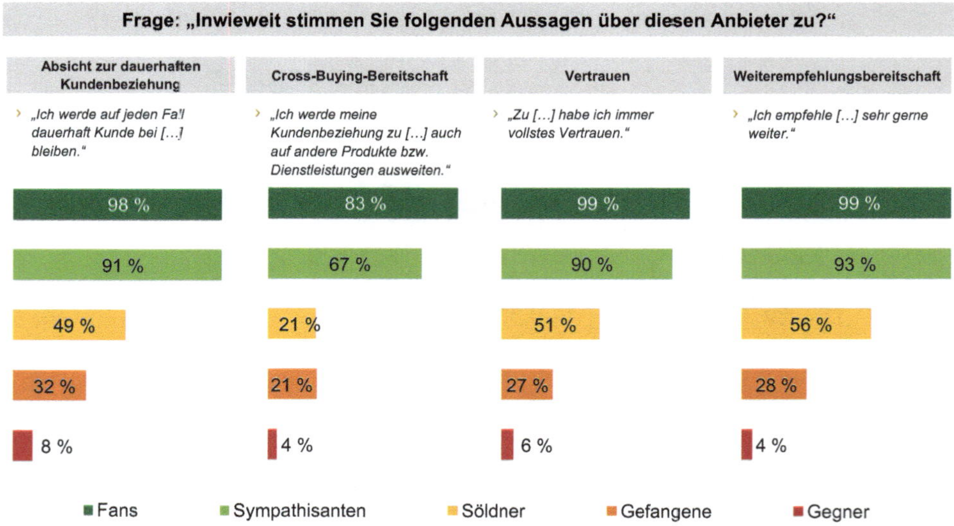

Werte: Top-2-Boxen (Kategorie 75 und 100) auf einer Skala von 0 (stimme überhaupt nicht zu) bis 100 (stimme vollständig zu)
Basis: 125.222 Kundeninterviews über 337 Unternehmen aus 35 Branchen
Quelle: *2HMforum.*-Grundlagenforschung *Fanfocus Deutschland* 2017 - 2021 aggregiert

Abb. 1.31 B2C-Fan-Kunden zeigen Fan-typische Verhaltensweisen

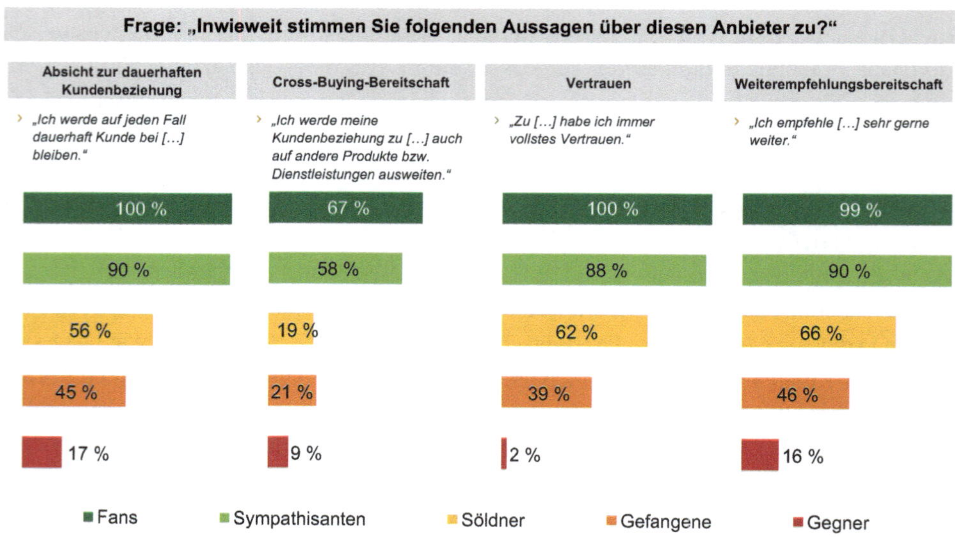

Werte: Top-2-Boxen (Kategorie 75 und 100) auf einer Skala von 0 (stimme überhaupt nicht zu) bis 100 (stimme vollständig zu)
Basis: 800 Interviews von Kundenunternehmen verschiedener Branchen
Quelle: *2HMforum.*-Grundlagenforschung

Abb. 1.32 B2B-Fan-Kunden zeigen Fan-typische Verhaltensweisen

Kundenbeziehung und verfügen über eine extrem hohe Weiterempfehlungs- und Cross-Buying-Bereitschaft. Dies gilt sowohl für B2C- wie auch B2B-Kunden. Damit können wir belegen, dass die anhand unseres Indikators identifizierten Fan-Kunden tatsächlich eine Fan-typische Kundenbeziehung führen. Zudem zeigen die Schaubilder, dass die Werte über die verschiedenen Segmente des *Fan-Portfolios* hinweg zurückgehen: Die Sympathisanten-Kunden folgen stets an zweiter Stelle, die der Söldner-Kunden an dritter Stelle usw. Daraus lässt sich schließen, dass unser *Fan-Indikator* kein beliebiges Konstrukt ist, sondern tatsächlich auf das anspricht, was er messen soll: auf Fan-Kunden.

Damit steht unser *Fan-Indikator* auf einer sehr validen Definitionsbasis. Unsere Messung ist in der Lage, Fans von Nicht-Fans nach objektiven Kriterien schlüssig zu unterscheiden. Damit bildet er ein hartes Kriterium, das sogar valider ist als die Selbsteinschätzung der Kunden. Denn wir haben Kunden – sowohl Fan-Kunden als auch andere – gefragt, ob sie sich selbst als Fans einschätzen. Das Ergebnis ist verblüffend. (vgl. Abb. 1.33)

Wie das Schaubild Abb. 1.33 zeigt, gibt es durchaus große Überschneidungen zwischen der Einstufung durch unseren *Fan-Indikator* und der Selbsteinschätzung der Kunden. Rund zwei Drittel der Fan-Kunden bezeichnen sich auch selbst als „Fans" und tun das damit häufiger als jede andere Kundengruppe. Das Alltagsverständnis des Fan-Begriffs hat also offenbar große Überschneidungen mit unserer empirischen Messung. Wichtiger als die Gemeinsamkeiten sind hier allerdings die Unterschiede: Denn nahezu ein Drittel der Fans wagt es nicht, sich selbst als Fan zu bezeichnen – was bedeutet, dass ihnen vermutlich gar nicht bewusst ist, wie sehr sie emotional an ihren Anbieter gebunden sind. Umgekehrt halten sich nahezu 40 % der Sympathisanten für Fan-Kunden,

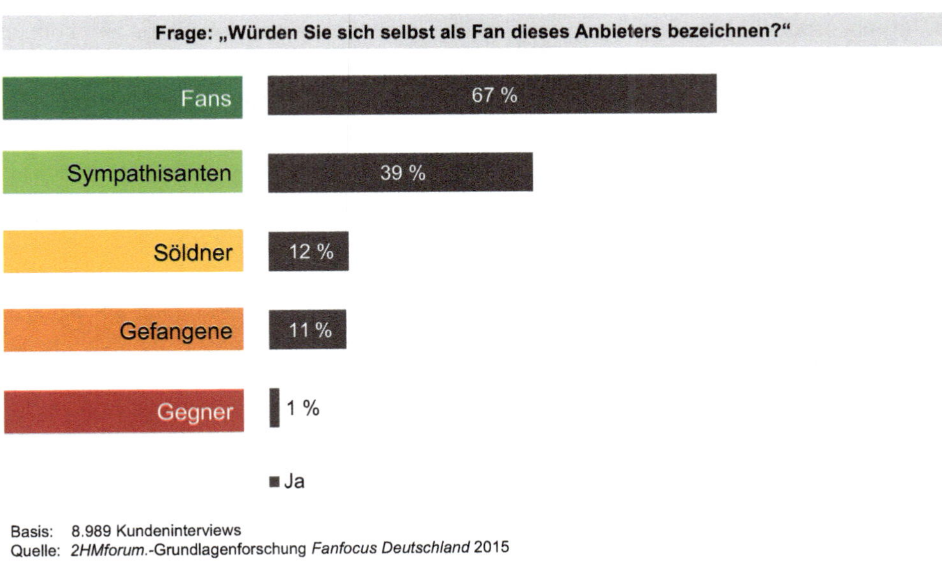

Abb. 1.33 Die Unschärfe der Fan-Selbsteinschätzung

obwohl ihre emotionale Bindung hierfür noch nicht genügend ausgeprägt ist und sogar 12 % der Söldner, denen jegliche Bindung fehlt, wähnen sich im Fan-Modus. Die Daten zeigen, dass es, um Fan-Kunden zu identifizieren, nicht ausreicht, die Kunden selbst nach ihrer Einordnung zu fragen – weil man hierdurch einerseits nahezu ein Drittel der Fans nicht identifizieren und andererseits einen großen Teil der Nicht-Fans zu Unrecht als Fan etikettieren würde.

1.6.3 Die vollständige Segmentierung der Kundenlandschaft durch das *Fan-Portfolio*

Mit Blick auf den vorausgegangenen Abschnitt können wir also insgesamt festhalten: Der *Fan-Indikator* ist ein absolut stabiles und valides Maß zur Identifizierung von Fan-Kunden und damit auch der anderen Kundengruppen im *Fan-Portfolio*. Im Grunde bildet diese Einteilung die grundlegende analytische Plattform unseres Ansatzes.

Das *Fan-Portfolio* belegt, dass die beiden Indikatoren Zufriedenheit und Bindung offensichtlich unterschiedliche Kundenmerkmale abbilden, denn es gibt im Portfolio gleichermaßen zufriedene wie unzufriedene Kunden mit jeweils hoher oder niedriger emotionaler Bindung. Und es belegt gleichzeitig verblüffend, welcher Mehrwert in unserer Vorgehensweise liegt, im ersten Schritt aus dem Fan-Begriff die Indikatoren für emotionale Bindung abzuleiten und im zweiten Schritt die Kundenlandschaft nach ihrer emotionalen Bindung in Relation zur Kundenzufriedenheit zu segmentieren. Die entstehenden Kundensegmente differenzieren sich in ihrer Beziehungsqualität und in ihrem Kundenwert (vgl. Kap. 2). Das bedeutet: Unternehmen erhalten mit dem *Fan-Portfolio* eine völlig neue, wirtschaftlich hochrelevante Kundensegmentierung und damit den Zugang zu einer zielgruppenspezifischen Steuerung sämtlicher kundenbezogener Prozesse. Sie können Ressourcen in Vertrieb, Marketing und Service differenzierter einsetzen. Sie werden mit reduziertem Aufwand mehr Wirkung erzielen, weil sie ihre Maßnahmen auf die charakteristischen Merkmale der Kundengruppen aus dem *Fan-Portfolio* zuschneiden können.

Der eine oder andere methodisch versierte Leser wird sich vielleicht fragen: Wie wurden die Grenzen zwischen den verschiedenen Kundensegmenten gezogen bzw. festgelegt? Dieses Problem zu lösen, war in der Tat nicht einfach, denn natürlich sind die Grenzen zwischen den Segmenten fließend. Dennoch muss man solche Grenzen ziehen: Denn erst die Bildung der verschiedenen Segmente in Verbindung mit der Zuordnung der Kunden ergibt den entscheidenden Informationsvorsprung, wie man ihn für die erfolgreiche Steuerung von Unternehmen dringend benötigt. Um also eine möglichst trennscharfe Abgrenzung zwischen den Segmenten zu erreichen, haben wir uns über mehr als zehn Jahre hinweg bei Hunderten von Kundenstudien für Unternehmen unterschiedlichster Branchen immer wieder die empirischen Befunde angeschaut. Wir haben nach Mustern im Verhalten der Kunden gesucht und genau analysiert, wo z. B. Fan-Verhalten aufhört und Sympathisanten-Verhalten beginnt. Wir haben identifiziert, wo es in der Verteilung der Kunden innerhalb des *Fan-Portfolios* deutliche Sprünge und Brüche gibt, und haben so aus der Interpretation der empirischen Befunde die Segmentgrenzen abgeleitet, die unserer Einteilung zugrunde liegen. Damit lassen sich die Kunden eines jeden Unternehmens zuverlässig und treffsicher einordnen.

Die Segmentgrenzen des *Fan-Portfolios* haben wir also basierend auf empirischen Befunden gezogen – und wir wenden sie in dieser stabilen und fixen Form als Einteilungsraster für unsere Analysen auf sämtliche Unternehmen aus allen Branchen an. Deshalb dürfen, wie schon erwähnt, die unterschiedlichen Flächengrößen der verschiedenfarbigen Segmente nicht als Integrale missverstanden werden: Die Flächen und ihre Größen ergeben sich durch die festgelegten Grenzziehungen. Sie sagen etwas darüber aus, welchem Kundentypus ein individueller Kunde zuzuordnen ist, wenn er aufgrund seiner Zufriedenheit und Bindung innerhalb des *Fan-Portfolios* in einem bestimmten Bereich lokalisiert werden konnte. Die Flächen entsprechen jedoch nicht der Größe der einzelnen Kundensegmente, besagen also nichts über die Anzahl der Kunden, die sich bei einem konkreten Unternehmen hinter jedem der einzelnen Bereiche verbirgt.

Das *Fan-Portfolio* – und es ist wichtig, sich das zu vergegenwärtigen – ist eine Segmentierung der Kunden eines Unternehmens, jedoch nicht des gesamten Marktes. Es bildet also nicht ab, wie Nichtkunden ein Unternehmen einschätzen oder ob sie eine emotionale Bindung zu ihm haben. Die Gesamtheit aller potenziellen Kunden muss man sich quasi als Umgebung um das *Fan-Portfolio* herum vorstellen. Darunter sind ehemalige Kunden, die dem Anbieter – aus welchen Gründen auch immer – den Rücken gekehrt haben; potenzielle Neukunden, die man erst noch anwerben will; Kunden der Konkurrenz – die Wechselwilligen genauso wie die Gebundenen – sowie Verbraucher, die außerhalb der Zielgruppe liegen und deshalb nur als beobachtende Öffentlichkeit interessant sind, aber kein potenzielles Kundensegment darstellen. Vergegenwärtigt man sich diesen Zusammenhang, so wird klar, dass es Veränderungen im *Fan-Portfolio* eines Unternehmens nicht nur durch Verschiebungen und Wanderungen zwischen den fünf verschiedenen Kundentypen geben kann. Ebenso wichtig ist, dass eine Zuwanderung aus der umgebenden Grundgesamtheit der potenziellen Kunden in die einzelnen Kundentypen hinein (oder umgekehrt eine Abwanderung aus den Kundentypen heraus) jederzeit erfolgen kann – und in der Regel auch erfolgt.

Anhand des *Fan-Portfolios* lässt sich die Schlüssigkeit unserer bisherigen Argumentation und Herleitung klar ablesen: Es zeigt einerseits, dass Zufriedenheit nicht ausreicht, um Kunden zu Fans zu machen – dazu braucht es vielmehr zusätzlich emotionale Bindung. Das *Fan-Portfolio* zeigt andererseits, dass auch eine hohe Bindungsqualität, ausgedrückt durch den *Fan-Indikator*, allein nicht ausreicht. Erst die mit der Bindung einhergehende maximale Zufriedenheit sorgt dafür, dass wir Kunden wirklich als Fans bezeichnen können. Die Aussagekraft dieses beschriebenen Zusammenspiels von Zufriedenheit und emotionaler Kundenbindung lässt sich gut veranschaulichen, wenn wir uns nun – in Kenntnis des gesamten *Fan-Portfolios* und der verschiedenen Kundentypen – noch einmal die Befunde unserer empirischen Grundlagenstudien anschauen, auf die wir schon in Abschn. 1.5 eingegangen sind. Abb. 1.34 zeigt zunächst die *Fan-Portfolio*-Anteile der verschiedenen Kundengruppen für den *Fanfocus Deutschland*. Die fünf Kundentypen von

Fans bis Gegner sind hier allerdings nicht orthogonal angeordnet, sondern horizontal in einem Balkendiagramm. Denn im Gegensatz zur Darstellung im *Fan-Portfolio* können wir so anhand der Größenverhältnisse der einzelnen farbigen Blöcke zueinander auch direkt die Größenverhältnisse der einzelnen Kundentypen ablesen. Die Definition der verschiedenen Kundengruppen, die farbliche Zuordnung und ihre Abgrenzung voneinander sind allerdings identisch zur Segmentierung im Rahmen des *Fan-Portfolios*.

Durch die Änderung der Darstellung vom *Fan-Portfolio* auf die Balkenform können wir nun deutlich erkennen: Die führenden deutschen B2C-Unternehmen machen ihre Sache nicht schlecht. Neben den 19 % echten Fans, mit denen wir uns schon eingehender befasst haben, verfügen sie im Durchschnitt über 26 % Sympathisanten. Nahezu die Hälfte ihrer Kunden ist also zufrieden und emotional gebunden. Weitere 25 % sind Söldner-Kunden, also zufriedene, aber emotional nicht gebundene Kunden, und nur jeweils 15 % sind Gefangene oder Gegner. Doch was auf den ersten Blick im Gesamtbefund zufriedenstellend zu sein scheint, birgt noch enormes Verbesserungspotenzial. Dies wird deutlich, wenn man sich die Portfolios der Top-Ten-Unternehmen mit den branchenübergreifend höchsten *Fan-Quoten* betrachtet (vgl. Abb. 1.35). Die positiv geladenen Kundensegmente der Fans und Sympathisanten sind bei ihnen wesentlich größer – und sie haben im Durchschnitt entsprechend weniger Söldner-Kunden und nur gering besetzte problematische Kundensegmente wie Gefangene oder Gegner. Dieser Vergleich mit den Besten belegt, wie groß das Steigerungspotenzial ist, das deutsche Unternehmen im Aufbau ihrer Kundenbeziehungen noch haben.

Gleichzeitig belegen die Daten aus Abb. 1.34 eine unserer Kernaussagen: nämlich, warum die Kundenzufriedenheit als Steuerungsgröße für den Unternehmenserfolg und das darauf aufsetzende Kundenzufriedenheitsmanagement nur noch begrenzt erfolgreich sein können. Betrachten Sie hierzu noch einmal die in Abb. 1.34 durch Klammern markierten Anteile der zufriedenen Kunden. Dort wird deutlich: Über alle 35 B2C-Branchen hinweg sind 70 % aller Kunden bereits zufrieden – jedoch nur jeder fünfte Kunde ist wirklich ein

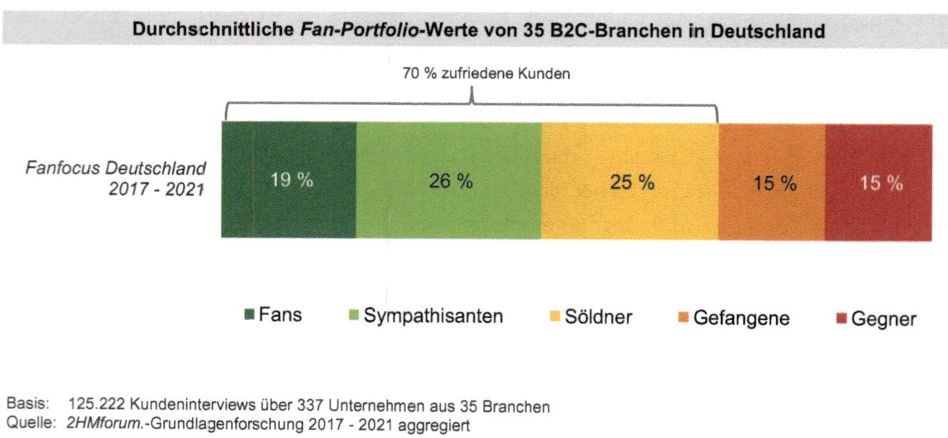

Abb. 1.34 70 % sind zufrieden – aber nur jeder fünfte Kunde ist ein Fan

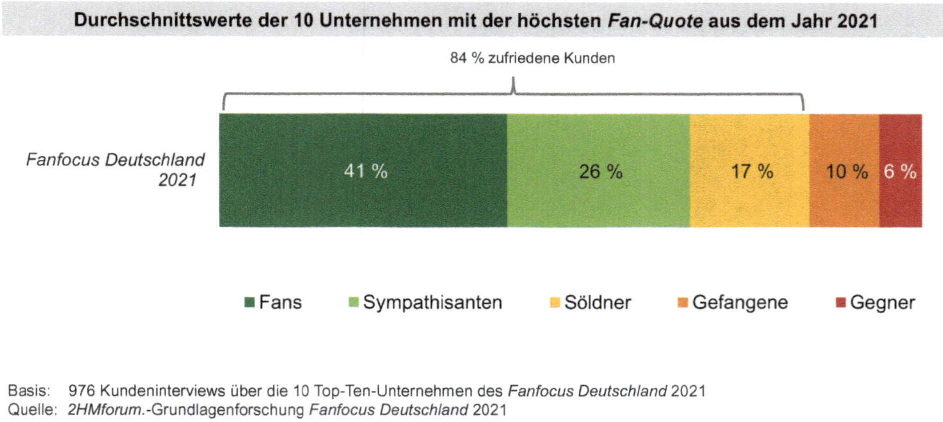

Abb. 1.35 Der *Fan-Portfolio*-Durchschnitt der Top Ten-Unternehmen von 2021

Fan. Die *Fan-Quote* ist also noch steigerungsfähig – die Kundenzufriedenheit jedoch ist schon sehr hoch. Der Versuch eines Unternehmens, durch kostspielige Steigerung der Leistung die Kundenzufriedenheit weiter zu erhöhen, muss somit aus zwei Gründen zwangsläufig scheitern: Zum einen wird die Zufriedenheit der Kunden irgendwann einen Deckeneffekt erreichen (wenn sie dies in manchen Unternehmen nicht schon getan hat): Sie zu steigern, wird dann schlichtweg nicht mehr möglich sein. Zum anderen gelingt es nicht mehr, sich durch Zufriedenheit zu positionieren und vom Wettbewerb abzusetzen: Denn wie will man herausragen, wenn alle Unternehmen hervorragende Zufriedenheitswerte haben?

Zieht man hingegen die emotionale Kundenbindung als Steuerungsgröße hinzu, sieht man, wie mächtig dieser Ansatz ist, da die Bindung genau das leistet, was vorher nicht möglich war: innerhalb der Masse von hochzufriedenen Kunden die Spreu vom Weizen zu trennen und sich so auszurichten, dass man nicht „nur" zufriedene Kunden, sondern möglichst viele Sympathisanten oder, noch besser, Fans hat. Besonders eindrucksvoll zeigt sich dies im B2B-Bereich (vgl. Abb. 1.36).

Hier fallen zwei bemerkenswerte Zusammenhänge auf: Zum einen messen wir im B2B-Bereich – Fans und Sympathisanten gemeinsam betrachtet – 55 % emotional gebundene und gleichzeitig zufriedene Kunden. Das bedeutet, schon jetzt fühlt sich die Mehrheit der B2B-Kunden offensichtlich auch emotional an ihre Anbieter gebunden. Es ist also nicht nur theoretisch falsch zu behaupten, emotionale Kundenbindung spiele im B2B-Bereich keine Rolle. Die Daten belegen vielmehr: Diese Behauptung geht auch völlig an der empirischen Wirklichkeit vorbei. Emotionale Kundenbindung ist sogar – das zeigen die Daten – eine notwendige Voraussetzung für Erfolg im B2B-Bereich. Denn wenn es hier offenbar so viele Unternehmen verstehen, zu ihren Kunden emotionale Bindung aufzubauen, indem sie zentrale Bedürfnisse erkennen und fokussiert erfüllen, wird man als Anbieter in diesem Umfeld kaum punkten können, wenn man ziellos nur auf Zufriedenheitssteigerung setzt.

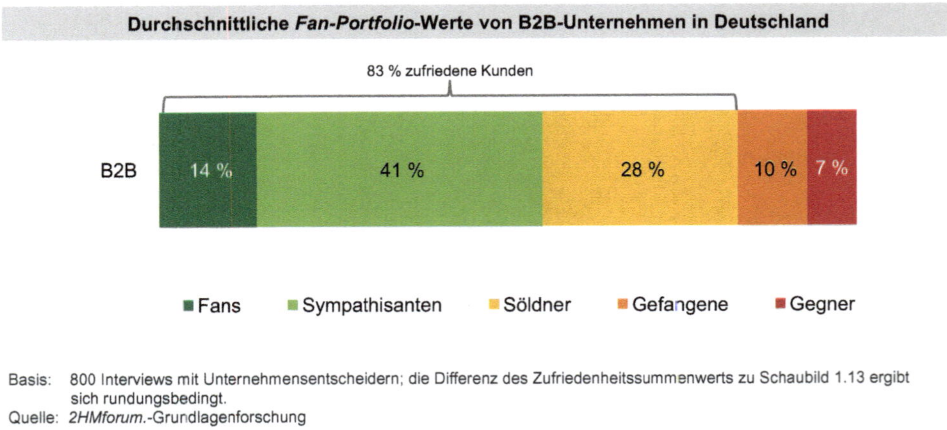

Abb. 1.36 Das *Fan-Portfolio* im B2B-Bereich

Zum anderen ist bemerkenswert, dass dieser Anteil der emotional gebundenen Kunden im B2B-Bereich etwa 10 Prozentpunkte höher ausfällt als bei den B2C-Unternehmen aus dem *Fanfocus*. Korrespondierend damit ist bei ihnen der Anteil der Gefangenen und Gegner deutlich geringer als bei den B2C-Unternehmen. Dies ist nicht nur ein weiteres Indiz dafür, wie wichtig emotionale Bindung auch im B2B-Bereich ist, es ist zudem auch ein Hinweis darauf, woher das landläufige Missverständnis rührt, im B2B-Bereich gäbe es keine Fan-Kunden: Es ist vermutlich dem deutlich unterschiedlichen Verhältnis zwischen Fans und Sympathisanten in beiden Bereichen geschuldet. Denn während sich im B2C-Bereich Fans und Sympathisanten nahezu die Waage halten, ist im B2B-Bereich der Anteil der Sympathisanten wesentlich höher – nur jeder vierte der emotional hochgebundenen Kunden ist auch ein Fan. Das heißt im Klartext: B2B-Unternehmen haben ein ebenso großes, wenn nicht sogar größeres Potenzial an emotional gebundenen Kunden. Nur zeigen diese Kunden in geringerem Maße Fan-typisches Kundenverhalten wie z. B. aktive Weiterempfehlung oder die Fokussierung auf einen Anbieter. Der Grund hierfür liegt auf der Hand: Diese Verhaltensweisen sind für manche B2B-Kunden ausgeschlossen, beispielsweise aufgrund einer Mehr-Lieferanten-Strategie zur Risikoabsicherung. Insofern gibt es für die Höhe der *Fan-Quote* im B2B-Bereich gewisse Grenzen, nicht aber für die emotionale Kundenbindung. Hier ist somit eine hohe Quote von Sympathisanten fast ebenso wertvoll wie die *Fan-Quote* – und genau darauf setzen offensichtlich bereits viele deutsche Unternehmen im B2B-Bereich.

Schauen wir noch einmal zurück auf den B2C-Bereich. In Abb. 1.20 hatten wir bereits die *Fan-Quoten* von 35 untersuchten Endverbraucherbranchen vorgestellt. Abb. 1.37 komplettiert nun das Bild und weist die Werte des gesamten *Fan-Portfolios* im Branchenvergleich aus.

Wie überraschend die *Fan-Quoten* einiger Branchen sind, hatten wir in Abschn. 1.5 näher diskutiert. Mit dem Wissen um die Kundengruppen des gesamten *Fan-Portfolios* vervollständigt sich nun das Bild. Und hierbei wird deutlich: Hohe oder niedrige Quoten bei Fans, Söldnern oder Gegnern kommen nicht von ungefähr. Dahinter stehen vielmehr erklärbare Prozesse, die wir uns im weiteren Verlauf des Buches noch näher anschauen werden. Einige bemerkenswerte Aspekte haben wir vorab schon einmal herausgegriffen:

- Die fünf führenden Branchen des Rankings haben nicht nur bezüglich der *Fan-Quote* eine Spitzenposition. Bezieht man die Sympathisanten in die Betrachtung mit ein, haben mehr als die Hälfte ihrer Kunden eine hohe emotionale Bindung an ihren Anbieter. Dazu gehören Versicherer, Rechtsschutzanbieter und der Versandhandel – Branchen also mit komplexen Produkten und geringem persönlichem Kundenkontakt, denen man solche hohen Bindungswerte auf den ersten Blick vielleicht gar nicht zugetraut hätte.
- Die Tankstellen liegen nicht von ungefähr abgeschlagen auf dem letzten Platz. Sie haben den höchsten Anteil an Söldner-Kunden. Auf den ersten Blick überrascht das nicht – die Wahl einer Tankstelle erfolgt häufig unfreiwillig durch die Tankuhr. Doch von diesen Zwängen einmal abgesehen: Viele Autofahrer wählen den nächsten Sprit-

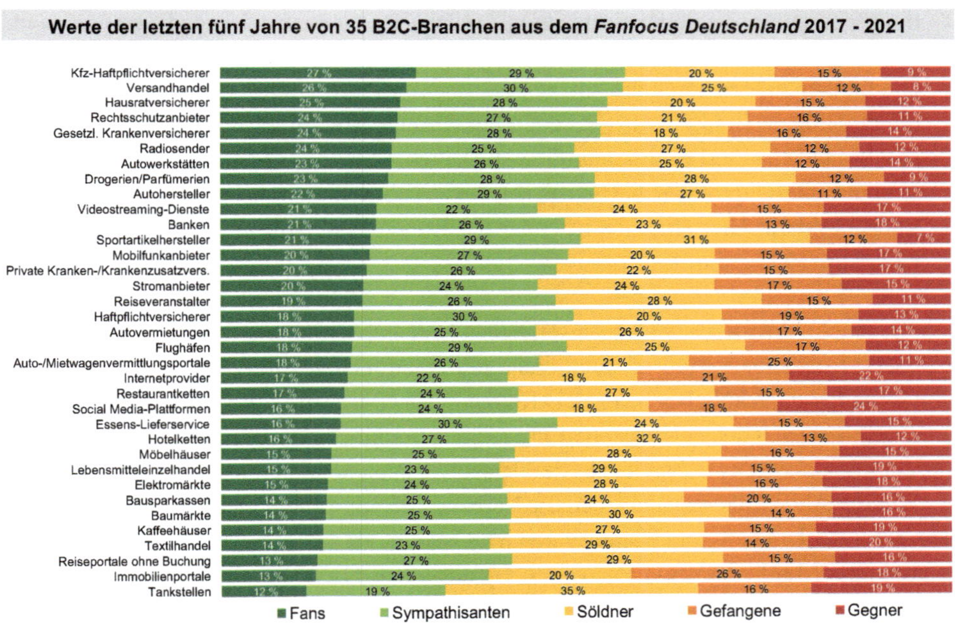

Werte: Abweichungen von 100 Prozent innerhalb einer Kategorie sind rundungsbedingt
Basis: 125.222 Kundeninterviews über 337 Unternehmen aus 35 Branchen
Quelle: *2HMforum.*-Grundlagenforschung *Fanfocus Deutschland* 2017 - 2021 aggregiert

Abb. 1.37 Das *Fan-Portfolio* im Branchenvergleich

anbieter ausschließlich aufgrund der Preistafeln an der Straße. Denn in jahrzehntelangem Marketing ist es den Mineralölkonzernen bis heute nicht wirklich gelungen, sich anders zu positionieren als über den Preis. Ein Heer von Söldner-Kunden ist die Folge.

- Die gesetzlichen Krankenkassen gelten laut Klischee oft als behördengleiche, wenig kundenorientierte Institutionen. Unsere Daten zeigen, dass dieses Image längst überholt ist. Die Krankenkassen haben eine hohe Bindungsquote – und nur einen durchschnittlichen Anteil von Gefangenen.
- Von Social-Media-Plattformen glaubt man häufig, dass alle ihre Nutzer Fans seien, denn durch Instrumente wie den Fan-Daumen wurde der Fan-Begriff omnipräsent. Die Daten zeichnen ein anderes Bild: Die Social-Media-Kanäle haben eine unterdurchschnittliche *Fan-Quote* und den höchsten Anteil an Gegnern. Die negativen Alltagserfahrungen und Frustrationen vieler Nutzer werden für die Branche zur Belastung.
- Die Automobilhersteller erfreuen sich trotz Software-Skandalen noch immer einer recht hohen emotionalen Kundenbindung: 51 % Fans und Sympathisanten sprechen eine deutliche Sprache.
- Die Video-Streamingdienste haben im Schnitt mehrere Stunden wöchentlich Bildschirmkontakt zu ihren Kunden – aber sie machen zu wenig daraus. Sie vermögen es offensichtlich nicht, ihre Reichweite in überdurchschnittliche Zufriedenheit und Bindung umzumünzen: Jeder dritte ihrer Zuschauer ist unzufrieden und verspürt keine Bindung an die Marke.
- Die Banken mögen durch die Finanzkrise eine Imageschramme davongetragen haben – die emotionale Bindung ihrer Kunden hat darunter aber offensichtlich kaum gelitten. Die Branche ist diesbezüglich im oberen Drittel.
- Und die Internetprovider haben mit 43 % Gefangenen und Gegnern mehr als nur ein Imageproblem: Hier stimmen offenbar die Kundenbetreuungsprozesse nicht mit den Erwartungen überein.

Die Beispiele illustrieren, welche zusätzlichen Erkenntnisse über erfolgreiche und problematische Kundenbeziehungen sich bereits mit einem ersten Blick auf das *Fan-Portfolio* gewinnen lassen. Ähnliches belegt das Ranking der *Fan-Portfolios* der Verbände und Vereine. Auch hier lassen sich aktuelle Entwicklungen und strukturelle Folgen richtiger und falscher Entscheidungen bereits aus den Branchendaten ablesen.

Wie die Abb. 1.38 zeigt, machen die Verbände aus den Bereichen Verbraucherschutz, Soziales oder Umwelt- und Naturschutz vieles richtig. Zwei Drittel oder sogar nahezu drei Viertel ihrer Mitglieder sind Fans oder Sympathisanten. Die Bindungswerte der Verbandstypen an den Top-Positionen des Rankings lassen die von vielen Unternehmensbranchen hinter sich: Da viele Vereine und Verbände gemeinsame zentrale Bedürfnisse bündeln, spielt emotionale Bindung als Motiv für die Mitgliedschaft eine bedeutende Rolle.

Der begeisterten freiwilligen Mitgliedschaft in vielen Verbänden stehen am unteren Ende das Rankings Kammern und Kirchen gegenüber. Die Kammern haben in der Mehrheit unzufriedene Mitglieder ohne positive emotionale Bindung – einen besseren Beweis dafür, dass Pflichtmitgliedschaft freiwilliges Engagement niemals ersetzen kann, wird man kaum finden können. Und die Kirchen haben mit zusammengenommen 28 % Fans und Sympathisanten die niedrigsten Bindungszahlen aller untersuchten Organisationen überhaupt. Zwei Drittel Gefangene oder gar Gegner: Das sind niederschmetternde Bindungszahlen für eine Organisation, die für grundlegende Wertevermittlung und Daseinsorientierung stehen will. Für diese Entwicklung sind – neben einer allgemeinen Werte-Erosion – natürlich die jüngsten Missbrauchsskandale und ihre mangelhafte Aufarbeitung durch die Kirchen maßgeblich verantwortlich. Erinnern Sie sich zurück: Wir haben herausgearbeitet, dass Fan-ähnliche Beziehungen auf Dauerhaftigkeit angelegt sind, wenn nicht sogar auf Lebenszeit. Wir haben aber auch verdeutlicht, dass eine solche Beziehung beendet werden kann – und aufgezeigt, dass dies in der Regel nur aus einem zentralen Grund geschieht: Wenn das Identifikationsobjekt (also der Star, das Unternehmen, der Verband usw.) diejenigen Werte verrät, auf denen die Fan-Beziehung basiert. Eben dies gilt für die Missbrauchsskandale in den Kirchen, die massiv gegen deren eigenen Wertekanon verstoßen. Der Abbruch der Beziehungen durch die Mitglieder und massenhafte Austritte sind die Folge.

Die Gegenüberstellung der Kundengruppen in Abb. 1.37 dokumentiert den zentralen Mehrwert des *Fan-Portfolios*: Emotionale Bindung und Zufriedenheit schaffen hier eine völlig neue Segmentierung der Kundengesamtheit. Diese Segmentierung verdeutlicht, welche Kundengruppen es gibt und wie sie sich im Zusammenspiel beider Kenngrößen systematisch unterscheiden. Doch das *Fan-Portfolio* bietet noch einen weiteren Mehrwert:

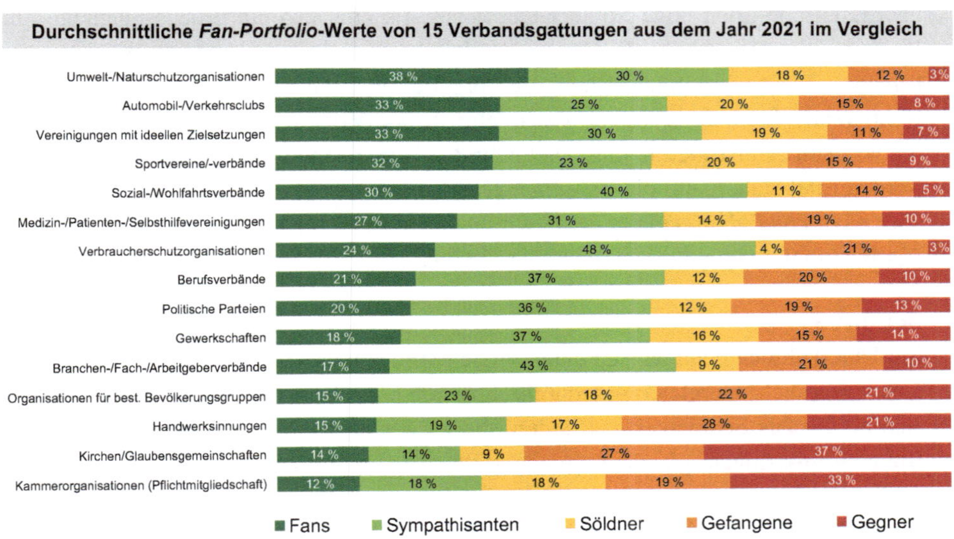

Werte: Abweichungen von 100 Prozent innerhalb einer Kategorie sind rundungsbedingt
Basis: 1.881 Interviews von Personen mit Mitgliedschaft in einem der 15 Typen von Mitgliedsorganisationen
Quelle: *2HMforum.*-Grundlagenforschung *Fanfocus Deutschland Verbände* 2021

Abb. 1.38 Das *Fan-Portfolio* von 15 verschiedenen Organisationstypen

Es eröffnet nicht nur die Möglichkeit, jede einzelne Gruppe entsprechend differenziert zu analysieren, sondern bildet gleichzeitig die Ausgangsbasis für strategische Überlegungen, wie man diese verschiedenen Gruppen am besten behandelt, um sie möglichst zu Fans zu machen. Damit liefert es erste Fingerzeige für steuerndes unternehmerisches Handeln. Allein schon das Wissen um den Anteil der wahren Fan-Kunden, Söldner oder Gefangenen lässt sich direkt und erfolgreich in unternehmerische Strategien umsetzen. Einige wenige fiktive Beispiele mögen dies illustrieren:

- **Beispiel 1**
  Ein Unternehmen befindet sich bereits auf der Erfolgsspur: Das *Fan-Portfolio* weist eine im Branchenvergleich überdurchschnittlich hohe *Fan-Quote* aus. Es gibt also ein großes Segment von Kunden, die nicht nur hochzufrieden sind, sondern sich auch emotional mit dem Unternehmen bzw. der Marke identifizieren. Hier stehen die Zeichen günstig, das Geschäftsmodell zu erweitern und auf andere Marktsegmente auszudehnen. Denn es gibt dank der Fans viele Bestandskunden mit einer hohen Cross-Buying-Bereitschaft. Die Einführung von Line-Extensions, Merchandisingartikeln oder neuen Produktfamilien unter demselben Markendach erscheint in dieser Konstellation besonders erfolgversprechend.

- **Beispiel 2**
  Ein Unternehmen hat zwar hohe Umsätze, verspürt aber auch eine hohe Kundenfluktuation und starken Preisdruck: Das *Fan-Portfolio* weist eine im Branchenvergleich überdurchschnittlich hohe Söldner-Quote aus. Es gibt also ein großes Segment von Kunden, die zwar hochzufrieden sind, aber keine ausreichende Identifikation mitbringen – sie sind vielmehr illoyal und preissensibel. Hier macht eine grundlegende Kehrtwende Sinn: Statt weiter kostspielig in ein Mehr an Leistung oder in Preisreduktionen zu investieren, muss vielmehr der Aufbau emotionaler Kundenbindung im Vordergrund stehen, um diese Söldner-Kunden langfristig zu binden. Das ist knifflig, aber nicht unmöglich und hat – wie wir noch zeigen werden – sehr viel mit der richtigen Positionierung eines Unternehmens zu tun.

- **Beispiel 3**
  Ein Unternehmen befindet sich unter wirtschaftlichem Druck: Das *Fan-Portfolio* weist eine im Branchenvergleich überdurchschnittlich hohe Gefangenen-Quote aus. Es gibt also ein großes Segment von Kunden, die zwar eine relativ hohe Identifikation und Bindung mitbringen, gleichzeitig jedoch unzufrieden mit den derzeitigen Leistungen sind. Hier gilt es zum einen, verstärkt in Qualitätsmanagement zu investieren, die eigenen Prozesse auf den Prüfstand zu stellen und zu hinterfragen, ob die Leistungsparameter noch stimmen. Zum anderen muss dringend im Kundenservice nachgebessert werden: Erstklassiges Beschwerdemanagement kann helfen, diese wertvollen – weil (noch) verbundenen – Gefangenen wieder zu Sympathisanten oder gar Fans zu machen.

- **Beispiel 4**
  Ein Unternehmen befindet sich unter kommunikativem Druck: Einige Schnitzer im Qualitätsmanagement haben für schlechte Presse gesorgt, und in den sozialen Netzwerken tobt daher ein Shitstorm nach dem anderen. Das *Fan-Portfolio* weist eine im Branchenvergleich überdurchschnittlich hohe Gegner-Quote aus. Es dreht sich somit eine Negativspirale, denn es gibt offenbar ein großes Segment von Kunden, die unzufrieden und ohne emotionale Bindung an das Unternehmen sind und diese negativen Botschaften auch gerne nach außen tragen. Hier gilt es, anhand des *Fan-Portfolios* den positiven Gegenpol zu identifizieren und zu aktivieren: also festzustellen, wo die Fans sitzen, und wie man sie dazu motivieren kann, mit positiven Botschaften auf Social-Media-Plattformen einzugreifen und so die Negativspirale zu stoppen. Auch diese kommunikativen Zusammenhänge werden uns im weiteren Verlauf noch beschäftigen.

- **Beispiel 5**
  Ein Unternehmen sucht nach Expansionsfeldern: Es lässt ein *Fan-Portfolio* nicht nur für die eigene Klientel, sondern auch für die wichtigsten Wettbewerber erstellen. Somit kann es die Kundensegmente der Konkurrenz identifizieren, die gebunden und loyal sind, sowie diejenigen, die weniger loyal und abwanderungsbereit sind. Im Aggregat lässt sich so zum einen abschätzen, wie groß das Potenzial für eine Markterweiterung überhaupt ist, und in Verbindung mit individuellen Kundendaten lassen sich die Zielgruppen für eine Abwerbung sogar eindeutig ausmachen. Der Akquiseaufwand wird so wesentlich gezielter und effizienter eingesetzt, da man sich beispielsweise nicht vergebens an Fans der Wettbewerber abarbeitet.

In diesem Kapitel haben wir – basierend auf den Befunden der wissenschaftlichen Fan-Forschung – den *Fan-Indikator* hergeleitet und darauf aufbauend das *Fan-Portfolio* entwickelt, das es ermöglicht, die Gesamtheit der Kunden eines Unternehmens nach emotionaler Bindung und Zufriedenheit in fünf Gruppen zu segmentieren. Wir haben die spezifischen Merkmale und Eigenheiten dieser Gruppen herausgearbeitet und mit Befunden aus verschiedensten Branchen illustriert. Und wir haben zahlreiche empirische Beispiele für den analytischen Mehrwert des *Fan-Portfolios* präsentiert sowie erste inhaltliche Überlegungen und strategische Hinweise dafür gegeben, welchen unverzichtbaren Erkenntniswert das *Fan-Portfolio* als Grundlage für die Unternehmenssteuerung mit *FANOMICS* liefert – weil es Entscheider in die Lage versetzt, die richtigen Maßnahmen abzuleiten, um Kunden zu Fans zu machen. All diese Überlegungen und Maßnahmen aber basieren auf einer zentralen Prämisse, die wir im bisherigen Verlauf auch schon mehrfach angerissen haben: nämlich, dass Fans einen höheren Kundenwert haben und damit ein Unternehmen tatsächlich erfolgreicher machen. Die Richtigkeit dieser Behauptung werden wir im folgenden Kap. 2 ausführlich und eindrucksvoll belegen.

Literatur

20min.ch (2018) Millionen verdient: Juve hat schon 520.000 Ronaldo-Trikots verkauft. https://www.20min.ch/story/juve-hat-schon-520-000-ronaldo-trikots-verkauft-808069671351. Zugegriffen am 24.06.2021

2HMforum. (2021) Fanfocus Deutschland. https://2hmforum.de/leistungen/branchenfokus/fanfocus-deutschland/. Zugegriffen am 24.06.2021

Akremi L, Hellmann K-U (2017) Fans und Konsum. In: Roose J, Schäfer MS, Schmidt-Lux T (Hrsg) Fans. Soziologische Perspektiven, 2. Aufl. VS Verlag für Sozialwissenschaften, Wiesbaden, S 273–292

Alfermann D (2000) Soziale Prozesse im Sport. In: Gabler H, Nitsch JR, Singer R (Hrsg) Einführung in die Sportpsychologie. Teil 2: Anwendungsfelder. Karl Hofmann, Schondorf, S 65–109

Alfermann D, Würth S (2008) Gruppenprozesse und Intergruppenbeziehungen. In: Schlicht W, Strauß B (Hrsg) Grundlagen der Sportpsychologie. Enzyklopädie der Psychologie, Bereich D, Serie V, Bd. 1. Hogrefe, Göttingen, S 719–778

Benzecry CE (2011) The Opera Fanatic. Ethnography of an obsession. University of Chicago Press

Bild-Zeitung (2021) 220 Millionen Euro. Ronaldo-Trikot bricht alle Verkaufsrekorde. https://www.bild.de/sport/fussball/fussball-international/cristiano-ronaldo-cr7-trikot-bricht-alle-verkaufsrekorde-77644220.bild.html. Zugegriffen am 20.09.2021

Chu V (1999) Ein Mann entdeckt die Musik von Bach. Publikforum 3:48

Daschmann G (2007) Der Preis der Prominenz. Medienpsychologische Überlegungen zu den Wirkungen von Medienberichterstattung auf die dargestellten Akteure. In: Schierl T (Hrsg) Prominenz in den Medien. Zur Genese und Verwertung von Prominenten in Sport, Wirtschaft und Kultur. Von Halem, Köln, S 184–201

Frenzel AC, Götz T, Pekrun R (2009) Emotionen. In: Wild E, Möller J (Hrsg) Pädagogische Psychologie. Springer, Berlin, S 205–234

Fritzsche B (2011) Pop-Fans. Studie einer Mädchenkultur, 2. Aufl. VS Verlag für Sozialwissenschaften, Wiesbaden

Fritzsche B (2017) Fans und Gender. In: Roose J, Schäfer MS, Schmidt-Lux T (Hrsg) Fans. Soziologische Perspektiven, 2. Aufl. VS Verlag für Sozialwissenschaften, Wiesbaden, S 201–218

Gabler H (2002) Motive im Sport. Motivationspsychologische Analysen und empirische Studien. Karl Hofmann, Schondorf

Gebhardt W (2017) Fans und Distinktion. In: Roose J, Schäfer MS, Schmidt-Lux T (Hrsg) Fans. Soziologische Perspektiven, 2. Aufl. VS Verlag für Sozialwissenschaften, Wiesbaden, S 161–180

Geisselhart C (2008) The Who – Maximum Rock: Die Geschichte der verrücktesten Rockband der Welt. Hannibal, Innsbruck

Göttlich U, Krischke-Ramaswamy M (2003) Event/Erlebniskultur, Freizeitkultur/Fan. In: Hügel HO (Hrsg) Handbuch Populäre Kultur. J.B. Metzler, Stuttgart, S 167–172

Homburg C (Hrsg) (2016) Kundenzufriedenheit. Konzepte – Methoden – Erfahrungen, 9. Aufl. Gabler, Wiesbaden

Homburg C, Bucerius M (2016) Kundenzufriedenheit als Managementherausforderung. In: Kundenzufriedenheit. Konzepte – Methoden – Erfahrungen, 9. Aufl. Gabler, Wiesbaden, S 53–92

Homburg C, Stock-Homburg R (2016) Theoretische Perspektiven zur Kundenzufriedenheit. In: Homburg C (Hrsg) Kundenzufriedenheit. Konzepte – Methoden – Erfahrungen, 9. Aufl. Gabler, Wiesbaden, S 17–52

Hornby N (1992) Fever Pitch. Ballfieber – Die Geschichte eines Fans. Verlag Kiepenheuer & Witsch GmbH & Co KG, Köln

Huber F, Regier S, Kissel P (2009) Kunden zu Fans machen. Markenloyalität in virtuellen Brand Communities. EUL-Verlag, Lohmar/Köln

Ilg P (2009) Goldene Geschäfte mit dem wilden Leben. http://www.stern.de/auto/service/harley--davidson-goldene-geschaefte-mit-dem-wilden-leben-652234.html. Zugegriffen am 25.06.2021

Jörissen B, Zirfas J (Hrsg) (2010) Schlüsselwerke der Identitätsforschung. VS Verlag für Sozialwissenschaften, Wiesbaden

Kohlmann KW, Eschenbeck H (2009) Stress und Stressbewältigung. In: Schlicht W, Strauß B (Hrsg) Grundlagen der Sportpsychologie Enzyklopädie der Psychologie. Bereich D, Serie V, Bd. 1. Hogrefe, Göttingen, S 635–680

König T (2002) Fankultur: Eine soziologische Studie am Beispiel des Fußballfans. LIT, Münster

Leistner A (2017) Fans und Gewalt. In: Roose J, Schäfer MS, Schmidt-Lux T (Hrsg) Fans. Soziologische Perspektiven. VS Verlag für Sozialwissenschaften, Wiesbaden, S 219–246

Maar S (2018) Fansegmentation und Fanpsychologie. Nomos Verlagsgesellschaft mbH & Co. KG, Baden-Baden

Maslow AH (1981) Motivation und Persönlichkeit, 12. Aufl. Rowohlt, Reinbek bei Hamburg

Mikos L (2010) Der Fan. In: Moebius S, Schroer S (Hrsg) Diven, Hacker, Spekulanten: Sozialfiguren der Gegenwart. Suhrkamp, Berlin, S 108–118

Müller CJ, Kuchinke L (2019) Lassen sich Emotionen messen? Emotionskonzepte der Physiologie. In: Kappelhoff H, Bakels JH, Lehmann H, Schmitt C (Hrsg) Emotionen. Ein interdisziplinäres Handbuch. J.B. Metzler, Wiesbaden, S 65–72

Myers DG (2014) Psychologie, 3. Aufl. Springer, Berlin

Noelle-Neumann E (1980) Die Schweigespirale. Öffentliche Meinung – unsere soziale Haut. Piper, Zürich/München

Ohr D (2017) Fans und Medien. In: Roose J, Schäfer MS, Schmidt-Lux T (Hrsg) Fans. Soziologische Perspektiven. VS Verlag für Sozialwissenschaften, Wiesbaden, S 293–318

Oliver RL, Rust RT, Sajeev V (1997) Customer delight: foundations, findings, and managerial insight. Journal of Retailing 73(3):311–336

Otte G (2017) Fans und Sozialstruktur. In: Roose J, Schäfer MS, Schmidt-Lux T (Hrsg) Fans. Soziologische Perspektiven. VS Verlag für Sozialwissenschaften, Wiesbaden, S 57–82

Panksepp J (1998) Affective neuroscience: the foundations of human and animal emotions. Oxford University Press, New York

Rimini Piranhas (2004) Mainz 05 – Liebe meines Lebens. Suppenkazper Noise Imperium, Mainz

Roose J (2017) Fans und Globalisierung. In: Roose J, Schäfer MS, Schmidt-Lux T (Hrsg) Fans. Soziologische Perspektiven. VS Verlag für Sozialwissenschaften, Wiesbaden, S 367–388

Roose J, Schäfer MS (2017) Fans und Partizipation. In: Roose J, Schäfer MS, Schmidt-Lux T (Hrsg) Fans. Soziologische Perspektiven. VS Verlag für Sozialwissenschaften, Wiesbaden, S 319–342

Roose J, Schäfer MS, Schmidt-Lux T (2017a) Einleitung. Fans als Gegenstand soziologischer Forschung. In: Roose J, Schäfer MS, Schmidt-Lux T (Hrsg) Fans. Soziologische Perspektiven, 2. Aufl. VS Verlag für Sozialwissenschaften, Wiesbaden, S 1–18

Roose J, Schäfer MS, Schmidt-Lux T (2017b) Fans in theoretischer Perspektive. In: Roose J, Schäfer MS, Schmidt-Lux T (Hrsg) Fans. Soziologische Perspektiven. VS Verlag für Sozialwissenschaften, Wiesbaden, S 19–38

Schäfer MS (2017) Fans und Emotionen. In: Roose J, Schäfer MS, Schmidt-Lux T (Hrsg) Fans. Soziologische Perspektiven. VS Verlag für Sozialwissenschaften, Wiesbaden, S 93–114

Scherer KR (2005) What are emotions? And how can they be measured? Social Science Information 44(4):695–729

Schlicht W, Strauß B et al (2003) Sozialpsychologie des Sports. Eine Einführung. In: Strauß B (Hrsg) Sportpsychologie. Hogrefe, Göttingen

Schmidt-Joos S, Kampmann W (2008) Rock-Lexikon 1 und 2. Rowohlt, Hamburg

Schmidt-Lux T (2017) Die Geschichte der Fans. In: Roose J, Schäfer MS, Schmidt-Lux T (Hrsg) Fans. Soziologische Perspektiven. VS Verlag für Sozialwissenschaften, Wiesbaden, S 37–56

Schneider UF (2004) Der Januskopf der Prominenz. Zum ambivalenten Verhältnis von Privatheit und Öffentlichkeit. VS Verlag für Sozialwissenschaften, Wiesbaden

Skrobanek J, Jobst S (2017) Fans und Sozialisation. In: Roose J, Schäfer MS, Schmidt-Lux T (Hrsg) Fans. Soziologische Perspektiven. VS Verlag für Sozialwissenschaften, Wiesbaden, S 181–200

Springsteen B (1980) Everybody's got a hungry heart. The River. Columbia Records, New York

Stein J (1979) The kids are alright. Shepperton Studios, Shepperton

Tajfel H, Turner JC (1986) The social identity theory of intergroup behavior. In: Worchel S, Austin WG (Hrsg) Psychology of intergroup relations. Nelson-Hall, Chicago, S 7–24

Thomas WI, Thomas DS (1928) The child in America. Behavior problems and programs. Knopf, New York

Winkler W (2010) Roger Daltrey „Wir haben vermutlich einen Weltkrieg verhindert", Süddeutsche.de vom 17. Mai 2010. https://www.sueddeutsche.de/kultur/roger-daltrey-wir-haben-vermutlich-einen-weltkrieg-verhindert-1.429001. Zugegriffen am 24.06.2021

Winter R (2017) Fans und kulturelle Praxis. In: Roose J, Schäfer MS, Schmidt-Lux T (Hrsg) Fans. Soziologische Perspektiven. VS Verlag für Sozialwissenschaften, Wiesbaden, S 141–160

Wise Guys (2002/2003) Ich will einmal im Leben Deutscher Meister sein, Produziert von Uwe Baltrusch. Co-produziert von Edzard Hüneke & Daniel Dickopf. Aufgenommen und abgemischt von Uwe Baltrusch 2002/2003, Pavement Studio in Bergisch Gladbach. https://wiseguys.de/index-102.html. Zugegriffen am 24.06.2021

Der Wert der Fan-Kunden

2

Die Segmentierung der Kundenlandschaft durch das *Fan-Portfolio*, die Identifikation von Fan-Kunden und die Steigerung ihres Anteils am gesamten Kundenstamm – mit anderen Worten: die Orientierung an der *Fan-Quote* – machen nur dann Sinn, wenn sie das zentrale Ziel eines jeden Unternehmens nachhaltig fördern. Und dieses Ziel heißt: Steigerung des wirtschaftlichen Erfolgs. Wir werden in diesem Kapitel zeigen, dass unser Ansatz genau dieses erreicht: Fans machen Unternehmen wirtschaftlich erfolgreicher, und zwar auf mehreren Wegen gleichzeitig. Dazu werden wir neben den Daten unserer Grundlagenforschung zahlreiche empirische Belege von Unternehmen aus dem B2B- und B2C-Bereich anführen, die bereits erfolgreich das *FANOMICS* anwenden und hierdurch Umsatz und Rendite gesteigert haben. Allerdings bleiben wir nicht bei dieser exemplarischen Beweisführung stehen, sondern gehen einen entscheidenden Schritt weiter: Wir betrachten den Kundenwert der Fan-Kunden aus der strategischen Perspektive des Managements. Wir werden im Folgenden den Beitrag der Fan-Kunden zur erfolgreichen Unternehmensentwicklung schlüssig nachweisen und dabei aufzeigen, dass – gleichgültig, welche Wachstumsstrategien ein Unternehmen verfolgt – jede dieser Wachstumsstrategien durch Fan-Kunden erfolgreicher und nachhaltiger verläuft.

Ergänzende Information Die elektronische Version dieses Kapitels enthält Zusatzmaterial, auf das über folgenden Link zugegriffen werden kann [https://doi.org/10.1007/978-3-658-35892-1_2]. Die Videos lassen sich durch Anklicken des DOI Links in der Legende einer entsprechenden Abbildung abspielen, oder indem Sie diesen Link mit der SN More Media App scannen.

R. Becker, G. Daschmann, *Das Fan-Prinzip*,
https://doi.org/10.1007/978-3-658-35892-1_2

2.1 Der Fan als Wachstumstreiber

Wenn Unternehmen ihren Erfolg, also ihre Rendite steigern wollen, kann dies langfristig nicht allein durch Kostenreduktion und Rationalisierungen gelingen. Unternehmen müssen vielmehr wachsen, indem sie sich neue zusätzliche Absatzmöglichkeiten erschließen. Sie müssen also entweder innerhalb der schon erschlossenen Zielgruppen ihren Marktanteil steigern, also eine größere Durchdringung des bestehenden Marktes erreichen, oder neue Märkte erschließen – entweder durch den Zugewinn neuer Kundensegmente oder über die Ausweitung der Produktpalette – oder über beides gleichzeitig. Alle vier Strategien sind mit unterschiedlichem zusätzlichem Aufwand und Risiken behaftet. Ansoff (1965) hat diese verschiedenen Wachstumsstrategien und ihre Risiken in der berühmt gewordenen *Produkt-Markt-Matrix* einander gegenübergestellt (vgl. Abb. 2.1):

Der Ausgangspunkt der Wachstumsüberlegungen aller Unternehmen ist in der Regel der untere linke Quadrant der *Ansoff-Matrix*: die *Marktdurchdringung*. Denn die Steigerung der Marktdurchdringung ist stets die einfachste und am wenigsten riskante Strategie, da sie die geringsten Investitionen erfordert. Sie zielt auf die Erhöhung des Marktanteils durch eine Steigerung des Absatzes an Bestandskunden oder durch den Zugewinn von Neukunden im gleichen Marktsegment. Der Vorteil der Strategie ist: Sie ist kostengünstig, weil hierfür die bereits vorhandene Produktpalette nicht modifiziert werden muss. Sie ist allerdings begrenzt wirksam, weil zu einem absehbaren Zeitpunkt eine Sättigung des Marktes erreicht sein wird. Spätestens mit dieser Sättigung des Marktes wird jedes Unternehmen versuchen müssen, weitere Absatzfelder zu erschließen – entweder durch Markt- oder durch Produktentwicklung.

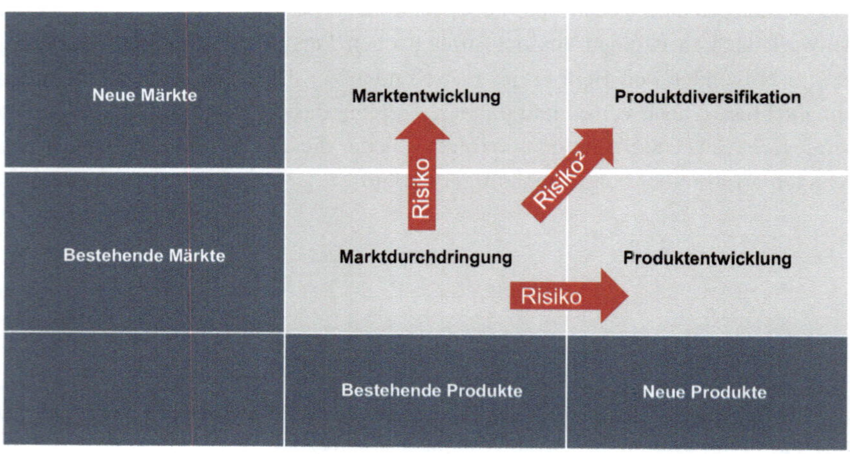

Quelle: Ansoff (1965); Pfeile: Eigene Ergänzungen; *2HMforum.*-Grundlagenforschung

Abb. 2.1 Produkt-Markt-Matrix nach Ansoff (1965)

Die *Marktentwicklung* zielt darauf, die potenziellen Absatzfelder für die gegebene Produktpalette auszuweiten, also neue Märkte hierfür zu erschließen. Es handelt sich dabei um die vertikale Aufwärtsbewegung innerhalb der Matrix in Richtung „Neue Märkte". Dies kann durch Ansprache völlig neuer Zielgruppen oder Marktsegmente erfolgen, die bislang für diese Produkte nicht im Absatzfokus standen, oder durch die geografische Ausweitung des Absatzmarktes. Ratsam ist dies für Unternehmen, deren Stärke vor allem auf einer speziellen und begrenzten Produktfamilie beruht, für die auch in bislang nicht bedienten Märkten Absatzchancen gesehen werden. Da diese Wachstumsstrategie in einen neuen und bislang unbekannten Markt vorstößt, sind die Investitionen höher und die Erfolgsaussichten geringer als bei der Strategie der Marktdurchdringung. Entsprechend höher ist somit auch das Risiko.

Die *Produktentwicklung* hingegen zielt darauf, die Bestandskunden zu nutzen, um zusätzliche Produkte oder neue Varianten der herkömmlichen Produkte abzusetzen. Es handelt sich dabei also um die horizontale Seitwärtsbewegung innerhalb der Matrix in Richtung „Neue Produkte". Ratsam ist dies für Unternehmen, deren Stärke in der bisherigen Marktposition und der Kundenbindung liegt und deren Produktpalette sinnvolle Ausweitungen und Variationen zulässt. Da zunächst Produktinnovation geleistet werden muss, sind die Investitionen ebenfalls höher und die Erfolgsaussichten geringer als bei der Strategie der Marktdurchdringung. Auch hier ist somit das Risiko entsprechend höher.

Grundsätzlich ist auch eine zeitgleiche Kombination von Markt- und Absatzentwicklung möglich: Die *Produktdiversifikation*. Sie zielt darauf, mit neu entwickelten Produkten in bislang nicht erschlossenen Märkten neue Absatzfelder zu generieren. Es handelt sich dabei also um die diagonale Aufwärtsbewegung innerhalb der Matrix in Richtung „neue Märkte" und in Richtung „neue Produkte" gleichermaßen. Da hier hohe Renditen möglich sind, mag dies im Einzelfall sinnvoll sein für Unternehmen, die im eigenen Haus großes innovatives Potenzial für eine neu erschließbare Branche sehen. Der Einstieg von *Apple* in den Mobiltelefonmarkt mit gleichzeitiger Erfindung des Smartphones mag ein solches Beispiel sein. Doch dies ist eine seltene Ausnahme. Die Regel ist, dass Unternehmen auf diesem Weg nicht erfolgreich sind, sondern scheitern – weil der verlockend rentablen, aber wenig wahrscheinlichen Erfolgschance à la *Apple* exponentiell hohe Risiken gegenüberstehen. Denn die Markteintritts- und Innovationskosten, also die Risiken der kombinierten Strategie von Markt- und Produktentwicklung, müssen miteinander multipliziert werden, weil sie gleichzeitig auftreten, sodass bei ähnlichen Werten der beiden Risikokomponenten sich das Gesamtrisiko gegenüber jeder der Einzelstrategien quasi quadriert. Im Grunde sollte man jedem Unternehmen raten, diese kombinierte Strategie nicht zu verfolgen, sondern zunächst durch eine horizontale oder vertikale Bewegung in der Matrix einen der Nachbarquadranten zu besetzen, um dann von dort aus mit reduziertem Risiko diesen letzten Quadranten der Produktdiversifikation durch eine weitere vertikale oder horizontale Bewegung zu erreichen.

Entsprechend dieser Überlegungen haben wir eine Adaption der Produkt-Markt-Matrix vorgenommen (vgl. Abb. 2.2), in der wir – ähnlich wie Ansoff – die Wachstumsstrategien

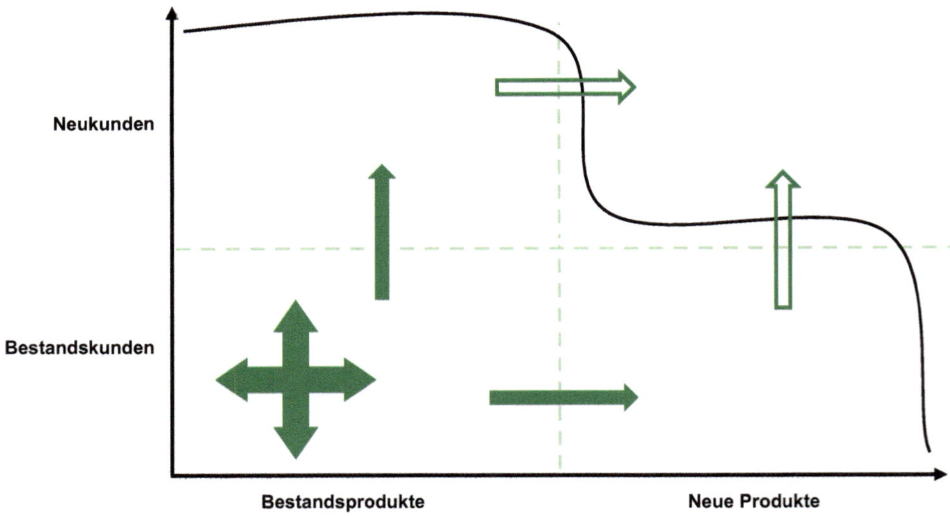

Quelle: *2HMforum.*-Grundlagenforschung; angelehnt an Ansoff (1965)

Abb. 2.2 Von der *Fan-Quote* unterstützte Wachstumsstrategien

nach Bestandskunden- bzw. Neukundenorientierung einerseits und nach Bestandsprodukten und neuen Produkten andererseits differenziert haben. Wir beschränken uns dabei auf die Wachstumsstrategien der erstgenannten drei Quadranten, symbolisiert durch die grünen Pfeile. Wir werden im Folgenden zeigen, dass ein hoher Anteil an Fan-Kunden, also eine hohe *Fan-Quote*, jede dieser drei beschriebenen Wachstumsstrategien weniger riskant und finanziell erfolgreicher macht.

2.2 Fans und Marktdurchdringung: Wachstum mit Bestandskunden im Bestandsgeschäft

Wenden wir uns als erstes der Strategie der Marktdurchdringung zu (vgl. Abb. 2.3). Sie zielt darauf ab, die Marktanteile im bereits besetzten Marktsegment mit möglichst geringem Aufwand zu erhöhen. Die erste Voraussetzung für diese Art von Wachstum ist, den konträren Prozess schrumpfender Marktanteile zu verhindern. Denn wer eine hohe Kundenfluktuation hat, also zwar regelmäßig Neukunden gewinnt, jedoch stetig Kunden in gleicher Größenordnung verliert, muss permanent in Akquise investieren, wird aber dennoch im Saldo trotz dieser Neukunden seine Marktanteile kaum vergrößern. Wer hingegen einen großen Anteil an loyalen Bestandskunden hat, sodass sein Kundenportfolio kaum schrumpft, kann nahezu jede Investition in die Neukundenakquise als eine tatsächliche Investition in Wachstum betrachten.

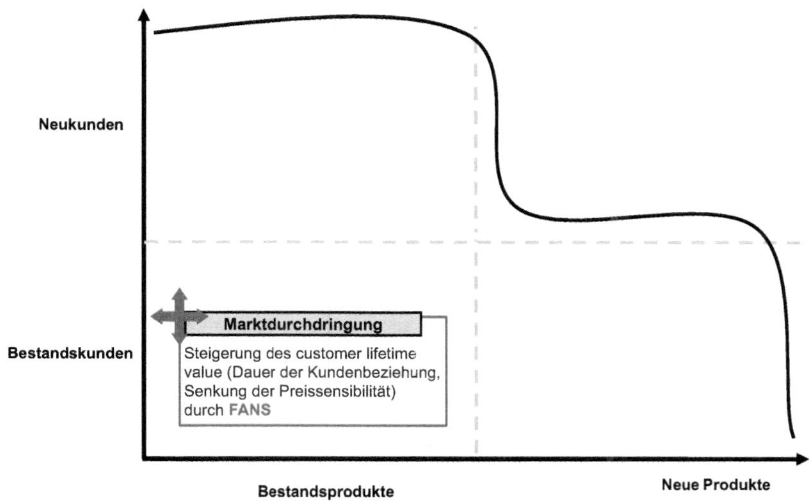

Quelle: *2HMforum.*-Grundlagenforschung; angelehnt an Ansoff (1965)

Abb. 2.3 Fans als Wachstumsfaktor: Marktdurchdringung

2.2.1 Fans sind treu

Dauerhaft loyale Kunden sind also weniger kostspielig als die Neukundengewinnung und zudem eine hervorragende Voraussetzung für einen wachsenden Kundenstamm. Und eben diese Voraussetzung erfüllen Fan-Kunden wie keine andere Kundengruppe: Denn Fan-Kunden zeigen eine nahezu bedingungslose Treue. Erinnern Sie sich noch an unsere Ausführungen über die charakteristischen Verhaltensweisen von Fans gegenüber ihrem Fußballverein? Fans sind treu – und auch in der tiefsten Krise nicht wechselbereit. Und Fan-Kunden zeigen exakt dieselbe Verhaltensweise.

Wie Abb. 2.4 belegt, sagen nahezu neun von zehn Fan-Kunden, dass sie auf jeden Fall dauerhaft Kunde bei ihrem Anbieter bleiben wollen. Diese Loyalität ist konstituierend für Fan-Kunden: Sympathisanten- oder Söldner-Kunden zeigen längst nicht solche Treue – und dies, obwohl sie ebenso zufrieden mit dem Anbieter sind wie die Fans. Es mangelt ihnen eben nicht an Zufriedenheit, sondern an Bindung. Durch eben diese Bindung sind die Fan-Kunden ein Garant für einen soliden Kundenstamm: Je höher die *Fan-Quote*, umso sicherer und stabiler ist der vorhandene Kundenbestand – und umso rentabler wird die Neukundenakquise, weil sie tatsächlich Wachstum verspricht.[1]

[1] Hier sei kurz eine Bemerkung zum weiteren Prozedere gestattet: Ähnlich wie Abb. 2.4 werden wir auch einen großen Teil der nachfolgenden Schaubilder aufbauen: Wir werden vor allem die drei hochzufriedenen Kundengruppen der Fan-Kunden, Sympathisanten-Kunden und Söldner-Kunden einander gegenüberstellen und vergleichen. Denn so können wir aufzeigen, dass die hohe emotionale Bindung der Faktor ist, der aus hochzufriedenen Kunden wirtschaftlich rentable Kunden macht.

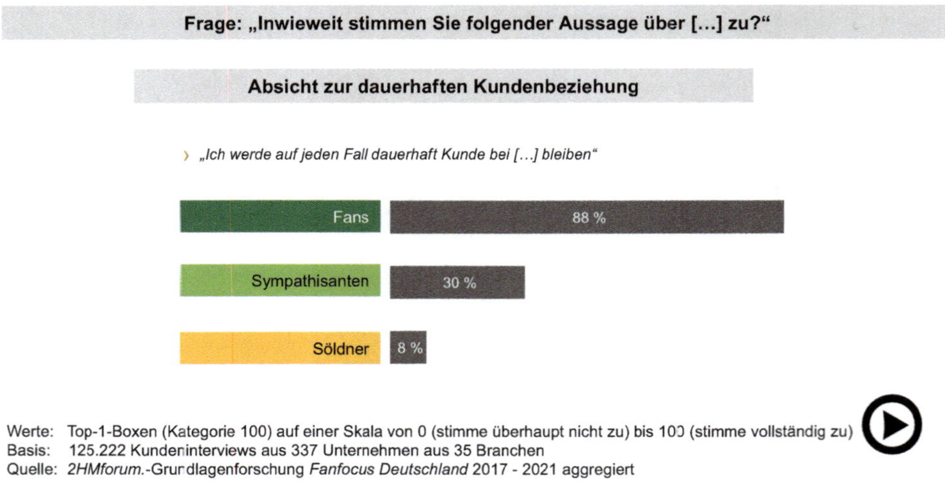

Abb. 2.4 Fans sind treu (▶ https://doi.org/10.1007/000-53s)

2.2.2 Fans sind loyal und nachsichtig

Zurück zur Treue der Fan-Kunden: Sie drückt sich auch in der Immunität der Fans gegenüber sämtlichen negativen Einflüssen von außen aus, die die Kundenbeziehung gefährden könnten. Über alle Branchen hinweg stimmen 57 % der Fan-Kunden „voll und ganz“ der Aussage zu, dass sie auch dann noch bei „ihrem“ Anbieter kaufen würden, wenn Freunde oder Bekannte ihnen davon abraten würden (vgl. Abb. 2.5). Bei Sympathisanten- oder Söldner-Kunden findet man hingegen kaum ein solches Commitment. Fans sind also resistent gegen die Effekte eines negativen Word-of-Mouth Campaigning – selbst wenn es durch glaubwürdige Personen wie Freunde oder Bekannte erfolgt.

Allerdings verbirgt sich hinter dem Begriff des „Abratens“ mehr als nur negatives Campaigning: Denn „Abraten“ muss nicht immer nur bedeuten, dass andere negativ oder abfällig über den Anbieter sprechen. Auch der Tipp eines Freundes, einen anderen Anbieter zu wählen, weil jener mehr Leistung erbringe oder günstiger im Preis sei (was im Grunde dasselbe meint), wirkt schon wie ein „Abraten“. Solche „Ratschläge“ können im Grunde immer nur auf die Leistungsebene eines Anbieters zielen: zum Beispiel, dass die selbst ernannten „Ratgeber“ meinen, es gäbe bei dem in Rede stehenden Anbieter Qualitätsmängel. Oder sie finden die Preise „zu hoch“. Gegen solche Vorschläge ist der Fan immun – eben weil seine Bindung vorrangig auf der emotionalen Qualität der Beziehung beruht und nicht primär auf der Leistungserbringung. Einen wirklichen Fan-Kunden einer Automobilmarke zu fragen, warum er nicht zur Konkurrenzmarke wechsele, weil diese schließlich leistungsstärker oder günstiger sei, ist ungefähr so, als würde man einen Dortmund-Fan fragen, ob er nicht Bayern-Fan werden wolle, weil die Münchener schließlich öfter den Meistertitel gewonnen hätten.

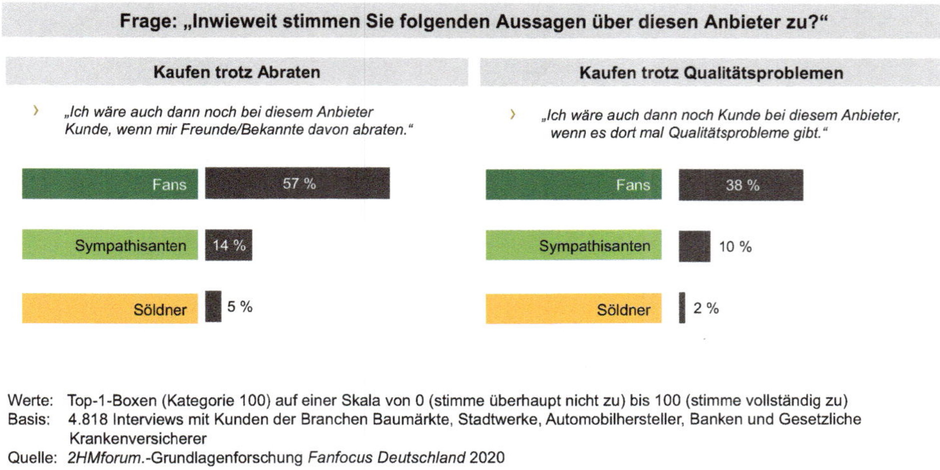

Abb. 2.5 Fans sind loyal und verzeihen Fehler

Doch die Fan-Beziehung ist nicht nur robust gegen Anfeindungen von außen: Auch wenn „ihr“ Anbieter einmal Fehler macht, gehen viele Fans nicht von der Fahne. Nahezu 40 % von ihnen stimmen „voll und ganz“ der Aussage zu, auch dann noch Kunde bleiben zu wollen, wenn es bei „ihrem“ Anbieter einmal Qualitätsprobleme gäbe (vgl. Abb. 2.5). Um Missverständnissen vorzubeugen: Diese Aussage bedeutet nicht, dass Fan-Kunden Mängel klaglos hinnehmen. Im Gegenteil: Sie werden sich durchaus beschweren. Aber sie kündigen deshalb nicht gleich die Kundenbeziehung auf. In der Beziehung zum Fan sind Fehler heilbar – ganz im Gegensatz zum Söldner-Kunden, den man bereits durch eine kleine Schramme in der Produkt- oder Dienstleistungsqualität verlieren kann. Der Grund dafür, dass der Fan Fehler verzeiht, ist derselbe, der ihn auch resistent gegen Negativempfehlungen macht: Aufgrund der emotionalen Qualität seiner Kundenbeziehung ist die Leistungsbewertung nachrangig – wenn auch, wohlgemerkt, nicht unbedeutend. Der Fan ist emotional gebunden – er bleibt aus dieser Beziehungsqualität heraus treu, auch wenn er subjektiv Nachbesserungsbedarf verspürt. So, wie Fußballfans auch in schwersten Vereinskrisen ihrem Verein treu bleiben.

2.2.3 Fans haben Vertrauen

Ist der Fan etwa naiv oder weniger anspruchsvoll, weil er „seinem“ Anbieter auch mal einen Schnitzer oder eine Leistungsdelle durchgehen lässt? Nein, ganz sicher nicht. Er geht vielmehr davon aus, dass seine Loyalität erst gar nicht enttäuscht werden wird. 86 % der Fan-Kunden haben „vollstes Vertrauen zu „ihrem Anbieter“. Die anderen hochzufriedenen Kundengruppen teilen diese Sichtweise nicht einmal ansatzweise (vgl. Abb. 2.6).

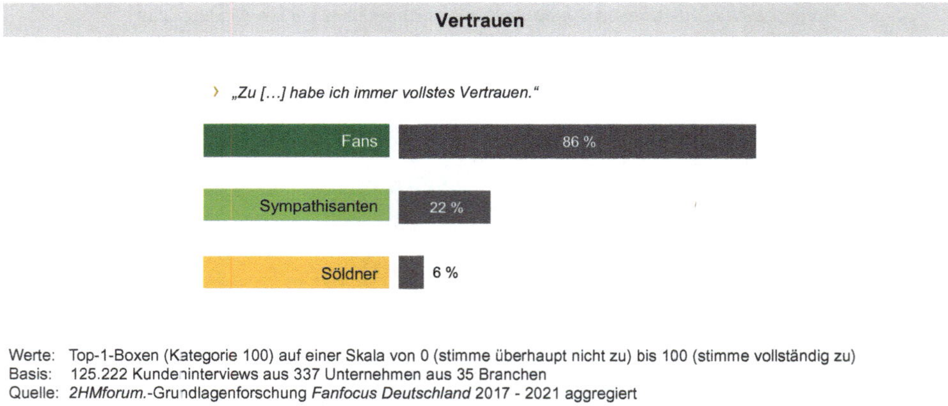

Abb. 2.6 Fans haben Vertrauen

Insofern ist diese Toleranz der Fans gegenüber Qualitätsmängeln keine naive Gutmütigkeit, sondern nichts anderes als ein weiterer Ausdruck ihrer Loyalität.

Um all dies zusammenzufassen: Fan-Kunden haben die höchste vorstellbare Kundenloyalität. Sie erklären bewusst und offenherzig, dauerhaft weiter Kunde bleiben zu wollen, sie haben volles Vertrauen in ihren Anbieter und stellen diese Beziehung selbst dann nicht in Frage, wenn der Anbieter einmal schwächelt oder wenn attraktive Konkurrenzangebote winken. Diese Eigenschaften der Fan-Kunden zahlen direkt auf ihren Kundenwert ein, denn Fans sorgen dafür, dass der Kundenbestand sicher und stabil bleibt – und dies reduziert die Kosten für die Kundenbetreuung einerseits und steigert die Rentabilität der Neukundenakquise. Durch ihre hohe Loyalität schaffen Fan-Kunden somit mittelbar die Voraussetzung für eine weitere Marktdurchdringung des Anbieters.

2.2.4 Fans sind weniger preissensibel

Fan-Kunden sind weniger preissensibel als andere Kunden. Dies hat zwei Ursachen: Zum einen neigen Fans in der Beurteilung der Leistung „ihres" Anbieters zu einer leicht verzerrten Wahrnehmung: Sie nehmen dessen Konditionen wesentlich positiver wahr, als dies andere Kundengruppen tun (vgl. Abb. 2.7). Dementsprechend beurteilen sie auch die Preisgestaltung weniger streng.

Zum anderen ist ein zu hoher Preis aus Sicht des Kunden im Grunde nichts anderes als ein Leistungsdefizit. Fans jedoch definieren, wie gezeigt, ihre Beziehung zum Unternehmen weniger leistungsbasiert. Ihre hohe Beziehungsqualität ist nicht vorrangig auf die Leistungserbringung des Unternehmens zurückzuführen. Dementsprechend sind sie auch weniger sensibel für solche Leistungsparameter als die anderen Kundengruppen.

Hinzu kommt, dass der Preis bei anderen Kundentypen, wie beispielsweise den Söldnern, häufig eine heuristische Entscheidungshilfe darstellt: Wenn Unterschiede zwi-

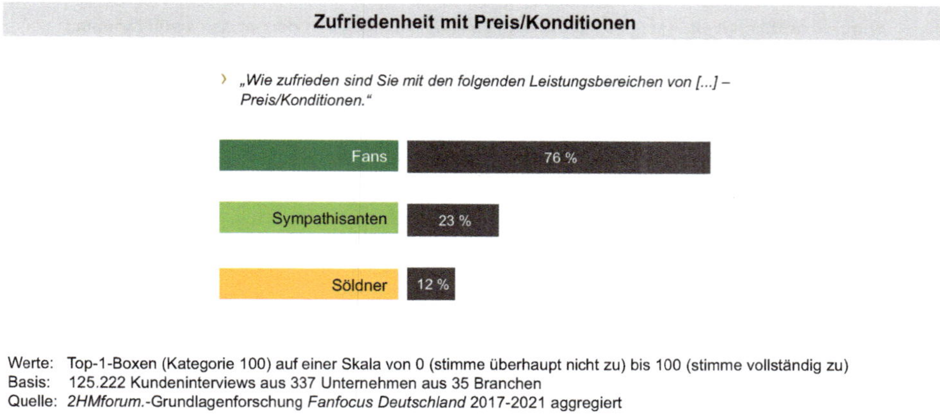

Abb. 2.7 Fans bewerten Konditionen besser und sind somit weniger preissensibel

schen den Anbietern nicht erkennbar sind, wird der Preis zum entscheidenden Kriterium. In den Augen des Fans sieht die Anbieterwelt jedoch völlig anders aus: Für ihn gibt es klar wahrnehmbare Unterschiede zwischen „seinem" Anbieter und der weniger „geliebten" Konkurrenz. Der Fan sucht also kein Kriterium mehr für die Entscheidung, welchen Anbieter er wählen soll – er hat sich längst entschieden. Der Preis, der für den Söldner-Kunden oft das ausschlaggebende Kriterium für die Wahl des Anbieters ist, rückt beim Fan nicht mehr in den Fokus der Überlegungen. Der Fan ist nicht Kunde des Unternehmens wegen des Preises, sondern er bleibt Kunde trotz des Preises. Und diese Preistoleranz der Fans schlägt sich anbieterseitig direkt in der Marge nieder. Doch sollten Unternehmen daraus *nicht* ableiten, von den Fans höhere Preise zu fordern (vgl. Abschn. 4.2).

2.2.5 Fans haben den höchsten monetären Kundenwert

Der Kundenwert der Fan-Kunden ist damit beileibe noch nicht erschöpfend beschrieben. Ein weiterer wesentlicher Faktor ist: Fan-Kunden sind für jedes Unternehmen unmittelbare Umsatzgaranten. Denn Fan-Kunden kaufen häufiger und geben mehr Geld aus für die Produkte „ihrer" Unternehmen – mehr als jede andere Kundengruppe. Fans haben somit einen unmittelbar höheren monetären Kundenwert. Abb. 2.8 illustriert dies beeindruckend am Beispiel der Umsatzzahlen eines mittelständischen B2C-Versandhändlers. Von einer repräsentativen Stichprobe seiner Kunden lagen uns sowohl Befragungsdaten zur individuellen Kundenbindung und -zufriedenheit vor als auch Angaben über den kundenspezifischen Umsatz des Jahres vor der Befragung. So konnten wir den Kundentypen des *Fan-Portfolios* die durchschnittlichen faktischen Jahresumsätze zuordnen. Das Ergebnis zeigt einen gegenüber anderen Kundengruppen deutlich überlegenen monetären Kundenwert der Fan-Kunden.

Werte: Durchschnittlicher Jahresumsatz je Kunde in Euro; Aufgrund von extremen Ausreißerwerten wird hier das 5 %-getrimmte Mittel dargestellt
Basis: Kundenbefragung sowie Umsatzdaten eines Versandhändlers aus dem Teleshoppingbereich (n = 400)
Quelle: *2HMforum*.-Auftragsstudie

Abb. 2.8 B2C/Versandhandel: Kundenwert der Fans nach Jahresumsatz

Die Fan-Kunden in Abb. 2.8 investieren rund 30 % mehr in die Produkte des Anbieters als die Sympathisanten-Kunden und weit mehr als das Zweieinhalbfache der Ausgaben der Söldner-Kunden. Ein einzelner Fan-Kunde allein setzt hier nahezu so viel um wie ein Söldner- und ein Sympathisanten-Kunde zusammen. Dieser Befund ist kein Einzelfall. In vielen anderen B2C- wie auch B2B-Branchen finden wir diesen Zusammenhang: Fan-Kunden sorgen für deutlich höhere Umsätze und Deckungsbeiträge als alle anderen Kundengruppen (vgl. z. B. Abb. 2.12, 2.14 und 2.16) und haben somit für jedes Unternehmen den höchsten Kundenwert. Die Gründe hierfür sind vielfältig: Fans identifizieren sich mit „ihrem" Anbieter; sie haben vollstes Vertrauen zu ihm und wann immer sie vor einer einschlägigen Kaufentscheidung stehen, werden sie zuerst versuchen, das Geschäft über „ihren" Anbieter abzuschließen. Denn der Anbieter nimmt quasi eine Monopolstellung in ihrem Kopf ein. Dementsprechend kaufen sie häufiger und setzen je Einkauf auch mehr um.

2.2.6 Fans haben den höchsten customer lifetime value

Dieser unübertroffene Kundenwert der Fan-Kunden geht einher mit der schon geschilderten überdurchschnittlich hohen Loyalität eines Fans: Kein Kunde bleibt so lange in der Geschäftsbeziehung mit seinem Anbieter wie ein Fan-Kunde. Hier verschmelzen somit höchste Investitionsbereitschaft und längste Kundenbeziehung. Daraus folgt zwingend, dass für sämtliche Unternehmen und Branchen gilt: Fan-Kunden sind das Kundensegment mit dem höchsten customer lifetime value. Unternehmen, die darauf verzichten, diese Kunden innerhalb ihres Kundenstamms zu identifizieren, kennen ihre Umsatzgaranten nicht und erschließen ihr größtes Wachstumspotenzial nicht konsequent – denn aufgrund des einzigartigen customer lifetime value der Fans ist eine Steigerung der *Fan-Quote* ein zuverlässiger Garant für steigenden wirtschaftlichen Erfolg und sollte für jedes Unternehmen das primäre und selbstverständliche Ziel sein.

2.2.7 Wachstum durch Fans ist planbar

Mit der *Fan-Quote* steigt der wirtschaftliche Unternehmenserfolg, deshalb lässt sich über die Messung der *Fan-Quote* nachträglich bewerten, ob und welche unternehmerischen Entscheidungen zielführend waren. Die *Fan-Quote* eignet sich somit als Tool zur Evaluation der Wirksamkeit von Maßnahmen. Sie ist allerdings noch weit mehr als das. Sie ist gleichzeitig auch ein Steuerungsinstrument zur strategischen Erfolgsplanung, weil sich prognostizieren lässt, wie der Umsatz eines Unternehmens steigt, wenn man anhand strategischer Maßnahmen die *Fan-Quote* erhöht. Auf dieser Grundlage lassen sich belastbare Kosten-Nutzen-Berechnungen durchführen und somit sichere wachstumsorientierte Investitionsentscheidungen treffen. Welche Wachstumsmöglichkeiten sich mit einer Erhöhung der *Fan-Quote* erschließen lassen, wird in Abb. 2.9 am Beispiel des bereits genannten Versandhändlers erläutert.

Die Abbildung zeigt unseren Analyseweg Schritt für Schritt. Der obere farbige Balken des Schaubilds zeigt zunächst das aktuelle *Fan-Portfolio* des Unternehmens, ermittelt anhand der erwähnten repräsentativen Kundenstichprobe: darunter 24 % Fan-Kunden, 35 % Sympathisanten- sowie 21 % Söldner-Kunden, um nur die wichtigsten Anteile zu nennen.

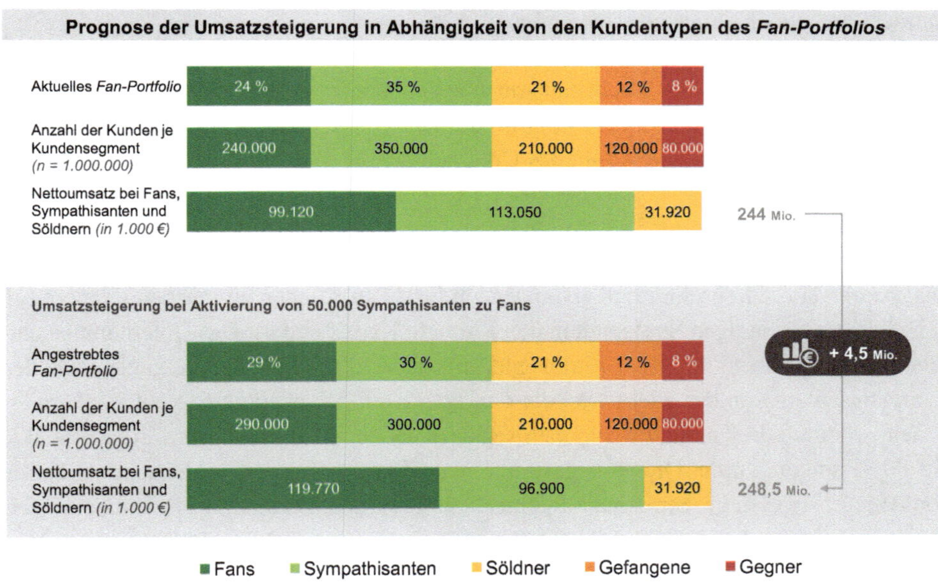

Werte: Umsatz in Euro; Zahl der Kunden je Segment multipliziert mit dem jährlichen Umsatz je Kunde in Euro (vgl. vorausgegangene Grafik)
Basis: Kundenbefragung sowie Umsatzdaten eines Versandhändlers aus dem Teleshoppingbereich (n = 400)
Quelle: *2HMforum.*-Auftragsstudie, eigene Berechnungen

Abb. 2.9 B2C/Versandhandel: Mehr Umsatz durch höhere *Fan-Quote* I

Nun übertragen wir die so gewonnenen Kenntnisse über die Anteile der verschiedenen Segmente des *Fan-Portfolios* auf die Grundgesamtheit aller Kunden des Unternehmens. Nehmen wir also einmal einen Kundenbestand von einer Million Kunden an. Auf diese absolute Zahl übertragen wir nun die im *Fan-Portfolio* angegebenen Größenanteile der einzelnen Kundensegmente: 24 % Fans bei einer Million Kunden macht 240.000 Fan-Kunden; und 35 % Sympathisanten ergibt 350.000 Sympathisanten-Kunden usw. Diese absoluten Kundenzahlen je Segment sind im zweiten Balken von oben abgetragen.

Im nächsten Schritt erfolgt der eigentliche Kniff: Diese absoluten Kundenzahlen werden nun multipliziert mit dem Wert eines durchschnittlichen Kunden des jeweiligen Segments. Dieser Kundenwert entspricht den in Abb. 2.8 ausgewiesenen durchschnittlichen jährlichen Umsätzen jedes Kundentyps. Die Ergebnisse dieser Berechnung sind im dritten Balken von oben ausgewiesen (in der Einheit Tausend €): So hat jeder der 240.000 Fan-Kunden des Versandhändlers durchschnittlich 413 € im Jahr umgesetzt. Dies führt über alle Fan-Kunden hinweg zu einem Gesamtjahresumsatz von 99.120.000 €. Für die Sympathisanten-Kunden mit einem Umsatz von 323 € je Kunde ergeben sich somit 113.050.000 € Jahresumsatz und für die Söldner-Kunden 31.920.000 €. Insgesamt beläuft sich der Jahresumsatz des Unternehmens mit diesen drei Kundengruppen auf 244 Millionen € (dies entspricht noch nicht dem gesamten Jahresumsatz, da die geringeren Umsätze mit Gefangenen- oder Gegner-Kunden noch hinzukommen, die wir bei der vorliegenden Betrachtung jedoch vernachlässigen können).

Was ist nun, wenn der Versandhändler als Wachstumsstrategie eine höhere Marktdurchdringung anpeilt, also ein Wachstum mit der gegebenen Produktpalette innerhalb des schon besetzten Marktsegments? Mit Hilfe der *Fan-Quote* ist diese Strategie leicht planbar. Nehmen wir beispielsweise an, das Unternehmen möchte durch Steigerung der *Fan-Quote* den Umsatz steigern. Das bedeutet: Das Unternehmen muss (mehr) „Kunden zu Fans machen" – nie war der Satz treffender als hier. Der einfachste Weg dorthin ist natürlich, Sympathisanten-Kunden, also Kunden, die ohnehin schon hochzufrieden und emotional bereits überdurchschnittlich gebunden sind, zu Fan-Kunden zu machen (Näheres zu den hierfür notwendigen Strategien in den Kapiteln Kap. 3 und 4). Das Unternehmen entscheidet sich daher für eine Kampagne mit gezielten Maßnahmen gegenüber den Sympathisanten-Kunden. Ziel ist es, die *Fan-Quote* um 5 Prozentpunkte auf 29 % zu erhöhen, wodurch die Quote der Sympathisanten-Kunden gleichzeitig um 5 Prozentpunkte auf 30 % sinken würde. Dieses angestrebte neue *Fan-Portfolio* ist in der unteren Hälfte von Abb. 2.9 in dem großen grauen Rechteck ausgewiesen. Diese Ziel-Prozentwerte werden nun wieder nach der gleichen Logik wie zuvor in absolute Zahlen für die vorgegebenen eine Million Kunden umgesetzt (zweiter Balken) und anschließend wiederum mit dem durchschnittlichen Kundenwert der Kunden eines jeden Segments aus Abb. 2.8 multipliziert. Am Ende ist der Gesamtumsatz ablesbar, der erreicht wird, wenn es gelingt, 5 % der Gesamt-Kunden, also 50.000 Kunden, die derzeit Sympathisanten sind, zu Fans zu machen. Die sich daraus ergebende Umsatzsteigerung pro Jahr liegt bei 4,5 Millionen €.

4,5 Millionen Euro Umsatzsteigerung bei einem derzeitigen Umsatz von mehr als 220 Millionen Euro – diese Umsatzsteigerung um gut 2 % scheint für erfolgsverwöhnte

Unternehmen auf den ersten Blick gering zu sein. Wer die Zahlen aus dieser Perspektive beurteilt, übersieht allerdings vier bedeutsame positive Aspekte des Vorgangs: Erstens handelt es sich hier um eine Umsatzsteigerung, die ihren Mehrwert vollständig aus der schon erschlossenen Kundenlandschaft des Unternehmens schöpft. Kein einziger Neukunde muss hierfür gewonnen werden, kein einziger Nichtkunde durch Kaltakquise erreicht werden. Damit bleibt der notwendige Aufwand deutlich unter dem Ertrag der avisierten Umsatzsteigerung. Zweitens ist das Ziel dieses Aufwands nicht, Kundenzufriedenheit zu steigern, sondern hochzufriedene Kunden emotional stärker zu binden. Übliche, auf Zufriedenheit zielende leistungsbasierte Anreize wie Preissenkungen, Rabattierungen oder ähnliches, die am Ende nur die Marge auffressen, stehen hier nicht zur Debatte. Das *FANOMICS* bedeutet ja im Gegenteil gerade eine Abkehr vom investitionsintensiven „Mehr ist Mehr" des Zufriedenheitsmanagements und eine Hinwendung zu klar fokussierten Maßnahmen – und die hierfür benötigten Aufwendungen sind ungleich niedriger. Steigerungen der Beziehungsqualität lassen sich mit geringerem, aber richtig gesteuertem Ressourceneinsatz erzielen, sodass sich die Effekte im Unternehmensergebnis noch drastischer auswirken als im Umsatzwachstum. Drittens erzeugt man bei erfolgreicher Umsetzung der Pläne die in Rede stehende Umsatzsteigerung dauerhaft: Denn ist der Fan erst mal ein Fan, bleibt er über Jahre loyal – der Return on Invest ist also nachhaltig und absehbar. Und viertens bringen die so neu geschaffenen Fan-Kunden wiederum die hier erläuterten zusätzlichen mittelbaren Kundenwerte mit, die ebenfalls auf den Erfolg des Unternehmens nachhaltig einzahlen. Die Schaffung neuer Fan-Kunden bedeutet also immer auch eine weit über die direkt zuordenbare Umsatzsteigerung hinausgehende Marktdurchdringung und Wachstumssteigerung.

Natürlich lassen sich die in Abb. 2.9 postulierten Effekte nach Aufwand und Zielgrößen beliebig skalieren. Abb. 2.10 beispielsweise illustriert das prognostizierte Ergebnis, wenn derselbe Anbieter bei ansonsten gleichen Rahmenbedingungen seine *Fan-Quote* nicht nur um fünf, sondern gar um zehn Prozentpunkte steigern möchte.

Wie die Abbildung zeigt, verdoppelt sich mit der anvisierten *Fan-Quote* auch die hierdurch erzielbare Umsatzsteigerung von 4,5 auf 9 Millionen €. Hierfür sind nun nicht nur 50.000, sondern gleich 100.000 Sympathisanten-Kunden in Fans umzuwandeln. Der Aufwand dafür steigt allerdings nicht proportional: Da der Löwenanteil der Kosten auf der strategischen Implementierung der Maßnahme beruht (z. B. einer fokussierten Kundenbetreuung) und nicht auf dem Ausrollen in der Fläche, reduzieren sich die Kosten pro Kunde in der Regel deutlich. Unterm Strich bedeutet das: Je mehr man die Maßnahme hochskaliert, umso rentabler wird sie. Doch die dargestellten Effekte lassen sich nicht nur hochskalieren – je nachdem, wie grundlegend die Änderungen im *Fan-Portfolio* sind, die man anvisiert, lassen sich noch wesentlich höhere Effekte erzielen. Denn unsere ersten beiden Beispiele, die wir am Kundenstamm des Versandhändlers durchspielten, illustrierten ja den „geringsten Eingriff" im *Fan-Portfolio*, den man wählen kann: nämlich Sympathisanten-Kunden zu Fans zu machen. Und Sympathisanten-Kunden haben bereits eine gewisse emotionale Bindung und daher ohnehin schon einen hohen monetären Kundenwert, sodass der hierdurch erzielbare Umsatzgewinn weniger deutlich ausfällt. Ganz

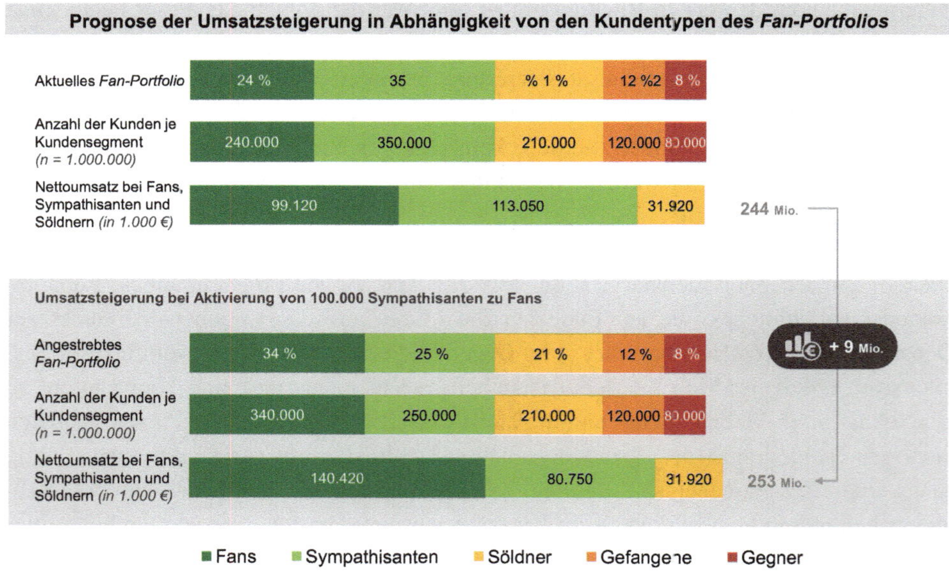

Werte: Umsatz in Euro Zahl der Kunden je Segment multipliziert mit dem jährlichen Umsatz je Kunde in Euro (vgl. vorausgegangene Grafik)
Basis: Kundenbefragung sowie Umsatzdaten eines Versandhändlers aus dem Teleshoppingbereich (n = 400)
Quelle: *2HMforum.*-Auftragsstudie, eigene Berechnungen

Abb. 2.10 B2C/Versandhandel: Mehr Umsatz durch höhere *Fan-Quote* II

anders verhält es sich, wenn es gelingt, Söldner-Kunden, die zwar hochzufrieden aber nicht gebunden sind, zu Fans zu machen. Das ist, zugegeben, etwas aufwändiger, aber auch wesentlich attraktiver, wie Abb. 2.11 illustriert.

Die Abbildung spielt die Erträge durch, die entstehen, wenn das genannte Unternehmen versucht, den Anteil der Söldner-Kunden um 15 Prozentpunkte zu reduzieren und gleichzeitig das Lager der Fans bzw. der Sympathisanten um zehn bzw. fünf Prozentpunkte zu stärken. Aufgrund der größeren Differenz des monetären Kundenwerts zwischen Söldnern und Fans fallen hier die Umsatzzuwächse wesentlich deutlicher aus: 35,5 Millionen Euro Umsatzsteigerung p. a. werden erzielt, wenn es gelingt, 15 % der bislang nur hochzufriedenen Kunden auch zu emotional gebundenen Kunden zu machen. Spätestens jetzt wird deutlich, welches enorme wirtschaftliche Potenzial in der Steigerung der emotionalen Kundenbindung steckt. Und noch immer reden wir hier nicht von Neukundenakquise, sondern allein von Wachstum durch Marktdurchdringungseffekte und Optimierung des Bestandskundengeschäfts.

Die drei geschilderten Szenarien des Versanddienstleisters illustrieren zudem noch einmal, welchen analytischen Wert der Ansatz des *Fan-Portfolios* hat: Die soeben durchgespielten Optimierungen zielen nur auf hochzufriedene Kunden – Söldner, Sympathisanten und Fans – und wollen dort eine Verbesserung der emotionalen Bindung erreichen. Hätte der Anbieter seine Kunden ausschließlich nach der Kundenzufriedenheit kategorisiert,

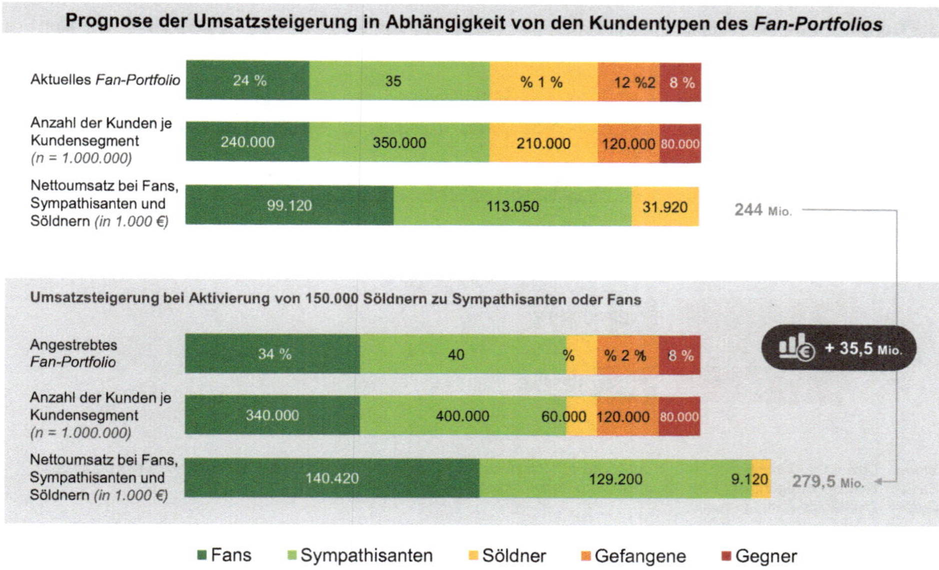

Werte: Umsatz in Euro; Zahl der Kunden je Segment multipliziert mit dem jährlichen Umsatz je Kunde in Euro (vgl. vorausgegangene Grafik)
Basis: Kundenbefragung sowie Umsatzdaten eines Versandhändlers aus dem Teleshoppingbereich (n = 400)
Quelle: *2HMforum.*-Auftragsstudie, eigene Berechnungen

Abb. 2.11 B2C/Versandhandel: Mehr Umsatz durch höhere *Fan-Quote* III

könnte er die vorhandenen Unterschiede in der Bindung seiner Kunden weder sehen, noch könnte er die Gruppen unterschiedlich adressieren, um bei Söldnern oder Sympathisanten die beabsichtigten Bindungseffekte auszulösen.

Die geschilderte Entwicklung prognostischer Szenarien mit Hilfe des *Fan-Portfolios* lässt sich nicht nur bei Unternehmen aus dem B2C-Bereich mit massenhaften Kundenzahlen anwenden – auch B2B-Unternehmen mit einem vergleichsweise kleinen handverlesenen Kundenstamm können davon profitieren. Wir wollen uns hierzu exemplarisch die Daten eines deutschen Personaldienstleisters mit einem Stamm von etwa 2000 Kunden anschauen. Abb. 2.12 zeigt zunächst, dass auch im B2B-Bereich der höhere monetäre Kundenwert der Fan-Kunden empirisch nachweisbar ist.

Wie die Abbildung zeigt, kann im B2B-Bereich mit Fan-Kunden mehr als das Dreifache als mit Söldner-Kunden umgesetzt werden. Der monetäre Mehrwert der Fan-Kunden ist also gegeben – und daraus ergibt sich schlüssig, dass auch hier mit einer Steigerung der *Fan-Quote* eine Steigerung der Umsätze erzielbar ist. Abb. 2.13 illustriert dies nach derselben Logik wie im vorausgegangenen Beispiel des B2C-Versandhändlers.

Wie das Schaubild zeigt, hat der Personaldienstleister unter seinen 2000 Kunden nur 220 Fan-Kunden – eine Quote, die sich sicher steigern lässt, zumal ein großes Entwicklungspotenzial gegeben ist: 780 hochzufriedene Söldner-Kunden warten buchstäblich nur darauf, endlich auch emotional gebunden zu werden. Wenn es dem Dienstleister nun gelingt, nur

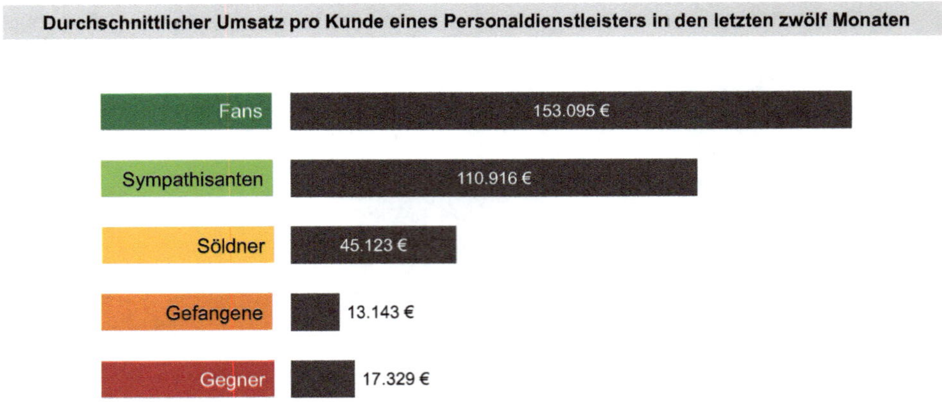

Werte: Umsatz je Firmenkunde in Euro; Aufgrund von extremen Ausreißerwerten wird hier das 5 %-getrimmte Mittel dargestellt
Basis: Kundenbefragung der Firmenkunden eines Personaldienstleisters (n > 300)
Quelle: *2HMforum.*-Auftragsstudie

Abb. 2.12 B2B/Personaldienstleister: Kundenwert der Fan-Kunden

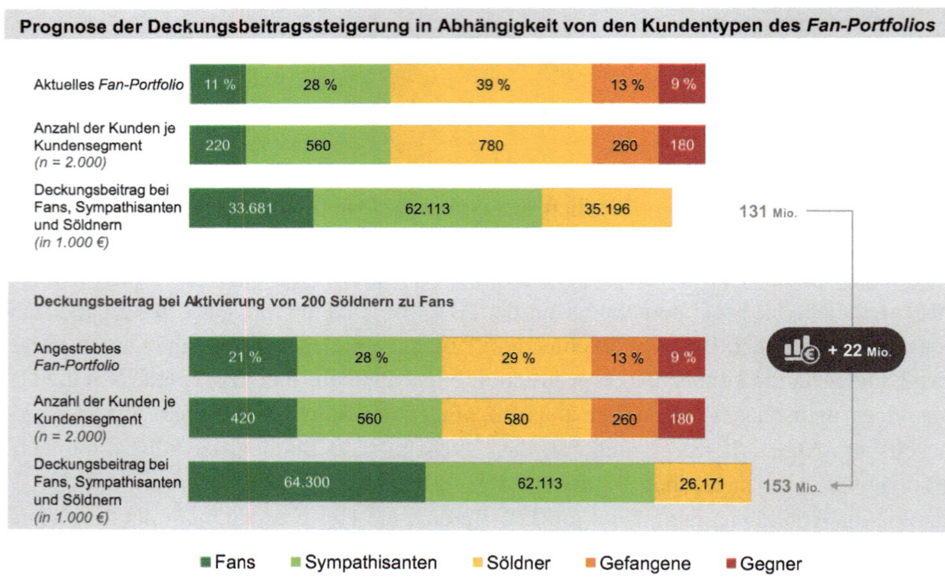

Werte: Ausschließlich Firmenkunden; Zahl der Kunden je Segment multipliziert mit dem durchschn. jährlichen Umsatz je Kunde in Euro (vgl. vorausgegangene Grafik)
Basis: Kundenbefragung der Firmenkunden eines Personaldienstleisters (n > 300)
Quelle: *2HMforum.*-Auftragsstudie, eigene Berechnungen

Abb. 2.13 B2B/Personaldienstleister: Mehr Umsatz durch höhere *Fan-Quote*

200 dieser Söldner-Kunden zu Fans zu machen, würde dies eine Umsatzsteigerung von sage und schreibe 22 Millionen € bewirken. Das Beispiel zeigt, dass die konsequente Ausrichtung eines Unternehmens an der *Fan-Quote* immer Sinn macht – gleichgültig, ob man im B2B- oder im B2C-Bereich unterwegs ist. Und es zeigt zudem: Je höher der unternehmensspezifische monetäre Kundenwert des Fan-Kunden ist, umso vielversprechender ist es für ein Unternehmen, seine *Fan-Quote* zu steigern.

Natürlich lässt sich mit einer Modifikation des *Fan-Portfolios* nicht nur eine Veränderung der Umsatzzahlen vorausberechnen. Man kann ebenso Erlöse oder Deckungsbeiträge prognostizieren, sofern entsprechende Daten auf Individualkunden-Ebene oder zumindest für jedes Kundensegment des *Fan-Portfolios* vorliegen. Die folgenden Abbildungen illustrieren dies am Beispiel des Privatkunden-Portfolios einer Kreissparkasse mit rund 850.000 Privatkunden. Wie Abb. 2.14 zeigt, werden diesmal nicht Umsatzzahlen, sondern Deckungsbeiträge je Kunde ausgewiesen. Auch bei diesem Parameter zeigen Fan-Kunden den höchsten monetären Kundenwert.

Abb. 2.14 zeigt das aus den vorausgegangenen Fällen schon bekannte Muster: Der monetäre Kundenwert steigt über das *Fan-Portfolio* hinweg in Richtung Fans immer weiter an. Allerdings gibt es hier eine Ausnahme: Die Gefangenen-Kunden weisen einen überdurchschnittlich hohen Deckungsbeitrag auf, der an die Werte von Sympathisanten und Fans fast heranreicht. Der Grund hierfür sind vermutlich langfristige vertragliche Bindungen, die Privatkunden insbesondere zur Immobilienfinanzierung eingehen und an deren Konditionen sie selbst dann noch gebunden sind, wenn sie nach den Maßstäben des aktuellen Kreditmarkts überteuert oder überholt sind. Abb. 2.15 zeigt nun, wie es sich auf

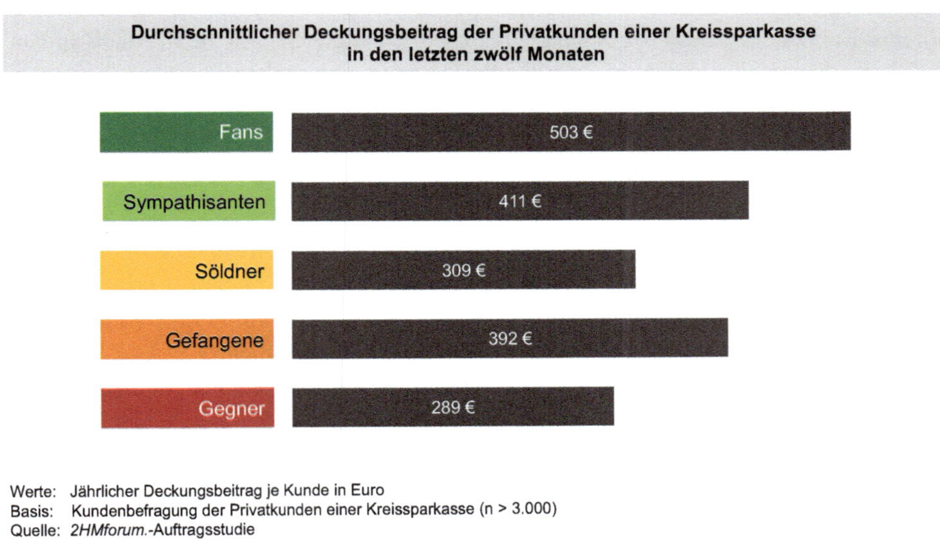

Abb. 2.14 B2C/Banken: Kundenwert der Fan-Kunden nach Deckungsbeitrag

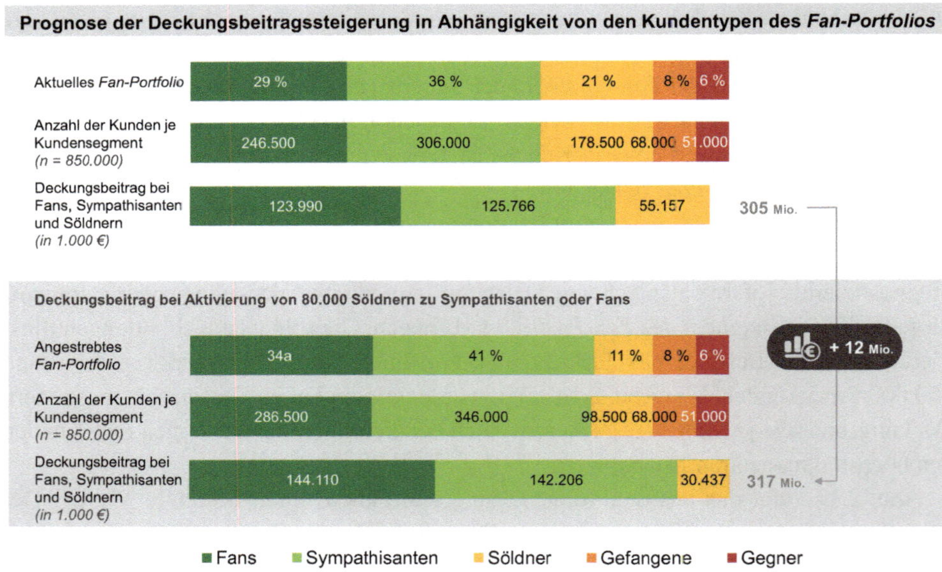

Werte: Ausschließlich Privatkunden; Zahl der Kunden je Segment multipliziert mit dem jährlichen Deckungsbeitrag je Kunde in Euro (vgl. vorausgegangene Grafik)
Basis: Kundenbefragung der Privatkunden einer Kreissparkasse (n > 3.000)
Quelle: *2HMforum.*-Auftragsstudie, eigene Berechnungen

Abb. 2.15 B2C/Banken: Wirtschaftlicher Erfolg durch höhere *Fan-Quote*

die Deckungsbeiträge auswirken würde, wenn die betreffende Sparkasse ihren Anteil an Söldner-Kunden um zehn Prozentpunkte reduzieren und gleichzeitig ihren Anteil an Fan- und Sympathisanten-Kunden um jeweils fünf Prozentpunkte steigern würde.

Auch hier kann sich das Ergebnis wirtschaftlich sehen lassen: Würde es der Sparkasse gelingen, bei 80.000 ihrer derzeitigen zwar zufriedenen, aber ungebundenen Söldner-Kunden eine emotionale Bindung aufzubauen, könnte sie mit einer jährlichen Steigerung des Deckungsbeitrags in Höhe von 12 Millionen € rechnen. Und auch hier gilt: Diese Steigerung könnte alleine aus dem Bestandskunden-Potenzial realisiert werden, ohne einen einzigen Neukunden zu akquirieren. Und auch im Firmenkundengeschäft könnte dieselbe Bank allein durch Erhöhung der *Fan-Quote* rund eine Million Euro jährlich mehr Deckungsbeitrag erwirtschaften, wie Abb. 2.16 und 2.17 verdeutlichen.

Die bislang geschilderten Überlegungen und Befunde lassen sich wie folgt zusammenfassen: Fans sind der beste Wachstumsgarant für Unternehmen gleichgültig welcher Branche. Denn Fan-Kunden haben den höchsten monetären Kundenwert, den sie aufgrund ihrer hohen Loyalität auch über Jahre realisieren werden. Sie sind damit Umsatz- und Erlösgaranten für jedes Unternehmen – insbesondere für Anbieter, die das Risiko der Expansion in neue Märkte oder Produkte zunächst scheuen und ihre Wachstumschancen in

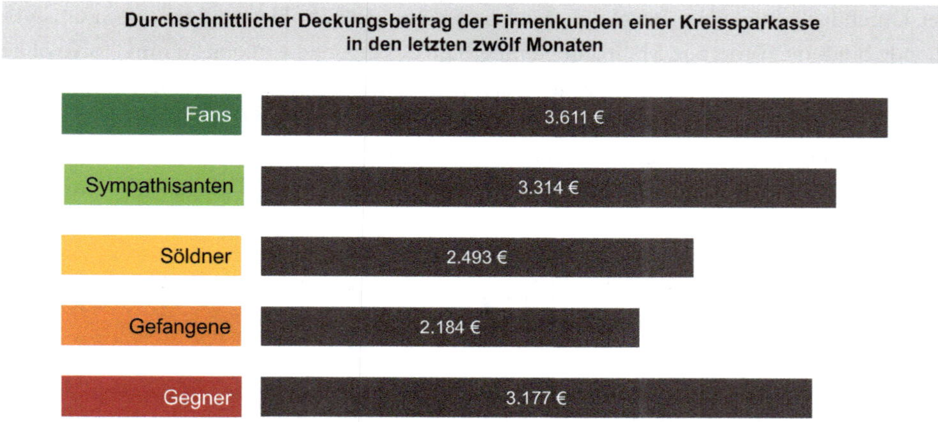

Werte: Jährlicher Deckungsbeitrag je Kunde in Euro
Basis: Kundenbefragung der Privatkunden einer Kreissparkasse (n > 1.000)
Quelle: *2HMforum.*-Auftragsstudie

Abb. 2.16 B2B/Banken: Kundenwert der Fan-Kunden nach Deckungsbeitrag

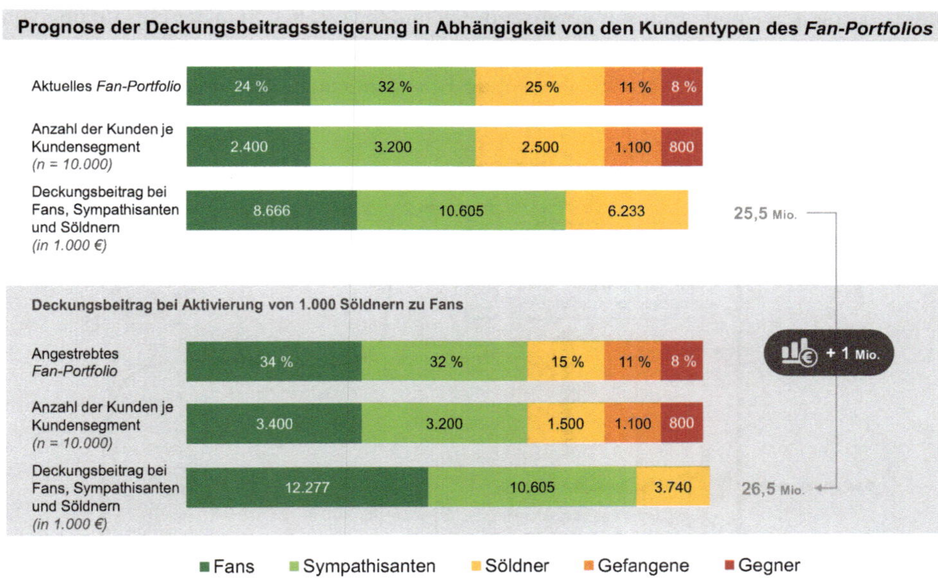

Werte: Ausschließlich Firmenkunden; Zahl der Kunden je Segment multipliziert mit dem jährlichen Deckungsbeitrag je Kunde in Euro (vgl. vorausgegangene Grafik)
Basis: Kundenbefragung der Firmenkunden einer Kreissparkasse (n > 1.000)
Quelle: *2HMforum.*-Auftragsstudie, eigene Berechnungen

Abb. 2.17 B2B/Banken: Wirtschaftlicher Erfolg durch höhere *Fan-Quote*

der Durchdringung schon bespielter Marktsegmente suchen. Denn allein durch entsprechende bindungsfördernde Maßnahmen innerhalb des eigenen Kundenstamms – also ohne jede Neukundengewinnung – ist es anhand einer Erhöhung der *Fan-Quote* möglich, das Geschäftsergebnis nachhaltig zu steigern. Selbst bei möglicherweise schwieriger Neukundengewinnung aufgrund einer bereits bestehenden Sättigung des Marktes kann auf diesem Weg mit niedrigschwelligen Investitionen eine Wachstumsstrategie umgesetzt werden.

2.3 Fans und Marktentwicklung: Wachstum durch Gewinnung von Neukunden im Bestandsgeschäft

Trotz all der geschilderten positiven Effekte einer hohen *Fan-Quote* auf die Marktdurchdringung wird es im Laufe der Entwicklung nahezu jedes Unternehmens den Moment geben, in dem der Schritt der Gewinnung neuer Kunden gegangen werden muss, um sich zusätzliche Wachstumschancen zu erschließen. In der Produkt-Markt-Matrix bedeutet dies, wie Abb. 2.18 zeigt, eine Verlagerung des Geschäftsfeldes in den oberen linken Quadranten der *Marktentwicklung*:

Doch auch Unternehmen, die diesen mutigen Schritt wagen, aus der Komfortzone des bereits bespielten Kundenstamms herauszutreten und ihr Wachstum in der Gewinnung von Neukunden zu suchen, können diesen Weg mit geringeren Risiken und größeren Erfolgschancen gehen, wenn ihr Portfolio eine solide *Fan-Quote* ausweist.

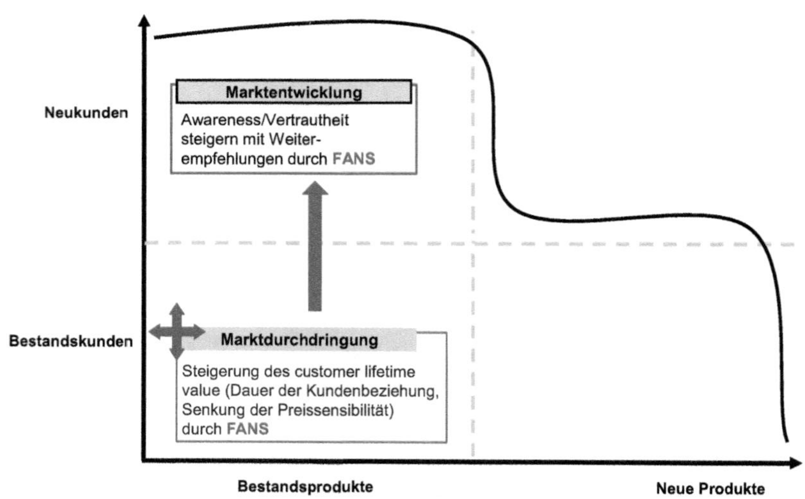

Quelle: *2HMforum.*-Grundlagenforschung; angelehnt an Ansoff (1965)

Abb. 2.18 Fans als Wachstumsfaktor: Marktentwicklung

2.3.1 Fans sind positive Botschafter

Der zentrale Grund ist das besonders extravertierte kommunikative Verhalten der Fan-Kunden: Sie sind die perfekten Botschafter eines Unternehmens oder einer Marke – und unverzichtbare Wegbereiter, wenn es darum geht, Neukunden zu gewinnen. Auch dieses Fan-spezifische Kommunikationsverhalten können wir mit Ergebnissen aus unserer eigenen Grundlagenforschung im *Fanfocus Deutschland* belegen (vgl. Abb. 2.19).

Die Daten zeigen eindrücklich, welchen Wert Fans als Botschafter haben: Rund 60 % von ihnen reden positiv über „ihren Anbieter". In allen anderen Kundensegmenten – also auch unter den hochzufriedenen Sympathisanten und Söldnern – ist hingegen die schweigende Mehrheit die Regel. Ganz anders die Fans: Die Mehrheit ergreift proaktiv das Wort – und diejenigen, die reden, äußern sich auch deutlich häufiger positiv über ihren Anbieter als alle anderen Kundentypen, und zwar im Schnitt einmal im Quartal – ein außergewöhnlich hoher Wert. Fans und Sympathisanten unterscheiden sich hier deutlich: Die Fans betätigen sich im Durchschnitt nahezu doppelt so häufig wie die Sympathisanten als Botschafter (vgl. die Mittelwerte in Abb. 2.19). Fans wollen die Identifikation mit ihrem Anbieter in ihrem Verhalten aktiv umsetzen und ausleben. Ihre intensive Kommunikations- und Botschafteraktivität kann daher kaum verwundern. Die Sympathisanten hingegen sind die stillen Genießer: Sie zeigen zwar häufig verglichen mit den Fans eine ähnlich

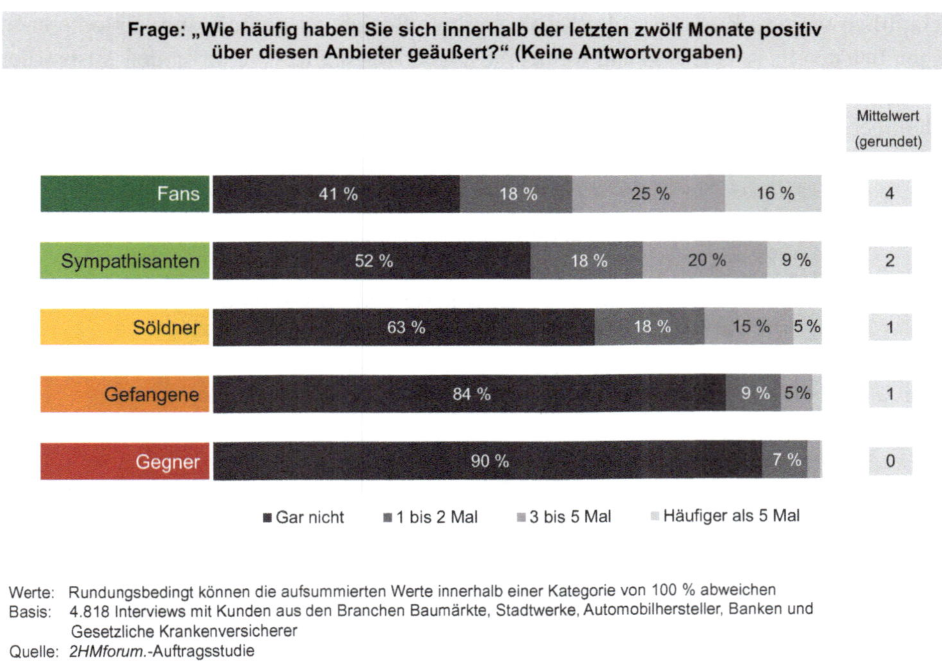

Abb. 2.19 Fans äußern sich häufiger positiv

hohe Kaufbereitschaft, sind jedoch längst nicht in gleichem Maße bereit, die extravertierte Rolle des Botschafters zu übernehmen.

2.3.2 Fans sind die besten Weiterempfehler

Die kommunikativen Vorzüge der Fans beschränken sich jedoch nicht auf den positiven Leumund für das Unternehmen. Auch die aktive Weiterempfehlung, die in vielen Unternehmen ohnehin als der Gradmesser guter Kundenbeziehungsqualität gilt, ist bei ihnen besonders ausgeprägt. Fans betreiben, wie Abb. 2.20 deutlich aufzeigt, stärker als alle anderen Kunden aktive Weiterempfehlung und unterstützen so die Neukundenakquise nachhaltig: Neun von zehn Fans empfehlen ihre Lieblingsunternehmen nicht nur weiter – sie geben auch an, dies gerne zu tun.

Alle anderen Kundentypen fallen, wie Abb. 2.20 zeigt, in ihrem Weiterempfehlungsverhalten deutlich hinter die Fans zurück – auch die Sympathisanten, die, wie schon erwähnt, kommunikativ wesentlich zurückhaltender als die Fans sind. Dieser Unterschied zwischen Fans und Sympathisanten deckt auf, wie wichtig es ist, die Beziehungsqualität nicht einzig am Weiterempfehlungsverhalten festzumachen, sondern sie differenzierter zu betrachten. Denn vor allem die Sympathisanten werden aufgrund ihres zurückhaltenden Weiterempfehlungsverhaltens falsch eingeordnet. Denn sie erscheinen als nur durchschnittlich wertige Kunden – obwohl sie in ihrer Beziehungsqualität zum Unternehmen eigentlich den Fans nahe sind und somit eine unverzichtbare Ressource für den Ausbau der *Fan-Quote* darstellen. Wir lernen also, dass das faktische Weiterempfehlungsverhalten als alleiniger Indikator für Beziehungsqualität nicht ausreicht. Wer in seinen Analysen die emotionale Kundenbindung nicht umfänglich abbildet, sondern nur auf Weiterempfeh-

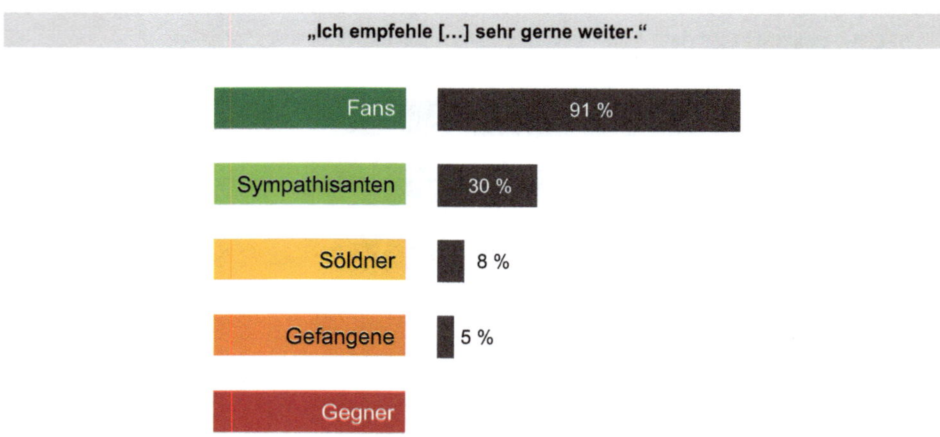

Werte: Top-1-Boxen (Kategorie 100) auf einer Skala von 0 (stimme überhaupt nicht zu) bis 100 (stimme vollständig zu)
Basis: 125.222 Kundeninterviews über 337 Unternehmen aus 35 Branchen
Quelle: *2HMforum.*-Grundlagenforschung *Fanfocus Deutschland* 2017-2021 aggregiert

Abb. 2.20 Fans sind Botschafter

lungsverhalten als Indikator setzt, wird seine Kundenlandschaft unzureichend segmentieren und somit falsche Steuerungsentscheidungen treffen (vgl. Kap. 5).

2.3.3 Exkurs: Wie wirken Word-of-Mouth, Social Media und Weiterempfehlung?

Aber warum gilt Weiterempfehlung eigentlich als so bedeutsam? Die Kunden sind doch ohnehin kommunikativ schon bestens versorgt. Tausende von Werbeclaims und PR-Botschaften prasseln täglich auf sie ein. Wie soll sich da Mundpropaganda in dieser Reizflut noch durchsetzen? Die Antwort ist ganz einfach: Nicht trotz, sondern gerade wegen dieser Reizüberflutung vermag Word-of-Mouth sich durchzusetzen. Denn diese Reizüberflutung führt zu einer Desorientierung, weil der Kunde zwischen den Anbietern nicht mehr differenzieren kann. Er steht täglich vor einer unglaublichen Zahl an Belohnungsversprechen, alle perfekt aufgemacht und platziert. Und fast alle locken – wie wir bereits gezeigt haben – mit einem „Immer Mehr" an Leistung. In dieser umworbenen Situation ist der Kunde überfordert – er benötigt Entscheidungshilfe und Orientierung. Und wer Orientierung und Entscheidungshilfe braucht, sucht nach einem Ratgeber. Jemandem, dessen Urteil er vertrauen kann, und den er für kompetent und glaubwürdig hält. Der offiziellen Werbe- und PR-Kommunikation von Anbietern werden diese Eigenschaften nur selten zugestanden. Und so werden die Ratgeber aus dem persönlichen Umfeld immer wichtiger, weil sie aufgrund ihrer Glaubwürdigkeit Orientierung bieten.

Aber unabhängig von der Glaubwürdigkeit des Weiterempfehlenden gibt es noch einen weiteren zentralen Grund, warum Word-of-Mouth so bedeutend ist: Erlebnis- und Erfahrungsberichte von Einzelpersonen, im Marketing oft auch als Testimonials bezeichnet, sind eine besonders überzeugende Kommunikationsform – sie haben eine außergewöhnlich hohe persuasive Wirkung. Dies beweisen Befunde aus der Medienwirkungsforschung, die unter dem Begriff „Exemplification Research" bekannt wurden (vgl. als Überblick Daschmann 2008; Krämer 2021). Sie zeigen, dass Testimonials in Medienberichten wie zum Beispiel Statements von Alltagspersonen in Straßenumfragen eine starke Wirkung auf das Publikum haben. Und dies, obwohl die Aussagen nahezu keinen Erkenntniswert mitbringen – sie sind weder repräsentativ noch haben sie Allgemeingültigkeit (Daschmann 2007).

Dennoch – und das ist der verblüffende Forschungsstand – haben diese Statements auf das Publikum einen unangemessen großen Einfluss: Die meisten Leser, Hörer oder Zuschauer neigen nämlich dazu, nur aufgrund einiger weniger solcher Aussagen ihre Sichtweisen zu ändern. Sie glauben, dass die wenigen gehörten Statements die Mehrheitssichtweise darstellen. Und sie glauben dies selbst dann noch, wenn ihnen gleichzeitig repräsentative Umfragestatistiken vorgelegt werden, die das Gegenteil besagen (Daschmann 2004). Offensichtlich verlassen sich viele Menschen in ihrer Urteilsbildung lieber auf ein paar Zeugenaussagen, die sie mit eigenen Ohren hören, als auf Daten aus einer validen und repräsentativen Statistik. Und weil sie die gehörte Sichtweise nun für die Mehrheitssichtweise halten und Mehrheiten ja immer etwas Überzeugendes haben, erscheint ihnen diese Sichtweise plötzlich auch selbst überzeugender.

Dieser Effekt ist in der Wirkungsforschung durch mittlerweile mehr als 60 experimentelle Studien nachgewiesen. Das Spannende an dieser Forschung ist: Über viele Studien hinweg ließ sich die Ursache dieses Effekts aufspüren. Die Testimonials wirken nicht etwa, weil sie besonders lebhaft sind oder weil die Personen, die sie von sich geben, besonders glaubwürdig, überzeugend oder sympathisch sind. Die Antwort ist viel banaler: Sie wirken, weil es sich um Einzelfälle handelt. Denn für das Schlussfolgern aus solchen Einzelfallinformationen – also für das induktive Schließen – ist unser Gehirn evolutionär geradezu geschaffen. Das gesamte menschliche Lernen baut im Grunde darauf auf (Daschmann 2001).

Ein Kind, das versehentlich die Hand auf die Herdplatte legt und sich verbrennt, wird nie wieder die Hand auf irgendeine Herdplatte legen – gleichgültig ob Gasherd, Induktions- oder Ceranfeld. Es hat aus diesem Einzelereignis gelernt und sofort eine allgemeine Folgerung gezogen: „Vorsicht! Diese Dinger sind oben immer heiß!" Diese mentale Strategie der Verallgemeinerung, auch wenn sie logisch nicht immer zutreffend sein mag, sichert uns das Überleben und ist somit ein evolutionärer Vorteil. Gerade weil das menschliche Gehirn in der Lage ist, aus wenigen Beobachtungen allgemeine Schlüsse abzuleiten, hat sich der Mensch als Spezies evolutionär durchsetzen können. Daher ist unser Denken so empfänglich für Einzelfallinformationen – man bezeichnet dies auch als „episodische Affinität der Urteilsbildung". Intuitiv folgen wir im Alltag alle dieser Urteilsstrategie. Stellen Sie sich beispielsweise vor, Sie kommen als Reisender in eine fremde Stadt. Ihr Navigationssystem ist ausgefallen und Sie fragen an der ersten Kreuzung nach dem Weg. Ein Passant hilft Ihnen, und er ist dabei auffallend freundlich. Als Sie zwei Kreuzungen weiter wieder nach dem Weg fragen, kommt Ihnen wieder ein freundlicher Mensch zu Hilfe. Und sollte dies bei Ihrem dritten Stopp nochmals so verlaufen, ist die Sache für Sie klar: Sie werden zu Hause davon schwärmen, was für eine freundliche Stadt das sei. Im Grunde wissen Sie zwar nichts über die Stadt und ihre Bewohner. Sie haben zufällig mit drei Passanten gesprochen, mehr nicht. Aber Sie sind von diesen Einzelfällen überzeugt – und summieren sie auf zu einem Gesamturteil. Und wenn Ihnen nun einer mit einer Statistik über vermeintlich unfreundliche Menschen in dieser Stadt käme, würden Sie das unwirsch zurückweisen – obwohl diese vermutlich viel aussagekräftiger wäre als Ihre drei Zufallsbegegnungen.

Einzelstatements von Alltagspersonen – so also das Fazit dieser Forschungsrichtung – haben einen hohen persuasiven Einfluss auf unsere Urteilsbildung, weil sie für uns ein evolutionär besonders geeignetes Material zum Lernen und Schlussfolgern darstellen. Der Zusammenhang mit dem Thema Weiterempfehlung liegt auf der Hand: Wenn einzelne Testimonials so persuasiv sind, erklärt dies auch, warum Weiterempfehlungen – von Freunden wie von Unbekannten – eine so große Wirkung entfalten können. Wie anfangs schon gezeigt, steigert sich diese Wirkung allerdings erheblich, wenn Testimonials besonders glaubwürdig sind, wie man z. B. an der Diskussion um glaubwürdige und weniger glaubwürdige Influencer ablesen kann. Mit Blick auf die Glaubwürdigkeit erschließt sich, warum Fan-Kunden als Testimonials die idealen Weiterempfehler sind:

1. Fan-Kunden haben eine hohe Glaubwürdigkeit. Sie nutzen die Produkte, Dienste und Anbieter, die sie empfehlen, selbst – und ihre hohe Identifikation mit dem Anbieter und seinen Produkten ist nicht aufgesetzt, sondern kommt, wie wir gleich noch sehen wer-

den, aus dem Innersten. Fan-Kunden sind somit aus Überzeugung werbend unterwegs und nicht etwa, weil sie durch Anreize dazu verleitet werden. Ihr Ratschlag hat also eine hohe Authentizität.
2. Fan-Kunden verfügen über eine hohe Expertise. Sie kennen sich zum Teil mit den in Frage stehenden Produkten und Leistungen besser aus als der Anbieter selbst. Ihr Ratschlag ist somit nicht nur glaubwürdig. Er ist auch kompetent. Und wiegt so gleich doppelt.
3. Glaubwürdigkeit, Authentizität und Kompetenz geben den Empfehlungs-Botschaften des Fan-Kunden im großen Strom der Werbe- und PR-Kommunikation besonderes Gewicht. Aus der Sicht von Nichtkunden stechen seine Aussagen qualitativ heraus, sodass sie Aufmerksamkeit und Zuwendung erfahren. Dies schafft gerade beim Eintritt in neue Märkte Awareness und Vertrautheit für die einzuführenden Marken und Produkte (vgl. Abb. 2.18).
4. Fans sind extravertiert. Keine andere Kundengruppe hat eine so große Redebereitschaft wie die Fans. Das bedeutet, dass Fans nicht nur die vorgenannten positiven kommunikativen Eigenschaften mitbringen, sondern auch die notwendige Mitteilungsbereitschaft.

Das Fazit ist eindeutig: Der Fan bietet mit Glaubwürdigkeit, Kompetenz und Redebereitschaft eine perfekte Symbiose an Eigenschaften: So wird er zum wertvollen Multiplikator, der Awareness und Vertrautheit schafft für einzuführende Marken und Produkte. Und somit ist der Fan ein unverzichtbares Instrument der Marktentwicklung. Zudem entfaltet er seine Wirkung heute längst nicht mehr nur durch Mundpropaganda. Die zentrale Plattform der Kunden-Testimonials ist heutzutage das Internet. Durch user-generated content, insbesondere durch Social-Media-Plattformen, haben die beschriebenen Testimonials eine gravierende Aufwertung erfahren. Dies beruht auf folgenden bemerkenswerten Veränderungen (vgl. Himmelreich 2014):

1. Durch Social-Media-Plattformen hat jeder Kunde die Möglichkeit, positive oder negative Testimonials abzugeben.
2. Häufig kann dies aus der Anonymität des Netzes heraus und ohne Konsequenzen erfolgen.
3. Durch Social-Media-Plattformen hat jeder Kunde die Möglichkeit, solche Testimonials nach Bedarf abzurufen – auch von Personen, die er oder sie nicht persönlich kennt.
4. Durch Social-Media-Plattformen hat jedes Testimonial somit potenziell eine massenmediale Reichweite.
5. Durch Social-Media-Plattformen bleiben Testimonials – positiv wie negativ – dauerhaft sichtbar und werden so Teil der Außenwahrnehmung eines Anbieters.
6. Durch Social-Media-Plattformen kann man Testimonials anderer bestätigen, unterstützen oder ablehnen – durch das Betätigen von „Like"-Buttons.
7. Durch Social-Media-Plattformen werden nicht nur Testimonials präsentiert – damit einher geht auch meist ein quantitativer Überblick, wie viele der anderen Nutzer etwas mögen oder nicht mögen oder gar „liken" – eine Angabe von Quantitäten über die Kunden und Nutzer selbst, die es in den tradierten Massenmedien so nie gab.

Gerade diese letzten beiden Punkte führten bei vielen privaten Usern zu dem Missverständnis, die „Likes“ der eigenen Posts zu zählen und als heimlichen Indikator für Beliebtheit oder Einfluss zu begreifen. Manche Social-Media-Plattformen haben dieser Fehlentwicklung mittlerweile einen Riegel vorgeschoben und machen die Zahl der „Likes“ eines „Posts“ nicht mehr öffentlich. Auch in den Kommunikationsabteilungen vieler Unternehmen begann man ungefähr um die Jahrtausendwende, reflexartig die „Likes“ zu zählen. Weniger, weil man wirklich wusste, was sie bedeuten, sondern vor allem, weil man nun endlich eine Kennzahl hatte, die man als Kommunikationsverantwortlicher dem CEO präsentieren konnte. Und so entwickelten sich die „Likes“ – vor allem der Facebook-Daumen – zur heimlichen Währung des Social-Media-Erfolgs. Daran knüpfte sich ein zentrales Missverständnis: Weil man unternehmensintern die Anzahl der „Likes“ für aussagekräftig hielt, glaubte man intuitiv, der Webnutzer betrachte das ähnlich, und Besucher der eigenen Seiten seien von hohen „Like“-Zahlen zu beeindrucken. Experimente aus der Kommunikationswissenschaft bewiesen, dass diese Annahme falsch ist: Den Besuchern von Websites oder Facebook-Profilen ist die Zahl der „Likes“ völlig gleichgültig. Sie nehmen sie wahr, aber sie werden hiervon nicht beeindruckt. Was hingegen entscheidend auf die Beurteilung des Unternehmens zurückschlägt, ist der Tenor der Testimonials, die auf der Seite sichtbar sind. Ein Unternehmen kann Zigtausende „Likes“ auf seiner Seite haben – wenn sich auf der gleichen Plattform zur selben Zeit nur drei bis vier prominent sichtbare negative Nutzerkommentare finden, wird die Wahrnehmung des Unternehmens bereits beschädigt (Daschmann 2012). Sie erinnern sich: Einzelmeinungen beeindrucken – Statistiken versickern. Das ist die episodische Affinität der Urteilsbildung.

Apropos Facebook-Daumen: Auch wenn der Facebook-„Like“ umgangssprachlich oft als „Fan-Daumen“ bezeichnet wird – mit der von uns entwickelten Konzeption des Fans hat dies nichts gemein. Das Anklicken des „Fan-Daumens“ kann mit vielerlei Nutzermotiven oder Kundenverhalten erklärt werden – auch mit Söldnertum. Keinesfalls aber lassen sich Fans in unserem Sinne über solche Social-Media-„Likes“ identifizieren. Denn diese drücken nicht nachhaltige Bindung aus, sondern lediglich eine spontane Stimmung.

Zurück zu den Veränderungen durch das Web 2.0: Diese haben eine erhebliche Aufwertung der Testimonials zur Folge – denn jede Äußerung eines Kunden hat nun potenzielle Massenreichweite. Und genau daraus speisen sich die Ängste vieler deutscher Unternehmen vor dem Web 2.0: Es ist die Furcht vor dem Shitstorm (Himmelreich 2014, S. 21). Wir werden von Unternehmen immer wieder darauf angesprochen – nichts scheint deutsche Firmen in der Außendarstellung mehr zu beschäftigen als die Angst vor einer Protestlawine in den sozialen Netzwerken (dass der Begriff Shitstorm im Amerikanischen nicht gebräuchlich ist, zeigt übrigens, wie „typisch deutsch“ diese Angst ist). Auf den ersten Blick scheint das auch plausibel, haben wir doch eben noch gezeigt, dass insbesondere Gegner-Kunden gerne negative Botschaften verbreiten. Doch tatsächlich ist diese Angst völlig unbegründet.

Denn wie Abb. 2.21 belegt, sind es nicht die Gegner, die die Kommunikationsplattformen eines Anbieters aufsuchen, um dort einen Shitstorm auszulösen. Die wahren Besucher zum Beispiel der Facebook-Seite eines Unternehmens sind: die Fans. Sie besuchen

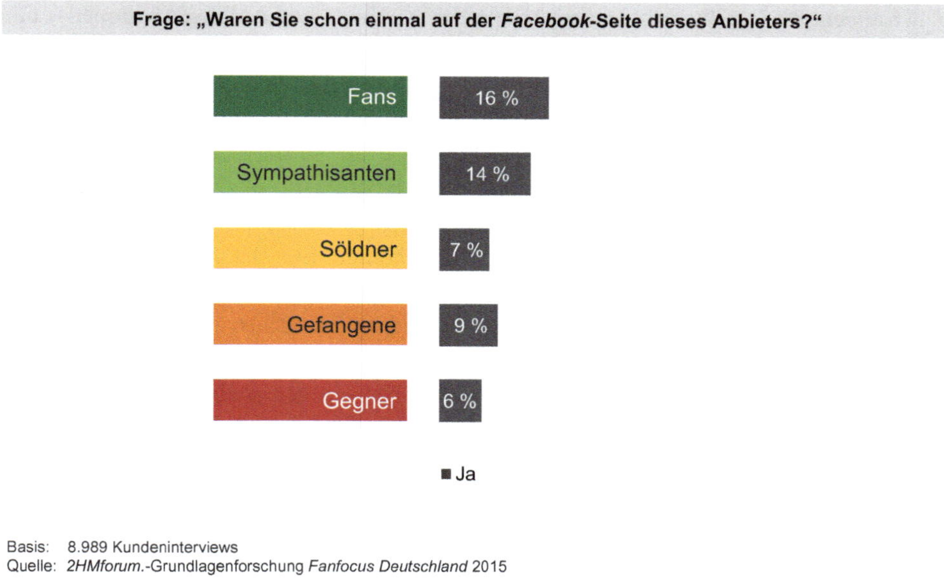

Abb. 2.21 Die Fans besuchen die Facebook-Seite

solche Seiten wesentlich häufiger als alle anderen Kundengruppen. Und das überrascht auch nicht. Denn Fans brauchen eine Plattform, um ihr Fan-Sein auszuleben. Und was bietet sich hierfür besser an als die Website eines Unternehmens, die Facebook-Seite eines Anbieters oder ein thematisch einschlägiges Forum? Wir können also festhalten: Fans sind nicht nur potenziell die besten Weiterempfehler – sie tummeln sich auch auf genau den kommunikativen Plattformen, auf denen diese Weiterempfehlungen hervorragend verbreitet werden können. Bedenkt man nun, welche missionarischen und gleichzeitig begeisternden Eigenschaften die Fans mit sich bringen, wird deutlich, welche unglaublichen Chancen in der Fan-Kommunikation via Social Media liegen (vgl. Abschn. 5.1).

Die erste Chance besteht im Zusammenführen der Fans mit anderen Kundengruppen. Unternehmen können die Fans für sich sprechen lassen – und diese Kommunikation für ihre Zwecke nutzen. Wer Fan-Kunden mit anderen Kundengruppen zusammenbringt und dabei den freien Austausch zulässt, der hat nichts zu befürchten – die Fans werden von sich aus stets die Fahne des Unternehmens hochhalten.[2] Dieses Konzept ist übrigens keine neue Erfindung, sondern ein alter Hut. Eine US-amerikanische Firma machte es zu ihrer alleinigen Vertriebsform: Gemeint ist das Unternehmen *Tupperware* mit seinen Tupperpartys. Fan-Kunden, Anbieter und Neukunden kommen in einem gemeinsamen kommunikativen Zirkel zusammen – mit durchschlagendem Vertriebserfolg. Zahlreiche Softwareanbieter tun heutzutage im Netz im Grunde nichts anderes: Sie richten Foren ein, in denen

[2] Zum Zusammenhang zwischen der Aktivität von Brand Communities im Netz und der daraus resultierenden Markenloyalität vgl. Huber et al. 2009.

Fan-Kunden mit Glaubwürdigkeit und Expertise Neulinge und Anfänger betreuen – und diese gleich an die Fan-Gemeinschaft heranführen.

Die zweite Chance besteht in authentischen positiven Botschaften, die die Fans in die Waagschale werfen können. Wer motivierte Fans hat, bei dem ist die Angst vor dem Shitstorm fehl am Platz – dessen Fans sorgen für den Candystorm. Fans können, wenn irgendwo auf den Social-Media-Plattformen Ungemach droht, ins Netz gehen und dort eine positive Gegenströmung aufbauen – und dies viel authentischer, als das irgendeine Kommunikationsabteilung eines Unternehmens jemals könnte. Entscheidend hierfür ist, dass man mit seinen Fans richtig umgeht und sie dementsprechend unterstützt und motiviert, ihr Fandom auf den Social-Media-Plattformen gewinnbringend auszuleben. Einige Unternehmen betreiben dies schon sehr erfolgreich (vgl. Abschn. 4.3).

Wie erfolgreich sind Unternehmen darin, ihre Fans in den sozialen Netzwerken zu mobilisieren? Wie Abb. 2.21 zeigt, ist der Anteil der Fans, der auf Social-Media-Plattformen aktiv ist, per Befragung ermittelbar – und kann daher im Benchmark zur Branche oder zu einzelnen Konkurrenten abgebildet werden. Woraus sich dann ermessen lässt, wie aktiv das eigene Unternehmen im Vergleich zur Konkurrenz die Fan-Mobilisierung in die Social-Media-Plattformen hinein betreibt. Wer solche Erhebungen regelmäßig durchführt, kann Veränderungen im Verhalten seiner Multiplikatoren vor der Konkurrenz erkennen und die netzöffentliche Debatte, die sich mit einer Verzögerung von ein bis zwei Wochen später in Fernsehen und Zeitung niederschlägt, für sich entscheiden – und muss vor einem Shitstorm keine Angst mehr haben.

Spinnt man die Bedeutsamkeit der Fans für die Social-Media-Kommunikation weiter, eröffnen sich zahlreiche Zukunftsperspektiven mit unglaublichem Potenzial. Zum einen lassen sich durch entsprechend konzipiertes Webmonitoring und Inhaltsanalysen von Social-Media-Content der Anteil der Fan-Posts im Netz feststellen und zur eigenen *Fan-Quote* in Beziehung setzen. So lässt sich mit einfachen Mitteln identifizieren, wo es in Sachen Motivation der Fans für die Webkommunikation nachzusteuern gilt. Zum anderen ließen sich die Inhalte identifizieren, die Fans besonders interessieren, und an das eigene Webangebot binden. Durch geschicktes Content-Marketing ließe sich dann die Motivation der Fans erhöhen, auf den Webplattformen präsenter zu werden. Und schließlich ließe sich mit entsprechenden Analysetools aus den Posts der Nutzer selbst analysieren, ob es sich hier um einen Fan oder Söldner, einen Gefangenen oder Gegner handelt – die dann auch wieder zielgruppenspezifisch angesprochen werden könnten. All dies zeigt deutlich: Das *Fan-Portfolio* ist ein Instrument mit großem Zukunftspotenzial – weil es wie kein anderes Instrument hilft, die Kunden zu identifizieren, die auch unter den digitalen Bedingungen entscheidende kommunikative Verbreitungs- und Erfolgsgaranten sind – eben nicht nur durch Weiterempfehlung, sondern auch aufgrund ihrer Authentizität und Glaubwürdigkeit.

Die Ausführungen zeigen, welch erhebliches Potenzial im Kundenwert des Fans als Botschafter steckt – und dass gerade durch Social Media eine rasante Verschiebung vom monetären hin zum nicht-monetären Kundenwert stattfindet. Wir haben dies bei einigen Unternehmen durchgerechnet. Dazu haben wir neben dem monetären Kundenwert (basierend auf dem Deckungsbeitrag) auch nicht-monetäre Aspekte des Kundenwerts der Fans

„monetarisiert", indem wir beispielsweise bewertet haben, wie viele neue Fans ein Fan-Kunde durch seine Weiterempfehlung aktiviert. Das Ergebnis hat uns selbst überrascht: Der „monetarisierte" Wert der Weiterempfehlungsaktivitäten der Fan-Kunden kann je nach Weiterempfehlungshäufigkeit und -intensität sowie Dauer der Kundenbeziehung der neu gewonnen Fan-Kunden den direkten monetären Kundenwert der ursprünglichen Fan-Kunden deutlich übersteigen.

Dies führt uns zu einer zentralen Erkenntnis: Konventionelle Kundenwert- oder Kundenklassifikationsmodelle, die regelmäßig nur die direkten monetären Erträge berücksichtigen, greifen nicht nur zu kurz, sie führen sogar häufig in die Irre. Denn sie stufen möglicherweise weniger kaufkräftige Fan-Kunden aufgrund der eingeschränkten monetären Betrachtungsperspektive automatisch als unattraktiv ein. In der Folge werden diese Fan-Kunden häufig zu Unrecht vernachlässigt oder sogar spürbar diskriminiert – zum Schaden des Unternehmens. Denn stellen Sie sich nur einmal vor, wie groß der Beitrag eines weniger kaufkräftigen Fan-Kunden und damit sein Kundenwert wirklich sind, wenn aufgrund seiner positiven Aussagen und seiner gezielten Weiterempfehlung drei bis vier neue Kunden pro Jahr für das Unternehmen gewonnen werden, und was wohl passiert, wenn er spürt, dass seine Liebe dauerhaft nicht erwidert wird.

Diese Überlegungen verdeutlichen, warum der Kundenwert nicht auf monetäres Potenzial reduziert werden sollte. Denn dies beschränkt den Blick einseitig auf die Perspektive, wie attraktiv ein Kunde aktuell für ein Unternehmen ist. Vergessen wird, dass auch die umgekehrte Perspektive, also die Attraktivität des Anbieters für den Kunden (die sich in seiner emotionalen Bindung ausdrückt), entscheidende Konsequenzen für den wahren Kundenwert hat (vgl. Abschn. 5.1).

2.3.4 Fans und Empfehlungsanreize

Einzig die Fan-Kunden sind also nennenswerte Botschafter eines jeden Unternehmens, die echte Weiterempfehlung leisten. Wie erfolgversprechend ist es für Unternehmen vor diesem Hintergrund, Kunden aktiv zu Botschaftern machen zu wollen, indem sie Anreize für Weiterempfehlungen oder Neukundenwerbung schaffen? Abb. 2.22 veranschaulicht, dass solche pauschalen Versuche nur wenig Erfolg versprechen.

Insgesamt fühlen sich nur rund 8 % der Kunden überhaupt durch Anreizsysteme dazu motiviert, als Botschafter aktiv zu werden. Interessanterweise weichen die Fans hier nicht vom Kundendurchschnitt ab – und dies, obwohl sie, wie schon gezeigt, das am stärksten ausgeprägte Weiterempfehlungsverhalten aller Kundensegmente haben (vgl. Abb. 2.22). Offensichtlich lassen sich Fans auch durch monetäre Anreize die Entscheidung, wann und wen sie empfehlen, nicht aus der Hand nehmen. Obwohl die Mehrheit von ihnen „ihren" Anbieter regelmäßig empfiehlt und dies auch gerne tut, nehmen nur 10 % von ihnen hierfür auch Incentives an. Mit diesem geringen Anteil unterscheiden sie sich nicht von den anderen Gruppen. Offenbar sind für die Fans Mitnahmeeffekte der angebotenen Incentives uninteressant. Doch nicht nur die Fans lassen die Anreize offenbar links liegen: Auch in

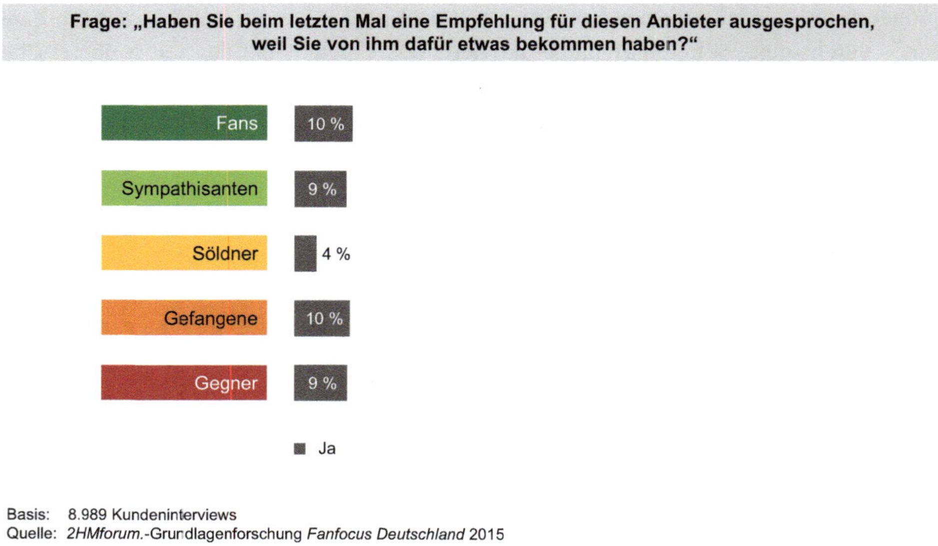

Abb. 2.22 Weiterempfehlungsanreize differenzieren nicht

den anderen Kundengruppen lösen die Incentives nur eine geringe Empfehlungsbereitschaft aus. Die stillen Sympathisanten macht man durch Anreize kaum häufiger zu Botschaftern, und die reine Zufriedenheit der Söldner reicht offenbar ebenso nicht aus, um aus einem stillen Kunden mittels eines Anreizes einen weiterempfehlenden Botschafter zu machen. Zusammengefasst zeigen somit die Daten: Weiterempfehlungsmarketing durch Anreize forcieren zu wollen, ist wenig zielführend. Denn die Anreize verfehlen das eigentliche Ziel, nämlich die passiven, aber hochzufriedenen Kundengruppen der Söldner und Sympathisanten zur Weiterempfehlung zu motivieren. Bei Fans hingegen wirken sie am Ende kontraproduktiv: Sie schmälern den Erlös, denn Fans empfehlen ohnehin weiter – allerdings aus intrinsischer Motivation heraus.

2.3.5 Exkurs: Warum Gegner-Kunden so gefährlich sind

Die andere Seite der Medaille, das Gegenstück zur Weiterempfehlung, ist zwar für Unternehmen weniger erfreulich, aber dennoch nicht auszuklammern: wenn schädliche Mundpropaganda verbreitet wird, sei es aus Sicht des Anbieters begründet oder unbegründet. Dieses „Negative-Word-of-Mouth-Phänomen“, wie es auch genannt wird, erfüllt viele Unternehmen immer wieder mit Sorge. Nicht umsonst heißt ein fast hundert Jahre alter Klassiker der Kundenansprache: „Wenn Sie unzufrieden sind, sagen Sie es uns – wenn Sie zufrieden sind, sagen Sie es anderen!“ Negative Word-of-Mouth soll eben um jeden Preis vermieden werden. Doch wer ist es eigentlich, der diese negativen Botschaften streut?

Auch hierzu haben wir Befunde aus dem *Fanfocus*. Abb. 2.23 zeigt, welche Kundentypen wirklich aktiv gegen die Unternehmensinteressen arbeiten (vgl. Abschn. 4.3).

Hier wird deutlich, dass wir dem Segment der unzufriedenen und ungebundenen Kunden das Etikett der Gegner-Kunden tatsächlich völlig zu Recht verliehen haben: Mehr als jeder Vierte von ihnen arbeitet aktiv im Bekanntenkreis oder gar in der Öffentlichkeit gegen die Unternehmensinteressen – und stößt so mit Guerilla-Aktionen und Schmähkritik um, was die Unternehmen vorher an Image in kleinen Schritten mühsam und für teures Geld aufzubauen versuchten. Somit wird klar: Gegner-Kunden sind nicht nur verloren, ihre negative Mundpropaganda kostet weitere Kunden und somit bares Geld. Reflexhafte Bemühungen von Unternehmen, die Beziehung zu den Gegner-Kunden durch große Aufmerksamkeit und intensive Anstrengungen zu verbessern, erweisen sich in den seltensten Fällen als erfolgversprechend, da schlicht die Passung zu diesen Kunden nicht gegeben ist. Wir gehen an anderer Stelle noch ausführlicher darauf an, wie man stattdessen mit den Gegner-Kunden verfahren sollte (vgl. Abschn. 4.4).

Gleichzeitig ist aber mit Blick auf Abb. 2.23 festzuhalten: Es sind ausschließlich die Gegner, die so explizit gegen die Unternehmensziele arbeiten. Alle anderen Kundentypen halten sich mit negativer Mundpropaganda zurück. Dies bestätigt zum einen, wie wichtig und sinnvoll es ist, mittels des *Fan-Portfolios* seine Kundentypen zu identifizieren – und es unterstreicht zum anderen wiederum die Trennschärfe unserer empirischen Einteilung: Denn das Negative Word-of-Mouth lässt sich eindeutig den Gegnern zuordnen, während der Candystorm von den Fans ausgeht.

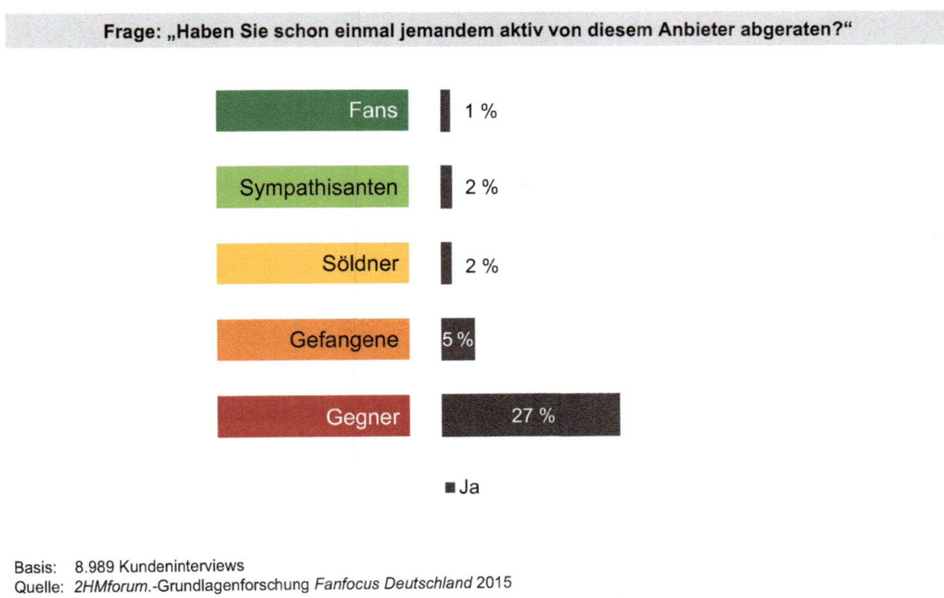

Abb. 2.23 Warum Gegner-Kunden so gefährlich sind

2.4 Fans und Produktentwicklung: Wachstum mit Bestandskunden durch Ausweitung des Angebots

Die Alternative zur Erschließung neuer Kundenmärkte ist die Erweiterung der Produktpalette mit dem Ziel, hierdurch bei den Bestandskunden zusätzlichen Absatz zu generieren. In der Produkt-Markt-Matrix bewegt sich das Unternehmen damit in der Horizontalen in Richtung des rechten unteren Quadranten (vgl. Abb. 2.24).

2.4.1 Fans sind Innovatoren

Auch bei dieser Wachstumsstrategie können Fan-Kunden eine unverzichtbare Rolle spielen: Sie werden nämlich die Ersten sein, die die neuen Produkte, mit denen das Unternehmen erfolgreich sein will, erwerben, anwenden und empfehlen. Denn Fans zeigen eine außerordentlich hohe Cross-Buying-Bereitschaft, wie Abb. 2.25 eindrücklich verdeutlicht.

Rund zwei Drittel aller Fan-Kunden erklären freimütig, dass sie beabsichtigen, ihre Kundenbeziehung auch auf andere Produkte oder Dienstleistungen ihres Lieblingsanbieters auszweiten. Fan-Kunden sind also empfänglich für Cross- oder Up-Selling. Diese Bereitschaft ist nicht überraschend, sondern eine absolut Fan-typische Verhaltensweise. Wir hatten schon in der sozialwissenschaftlichen Herleitung unserer Fan-Definition in Kap. 1 erläutert, dass Fans bereit sind, für ihr Fantum hohe Summen auszugeben. Und

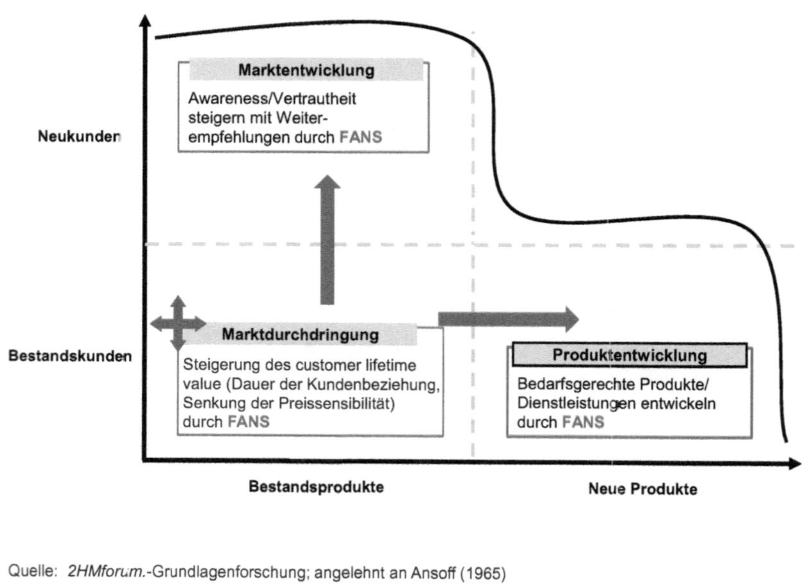

Abb. 2.24 Fans als Wachstumsfaktor: Produktentwicklung

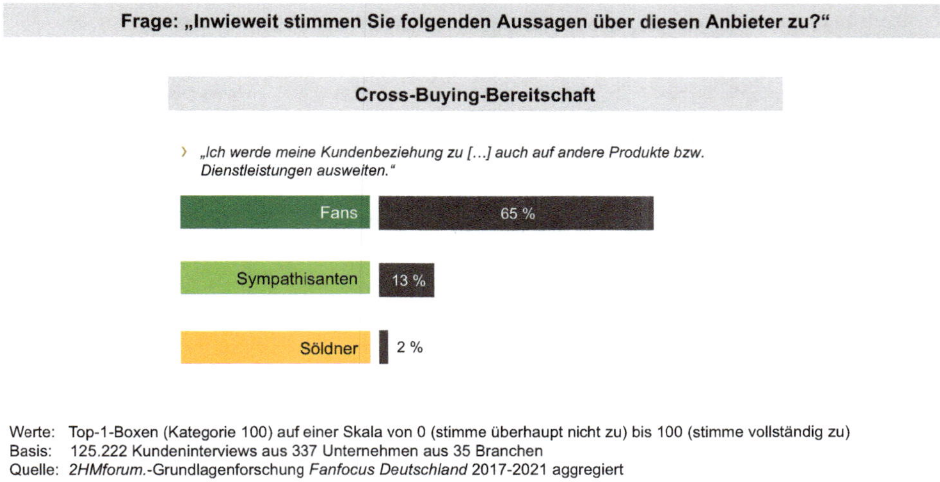

Abb. 2.25 Fans sind die Innovatoren im Diffusionsprozess

wenn sie einen Anbieter lieben und ihm vertrauen, dann stehen sie bei Herausgabe der neuen Produktlinie Schlange – egal, wie viel das iPad, die Konzertkarte oder der Stadionbesuch nun kosten mögen. Fans nehmen somit bei der Markteinführung neuer Produkte durch ihren „Star-Anbieter“ die führende Rolle der Erstübernehmer ein. Die klassische Diffusionstheorie teilt bei der Neueinführung von Produkten in einen Markt die Kunden abhängig vom Zeitpunkt ihrer Produktakzeptanz in fünf verschiedene Gruppen ein: Innovatoren sind die Erstübernehmer, gefolgt von den frühen Übernehmern (Early Adopters) bis hin zur massenhaften Umsetzung im Markt durch weitere Gruppen (Rogers 2003). Fans sind somit die so genannten Innovatoren im Diffusionsprozess: Sie sind die Ersten, die die Produkte erwerben und dann in ihrem Umfeld bewerben – sodass der Spillover zu den Early Adopters den exponentiellen Anstieg der Diffusionskurve wesentlich erleichtert (vgl. Abschn. 5.1.1).

2.4.2 Fans sind involviert

Aber es ist nicht allein die Innovatoren-Rolle, die Fans im Rahmen der (Neu-)Produktentwicklung so bedeutsam macht. Hinzu kommt noch eine spezifische Eigenschaft, die man im Grunde nur bei Fans findet: Involvement. Denn die Verbundenheit des Fans zeigt sich nicht nur in seiner Loyalität. Fan-Kunden sind auch hochinvolvierte Kunden – aufgrund ihrer intensiven Beziehung zum Anbieter ist es ihnen alles andere als gleichgültig, wie das Unternehmen sich auf dem Markt verhält, ob es erfolgreich ist oder nicht, welche Produkte es entwickelt und wie es wahrgenommen wird. Der Fan interessiert sich für seinen Anbieter und dessen Handeln – und beobachtet deshalb sein Lieblingsunternehmen besonders intensiv (vgl. Abb. 2.26).

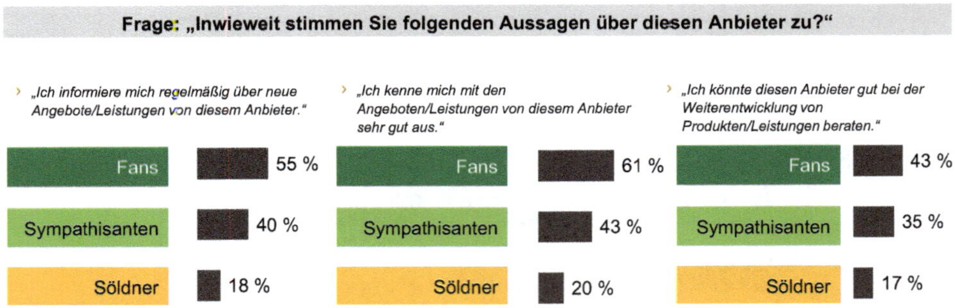

Werte: Top-1-Boxen (Kategorie 100) auf einer Skala von 0 (stimme überhaupt nicht zu) bis 100 (stimme vollständig zu)
Basis: 4.818 Interviews mit Kunden aus den Branchen Baumärkte, Stadtwerke, Automobilhersteller, Banken und Gesetzliche Krankenversicherer
Quelle: *2HMforum.*-Grundlagenforschung *Fanfocus Deutschland* 2020

Abb. 2.26 Fans sind involviert und daher Experten

Die Fans verfolgen die Schritte ihres Anbieters ganz genau: Die große Mehrheit von ihnen gibt an, sich nicht nur mit seinen Angeboten und Leistungen sehr gut auszukennen, sondern sich auch aus Eigeninitiative aktiv und regelmäßig darüber zu informieren. Doch bei diesem Interesse allein bleibt das Engagement der Fans nicht stehen. Sie nehmen nicht nur passiv Informationen auf, sondern sie wollen mitreden und haben hierfür auch die nötige Expertise. Nahezu jeder zweite Fan ist der Ansicht, er könnte seinen Anbieter gut bei der Weiterentwicklung von Produkten und Leistungen beraten (vgl. Abb. 2.26). Diese Sichtweise ist nicht einmal vermessen. Tatsächlich kennen sich manche Fans mit Produkten oder Dienstleistungen „ihrer" Anbieter besser aus als deren Mitarbeiter. Das mag einer der Gründe dafür sein, warum Fans auch dann noch ihrem Anbieter treu bleiben, wenn andere davon abraten: Ihre Sichtweise ist so fundiert und so gefestigt, dass sie sich nur schwer erschüttern lässt.

Die große Expertise der Fans sollten Unternehmen nutzen: Sie können Produkte und Prozesse sehr bedarfsorientiert und effizient verbessern, wenn sie ihre Fans bei der Optimierung und der (Neu-)Produktentwicklung einbinden. Viele Unternehmen machen sich mittlerweile über Online-Plattformen dieses Wissen ihrer Fans gezielt zunutze: Im sogenannten Crowdsourcing greifen sie die Vorschläge, Testnutzungen, Verbesserungswünsche und Entwicklungsideen ihrer Fans mit auf und nutzen so die kostenlose „Schwarmintelligenz" der Fan-Gemeinde, die sie gleichzeitig durch diese Aktivitäten noch stärker an sich binden (vgl. Abschn. 5.1).

Aber woher kommt die Motivation, ja sogar der Wunsch des Fans, sich aktiv und sogar unentgeltlich am Wertschöpfungsprozess des Unternehmens zu beteiligen? Die Antwort ist einfach: Es ist das typische Fantum, wie man es bei Fans in allen Lebens- und Kulturbereichen beobachten kann. Dem Fan reicht es nicht, Fan zu sein. Er muss sein Fan-Sein ausleben, er will es gestalten, sich aktiv darin verwirklichen. Und: Er will zu etwas dazugehören. Zu einer Community von Fans und zur Produktwelt seines Anbieters. Unternehmen, die dies verstanden haben, nutzen schon heute einen Teil des Potenzials ihrer Fan-Gemeinde. Doch nur Unternehmen, die zudem wissen, wie sie ihre *Fan-Quote* erhöhen, können dieses Crowdsourcing-Potenzial um ein Vielfaches steigern.

Die Cross-Buying-Bereitschaft der Fan-Kunden, ihre durch Involvement erworbene Produktexpertise sowie ihre schon zuvor geschilderte Bereitschaft, dies alles offensiv zu kommunizieren, machen die Fan-Kunden also auch in der Wachstumsstrategie der Produktentwicklung zu wertvollen Unterstützern.

2.5 Fans und Produktdiversifikation: Wachstum durch Gewinnung neuer Kunden für neue Produkte

Bis hierher haben wir zeigen können, dass Fan-Kunden für sämtliche Wachstumsprozesse, die in der Markt-Produkt-Matrix erfasst sind, ein nahezu unerschöpfliches Unterstützungspotenzial bieten, das für das strategische Management im Grunde unverzichtbar ist. Doch die Matrix enthält rechts oben noch einen vierten Quadranten, der für die Einführung neuer Produkte in noch nicht erschlossenen Märkten steht und von Ansoff mit dem vielleicht nicht ganz treffenden Etikett der „Produktdiversifikation" versehen wurde. Abb. 2.27 illustriert nochmals den Zusammenhang.

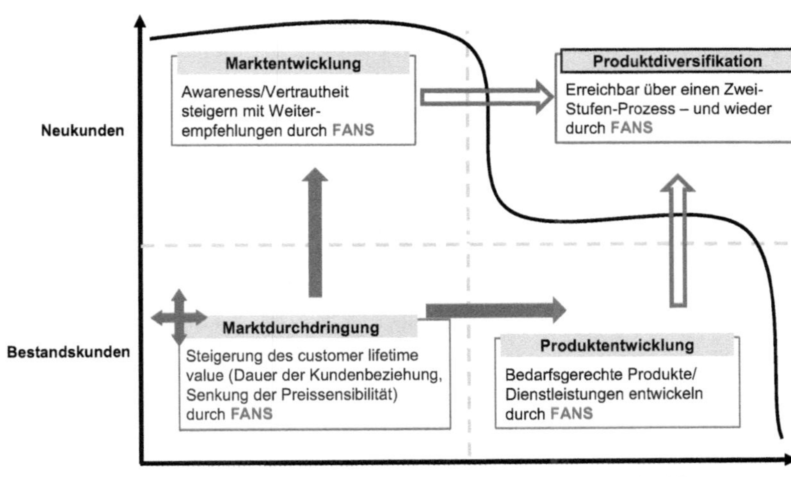

Quelle: *2HMforum.*-Grundlagenforschung; angelehnt an Ansoff (1965)

Abb. 2.27 Fans als Wachstumsfaktor: Produktdiversifikation

Wir haben bereits eingangs davon abgeraten, als Unternehmen diesen in der Matrix angedeuteten diagonalen Wachstumsweg einzuschlagen, denn hier potenzieren sich nur die Risiken. Aber aufgrund unserer bislang gemachten Ausführungen erscheint dieser übereilte Schritt auch gar nicht mehr notwendig. Wir konnten zeigen, dass jede der anderen in der Matrix angelegten Wachstumsstrategien, in der Aufwärts- wie in der Seitwärtsbewegung, mit einer hohen *Fan-Quote* vermutlich vielversprechend und erfolgreich verlaufen wird. Damit wird es auch möglich, beide Verfahren mit angemessenem zeitlichem Abstand zu kombinieren – und zwar gleichgültig, in welcher Abfolge. Beide möglichen Kombinationen führen am Ende zum Quadranten der Produktdiversifikation, die dank Fan-Unterstützung dann ebenfalls bewältigt werden kann. Die beiden nicht ausgefüllten Pfeile in Abb. 2.27 sollen diesen Zusammenhang illustrieren.

2.6 Zusammenfassung: Die *Fan-Quote* als der zentrale Wachstumsfaktor

Mit dem *Fan-Portfolio* haben wir in Kap. 1 und 2 ein Instrument vorgestellt, das wir aus der Fan-Forschung heraus entwickelt haben und mit dem man Kunden entsprechend ihrer Beziehungsqualität segmentieren kann. Wir haben die charakteristischen Merkmale dieser Kundengruppen im *Fan-Portfolio* beschrieben und darüber hinaus den Beweis erbracht, dass sich die verschiedenen Kundensegmente im *Fan-Portfolio* nicht nur hinsichtlich ihrer Beziehungsqualität unterscheiden, sondern auch in ihrem Kundenwert. Während die Steigerung der Zufriedenheit praktisch kaum noch Effekte auf den Kundenwert hat, explodiert er geradezu, wenn es gelingt, die emotionale Bindung zu erhöhen. Somit lassen sich die bisherigen Erkenntnisse in einem Satz zusammenfassen: Die *Fan-Quote* ist der zentrale Wachstumsfaktor eines jeden Unternehmens.

Wer für eine steigende *Fan-Quote* sorgt, wird in jedem Fall unternehmerisch erfolgreich sein. Denn Fan-Kunden kaufen häufiger und geben mehr Geld aus für die Produkte „ihrer" Unternehmen – mehr als dies andere Kundengruppen tun. Fan-Kunden zeigen zudem geringere Preissensibilität und sorgen so durch ein Mehr an Umsatz sowie durch Up- und Cross-Selling für steigende Erlöse. Sie haben somit den höchsten monetären Kundenwert und pflegen zugleich die längsten Geschäftsbeziehungen zu ihrem Unternehmen. Daher haben Fans den höchsten Customer Lifetime Value. Fans bewirken zudem auch mittelbar Umsatz- und Erlössteigerungen, weil sie ihr Unternehmen durch ihr Verhalten auf zahlreichen Handlungsfeldern unterstützen. Sie verzeihen eher Leistungsmängel und sind resistent gegenüber Abwerbungen und Negativempfehlungen. Fans empfehlen zudem selbst aktiv weiter und unterstützen hierdurch als Multiplikatoren die Neukundengewinnung. Auf diese Weise reduzieren sie die Kosten für die Neukundenakquise und generieren durch ihre Kommunikation zugleich ein Umsatzplus. Fans engagieren sich mit Ideen und Innovationen und bilden aufgrund ihres überdurchschnittlichen Involvements eine hervorragende Basis für Crowdsourcing – also das Einsammeln von Impulsen und Ideen aus der Fan-Gemeinde für die eigene Produktentwicklung –, was gleichermaßen die internen Entwicklungskosten deutlich reduziert und die Erfolgschancen der Innovationen steigert. Durch all diese Mechanismen steigern Fan-Kunden unmittelbar und mittelbar sowohl den Umsatz als auch den Erlös. Deshalb haben Unternehmen mit einer höheren *Fan-Quote* ein stabileres wirtschaftliches Fundament und mehr Erfolg. Wer sich Fan-Kunden schafft, baut sich somit nicht nur eine Basis für kurzfristige Gewinne, sondern sichert seinem Unternehmen auch nachhaltigen wirtschaftlichen Erfolg. Abb. 2.28 visualisiert die verschiedenen Erfolgsfaktoren, die Fan-Kunden für ein Unternehmen mitbringen, noch einmal im Überblick.

All diese positiven Effekte von Fan-Kunden auf den Unternehmenserfolg haben wir im bisherigen Verlauf vor allem anhand von Beispielen aus dem B2C-Bereich illustriert. Die Ausführungen gelten aber ohne Einschränkung ebenso für den B2B-Bereich. Auch dort haben Fan-Kunden den höchsten Kundenwert, den höchsten customer lifetime value, sind die besten Weiterempfehler und haben das höchste Involvement. Zur Illustration präsentieren wir – vergleichbar zu den Daten in Abb. 2.28 – einige Daten von B2B-Kunden in Abb. 2.29 aus unserer Beratungstätigkeit. Sie zeigen, dass sämtliche Erfolgsfaktoren der Fans, die im B2C-Bereich gelten, sich in gleicher Form auch im B2B-Bereich entfalten.

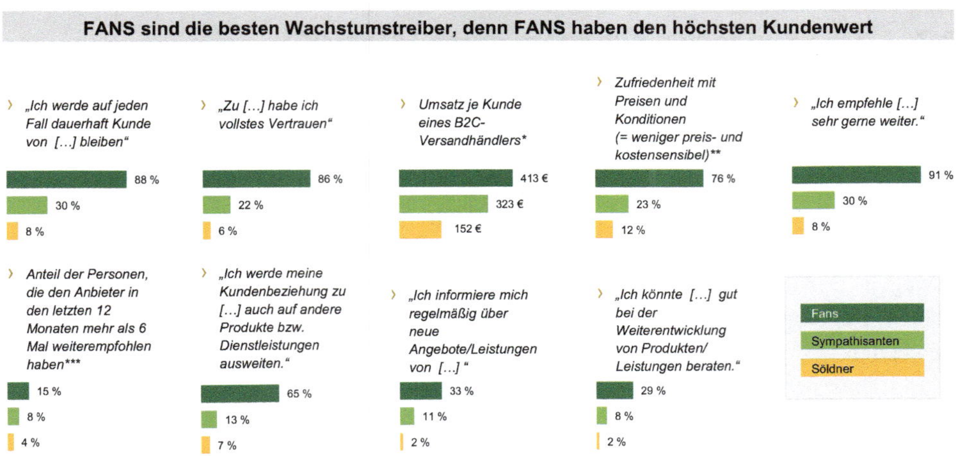

Werte: Top-1-Boxen auf einer Skala von 1 (stimme vollständig zu) bis 5 (stimme überhaupt nicht zu); *Umsatz je Kunde in Euro; aufgrund von extremen Ausreißerwerten wird hier das 5 %-getrimmte Mittel dargestellt, **Top-1-Boxen (Kategorie 100) auf einer Skala von 0 (sehr unzufrieden) bis 100 (sehr zufrieden), ***Anteil der Befragten die den Anbieter in den letzten 12 Monaten weiterempfohlen haben.
Quelle: *2HMforum.*-Grundlagenforschung

Abb. 2.28 Die *Fan-Quote* als zentraler Wachstumsfaktor im B2C

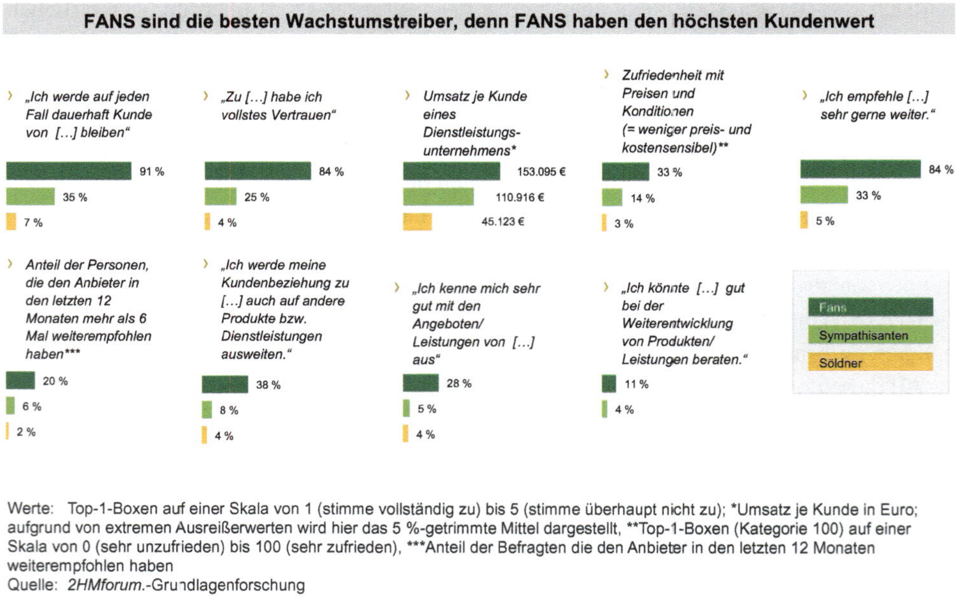

Abb. 2.29 Die *Fan-Quote* als zentraler Wachstumsfaktor im B2B

2.7 Den Kundenwert steigern durch *FANOMICS*

Der hohe Kundenwert der Fans, den wir in diesen Ausführungen belegen konnten, verdeutlicht eindrücklich, warum jedes Unternehmen, das erfolgreich sein will, *FANOMICS* anwenden und somit auf eine Steigerung der *Fan-Quote* setzen sollte: Ziel muss es sein, hochzufriedenen Kunden ohne maximale emotionale Bindung, also Sympathisanten- und Söldner-Kunden, im *Fan-Portfolio* von unten nach oben, also in der Vertikalen, zu bewegen. Der dazu notwendige Ressourceneinsatz schafft neue loyale Fan-Kunden mit hohem Kundenwert, was profitabel und nachhaltig ist. Abb. 2.30 verdeutlicht diese Bewegung.

Ein Unternehmen, das hingegen nur einseitig auf eine Steigerung der Kundenzufriedenheit setzt, versucht lediglich, unzufriedene Kunden zufrieden zu machen, sie also in der Logik des Diagramms von links nach rechts zu bewegen. Dies ist teuer und ineffizient, weil die Steigerung von Zufriedenheit die permanente Steigerung von Leistung voraussetzt – sie schafft aber keinerlei Bindung und keinerlei zusätzlichen nachhaltigen Kundenwert. Wie man hingegen die Aufwärtsbewegung im *Fan-Portfolio* erreichen, sprich: Kunden zu Fans machen kann, das ist der Kern von *FANOMICS* – und Gegenstand der folgenden Kap. 3 und 4.

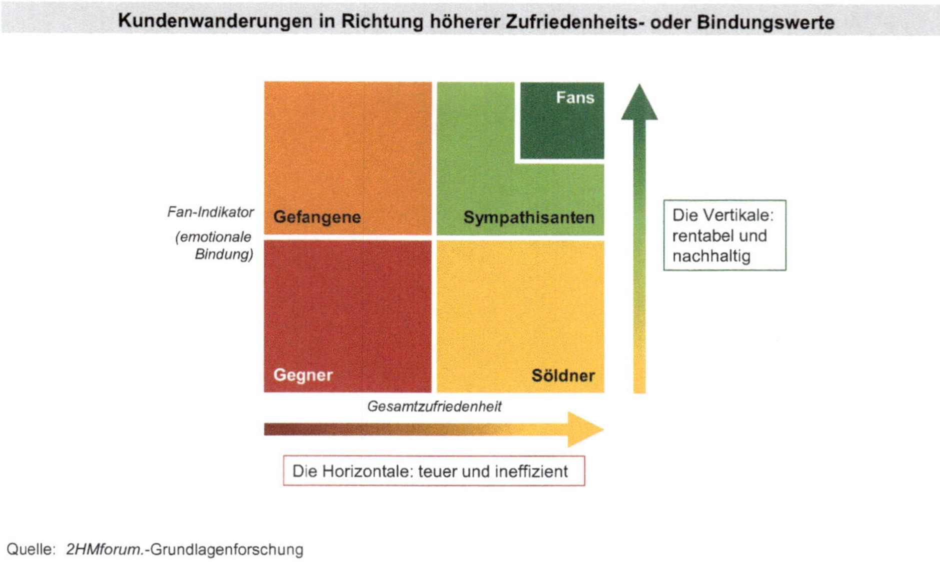

Abb. 2.30 Optimierungsbewegungen im *Fan-Portfolio*

Literatur

Ansoff HI (1965) Checklist for competitive and competence profiles. In: Ansoff HI (Hrsg) Corporate strategies. McGraw-Hill, New York, S 89–99

Daschmann G (2001) Der Einfluss von Fallbeispielen auf Leserurteile. Experimentelle Untersuchungen zur Medienwirkung. UVK Medien, Konstanz

Daschmann G (2004) Labordaten versus Felddaten – Theoretische Überlegungen und ein empirisches Beispiel zu den Implikationen der Verwendung studentischer Versuchsgruppen in Laborexperimenten. In: Wirth W, Lauf E, Fahr A (Hrsg) Einführung, Problematisierungen und Aspekte der Methodenlogik aus kommunikationswissenschaftlicher Perspektive. Forschungslogik und -design in der Kommunikationswissenschaft, Bd 1. Von Halem, Konstanz, S 88–114

Daschmann G (2007) Beispielhafte Willkür? Was Journalisten über den Umgang mit Beispielen denken. In: Möhring W, Schütz WJ, Stürzebecher D (Hrsg) Journalistik und Kommunikationsforschung. Festschrift für Beate Schneider. Vistas, Berlin, S 233–252

Daschmann G (2008) Effects of exemplification and exemplars. In: Donsbach W (Hrsg) The International Encyclopedia of Communication. Wiley-Blackwell, Oxford/Malden, S 1632–1636

Daschmann G (2012) Vergesst die Likes – oder: Was bei Social Media-Auftritten wirklich wichtig ist. Vortrag auf der Tagung der DVA in Hamburg am 20. November 2012

Himmelreich S (2014) Kommunikationsmanagement im Social Web – Chancen und Risiken digitaler Teilöffentlichkeiten für die Unternehmenskommunikation. In: Europäisches Institut für Medienoptimierung (Hrsg) Kommunikationsmanagement und Markenstrategien im Social Web. Eimo, Berlin, S 7–19

Huber F, Regier S, Kissel P (2009) Kunden zu Fans machen. Markenloyalität in virtuellen Brand Communities. EUL-Verlag, Lohmar/Köln

Krämer B (2021) Fallbeispieleffekte, 2. Aufl. Nomos, Baden-Baden

Rogers EM (2003) Diffusion of innovations, 5. Aufl. Free Press, New York

FANOMICS – die Ökonomie des *Fan-Prinzips* 3

In den bisherigen Ausführungen (Kap. 1 und 2) haben wir sechs wichtige analytische Schritte vollzogen:

1. Basierend auf der sozialwissenschaftlichen Forschung haben wir das *Fan-Prinzip* entdeckt, das die grundlegenden Mechanismen von Fan-Beziehungen aus Sport, Musik oder Kunst beschreibt.
2. Aus den beiden zentralen Merkmalen von Fan-typischem Verhalten haben wir den *Fan-Indikator* als Maß für emotionale Kundenbindung entwickelt.
3. Den *Fan-Indikator* haben wir zur Kundenzufriedenheit in Beziehung gesetzt und anschließend diejenigen Kunden als Fans definiert, die eine extrem hohe emotionale Bindung und gleichzeitig eine extrem hohe Zufriedenheit aufweisen.
4. Hierdurch konnten wir die *Fan-Quote* als zentrale Kenn- und Prüfgröße für die Beziehungsqualität von Unternehmen herausarbeiten und damit aufzeigen, dass Kundenzufriedenheit allein als Kenngröße zur Steuerung von Kundenbeziehungen nicht ausreicht.
5. Gleichzeitig haben wir auf diesem Weg mit dem *Fan-Portfolio* eine völlig neue Segmentierung der gesamten Kundenlandschaft geschaffen.
6. Wir haben gezeigt, welche Potenziale in dieser Aufschlüsselung liegen, indem wir nachweisen konnten, dass sich die verschiedenen Kundensegmente des *Fan-Portfolios* nicht nur hinsichtlich ihrer Beziehungsqualität, sondern auch in ihrem Kundenwert unterscheiden und dass es die Fans sind, die durch ihren Kundenwert Unternehmen nachhaltig wirtschaftlich erfolgreicher machen.

Ergänzende Information Die elektronische Version dieses Kapitels enthält Zusatzmaterial, auf das über folgenden Link zugegriffen werden kann [https://doi.org/10.1007/978-3-658-35892-1_3]. Die Videos lassen sich durch Anklicken des DOI Links in der Legende einer entsprechenden Abbildung abspielen, oder indem Sie diesen Link mit der SN More Media App scannen.

R. Becker, G. Daschmann, *Das Fan-Prinzip*,
https://doi.org/10.1007/978-3-658-35892-1_3

Diese analytischen Schritte sind wichtig, um Kundenbeziehungen besser zu verstehen und den Wert von Kunden zu identifizieren – doch sie wären nutzlos, könnte man daraus keine Strategien zur Steuerung ableiten, die ein Unternehmen tatsächlich wirtschaftlich erfolgreicher machen. Wir haben ein solches Managementsteuerungsmodell entdeckt und es *FANOMICS* genannt. Seine Herleitung und Erläuterung sind Gegenstand dieses Kapitels. Mit *FANOMICS* geben wir dem gesamten Kundenbeziehungsmanagement eine neue Richtung. Was wir damit meinen, verdeutlicht der Blick auf das *Fan-Portfolio*: Für die Mehrheit der Unternehmen ist es wirtschaftlich nicht sinnvoll, aus unzufriedenen Kunden zufriedene machen zu wollen, was einer Horizontalbewegung im *Fan-Portfolio* entspricht. Denn wie in Abschn. 1.3 ausführlich erläutert und auch intuitiv erkennbar, haben die meisten Unternehmen dieses Ziel bereits in hohem Maße erreicht. Vielmehr geht es darum, aus hochzufriedenen Kunden solche mit hoher emotionaler Verbundenheit zu machen, was einer Vertikalbewegung im *Fan-Portfolio* entspricht. Und wie genau diese Vertikalbewegung funktioniert, das erklärt *FANOMICS* (vgl. Abb. 3.1).

Zur erfolgreichen Implementierung ist ein völliges Umdenken im Management notwendig. Halbherzige Umsetzungen reichen nicht aus. Es genügt nicht, in einer Analyse die *Fan-Quote* als Kenngröße zu betrachten oder einmalig die Kundenlandschaft durch das *Fan-Portfolio* zu segmentieren. Eine Neuausrichtung der Kundenbeziehungen hin zu emotionaler Kundenbindung kann vielmehr nur dann funktionieren, wenn man das gesamte Kundenbeziehungsmanagement an dieser Idee ausrichtet. Nur wer sein Kundenbeziehungsmanagement neu gestaltet und die hier vorgestellten Instrumente *Fan-Indikator*, *Fan-Quote* und *Fan-Portfolio* im Zusammenspiel regelmäßig gezielt, systematisch und aufeinander abgestimmt einsetzt, wird sein Unternehmen zu nachhaltigem Wachstum führen. Der Erfolg wird sich nur einstellen, wenn ein Unternehmen die emotionale Bindung,

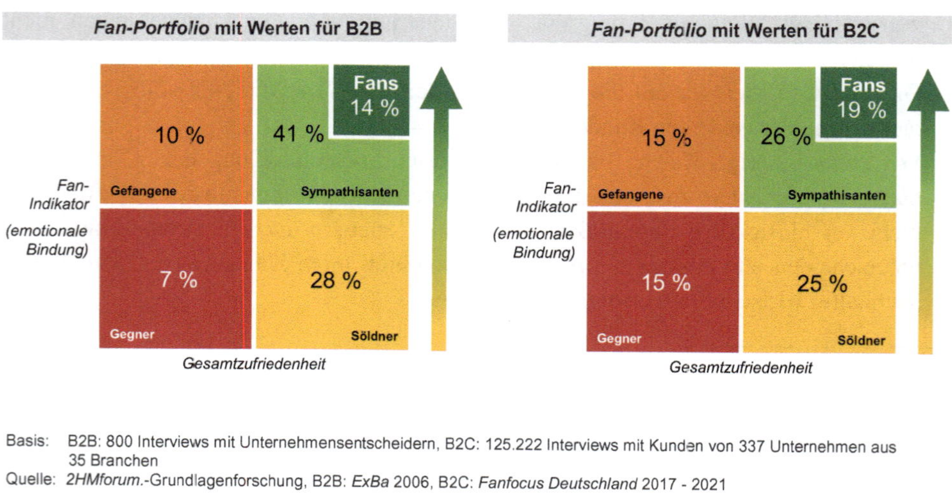

Abb. 3.1 Vertikalbewegung im *Fan-Portfolio* B2B/B2C

also das, was den Fan zum Fan macht, als zentralen Parameter seines Leitbilds begreift und sich konsequent darauf ausrichtet.

Zur Entwicklung von *FANOMICS* als Steuerungsmodell haben wir uns konsequent am *Fan-Prinzip* orientiert, also an unseren Erkenntnissen der sozialwissenschaftlichen Fan-Forschung. Wenn es uns gelingt, diese Befunde auf das Management von Kundenbeziehungen zu übertragen, so haben wir die zentralen Ansatzpunkte für unser Steuerungsmodell gefunden.

Wie in Abschn. 1.2 ausführlich erläutert, geht es beim *Fan-Prinzip* vor allem um *Identifikation* und gefühlte *Einzigartigkeit*: Fans wollen das, was sie einst zu Fans machte, immer und immer wieder erleben. Sie wollen, ja sie brauchen die Wiederholung, das Ritual. Damit Unternehmen der „Übersetzungsprozess" von Identifikation und gefühlter Einzigartigkeit gelingen kann, kommt es somit entscheidend auf zwei Faktoren an, nämlich zum einen auf die Fokussierung im Rahmen der Positionierung des Unternehmens und zum anderen auf die Orchestrierung, das heißt die konkrete Übersetzung auf das Kundenerlebnis. Das wollen wir im Folgenden genauer erläutern.

3.1 Fokussierung erzeugt Identifikation

Warum ist die Fokussierung ein wesentliches Element? Jede Steuerung eines Unternehmens muss auf die zentralen Bedürfnisse der Kunden ausgerichtet sein. Denn die in Abschn. 1.2 intensiv beleuchteten Mechanismen von Fan-Beziehungen beruhen entscheidend auf der erlebten Passung zwischen den Motiven und Sehnsüchten des Fans und den zentralen Eigenschaften und Botschaften seines Stars, weil genau diese Passung Identifikation erzeugt. Die folgenden drei wesentlichen Voraussetzungen müssen erfüllt sein, damit Passung entsteht:

1. Unternehmen erkennen und verstehen die zentralen Bedürfnisse ihrer Kunden.
2. Unternehmen fokussieren sich in ihrer Leistungserbringung und Kommunikation auf diese zentralen Kundenbedürfnisse.
3. Die für die Kundenbedürfnisse relevanten Aspekte dieser Leistungserbringung und Kommunikation werden von den Kunden als Stärke erlebt.

Im Umkehrschluss bedeutet das, dass keine Passung entsteht, sobald eine der drei genannten Voraussetzungen nicht erfüllt ist. Denn dann kommt es zu folgenden Fehlentwicklungen:

1. Unternehmen fokussieren sich nicht.
2. Unternehmen fokussieren sich, kennen aber die relevanten Kundenbedürfnisse nicht.
3. Unternehmen fokussieren sich zwar auf relevante Kundenbedürfnisse, erfüllen diese dann aber nicht.

Wir wollen uns nun anhand einiger Beispiele aus der Praxis intensiver mit der Fokussierung im Rahmen der Positionierung beschäftigen. Dabei gehen wir gleichermaßen auf Erfolgsbeispiele ein, erläutern den Wert hoher Identifikation als Folge erlebter Passung und werfen den Blick auf die typischen Fehler, die wir häufig in Unternehmen antreffen.

3.1.1 Beispiele aus der Praxis I: Erfolgreiche Fokussierung durch *Freude am Fahren* oder *Vorsprung durch Technik*

Was ist die Basis des Erfolgs von *BMW*? Es ist – wie im *Fan-Prinzip* beschrieben – die konsequente Fokussierung auf zentrale Motivstrukturen der Kunden (vgl. Abb. 3.2). *BMW* hat schon in den 60er-Jahren erkannt, dass es im Land der Autofahrer eine breite Zielgruppe gibt, für die Fahrfreude und Sportlichkeit im Vordergrund stehen. Diese Zielgruppe hat Bedürfnisse, die sich mit der Stärke des bayerischen Motorenbauers, nämlich der Entwicklung durchzugsstarker und leistungsfähiger Antriebe, optimal in Einklang bringen lassen. Folgerichtig hat man bei *BMW* das Thema „Freude am Fahren" zum Markenkern erhoben und sorgt dafür, dass dieses Versprechen für die Kunden spür- und erlebbar wird.

Auf ein besonders markantes Beispiel dieser Fokussierung wollen wir im Folgenden näher eingehen. Es handelt davon, wie *BMW* eine neue Technologie auf die zentralen Motive seiner Zielgruppe übersetzt und sich dabei gleichzeitig von dem als Vorreiter dieser

Abb. 3.2 „Freude am Fahren": konsequente Positionierung und Kodierung. (Mit freundlicher Genehmigung von © BMW Group 2021. All Rights Reserved)

Technologie wahrgenommenen Wettbewerber abgrenzt. Die Technologie, um die es geht, ist der Allradantrieb. Und wer, meinen Sie, ist der etablierte Wettbewerber?

Ähnlich stellen wir diese Frage bei Vorträgen seit vielen Jahren unseren Zuhörern: „An welche Automarke denken Sie, wenn Sie das Wort ‚Allradantrieb‘ hören?“ In neun von zehn Fällen ist die spontane Assoziation: „*AUDI*.“ Auf die Folgefrage: „Und welches Bild haben Sie vor Augen, wenn Sie an einen *AUDI quattro* denken?“, antworten die Zuhörer ebenso spontan: „An einen *AUDI quattro*, der eine Skisprungschanze hochfährt.“ Legendär ist diese Werbekampagne, ihr Ursprung liegt im Jahr 1986, und auch wenn sie seit einigen Jahren nicht mehr ausgestrahlt wird, prägt sie immer noch unser Bild vom Allradantrieb eines *AUDI* (vgl. Abb. 3.3). Wir behaupten: Diese damalige Übersetzung der Positionierung erklärt entscheidend den heutigen Erfolg von *AUDI*, hat sie doch das Markenversprechen „Vorsprung durch Technik“ für jeden Autofahrer auf eine gleichermaßen intuitiv verständliche wie beeindruckende Art und Weise sichtbar gemacht. „Vorsprung durch Technik“ erreichte einen kompetitiven, leistungsorientierten, nach Dominanz strebenden Fahrertypus und hat diesen bis heute an sich gebunden: Wer jemals als *AUDI-quattro*-Fahrer bei starkem Schneefall eine Passstraße hochgefahren ist und dabei aus dem behaglichen Fahrzeuginneren den bemitleidenswerten Fahrern anderer Automarken beim Aufziehen der Schneeketten zugeschaut hat, der weiß, wie sich diese Dominanz anfühlt.

Die Übersetzung von Allrad-Technologie durch *AUDI* als Sinnbild des „Vorsprungs durch Technik“ war also zentral und dominant im Markt platziert. Wie präsentierte vor diesem Hintergrund *BMW* der Öffentlichkeit seine Allradtechnologie x*Drive*? Ein markanter Werbespot aus der Einführungsphase verdeutlicht, wie es *BMW* gelang, dieselbe Technologie – Antrieb auf vier Rädern – durch geschicktes Storytelling sowie intuitive Bildsprache und Klänge auf die Bedürfnisse seiner Kunden zu übersetzen: Wir sehen dort

Abb. 3.3 Passung erzeugen durch Fokussierung auf die zentralen Kundenbedürfnisse (Mit freundlicher Genehmigung von © AUDI: Unternehmensarchiv der AUDI AG 2021; BMW: Jung von Matt/Alster Werbeagentur GmbH 2021. All Rights Reserved) (▶ https://doi.org/10.1007/000-53w)

Abb. 3.4 Podcast – Dr. Jens Thiemer, Senior Vice President Customer & Brand *BMW* (▶ https://doi.org/10.1007/000-53v)

einen bunten Hampelmann, der abwechselnd Arme und Beine hebt und uns zum Schluss noch einmal neckisch die Zunge herausstreckt, das Ganze begleitet von melodischen Klängen aus einer Kinderserie (vgl. Abb. 3.3). Die Botschaft ist eindeutig: „Lieber Kunde, hier ist der *xDrive*: dein neues Spielzeug." Besser kann man das Ergebnis hochkomplexer Ingenieurskunst nicht in intuitiv greifbaren Kundennutzen übersetzen – und sich gleichzeitig deutlich von der etablierten Konkurrenz absetzen.

Das Beispiel zeigt, was konsequente Fokussierung auf die zentralen Kundenbedürfnisse bedeutet: Dasselbe austauschbare technische Merkmal „Allradantrieb" wird von zwei verschiedenen Unternehmen für zwei unterschiedliche Fahrer- und Kundentypen auf völlig unterschiedliche Art und Weise nutzenorientiert vermittelt – und damit wird für die jeweilige Zielgruppe das perfekte Gefühl der Passung erzeugt.

Auf die erfolgreiche Fokussierungsstrategie kommen wir im Interview mit dem *BMW*-Markenchef, Dr. Jens Thiemer, eingehend zu sprechen. Er erläutert, wie intensiv die Ausrichtung auf „Freude" das gesamte Denken und Handeln bei *BMW* prägt und so auch zum Motor der Transformation wird (vgl. Abb. 3.4).

3.1.2 Beispiele aus der Praxis II: Ist Fliegen wirklich schöner? *Bahn* versus *Lufthansa*

In diesem Beispiel geht es um die Art und Weise, wie sich die richtige oder die falsche Fokussierung auf ein und dasselbe Kundenbedürfnis auf die Beziehungsqualität und damit auf den Unternehmenserfolg auswirkt.

Seien wir ehrlich: Kaum ein Bahnkunde wird ernsthaft bestreiten, dass die *Deutsche Bahn* ein Problem mit der Pünktlichkeit hat. In der Wahrnehmung der meisten Zeitgenossen gehören Verspätungen vielmehr so selbstverständlich zum Zugverkehr wie ein Feuerwerk zu Silvester. Schließlich erlebt man bei nahezu jeder Zugfahrt die – manchmal durchaus eigentümlich formulierten – Lautsprecherdurchsagen auf dem Bahnsteig oder im Waggon, die mehrfach über Verspätungen informieren. Die Unpünktlichkeit der *Deutschen Bahn* ist in der allgemeinen Wahrnehmung mittlerweile so selbstverständlich und legendär, dass es diverse Bucherscheinungen und Karikaturen zu diesem Thema gibt (vgl. Abb. 3.5).

Kennen Sie ähnliche Werke oder Karikaturen wie in Abb. 3.5 auch zur *Lufthansa*? Ist die Unpünktlichkeit der *Lufthansa* genauso sprichwörtlich wie die der *Deutschen Bahn*? Uns ist davon nichts bekannt. Warum eigentlich? Ist die *Lufthansa* so viel pünktlicher als die *Deutsche Bahn*? Unsere Daten sagen etwas anderes: Auf der Grundlage von sogenannten Nachkontaktbefragungen von Reisenden direkt nach ihrer Ankunft am Bahnhof respektive am Flughafen unterscheiden sich die beiden Mobilitätsriesen nur marginal: Die *Lufthansa* ist genauso unpünktlich wie die *Deutsche Bahn* (vgl. Kap 4, Abb. 4.18).

Die unterschiedliche Wahrnehmung hat demnach andere Ursachen. Wir nähern uns diesen, wenn wir aus einer anderen Kundenperspektive auf den Aspekt der Pünktlichkeit schauen: Denn fragt man repräsentativ regelmäßige und gelegentliche Nutzer beider Verkehrsunternehmen ganz allgemein nach deren Pünktlichkeit und Zuverlässigkeit, so ergibt sich ein völlig anderes Bild: Die *Lufthansa* hängt die *Deutsche Bahn* in der Wahrnehmung der Pünktlichkeit um Längen ab. (vgl. Abb. 4.17). Und das mit Folgen (wenngleich die Ursachen sicher nicht eindimensional sind): Schaut man sich die Verteilung der Kunden

Abb. 3.5 Die *Deutsche Bahn*: So unpünktlich wie ihr Ruf oder Kundenbedürfnisse falsch verstanden? (Mit freundlicher Genehmigung von © Karikatur: Jürgen Janson 2021. Quelle Buchcover: Spörrle/Schumacher, „Senk ju vor träwelling" 2021. All Rights Reserved)

der beiden Verkehrsgiganten im *Fan-Portfolio* an, so hat die *Lufthansa* viel mehr Fans, die *Bahn* praktisch keine (25 % gegenüber 3 %), dafür sind über 40 % der Kunden Gegner der *Bahn* (vgl. Abb. 3.6).

Woher rühren diese – offensichtlich unzutreffenden – unterschiedlichen Vorstellungen von der Pünktlichkeit der *Deutschen Bahn* im Vergleich zur *Lufthansa*? Auf den ersten Blick ist man geneigt, die Antwort in Kommunikationsfehlern der Deutschen Bahn zu vermuten. Jeder kennt die häufig unbeholfen in mehreren Sprachen und in hoher Frequenz vorgetragenen Hinweise auf Verspätungen und die Auswirkungen auf Anschlussverbindungen. Doch wer die Gründe nur im Kommunikationsbereich sucht, der kratzt lediglich an der Oberfläche. Die Ursache für die unterschiedlichen Kundenwahrnehmungen liegt wesentlich tiefer: Beide Unternehmen verstehen das zentrale Bedürfnis der Kunden im Zusammenhang mit Pünktlichkeit völlig unterschiedlich.

Die *Bahn* unterstellt, dass sowohl die auf die Minute pünktliche Abfahrt wie auch eine ebensolche Ankunft zentrale Bedürfnisse des Kunden sind. Daher kommuniziert sie ihr Angebot minutengenau – und versucht dementsprechend, diese minutiöse Taktung auch einzuhalten. Gleichzeitig kalkuliert sie die Reisezeiten so kurz wie möglich – weil sie glaubt, mit Flug und Auto konkurrieren zu müssen. Die Folge: Die Fahrtzeiten werden bis zum Anschlag optimiert und sämtliche Zeitreserven ausgereizt, und so bleibt in der Planung keinerlei Spielraum. Oder haben Sie es etwa schon einmal erlebt, dass Ihr Zug zehn Minuten zu früh ankam? Doch wer permanent versucht, am Zeitlimit zu operieren und dieses Zeitlimit als seinen durchschnittlichen Leistungsstandard kommuniziert, kann die Erwartungen, die er hiermit weckt, zwangsläufig nicht immer erfüllen. Hinzu kommt, dass die *Deutsche Bahn* in ihrer eigenen Leistungsstatistik alle Züge als pünktlich wertet, die weniger als sechs Minuten Verspätung haben (Schumacher 2012). Der interne Maßstab der Leistungserbringung ist also „weicher" als der externe Maßstab, den man nach

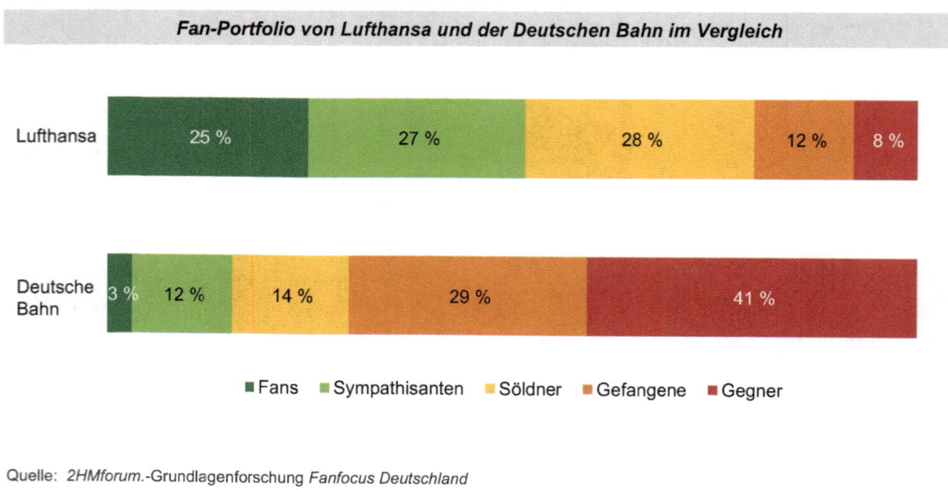

Abb. 3.6 Die Folgen richtiger und falscher Fokussierung: Die *Fan-Portfolios* von *Lufthansa* und *Deutsche Bahn* im Vergleich

Abb. 3.7 Gleiche Leistung – unterschiedliche Wahrnehmungen … (Mit freundlicher Genehmigung von © DB: Getty Images (Thomas Lohnes) 2021. Quelle LH: *Deutsche Lufthansa AG* (© Photographer: Jens Goerlich – © Models: COwunder) 2021. All Rights Reserved)

außen kommuniziert und der die Kundenwahrnehmung bestimmt. Das kann zwangsläufig nicht funktionieren: Denn hier werden Erwartungen (minutengenaue Taktung) geweckt, die man nach eigenen Maßstäben (Sechs-Minuten-Toleranzfenster) gar nicht erfüllen kann und will.

Ganz anders die *Lufthansa*. Sie hat verstanden, dass es für ihre Kunden unwesentlich ist, ob ein Flug planmäßig oder ein wenig später abhebt, und dass es in den Augen des Fluggastes ebenso unbedeutend ist, wie lange seine Maschine in der Luft ist. Für den Kunden ist nur eines wichtig: Wann er tatsächlich ankommt – denn davon hängt in der Regel seine weitere Reise- bzw. Tagesplanung ab. Folglich kommuniziert die Fluggesellschaft ihre Abflugzeiten nur im Fünf-Minuten-Takt und versieht ihre innerdeutschen Flüge regelmäßig mit etwa 15 Minuten Zeitpuffer. So kann die *Lufthansa* die Pünktlichkeitserwartungen der Kunden wesentlich häufiger als die *Bahn* erfüllen. Die Fluggesellschaft scheint mit ihrer Strategie richtig zu liegen. Denn Studien belegen, dass Flugreisende häufig überhaupt nicht wissen, wann sie abgeflogen sind und wie lange sie in der Luft waren – wohl aber, wann sie ankamen (vgl. Abb. 3.7).

Dieses plastische Beispiel dokumentiert, wie wichtig es ist, die zentralen Kundenbedürfnisse wirklich zu kennen – und welche Auswirkungen es für die emotionale Bindung hat, wenn das nicht der Fall ist. Und nicht zuletzt, wie das Beispiel der *Lufthansa* zeigt, dass man sich in Teilaspekten, die für die Kunden weniger wichtig sind, durchaus auch Schwächen „leisten" kann, wenn man bei den relevanten Bedürfnissen „liefert".

3.1.3 Beispiele aus der Praxis III: Der Wert der Fokussierung in der Krise – der *ADAC* und die gefälschten Befragungsergebnisse

Welchen Wert hat es für ein Unternehmen, sich nachhaltig auf die zentralen Kundenbedürfnisse zu fokussieren und so eine breite Fan-Basis zu generieren? Besonders sichtbar wird der Nutzen im Moment der Krise. Das wollen wir am Beispiel des *ADAC* genauer

Abb. 3.8 Spüren, worauf es den Fans ankommt: *ADAC* Pannenhilfe (Mit freundlicher Genehmigung von © ADAC/Beate Blank 2021. All Rights Reserved)

erläutern. Sie werden sehen, dass ein Unternehmen sogar eine selbst verschuldete Krise nicht fürchten muss, wenn es sich erfolgreich fokussiert hat und auch nach der Krise weiter fokussiert (vgl. Abb. 3.8).

Anfang 2014 kam es rund um den *ADAC* zu großer medialer Aufregung: Der Automobilclub musste öffentlich eingestehen, dass in den letzten Jahren die Zahlen der abgegebenen Stimmen für den Preis „Gelber Engel", mit dem jährlich das Lieblingsauto der Deutschen gekürt wurde, vom Verein aufgebläht und auch Platzierungen manipuliert worden waren. Von erschüttertem Vertrauen, irreparablem Imageschaden und Glaubwürdigkeitskrise war in den Medien die Rede. Politiker und Entscheider aus der Wirtschaft kündigten die Zusammenarbeit auf, und zahlreiche Kommentatoren sagten eine riesige Welle von Mitgliederaustritten voraus. Kein Zweifel: Die veröffentlichte Meinung sah den *ADAC* auf eine lange und schwere Krise zusteuern.

Doch all das ist nicht eingetreten. In der ersten Hälfte des Jahres 2014 kehrten „nur" 385.000 Mitglieder dem *ADAC* den Rücken. Im gleichen Zeitraum kamen jedoch etwa 370.000 Neumitglieder hinzu. Der *ADAC* hatte – Stand Sommer 2014 – per Saldo 15.000 Mitglieder weniger. Das ist bei einem Mitgliederbestand von mehr als 18 Millionen ein vernachlässigbarer Schwund von weniger als einem Promille. Was Journalisten und viele Experten als Folge des Gelbe-Engel-Skandals prognostiziert hatten, ist folglich nicht eingetroffen: Es gab keine Massenaustritte, nicht einmal eine wirkliche Austrittswelle. Es gab nichts außer einer kleinen Delle in den Mitgliederzahlen – eine kleine Schramme zwar für den *ADAC*, aber alles andere als existenzbedrohend.

Wieso ist diese selbst verschuldete Krise tatsächlich nahezu ohne Mitgliederschwund an dem Club vorbeigegangen? Wieso kam es nicht zu der von vielen prognostizierten dramatischen Austrittswelle? Die Antwort hat zwei Facetten:

Zum einen hat die starke emotionale Bindung seiner Mitglieder den *ADAC* vor größerem Schaden bewahrt. Diese Bindung ist kein Zufallsprodukt, sondern das logische Ergebnis der exzellenten Fokussierung, also der erstklassigen Arbeit, die der Verband in seiner Kernfunktion erbringt: Bei der Pannenhilfe sowie bei Schutz und Beratung rund ums Automobil.

Zum anderen konnte es in Folge des manipulierten Rankings nicht zu einem Totalschaden in der Mitgliederbeziehung kommen, weil dieses Thema für die Mitglieder irrelevant und damit viel zu weit weg vom Markenkern des *ADAC* ist. Die geringe Beteiligung an den Leserabstimmungen, die die Verantwortlichen ja erst zum Frisieren der Ergebnisse veranlasst hatte, spricht eine klare Sprache: „Was hat das mit der täglichen Leistung des *ADAC* bei der Pannenhilfe zu tun?“, fragte auf dem Höhepunkt der Krise *ADAC*-Mitglied Thomas Z. auf der Facebook-Seite des Automobilclubs. Und ein anderes Mitglied schrieb: „Die wahren gelben Engel sind die, die nachts auf der Autobahn die Karre wieder ans Laufen bekommen, die Menschen bergen und in Notsituationen helfen. (…) Dem *ADAC* jetzt die Mitgliedschaft zu kündigen, trifft die falschen und am Ende auch jeden selbst. (…) Feuert die Pfeifen und macht weiter“ (Facebook 2014).

Wir lernen aus diesem Beispiel, wie wertvoll es ist, die zentralen Kundenbedürfnisse zu kennen und diese fokussiert und glaubhaft zu erfüllen. Sogar in einer selbst verschuldeten Krisensituation bleiben die gewonnenen Fans treu, solange ihr „Star“ – in diesem Fall „ihr“ *ADAC* – nicht das grundlegende, die Passung stiftende Werteversprechen bricht (vgl. Abschn. 1.2). Und das grundlegende Werteversprechen des *ADAC* liegt für den Fan weder in der Glaubwürdigkeit von Ranglisten noch in seinen Auszeichnungen für Automobilhersteller. Diese Aktivitäten seines Clubs sind dem wahren *ADAC*-Fan nahezu völlig gleichgültig. Für ihn zählt nur eines: Die exzellente Pannenhilfe auf der Standspur, die Schutzbriefe und die Beratung – das ist der Markenkern des *ADAC* (vgl. Abb. 3.8). Und nur das ist auch der Grund, weswegen seine Mitglieder ihm einst beitraten und zu Fans wurden.

Solange der *ADAC* diese Grundversorgung weiter leistet, werden ihm auch seine Fans treu bleiben – manipulierte Automobilpreisverleihungen hin oder her. Aber würde der *ADAC* ab morgen für jede Hilfe auf der Standspur Geld einfordern oder diesen Service nur noch regional eingeschränkt anbieten – der Club wäre in wenigen Jahren tot. Welche Auswirkungen es auf die Beziehungsqualität hat, wenn die Grundversorgung der Fans nicht mehr gewährleistet ist, also ihre Ideale verraten werden, sehen wir am Beispiel Volkswagen im nächsten Kapitel.

Der *ADAC* hingegen hat die Krise auch als Chance für einen Neuanfang begriffen: Die Ereignisse haben dem Verein die Augen dafür geöffnet, wie wichtig es ist, sich auf die eigentlichen Erwartungen seiner Mitglieder zu fokussieren. Denn der *ADAC* war in gewisser Weise auch ein Opfer des „Mehr ist Mehr“-Prinzips geworden: Mit der intensiven Ausweitung seiner Aktivitäten hatte er im Laufe der letzten Jahrzehnte vor der Krise um

Abb. 3.9 Podcast – Lars Soutschka, Vorstand *ADAC*, verantwortlich für Vertrieb, Kommunikation und Motorsport (▶ https://doi.org/10.1007/000-53t)

die gefälschten Umfragen seine Positionierung und seine Marke etwas aus den Augen verloren. Der *ADAC* geriet in Gefahr, zu vergessen, was seine Mitglieder von ihm erwarten und was ihn bei seinen Fans wirklich zum Star macht: die schnelle und zuverlässige Pannenhilfe und eben *nicht* die Automobilpreisverleihungen, die Mittelmeer-Kreuzfahrten oder die politische Lobbyarbeit. Die entsprechenden Konsequenzen aus der Krise hat man nun offensichtlich auch beim *ADAC* gezogen: Nur ein Jahr nach dem Befragungsskandal verkündete der Münchener Automobilclub im November 2014 seinen Ausstieg aus dem umkämpften Markt für Fernbusse und den Verkauf seiner Anteile an den Mitgesellschafter, die *Deutsche Post AG*. Der Automobilclub, so hieß es wörtlich weiter, „wolle sich fortan wieder mehr um sein Kerngeschäft kümmern" (Focus Online 2014).

Tiefe Einblicke, wie der *ADAC* mit der Krise umgegangen ist, was er daraus gelernt hat und wie er es schafft, so viele Mitglieder zu Fans zu machen, gewährt Lars Soutschka, Vorstand des *ADAC*, im Interview mit Roman Becker (vgl. Abb. 3.9).

3.1.4 Beispiele aus der Praxis IV: Wann Fokussierung nutzt und wann nicht – *VW* und der Abgasskandal

Ein weiteres Beispiel dafür, wie ein Unternehmen in einer selbst verschuldeten Krise zunächst von seiner bis zu diesem Zeitpunkt gelungenen Fokussierung profitiert, ist der *VW*-Abgasskandal.

Wir erinnern uns: Kaum wurde 2016 das ganze Ausmaß des Abgasbetrugs von *VW* erkennbar, überschlugen sich die Prophezeiungen, die dem Automobilkonzern eine düstere Zukunft vorhersagten. Täglich lasen und hörten wir neue Einschätzungen darüber, was *VW* nach dem Bekanntwerden der Abgasmanipulation alles drohe: Rückrufaktionen, Reparaturkosten, Regressansprüche, wirtschaftlicher Schaden in Milliardenhöhe, ein langfristiger Imageschaden u. v. m. (NDR 1 Niedersachsen 2020). Dabei sprachen die wenigsten über ein Thema, das für die Zukunft des Volkswagenkonzerns viel entscheidender war: Die wirklich nachhaltige und langfristige Bedrohung in diesem Skandal war die Gefährdung der Kundenbeziehungen. Die zentrale Frage hätte damals lauten sollen: Wie reagieren die Kunden von *VW* auf die Nachrichten aus Wolfsburg? Wenden sie sich enttäuscht für immer ab, oder kann *VW* auf ihre Loyalität zählen?

Angesichts der Hiobsbotschaften, die täglich im Zuge der Aufklärung des Skandals ans Licht kamen, schien die damalige Meldung über stabile, teilweise sogar steigende Bestelleingänge für Neuwagen von *VW* nicht recht ins Bild zu passen. Die Erklärung dafür basiert auf derselben Mechanik wie zuvor im *ADAC*-Beispiel: Unsere bundesweite repräsentative Benchmarkstudie *Fanfocus 2015* zeigte, dass knapp drei Viertel der *VW*-Kunden zum Zeitpunkt des Abgasskandals eine hohe emotionale Bindung zu dem Hersteller hatten. Eine solch hohe Verbundenheit resultiert aus einer empfundenen Übereinstimmung zwischen eigenen Motiven und Bedürfnissen und dem, was der Kunde von seinem Anbieter erhält. Mit anderen Worten: Die erlebte Passung war ein wesentlicher stabilisierender Faktor. Konkret heißt das: Viele Kunden sahen ihre Anforderungen an einen Automobilhersteller nach Sicherheit, Zuverlässigkeit, Langlebigkeit und einem großen Händlernetz bei *VW* in besonderem Maße erfüllt – und hier lagen gleichermaßen Chance und Gefahr für die Wolfsburger.

Die Chance: Der Abgasskandal berührte wesentliche Kernbedürfnisse von *VW*-Kunden nicht. Dies erklärt, warum der von vielen prognostizierte Absatzeinbruch nicht eintrat. *VW* hatte zwar betrogen, damit aber nicht den Markenkern im Sinne der beschriebenen Werte seiner Kunden verletzt. Wäre der Grund für den Skandal ein technischer Mangel mit direktem Einfluss auf die Fahrsicherheit gewesen, dann hätten die Kunden sich von *VW* „verraten" gefühlt und wären vermutlich in Heerscharen abgewandert.

So spielte es *VW* in die Karten, dass das Fahren eines umweltfreundlichen Fahrzeugs für viele *VW*-Fahrer zur damaligen Zeit offenbar ein eher nachrangiges Bedürfnis darstellte. Die vermeintlichen Experten, die den Untergang des Konzerns vorhersagten, hatten dieses Kundenbedürfnis massiv überschätzt. So befremdlich das auch klingen mag: Ob ein Pkw einen niedrigen Stickoxid- oder Kohlendioxid-Ausstoß hat, spielte als Kaufmotiv bei der Anschaffung eines *VW* kaum eine Rolle. Damit war es nicht verwunderlich, dass der Abgasskandal die Kundenbeziehungsqualität kaum tangierte und es zunächst nicht zu den vielfach prognostizierten Abwanderungswellen kam.

Die Gefahr: Schon damals verwiesen wir in einer Publikation darauf, dass der sinkende Wiederverkaufswert der betroffenen Fahrzeuge für *VW* ein großes Gefahrenpotenzial darstellte. Denn der hohe Wiederverkaufswert eines Fahrzeugs war und ist ein besonders wichtiges Bedürfnis der *VW*-Kunden. „Hier wird *VW* gegensteuern müssen, beispielsweise durch eine modifizierte ‚Abwrackprämie', also durch Anreizsysteme für Kunden, die betroffenen Fahrzeuge durch Neuwagen zu ersetzen. Das wird sich negativ auf den Umsatz und insbesondere auf die Rentabilität auswirken, aber die Kunden für Jahre an *VW* binden", so argumentierten wir 2016 (Becker 2016).

Tatsächlich passiert ist seitdem das Gegenteil. *VW* weigerte sich insbesondere in Deutschland jahrelang, Kunden finanziell zu entschädigen. Dazu kam eine (Nicht-)Kommunikation, die statt auf langfristig stabile Beziehungen zu den Kunden eindimensional auf die Reduzierung des finanziellen Schadens baute. Und das, obwohl der *VW*-Konzern trotz immenser Straf- und Kompensationszahlungen immer noch gutes Geld verdiente. Die langfristig absehbaren Schäden hinsichtlich der für *VW*-Kunden so wesentlichen Reputation wurden dabei ausgeblendet: Wie wir aus verschiedenen Studien mit Automobilkunden wissen, handelt es sich bei *VW*-Kunden häufig um Autofahrer, für die der Autokauf keine besonders wichtige Kaufentscheidung darstellt und die sich mit Autos nicht besonders gut auskennen. Dies ist meistens auf eine nur gelegentliche Nutzung zurückzuführen. Insbesondere bei solchen Kaufentscheidungen mit niedriger Relevanz spielt die Reputation einer Marke eine wesentliche Rolle. Marke ist nichts anderes als ein Stereotyp, das komplexe Überlegungen überflüssig macht, hohe Sicherheit vermittelt und damit Kaufentscheidungen vereinfacht.

Wozu das führt, wenn ein Unternehmen wie *VW* unter diesen Umständen seine Reputation so derart vernachlässigt und damit Passung an einem wesentlichen Punkt für die Kunden nicht mehr erlebbar wird, sehen wir in unseren *Fanfocus-Deutschland*-Daten: Die *Fan-Quote* von *VW* hat sich von 22 % im Jahr 2015 auf 9 % im Jahr 2020 reduziert, während sich die Gegner-Quote im gleichen Zeitraum von 6 % auf 22 % fast vervierfacht hat. (vgl. Abb. 3.10).

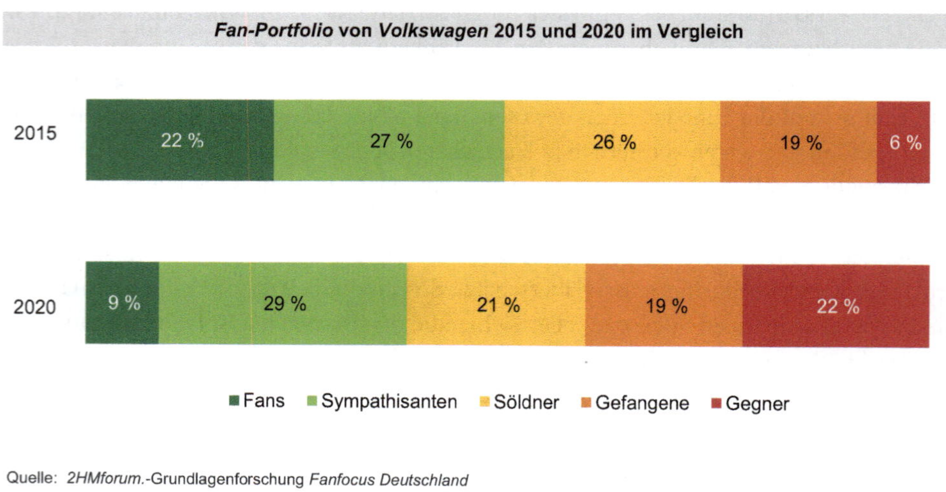

Abb. 3.10 Die Folgen ignorierter Kundenbedürfnisse: Seit 2015 befindet sich die *Fan-Quote* von *VW* im Sturzflug, die Gegner-Quote explodiert

Auch wenn sich dies noch nicht in aller Deutlichkeit in den wirtschaftlichen Ergebnissen niederschlägt, die Rechnung für diesen Verrat an den zentralen Bedürfnissen seiner Kunden wird *VW* früher oder später zu zahlen haben.

Dieses Beispiel zeigt sehr deutlich, dass die zuvor erfolgte gelungene Fokussierung in selbstverschuldeten Krisen nur dann hilft, wenn die ursächlichen Defizite nicht die Ideale – also die zentralen Bedürfnisse der Fans – betreffen. Wie dargestellt, war dies zu Beginn des Abgasskandals der Fall. Dies änderte sich schlagartig, als der Wiederverkaufswert der betroffenen Fahrzeuge sank und – noch grundsätzlicher – als *VW* durch schlechte Krisenkommunikation und verweigerte Schadensersatzzahlungen sein Markenimage nachhaltig beschädigte, ohne zu begreifen, wie wichtig dieses für die empfundene Passung seiner Kunden war und ist. Stattdessen wäre ein Gegensteuern, ein Zurück zu den Wurzeln, analog der beschriebenen Vorgehensweise des *ADAC*, zielführend gewesen.

3.1.5 Beispiele aus der Praxis V: Woran *Praktiker* tatsächlich gescheitert ist

Die bisherigen Beispiele mögen den Eindruck erweckt haben, dass es sehr einfach ist, durch Fokussierung eine hohe Identifikation als Folge gefühlter Passung herzustellen, und dass es folglich den meisten Unternehmen auch gelingt. Dem ist nicht so: Mit den folgenden Beispielen gehen wir auf Szenarien ein, die den Erfolg von Fokussierungsstrategien verhindern.

Zunächst zeigen wir, was mit Unternehmen passieren kann, die sich zwar fokussieren, die Kundenbedürfnisse aber falsch einschätzen: Sie können schlichtweg insolvent werden – so, wie es der Baumarktkette *Praktiker* erging (Becker 2014). Woran ist *Praktiker* gescheitert? In der Hochphase der Insolvenz schossen Expertenbeiträge wie Pilze aus dem Boden, die primär den zu geringen Profit aufgrund der Tiefpreisstrategie für das Scheitern verantwortlich machten. Glauben Sie diesen oberflächlichen Analysen nicht – sie sind grundlegend falsch. Denn *Praktiker* war längst nicht so billig, wie man gemeinhin glaubt. Tatsächlich zahlten die Kunden bei *Praktiker* an der Kasse für vergleichbare Produkte die gleichen Preise wie in anderen Baumärkten. *Praktiker* war tatsächlich nicht billiger als andere – *Praktiker* positionierte sich nur so. Und eben an dieser Positionierung ist das Unternehmen gescheitert.

Dabei hatte *Praktiker* mit der aggressiven „20 Prozent auf alles"-Botschaft zunächst einmal vieles richtig gemacht. Denn in Deutschland gab und gibt es viele, ja zu viele Baumärkte mit nahezu austauschbarer Produktpalette. In dieser Situation ist es für die Anbieter lebensnotwendig, sich unverwechselbar zu positionieren: Nur mit klarer Fokussierung, nur mit einer klaren Botschaft wird man von den Kunden wahrgenommen. *Praktiker* hat das lehrbuchhaft umgesetzt: Der martialische Klang der *Bruce Willis*-Synchronstimme machte das aggressive Preiskampfimage glaubhaft: „außer Tiernahrung" wurde zum unverwechselbaren Claim. Und als *Obi* „We will rock you" vertonte, konterte *Praktiker* mit „Andere lassen ihre Mitarbeiter singen, wir senken die Preise!" Das Ergebnis war eine

Abb. 3.11 „20 % auf alles": *Praktiker* hatte zentrale Bedürfnisse nicht verstanden. (Mit freundlicher Genehmigung von © Dirk Bauer/WAZ 2021. All Rights Reserved)

gefühlte Alleinstellung: Fragte man nach dem günstigsten Anbieter der Branche, wurde *Praktiker* vor allen anderen genannt.

Doch wenn die Fokussierungsstrategie richtig war, warum hat sie dann trotzdem nicht funktioniert? Die Antwort mag einige überraschen: *Praktiker* hatte mit dieser Positionierung die zentralen Kundenbedürfnisse der Branche ignoriert (vgl. Abb. 3.11). Denn das zentrale Bedürfnis des typischen deutschen Baumarktkunden ist eben nicht der Preisvorteil. Es ist das emotionale Erlebnis, das die Produkte versprechen. Das Glücksgefühl, etwas selbst zu erschaffen. Das Erfolgserlebnis, ein Projekt von der Planung bis zur Fertigstellung allein zu bewältigen. Mit anderen Worten: Selbstverwirklichung. Das ist es, was die „Do-it-yourself-Produkte" versprechen. Wer schwitzend sein Gartenhaus aufbaut, erlebt dabei etwas, das ihm die entfremdete Arbeitswelt heute oftmals nicht mehr bietet: Selbstwirksamkeit und Schöpferstolz. Daraus folgt: Viele Baumarktprodukte sind sogenannte *High-Involvement*-Produkte. Dem Kunden geht es um ein emotional bedeutendes Erlebnis, und somit wird es wichtig, mit welchen Werkstoffen und vor allem mit welchen Werkzeugen er arbeitet. Gefordert wird ein hochwertiges Produktangebot, eine dazu passende hochkompetente Beratung, eine Verkaufsatmosphäre, die das nahende Selbstverwirklichungserlebnis schon spürbar macht. All das bot, versprach und verstand *Praktiker* eben *nicht,* der Wettbewerb hingegen schon – zumindest in der Kommunikation. Dort setzte man auf Beratung, Qualität und emotionales Erleben: „Was zählt, ist das Projekt", hieß es in den Claims der Konkurrenz. *Praktiker* hingegen setzte in seiner Positionierung fast ausschließlich auf den Preis – und verkannte hierbei, dass nur eine Minderheit der Kunden hiervon angesprochen wurde: Das preissensible Kundensegment, also das Potenzial für eine Preispositionierung, ist im Baumarktbereich schlichtweg zu klein.

Nun mögen Sie einwenden, dass eine Positionierung über den günstigsten Preis in vielen Branchen zum Alltag gehört und dort große Kundensegmente erschließt. Warum ging das Konzept der Tiefpreispositionierung bei *Praktiker* nicht auf, während es in der Lebensmittelbranche, zum Beispiel bei *ALDI Süd*, hervorragend funktioniert? Die lapidare und vielleicht auch verblüffende Antwort: Den Deutschen ist Qualität bei Werkzeugen wichtiger als bei Lebensmitteln. Tatsächlich ist der Nahrungsmittelsektor keine *High-Involvement*-Branche. Nur wenige Verbraucher kaufen Lebensmittel qualitätsbewusst. Die große Masse der Kunden ist hier in erster Linie auf Schnäppchenjagd und das preissensible Kundensegment groß. Wir kommen an späterer Stelle noch ausführlich darauf zu sprechen (vgl. Abschn. 3.4).

3.1.6 Beispiele aus der Praxis VI: Die *Deutsche Bank* – wie „Leistung aus Leidenschaft" zu einer Leistung wird, die Leiden schafft

Ebenso fatal wie die Fokussierung von *Praktiker* auf einen Aspekt, der für die Kunden keine Relevanz hat, ist es, wenn ein Unternehmen sich zwar auf die relevanten Bedürfnisse der Kunden fokussiert, diese Fokussierung aber dann leistungsseitig nicht einlöst, sondern gerade in diesem zentralen Bereich schwächelt. Denn für das Entstehen von gefühlter Passung kommt es entscheidend darauf an, dass Fans in den für sie relevanten Aspekten auch korrespondierende Stärken bei ihrem Star oder Anbieter wahrnehmen. So wird ein Fußballverein, der in der 1. Bundesliga ständig gegen den Abstieg spielt, kaum Fans haben, die besonders erfolgsorientiert sind. Diese finden wir eher bei Bayern München (vgl. Abschn. 1.2).

Ein prägnantes Beispiel für eine Fokussierung ohne wahrnehmbare Leistungserfüllung ist die *Deutsche Bank*. Seit 2003 positionierte sich die *Deutsche Bank* mit „Leistung aus Leidenschaft". Damit wurde ein zentrales Bedürfnis adressiert, das die leistungsorientierte, nach Dominanz strebende Klientel grundsätzlich sehr gut erreichte. Damit diese Fokussierung für die adressierten Kunden erlebbar ist, werden insbesondere von Stolz erfüllte, hoch motivierte Mitarbeiter und eine ausgeprägte Leistungskultur benötigt. Die rücksichtslosen Geschäftspraktiken, die vielen Skandale der Folgejahre (Scherbaum 2020), die ständigen Wechsel in den Vorstandsämtern und der strategische Schlingerkurs – all das führte zu großer Verunsicherung und zunehmender Distanzierung der Mitarbeiter. Bei Befragungen hörte man zunehmend Aussagen von Mitarbeitern und Kunden, die eher eine Bank wahrnahmen, deren Leistung Leiden schafft.

Dies alles führte im Ergebnis dazu, dass sich die *Deutsche Bank* 2017 reumütig von ihrer Ausrichtung auf „Leistung aus Leidenschaft" verabschiedete (Osman 2017). Mit der neuen Ausrichtung auf „#PositiverBeitrag" sollten insbesondere der stark ramponierte Stolz und die Motivation der Mitarbeiter wieder gestärkt werden, um die unverändert leistungsorientierte Klientel schrittweise wiederzugewinnen. Wie unsere aktuellen Zahlen belegen, ist die *Deutsche Bank* auch mit dieser neuen Ausrichtung nicht erfolgreicher, im Gegenteil: Die *Fan-Quote* der *Deutsche Bank* sinkt seit einigen Jahren ständig und entfernt sich immer weiter vom Branchenmittelwert der Banken (vgl. Abb. 3.12). Die Vermutung liegt nahe, dass die vergangenen Ereignisse und die vielen Skandale bei den Mitarbeitern unverändert nachschwingen und die Unternehmenskultur in Bezug zu „#PositiverBeitrag" nicht als authentisch wahrgenommen wird.

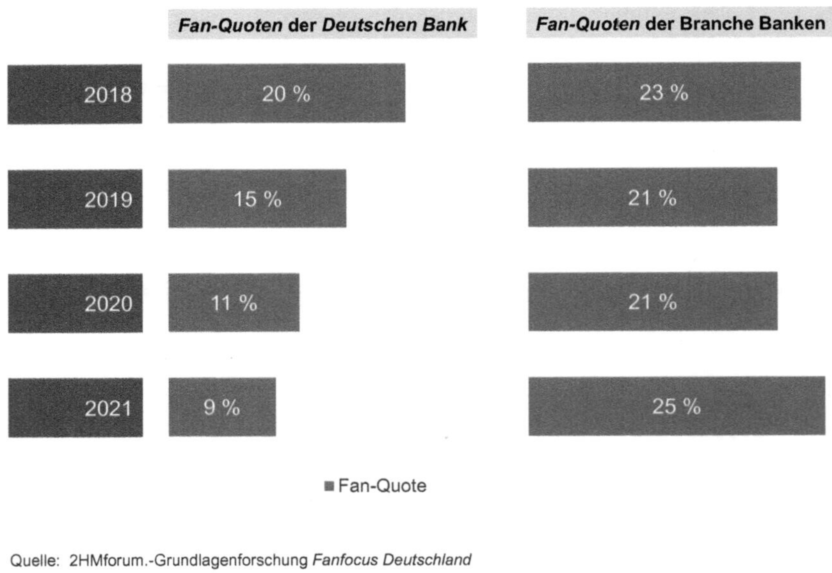

Abb. 3.12 *Fan-Quote* der *Deutschen Bank* im Zeit- und Branchenvergleich

3.1.7 Seien Sie keine „eierlegende Wollmilchsau"

Abschließend möchten wir darauf eingehen, wie sich mangelnde Fokussierung auswirkt: Ressourcen werden nicht gebündelt und auf die entscheidenden Stärken konzentriert, sondern mit der Gießkanne verteilt – es wird also in viele oder gar alle potenziellen Bedürfnisse der Kunden gleichermaßen investiert. Dahinter steckt die Überzeugung, dass man auf allen Gebieten gleichzeitig glänzen will oder muss – aus Sorge, das ein oder andere Kundenbedürfnis könne unbefriedigt bleiben und Kunden mit diesen Bedürfnissen könnten verloren gehen. Diese Vorgehensweise mag auf den ersten Blick durchaus sinnvoll anmuten, und sie wird unverändert von einer Mehrheit der Unternehmen verfolgt – entspricht sie doch dem von uns bereits umfassend beschriebenen „Mehr ist Mehr"-Mantra des Zufriedenheitsmanagements (vgl. Abschn. 1.3). Tatsächlich aber ist diese Strategie ineffizient und nicht zielführend.

Dies wollen wir anhand eines Beispiels aus dem Sport illustrieren: Nehmen Sie den französischen Zehnkämpfer Kevin Mayer, der 2018 den Weltrekord in dieser sogenannten Königsdisziplin der Leichtathletik auf sagenhafte 9126 Punkte hochschraubte (Spiegel 2018). Niemand wird bestreiten, dass Mayer ein Ausnahmeathlet ist. Doch natürlich sind – wie bei jedem anderen Zehnkämpfer – seine Einzelleistungen in den zehn Disziplinen des Mehrkampfs deutlich schwächer als die der Spezialisten in den jeweiligen Einzeldisziplinen (vgl. Abb. 3.13). Auch der beste Zehnkämpfer wird eben niemals die Zeit eines Usain Bolt laufen oder die Weite eines Mike Powell im Weitsprung erreichen. Im Gegenteil: Selbst in seiner stärksten Disziplin, dem Stabhochsprung, hätte Mayer bei den letzten

Disziplin	Weltrekord Zehnkampf 	Weltrekorde Einzeldisziplin
100 m	10,55 Sek.	9,58 Sek.
Weitsprung	7,80 m	8,95 m
Kugelstoß	16,00 m	23,37 m
Hochsprung	2,05 m	2,45 m
400 m	48,42 Sek.	43,03 Sek.
110 m Hürden	13,75 Sek.	12,80 Sek.
Diskuswurf	50,54 m	74,08 m
Stabhochsprung	5,45 m	6,18 m
Speerwurf	71,90 m	98,48 m
1500 m	4:36,11 Min.	3:26,00 Min.

Abb. 3.13 Wer alle Themen besetzt, versinkt im Mittelmaß (Eigene Darstellung/Bild Mayer: mit freundlicher Genehmigung von © Erik van Leeuwen/Wikimedia Commons 2021. All Rights Reserved)

Olympischen Spielen in Tokyo nicht einmal den Endkampf der besten zwölf Spezialisten erreicht – er ist in den Einzeldisziplinen „nur" Mittelmaß. Ein Leichtathlet hat also zwei Möglichkeiten: Entweder entscheidet er sich für eine bestimmte Disziplin, die seinen Stärken entspricht, und spezialisiert sich dort – oder er versucht, als Mehrkämpfer auf allen Gebieten gleichzeitig eine passable Leistung, aber eben keineswegs eine Spitzenleistung zu erbringen. Als Mehrkämpfer zahlt er dann allerdings immer den Preis, dass der Ruhm des Besten, des Weltrekords in der Einzeldisziplin, immer nur den Spezialisten zukommen wird. Es ist nicht möglich, auf allen Gebieten gleichzeitig zu glänzen – und wer dies versucht, der versucht das Unmögliche.

Dennoch könnte man nun argumentieren: Unternehmen, die versuchen, in allen Bereichen hervorragende Leistungswahrnehmungen zu erzielen, tun nichts anderes, als einem Zehnkämpfer nachzueifern – und dies ist schließlich die Königsdisziplin der Leichtathletik, also mit besonderem Ruhm verbunden. Wer diesen Vergleich bemüht, der muss sich klarmachen, was das wirklich Besondere des sportlichen Mehrkampfs ist. Wofür wird ein Zehnkämpfer ausgezeichnet? Die Antwort ist einfach: nicht für seine Spitzenleistungen, sondern für seine Vielseitigkeit. Der Leistungssport hat quasi aus der Mittelmäßigkeit eine Disziplin gemacht. Hier aber liegt nun der Unterschied zwischen unserer Sportmetapher und der Wirtschaftswelt: Unter den Kunden gibt es keinen Preis für Vielseitigkeit – sondern nur für Fokussierung. Denn jeder Kunde hat ein individuelles Bedürfnis, das für ihn besonders zentral ist und dessen Erfüllung ihm wichtiger ist als die Erfüllung aller anderen Bedürfnisse. Und nur dieses zentrale Bedürfnis entscheidet über die emotionale Bindung des Kunden. Sie werden keinen Kunden finden, der genau deshalb Ihr Fan wird, weil er Sie auf allen Gebieten als guten Durchschnitt wahrnimmt. Mit einer solchen Positionierung mögen sich Unternehmen möglicherweise über Wasser halten – eine Steigerung der emotionalen Kundenbindung wird hierdurch jedoch nicht möglich. Erfolgreiches Kundenbeziehungsmanagement ist eben kein Zehnkampf. Und dort, wo der Leichtathlet zwei Möglichkeiten hat, ist der Weg für Unternehmen alternativlos.

Wer überall gleichzeitig der Star sein will, gewinnt hierdurch keine Fans. Denn wer versucht, alle Bereiche der Leistungswahrnehmung überragend zu besetzen, der schärft nicht sein Profil, sondern er verwässert es. Letztlich versucht ein solches Unternehmen dann nichts anderes zu sein als ein legendäres Fabelwesen: die „eierlegende Wollmilchsau". Diese eierlegende Wollmilchsau gibt es nicht und wird es nie geben, in der Natur ebenso wenig wie in der Unternehmenslandschaft. Dennoch gibt es zahlreiche Unternehmen, die sich an diesem Leitbild orientieren – die also versuchen, als dieses Fabelwesen wahrgenommen zu werden: Unternehmen, die ihre Ressourcen nach dem „Mehr ist Mehr"-Prinzip indifferent in sämtliche Bereiche investieren, in der Hoffnung, hierdurch jedes potenzielle Kundenbedürfnis zu bedienen und Kunden nachhaltig zu binden. Doch diese teuren Investitionen schaffen nicht Einzigartigkeit, sondern sorgen im Gegenteil dafür, dass man in der Masse der Unternehmen, die die gleiche indifferente Strategie verfolgen, untergeht. Am Ende ist man einer von vielen in einer unüberschaubaren Herde eierlegender Wollmilchsäue.

3.1.8 Fazit: Fokussierung als Grundlage für emotionale Kundenbindung und für effizienten Ressourceneinsatz

Die Beispiele demonstrieren somit eindrucksvoll, wie wichtig es für Unternehmen ist, durch konsequente Fokussierung zentrale Kundenbedürfnisse und eigene Stärken in Einklang zu bringen: Eine nachhaltige Identifikation des Kunden als Basis emotionaler Kundenbindung kann sonst nicht entstehen. Ein Verkennen der zentralen Kundenbedürfnisse beschädigt die Qualität der Kundenbeziehungen und produziert somit erheblichen wirtschaftlichen Schaden – ebenso wie die mangelnde Erbringung relevanter Leistungen oder wie der Versuch, in vielen Bereichen Spitzenleistungen zu erbringen, um möglichst alle noch so unterschiedlichen Kundenbedürfnisse zu bedienen.

Dieser letztgenannte Aspekt der immer noch weit verbreiteten „Mehr ist Mehr"-Strategie öffnet den Blick für einen weiteren positiven wirtschaftlichen Aspekt der Fokussierung. Denn eine fundierte Ausrichtung von Leistungserbringung und Kommunikation hilft dabei, die richtigen Dinge zu tun und die Dinge richtig zu tun, sie wirkt also gleichermaßen effizient und effektiv. Versteht man die zentralen Kundenbedürfnisse als Fixpunkt, auf den alles ausgerichtet sein sollte, und somit als Leitplanke, die bei Investitionsentscheidungen Orientierung gibt, so erleichtert dies in Unternehmen auch die Entscheidungen, etwas nicht zu tun. Darin liegt gemäß unserer langjährigen Beratungserfahrung ein Hauptnutzen der Implementierung von *FANOMICS*. Ein Unternehmensentscheider drückte dies im Rahmen eines Feedback-Gesprächs einmal wie folgt aus:

„Nicht, dass wir bisher Dinge nicht getan hätten, die wir tun müssen. Wir haben neu gelernt, Dinge zu lassen." Natürlich hat dieses „Dinge lassen" einen unmittelbaren wirtschaftlichen Nutzen. Aber es hat zudem noch weitere Vorteile: Wer falsche Maßnahmen unterlässt, vermeidet auch Fehler. Denn wie wir bei der weiteren Darstellung von *FANOMICS* erkennen werden, können eingeleitete Maßnahmen, sofern sie im Zielkonflikt zum zentralen Kundenbedürfnis stehen, der emotionalen Kundenbindung sogar schaden (vgl. Abschn. 3.4).

3.2 Orchestrierung erzeugt gefühlte Einzigartigkeit

Im Abschn. 1.2 haben wir ausführlich erläutert, dass Fan-Beziehungen auf erlebter Wiederholung basieren – dass also Fans das, was sie einst zum Fan machte, immer und immer wieder erleben wollen. Dies führt zu einem Gefühl der Einzigartigkeit, sprich zu genau derjenigen Wahrnehmung von Differenzierung, die sich über Leistung allein oft nicht mehr erzeugen lässt. Wie lässt sich dieser Mechanismus von Fan-Beziehungen am besten auf das Beziehungsmanagement von Unternehmen übertragen? Wie können Unternehmen zentrale Bedürfnisse ihrer Kunden immer wieder erlebbar machen, damit aus ihren Kunden Fans werden? Hierfür reicht es offensichtlich nicht, dass sich ein Unternehmen – wie in Abschn. 3.1 erläutert – in seiner Positionierung fokussiert auf zentrale Kundenbedürfnisse ausrichtet. Denn dann ist zwar das strategische Ziel formuliert, aber noch nicht, wie es erreicht werden soll. Damit Kunden immer und immer wieder das erleben, was sie zu Fans macht, muss eine intensive Verständigung und gegenseitige Abstimmung aller relevanten Verantwortlichen und Unternehmenseinheiten zwingend gegeben sein. Dafür hat sich das Bild der Orchestrierung als besonders intuitiv und verständlich erwiesen. Dieses Bild ist auch geeignet, um Fokussierung und Orchestrierung gegeneinander abzugrenzen. Zudem macht es den fundamentalen konzeptionellen Unterschied zwischen *FANOMICS* auf der einen Seite und dem „Mehr ist Mehr"-Mantra des Zufriedenheitsmanagements auf der anderen Seite auf sehr plastische Art und Weise sichtbar.

Stellen Sie sich dazu ein renommiertes Orchester vor. Für uns alle gilt es als selbstverständlich, dass sich die Musiker eines Orchesters vor einer Darbietung untereinander abstimmen. Aber lassen Sie uns, der Illustration halber, nun einmal den absurden Fall durchspielen, eine solche Absprache erfolge vor Beginn einer Aufführung nicht. Denkt man dieses Szenario konsequent zu Ende, muss man in diesem Gedankenexperiment zwei Fälle unterscheiden:

1. **Es hat keine Verständigung darüber stattgefunden, *was* überhaupt dargeboten wird.**
   Der erste Fall scheint uns allen völlig absurd. Man stelle sich vor, jeder der Musiker spiele gleichzeitig sein Lieblingsstück, und zwar unabgestimmt. Je nach Temperament und Vorliebe würden also leichte Werke wie z. B. Vivaldis „Allegro" aus den „Vier

Jahreszeiten" oder getragene Stücke wie Griegs „Morgenstimmung" aus der „Peer-Gynt-Suite" oder dramatische Werke wie z. B. Orffs „Carmina Burana" oder Strawinskys „Le Sacre du Printemps" gleichzeitig angestimmt. In dieser Form vorgetragen, würde der Gesamteindruck trotz der exzellenten Darbietungen jedes einzelnen Musikers für den Zuhörer zur unerträglichen Kakofonie, in der er keines der dargebotenen Stücke überhaupt noch identifizieren könnte. Ähnlich, für den Musikliebhaber jedoch wahrscheinlich noch schlimmer, weil akustisch im Höchstmaß unerträglich, verhielte es sich, wenn die Musiker sich zwar zuvor immerhin auf das aufzuführende Werk verständigt hätten, aber nicht auf dessen Tonart. Selbst dem passionierten Klassik-Fan würde es schwerfallen, unter solchen dissonanten Bedingungen überhaupt noch das vereinbarte Werk herauszuhören. Was hier geschieht, haben Sie mit Sicherheit schon erkannt: Zwar hat jeder Einzelne eine professionelle Leistung geboten, doch hat sich das Orchester als Gesamtheit nicht am zentralen Bedürfnis des Publikums, sondern an seinen eigenen Vorlieben ausgerichtet. Der Missklang wäre hier also ein Produkt *fehlender Fokussierung*. Die Konsequenzen haben wir anhand des Fabelwesens der eierlegenden Wollmilchsau bereits ausführlich erläutert.

2. **Es hat keine Verständigung darüber stattgefunden, *wie* ein Stück dargeboten wird.** Ähnlich, aber bei weitem nicht identisch, ist der zweite Fall einzuordnen: Jeder spielt zwar dasselbe Stück in der gleichen Tonart, d. h., das Orchester hat sich durchaus fokussiert. Aber jeder spielt seinen Part in beliebiger Lautstärke, in seinem eigenen Tempo, hört nicht auf den anderen und richtet sich nicht nach den Vorgaben des Dirigenten. Somit hat sich zwar jeder durch die gemeinsame Entscheidung für ein bestimmtes Stück mit seinen Mitmusikern auf ein grundsätzliches Bedürfnis des Publikums als gemeinsames Ziel abgestimmt, also fokussiert, aber jeder macht dennoch unabgestimmt einfach nur das, was er für die Zielerreichung für sinnvoll hält. Das daraus resultierende Handeln kann isoliert betrachtet durchaus hörenswert sein – vielleicht spielt die Querflöte ja ihre eigene Passage zum Herzerweichen schön – aber weil die Streicher sich in diesem Augenblick in den Vordergrund spielen, wird das Publikum diese Feststellung nie treffen können. Der Missklang wäre hier also ein Produkt mangelnder Abstimmung, also *fehlender Orchestrierung*.

Tatsächlich läuft es in vielen Unternehmen ähnlich wie in dem zweiten geschilderten Orchester-Szenario, wenn man die einzelnen Musiker mit den Mitarbeitern vergleicht – oder alternativ mit den einzelnen Kontaktpunkten, an denen die Kunden dieses Unternehmen erleben können: Zwar ist das gemeinsame Ziel im Sinne der Fokussierung klar, allerdings hat keine Abstimmung erfolgt, wie dieses Ziel umgesetzt werden soll. Stattdessen macht in jeder Abteilung, bei jedem Kundenkontakt jeder einfach nur das, von dem er glaubt, dass es das zentrale Bedürfnis des Kunden, auf das man sich zuvor fokussiert hat, am besten erfüllt. Nehmen wir an, bei *BMW* setzt der Vertriebler z. B. auf die Wirkung seiner Kompetenz, der Servicemitarbeiter glaubt an die Bedeutung der Erreichbarkeit und die Kommunikation vermittelt Freude am Fahren, anstatt abgestimmt zu agieren. Wir sprechen in diesem Zusammenhang auch von einem ausgeprägten Silodenken (Luchsinger 2021). Für den Kunden ist das Gesamtwerk unstimmig und kaum zu erkennen (also er weiß nicht, wofür das Unternehmen steht), und bestenfalls werden sich die Blechbläser durchsetzen – also die, die am lautesten spielen. Übersetzt in Unternehmenszusammenhänge hieße das z. B., dass der Mitarbeiter mit dem häufigsten Kundenkontakt sich in der Wahrnehmung des Kunden durchsetzt.

Das Orchester-Beispiel illustriert zum einen, dass Fokussierung die zwingende Voraussetzung für die Steigerung der emotionalen Bindung ist, die Fokussierung aber nicht zum Ziel führt, wenn die sich daraus ergebenden Maßnahmen nicht orchestriert sind. Mit anderen Worten: Es reicht eben nicht, dass alle Aktivitäten auf das Ziel der Erfüllung des zentralen Kundenbedürfnisses fokussiert sind. Damit ein stimmiges Gesamtarrangement entsteht und damit die Wiederholbarkeit gewährleistet ist, müssen diese Aktivitäten auch untereinander perfekt abgestimmt sein – sowohl „Instrumente-übergreifend" als auch bezogen auf jedes einzelne „Instrument".

Das Beispiel illustriert zum anderen sehr treffend den Funktionsmechanismus des von uns schon mehrfach kritisierten „Mehr ist Mehr"-Mantras des Zufriedenheitsmanagements: Denn auch dort geben zwar alle gleichzeitig mit ihren jeweiligen „Instrumenten" (also in ihrer Funktion z. B. als Vertriebler, Servicemitarbeiter, Kommunikationsverantwortlicher) ihr Bestes. Aber sie tun es unabgestimmt und mit vollem Einsatz: Jeder spielt seine eigene Melodie mit voller Lautstärke – macht also mit viel Aufwand das, wovon er glaubt, dass es das Beste für den Kunden ist, anstatt abgestimmt zu agieren und bestimmte Aktivitäten zu unterlassen, die entweder überflüssig oder sogar kontraproduktiv sind, weil sie nichts zur Bedürfniserfüllung beitragen oder dahingehend sogar schädlich sind.

Bei *FANOMICS* dagegen geht es um echte Orchestrierung, d. h. alle spielen nicht nur dasselbe Stück in derselben Tonart, sondern dieses auch bis ins kleinste Detail abgestimmt – mal sind die Bläser im Vordergrund, mal die Streicher usw. Erst das filigrane Arrangement der unterschiedlichen Instrumentengattungen und Lautstärken schafft das Gesamtkunstwerk. Und wenn im übertragenen Sinne der Paukist in Joseph Haydns Symphonie „mit dem Paukenschlag" eben diesen Paukenschlag vergisst, dann ist das Werk für den geübten Zuhörer nicht komplett.

Dieses Bild der Orchestrierung hilft uns, die Mechanik der gefühlten Einzigartigkeit aus der Fan-Forschung auf die Unternehmenswelt zu übertragen und daraus eine Handlungsanleitung für Unternehmen zu erarbeiten. Doch wie lautet diese Handlungsanleitung? Was bedeutet „Orchestrierung" für Unternehmen? Wie lässt sich dieses Bild auf den Unternehmensalltag und die Ausgestaltungen von Kundenbeziehungen übersetzen?

Wir wollen zur Verdeutlichung ein anderes, im Kundenmanagement mittlerweile weit verbreitetes Bild verwenden, und zwar das der Kundenreise. Es beschreibt, dass Kunden wie Reisende im Laufe ihrer Kundenbeziehung verschiedene Stationen erreichen, die sogenannten Kontaktpunkte oder Touchpoints. Diese Kundenreise beginnt mit der Geschäftsanbahnung und dem Verkaufs-/Vertriebsprozess. Sie umfasst gleichermaßen die Leistungserbringung (typische „Stationen" sind z. B. das Produkt, die Lieferung, der Service oder das Beschwerdemanagement) – und die Kommunikationskanäle (z. B. Website, Printwerbung, Newsletter) (vgl. Kuehnl et al. 2019; Følstad und Kvale 2018). Erfolgreiche

Orchestrierung setzt ein fundiertes Verständnis von der Kundenreise mit ihren verschiedenen Touchpoints voraus. Auch wenn es unternehmens- und branchenübergreifend große Übereinstimmungen hinsichtlich der Kundenreise gibt, lohnt sich der Blick auf unternehmensspezifische Besonderheiten. Orchestrierung im Kundenbeziehungsmanagement bedeutet dann, dass über die Kundenreise hinweg an allen Kontaktpunkten das zentrale Kundenbedürfnis erlebbar gemacht wird. Wir werden den gesamten Prozess der Fokussierung und Orchestrierung entlang der vollständigen Kundenreise im Folgenden an einem Ihnen bekannten Unternehmen exemplarisch komplett durchspielen. Zuvor möchten wir allerdings noch bislang Versäumtes kurz nachholen: Nämlich Ihnen eine Definition von *FANOMICS* präsentieren.

3.3 Definition von *FANOMICS*

In Abschn. 3.1 und 3.2 haben wir die wesentlichen Merkmale von Fan-Beziehungen – Identifikation und gefühlte Einzigartigkeit – auf das Kundenbeziehungsmanagement von Unternehmen übertragen und dabei mit der Fokussierung und der Orchestrierung die beiden relevanten Hebel herausgearbeitet, wie Unternehmen Kunden zu Fans machen können. Schließlich haben wir mit Bezug auf das Modell der Kundenreise erläutert, was Orchestrierung konkret für Unternehmen bedeutet. Damit haben wir alle wesentlichen Bausteine für eine Definition von *FANOMICS* beisammen:

► *FANOMICS* bedeutet, dass Unternehmen durch Fokussierung und Orchestrierung zentrale Bedürfnisse in der Wahrnehmung der Kunden an allen Kontaktpunkten der Kundenreise leistungsseitig und kommunikativ immer wieder erlebbar machen. So entsteht in den Köpfen der Kunden eine Monopolstellung, die sie zu Fans macht.

Diese Definition beinhaltet nicht nur die wesentlichen Hebel „Fokussierung" und „Orchestrierung". Sie verdeutlicht gleichermaßen mit Bezug auf das Modell der Kundenreise, dass es sich bei *FANOMICS* um ein Management-Steuerungssystem handelt und *nicht* ausschließlich um ein Marketing-, Kommunikations-, Kundenmanagement- und Vertriebssteuerungssystem. *FANOMICS* betrifft also das gesamte Unternehmen, auch die Leistungserbringung und alles, was mit dieser in Zusammenhang steht.

Im Folgenden wollen wir anhand eines konkreten Best-Practice-Beispiels erläutern, wie *FANOMICS* erfolgreich eingesetzt wird. Wir haben dazu aus vier Gründen den Lebensmitteldiscounter *ALDI Süd* ausgewählt:

1. *ALDI Süd* verfügt über eine hohe Bekanntheit und Marktdurchdringung. Praktisch jeder Leser ist entweder Kunde oder hat irgendwann konkrete Erfahrungen mit dem Unternehmen oder dem vergleichbar aufgestellten Schwesterunternehmen *ALDI Nord* gesammelt. Dies ist hilfreich, um die Implementierungsschritte nachzuvollziehen.

2. *ALDI Süd* steht gerade *nicht* für ein aufregendes Produkt. So illustrieren wir, dass die Produkteigenschaften entgegen weit verbreiteter Vorurteile *kein* relevanter Erfolgsfaktor für den erfolgreichen Einsatz von *FANOMICS* sind.
3. Innerhalb der Lebensmittelbranche wird *ALDI Süd* gemeinhin nicht mit hoher Kundenorientierung in Verbindung gebracht. Daher nutzen wir dieses Beispiel, um gängige Glaubenssätze des Kundenbeziehungsmanagements zu widerlegen.
4. Um dem Eindruck von Eigenwerbung entgegenzusteuern: Es besteht und bestand *zu keinem Zeitpunkt* eine Geschäftsbeziehung zwischen den Buchautoren und *ALDI Süd*. Unsere Rückblende auf die beiden Unternehmensgründer, die Brüder Albrecht (vgl. Abschn. 3.4), wird zeigen, dass *ALDI Süd* bereits lange, bevor wir das *Fan-Prinzip* entdeckt und daraus *FANOMICS* entwickelt haben, intuitiv die zugrunde liegenden Regeln beachtet und umgesetzt hat.

3.4 Beispiele aus der Praxis VII: *ALDI Süd* – das Einfach-Prinzip

Hand aufs Herz, wenn Sie gefragt würden, welches Unternehmen des Lebensmittelhandels für besonders hohe emotionale Kundenbindung steht, wären Sie spontan auf *ALDI Süd* gekommen?

Im Rahmen des *Fanfocus Deutschland* messen wir regelmäßig auch die *Fan-Quoten* von marktführenden Anbietern des Lebensmittelhandels (vgl. Abb. 3.14). Dass die durchschnittliche *Fan-Quote* im Lebensmittelhandel mit 16 % unter dem Ergebnis anderer Bran-

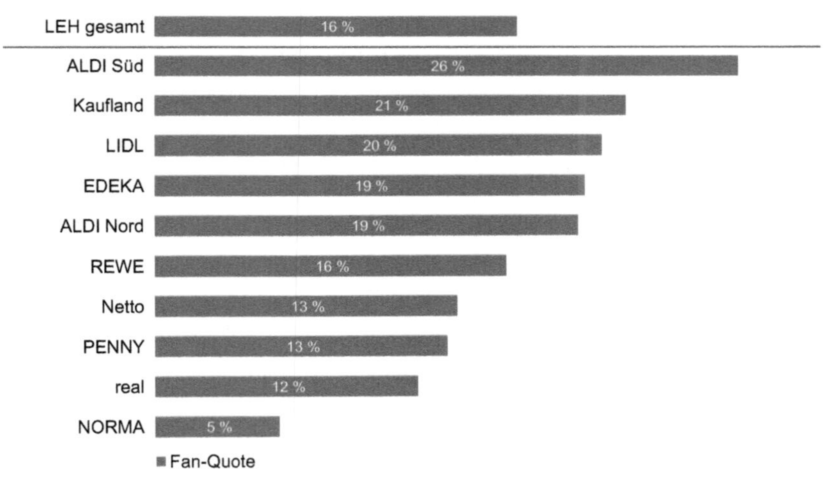

Basis: 1.000 Interviews von Kunden der aufgelisteten Anbieter
Quelle: *2HMforum.*-Grundlagenforschung *Fanfocus Deutschland* 2021

Abb. 3.14 *Fan-Quoten* im Lebensmitteleinzelhandel 2021

chen liegt, mag aufgrund des herrschenden Preiswettbewerbs und Serviceentzugs nicht überraschen. Erstaunlich für die meisten ist jedoch, dass ausgerechnet der Preisprimus *ALDI Süd* seit vielen Jahren konstant der Lebensmittelhändler mit der höchsten *Fan-Quote* ist – in unserer aktuellen Messung (*Fanfocus Deutschland* 2021) liegt sie bei 26 %.

Warum ist dieses Ergebnis für viele überraschend? Weil sie intuitiv „hohe Kundenorientierung" mit „besonders freundlich" gleichsetzen. Dass dieses pauschale Verständnis von Kundenorientierung falsch ist, gerade dafür ist *ALDI Süd* ein hervorragendes Beispiel – ebenso wie für den Mehrwert von *FANOMICS* als kundenwertbasiertes Steuerungsinstrument. Denn *ALDI Süd* steuert seine Kundenbeziehungen wie *FANOMICS* nach der Idee des *Fan-Prinzips* und das Verständnis von „Kundenorientierung" ist dabei ein zentraler Erfolgsfaktor. Wie genau dieses Verständnis aussieht und wovon es geprägt ist, das wollen wir uns im Folgenden unter Berücksichtigung weiterer Erfolgsfaktoren der Implementierung gemeinsam anschauen.

3.4.1 Zentrale Kundenbedürfnisse identifizieren

Der erste Erfolgsfaktor von *FANOMICS* ist die Identifikation der zentralen Kundenbedürfnisse. Und tatsächlich: *ALDI Süd* bedient das zentrale Bedürfnis vieler Lebensmittelkunden in Deutschland. Gemessen am Anteil aller Konsumausgaben geben die Menschen in kaum einem anderen westlichen Land weniger Geld für Lebensmittel aus als in Deutschland (Statistisches Bundesamt 2020). Wer einmal im europäischen Ausland, sei es in Frankreich, Spanien, Italien oder der Schweiz, einen Lebensmittelgroßmarkt besucht und dessen Preise mit den deutschen Lebensmittelhandelsketten verglichen hat, hat einen plastischen Eindruck davon, wie sich der Stellenwert von Nahrungs- und Genussmitteln auf Warenvielfalt, Warenpräsentation und Einkaufserlebnis niederschlägt. Auch Qualität hat dort einen anderen Stellenwert und man bezahlt dafür gerne einen angemessenen Preis. Über die Qualität von Lebensmitteln spricht man hierzulande hingegen nur dann, wenn das Thema wieder einmal durch einen Skandal vorübergehend ins öffentliche Bewusstsein gerückt ist. Ansonsten gilt: Die Deutschen wollen beim Lebensmitteleinkauf keine Einkaufserlebnisse, sie wollen keinen freundlichen Smalltalk mit dem Kassierer und sie brauchen auch niemanden, der ihnen ihren Einkauf in Tüten verpackt, wie es der amerikanische Handelsriese Walmart vergeblich versuchte (Grabitz und Seidl 2006). Beim Lebensmittelkauf handelt sich für die meisten Deutschen offenbar um ein klassisches *Low-Involvement*-Thema, das heißt, es geht primär um „günstig und schnell". Denn für unwichtige Themen möchten wir so wenig Aufwand wie möglich betreiben. Die Positionierung von *ALDI Süd* trifft exakt dieses Bedürfnis – und damit voll ins Schwarze.

Eine solche Preispositionierung ist nicht per se ein Erfolgsgarant. Das konnten wir bereits anhand der ausführlich analysierten Pleite der Baumarktkette *Praktiker* zeigen (vgl. Abschn. 3.1.5): Kein anderer Baumarkt wurde als so preisgünstig wahrgenommen. Doch diese Strategie wurde *Praktiker* letztlich zum Verhängnis: Denn Heimwerker suchen das Premiumprodukt – der Preis spielt für sie eine nachgelagerte Rolle. Ganz anders im Lebensmitteleinzelhandel: Viele Deutschen wollen billige Lebensmittel – und bei *ALDI Süd* bekommen sie sie. Wobei, wie die folgenden Ausführungen verdeutlichen werden, *ALDI Süd* nicht nur das Bedürfnis nach „billig" virtuos „bedient" – sondern eben auch nach „schnell".

Diese Ausführungen zu *ALDI Süd* und *Praktiker* verdeutlichen, wie notwendig gesicherte und belastbare Informationen hinsichtlich der zentralen Kundenbedürfnisse für den Aufbau erfolgreicher Kundenbeziehungen sind. Denn nichts ist so fatal und folgenschwer wie eine Fehleinschätzung der zentralen Kundenbedürfnisse: Sämtliche Folgeaktivitäten, nämlich die Orchestrierung von Leistungsaspekten und Kommunikation, laufen dann sprichwörtlich ins Leere. Das kostet Unternehmen nicht nur sehr viel Geld, sondern wird unweigerlich die Beziehung zu ihren Kunden belasten – Abwanderungen sind die unweigerliche Konsequenz. Wie im Fall von *Praktiker* kann in letzter Konsequenz sogar die Existenz des Unternehmens auf dem Spiel stehen.

Um also sichere Entscheidungen über die Kundenbedürfnisse zu ermöglichen, haben wir mit der *Fan-Ampel* ein spezielles Analyseinstrument entwickelt. Eine vereinfachte modellhafte Darstellung für *ALDI Süd* (vgl. Abb. 3.15) verdeutlicht – basierend auf einer Kundenbefragung –, welche Bedürfnisse für das Entstehen der emotionalen Bindung von *ALDI Süd*-Kunden besonders wichtig sind und welche weniger wichtig. Wir nennen diese zentralen Bedürfnisse daher im Folgenden „Bindungstreiber". Die beiden wichtigsten Bindungstreiber bei *ALDI Süd*-Kunden sind „ist sehr schnell" und „ist sehr günstig". Das Beispiel zeigt, wie notwendig valide Befragungsergebnisse sind, um eine belastbare Grundlage für den weiteren Implementierungsprozess von *FANOMICS* zu schaffen.

Wahrnehmung	Relevanz für emotionale Bindung
ist sehr schnell	hoch
ist sehr günstig	hoch
steht für Entlastung	hoch
bietet hochwertige Produkte	mittel
ist sehr abwechslungsreich	mittel
ist sehr serviceorientiert	mittel
ist sehr erfolgreich	niedrig
ist sehr kompetent	niedrig
ist sehr fair	niedrig
ist sehr nachhaltig	niedrig

Quelle: *2HMforum.*-Grundlagenforschung

Abb. 3.15 Auszug der *Fan-Ampel* von *ALDI Süd*: „schnell" und „günstig" sind die wichtigsten Bindungstreiber

Gerne möchten wir Sie an dieser Stelle zu einer kurzen Reflexion motivieren: Wie ist das bei Ihrem Unternehmen? Was ist das zentrale Kundenbedürfnis bei Ihnen, analog dem „ist sehr schnell" bei *ALDI Süd*? Worauf fußt Ihre Einschätzung? Und wie sehen das andere Entscheider in Ihrem Unternehmen? Genauso wie Sie? Denn nur dann kann eine orchestrierte Vermittlung funktionieren.

3.4.2 Zentrale Touchpoints identifizieren

Nachdem wir nun die zentralen Bedürfnisse der *ALDI Süd*-Kunden kennen, ist es im nächsten Schritt erforderlich, die Stationen der Kundenreise, also die Touchpoints zu identifizieren. Das klingt zunächst einfach, ist aber, wenn man es gründlich betreibt, eine große Herausforderung: Der Repräsentant eines Premium-Automobilherstellers beispielsweise begann seinen Vortrag auf unserer *Fan-Prinzip*-Konferenz vor einigen Jahren mit einem Chart, auf dem ca. 220 Quadrate abgebildet waren, sonst nichts. Was hatte dieses Einstiegschart mit Kundenbeziehungsmanagement und *FANOMICS* zu tun? Die Auflösung: Bei den Quadraten handelte sich um die ca. 220 Touchpoints, die dieser Automobilhersteller entlang der Kundenreise seiner Kunden identifiziert hatte, vom ersten potenziellen Berührungspunkt über den Pre-Sales- und Sales-Prozess bis hin zum After-Sales und sämtlichen begleitenden Kommunikationsmaßnahmen. Und per Mausklick auf die Quadrate wurde eine ausführliche Beschreibung des jeweiligen Touchpoints sichtbar, ebenso eine genaue Erläuterung, wie der Kontakt an diesem Touchpoint zu gestalten ist, um das zentrale Kundenbedürfnis zu erfüllen.

Viele Unternehmen fühlen sich von dieser perfekten, aber stark theoriegeleiteten Vorgehensweise überfordert, insbesondere in der Einführungsphase von *FANOMICS*. Sie entspricht zudem auch nicht einer Pareto-optimierten Implementierung, die die unterschiedliche Bedeutung der Touchpoints berücksichtigt. Denn die verschiedenen Kontaktpunkte sind nicht gleich wichtig für das Entstehen emotionaler Kundenbindung. Aber wie können wir herausfinden, welche besonders wichtig sind, um unsere Ressourcen zunächst auf diese Kontaktpunkte zu konzentrieren? Auch dafür haben wir ein eigenes Analyseinstrument entwickelt, die *Touchpoint-Ampel*. Für die Erstellung der *Touchpoint-Ampel* ist die Grundlage ebenfalls eine umfassende Kundenbefragung (vgl. Abschn. 4.2).

In unserem Beispiel *ALDI Süd* zeigt die *Touchpoint-Ampel* in einer stark vereinfachten Form (das heißt reduziert auf wenige Touchpoints), welche Kontaktpunkte in der Kundenreise besonders wichtig sind für die Gesamtwahrnehmung des zentralen Bindungstreibers „*ALDI Süd* ist sehr schnell" (vgl. Abb. 3.16). Wir setzen dabei auf die Erkenntnisse aus der *Fan-Ampel* von *ALDI Süd* auf.

In der Spalte mit der Überschrift „Relevanz für zentrales Bedürfnis ‚ist sehr schnell'", erkennen wir, dass der Touchpoint „Kasse" der wichtigste ist. Auch die Touchpoints mit der zweit- oder drittwichtigsten Wirkung auf den zentralen Bindungstreiber können der

Touchpoint	Relevanz für zentrales Bedürfnis „ist sehr schnell"	Kundenbewertung
Kasse	hoch	gut
Preise	hoch	mittel
Filiale (Aufbau)	hoch	gut
Sortimentsvielfalt	mittel	mittel
Service	niedrig	schlecht

Quelle: *2HMforum.*-Grundlagenforschung

Abb. 3.16 Auszug der *Touchpoint-Ampel* von *ALDI Süd*: Am hochrelevanten Kontaktpunkt „Kasse" entsteht Passung, da *ALDI Süd* gut bewertet wird. (▶ https://doi.org/10.1007/000-53x)

Touchpoint-Ampel entnommen werden, in unserem Beispiel sind dies die Preise und der Filialaufbau.

Gerne möchten wir Sie an dieser Stelle wie schon nach der Vorstellung der *Fan-Ampel* (vgl. Abschn. 3.4.1) wieder zu einer kurzen Reflexion einladen: Wie ist das bei Ihrem Unternehmen? Was sind bei Ihnen die wichtigsten Touchpoints, analog der Kasse bei *ALDI Süd*? Worauf fußt Ihre Einschätzung? Und wie sehen das wohl andere Entscheider in Ihrem Unternehmen?

Stellt sich abschließend die Frage, ob die Informationen zur Relevanz der Touchpoints allein ausreichen, um die Maßnahmen zur Steigerung der *Fan-Quote* optimal zu steuern. Tatsächlich empfiehlt es sich, für diese Entscheidung auch die Performance am jeweiligen Touchpoint zu berücksichtigen – und zwar aus der Sicht des Kunden. In unserem *ALDI Süd*-Beispiel sind diese Bewertungen in der Spalte mit der Überschrift „Kundenbewertung" dargestellt. Wir sehen, dass die Kasse gut, die Preise mittelmäßig und die Filiale (Sortiment) wieder gut bewertet wird. Es wäre in diesem konkreten Fall zu prüfen, ob unerschlossene Potenziale eher und günstiger dort zu heben sind, wo die hohe Relevanz mit einer schlechteren Kundenbewertung einhergeht, also in unserem *ALDI Süd*-Beispiel bei dem Touchpoint „Preise".

3.4.3 Fokussieren und Orchestrieren auf zentrale Kundenbedürfnisse

Sind die zentralen Kundenbedürfnisse und Touchpoints identifiziert, so folgt der wesentliche Schritt der Implementierung von *FANOMICS*: Es gilt, sich im Rahmen der Positionierung auf die zentralen Kundenbedürfnisse zu fokussieren, diese dann entlang der Kundenreise zu orchestrieren und insbesondere an den hoch relevanten Touchpoints erlebbar zu machen.

Wir kommen damit zum eigentlichen Erfolgsrezept, denn *ALDI Süd* gelingt es – so, wie in der Definition von *FANOMICS* beschrieben –, das zentrale Bedürfnis der Kunden nach „billig und schnell" – also nach einem ökonomisch effizienten Einkaufsprozess – an allen relevanten Kontaktpunkten optimal zu bedienen: Viele *ALDI Süd*-Kunden wollen „billig und schnell" – und genau das bekommen sie. Das, und sonst nichts. *ALDI Süd* sagt also bewusst „Nein" zu sämtlichen Leistungsaspekten, die nicht das Kernbedürfnis der Kunden bedienen. Dabei nimmt *ALDI Süd* bewusst auch punktuelle Unzufriedenheit in Kauf.

Wie wir anhand der *Touchpoint-Ampel* gezeigt haben, ist die Kasse ein besonders relevanter Kontaktpunkt, ein sogenannter Moment der Wahrheit, wenn es um die orchestrierte Befriedigung des zentralen Bedürfnisses der Kunden nach Schnelligkeit geht. Hier sorgt ein Wechselspiel aus gezieltem Mitarbeiterverhalten und Prozessoptimierung für ein stimmiges Kundenerlebnis.

Schauen wir zunächst auf das Mitarbeiterverhalten: Vielleicht ist es Ihnen bereits aufgefallen, wenn Sie einen *ALDI Süd*-Kassierer beobachtet haben – sein Verhalten ist verbindlich, aber keineswegs überschwänglich freundlich. Es mag sein, dass Sie sich darüber sogar schon geärgert haben, dass z. B. *ALDI Süd*-Kassierer anders als bei vielen Einzelhandelskonkurrenten häufig auf ausführliche Begrüßungsformeln verzichten – selbst vom Augenkontakt wird den *ALDI Süd*-Kassierern in vielen Fällen abgeraten (Feurer 2021).

Warum ist es mit Blick auf das zentrale Kundenbedürfnis sogar notwendig, dass sich dieser Mitarbeiter an der Kasse „nur" verbindlich verhält, und warum nimmt *ALDI Süd* dafür offensichtlich auch eine gewisse Verärgerung Ihrerseits in Kauf? Umgekehrt gefragt: Was würde denn passieren, wenn sich der Kassierer besonders freundlich verhalten würde? Sicher würde sich der eine oder andere Kunde hierdurch ermuntert sehen und es als Einladung zum Smalltalk verstehen – mit verheerenden Konsequenzen für die Kunden in der Warteschlange hinter ihm, die ja „nur" schnell wieder raus wollen. Also nimmt *ALDI Süd* die Unzufriedenheit dieses Kunden mit Redebedarf billigend in Kauf (und sagt bewusst „Nein" zum Thema „besonders freundliche Kassierer"), wohl wissend, dass nur so die Interessen der übrigen Kunden gewahrt werden können. Aus dem Beispiel können wir fünf wesentliche Erkenntnisse ableiten:

1. Zunächst zeigt dieses Beispiel sehr plakativ, dass vor dem Hintergrund der Fokussierung auf zentrale Kundenbedürfnisse das vielfach pauschalisierte Verständnis von „Kundenorientierung" ausdifferenziert werden muss. Kundenorientierung ist nicht automatisch eine Freundlichkeits- und Charmeoffensive. Kundenorientierung bedeutet, sich auf die Kundenbedürfnisse einzustellen. Und überall dort, wo es den Kunden um Schnelligkeit geht (und das ist viel häufiger der Fall, als man gemeinhin denkt), bedeutet „weniger Freundlichkeit" sogar „mehr Kundenorientierung".
2. Das bewusste „Nein" zu mehr Freundlichkeit an der Kasse bedeutet auch das bewusste „Nein" gegenüber Kunden, denen Freundlichkeit beim Kauf von Lebensmitteln besonders wichtig ist. *ALDI Süd* geht also bewusst das Risiko ein, diese Kunden zu verlieren (oder erst gar nicht zu gewinnen). Das ist der (offensichtlich) akzeptable Preis dafür, einem attraktiven Kundenpotenzial das zu bieten, was es erwartet.

3. Maßnahmen im Kundenmanagement unreflektiert zu initiieren (z. B. nach dem besagten „Mehr ist Mehr"-Mantra des Zufriedenheitsmanagements) kann unter Umständen nicht nur nichts nützen, sondern der Kundenbeziehung sogar Schaden zufügen. Stellen Sie sich vor, *ALDI Süd* wüsste nicht um die zentrale Relevanz von „schnell" für seine Kunden oder hätte den Zielkonflikt zwischen „freundlich" und „schnell" nicht verstanden. Dann würde man die Mitarbeiter in den Filialen möglicherweise aufwändig schulen, besonders freundlich zu agieren. Dies wäre dann nicht nur verschwendetes Geld, sondern würde der Beziehungsqualität sogar schaden.
4. Wenn Mitarbeiter ihre Funktion als Markenbotschafter erfüllen sollen, bedeutet dies, gegebenenfalls bereits bei ihrer Auswahl gezielt auf eine entsprechende „Passung" zu achten. Wesentlich ist darüber hinaus, sehr klar und transparent die Verhaltensregeln zu formulieren, zu trainieren und regelmäßig die Einhaltung zu überprüfen.
5. Dieses Beispiel macht den diametralen Unterschied zwischen dem Zufriedenheitsmanagement und *FANOMICS* deutlich. In der Lehre des Zufriedenheitsmanagements wären die unweigerlich schlechten Bewertungen der Freundlichkeit des Kassierers nicht akzeptabel. Man würde mit Macht dagegen anarbeiten. Denken Sie in diesem Zusammenhang an die Metapher der Orchestrierung: Beim Zufriedenheitsmanagement spielt jeder seine Melodie in voller Lautstärke, ohne Rücksicht auf die Auswirkungen auf das Erlebnis und die Erwartungen des Kunden.

Ebenfalls auffällig im Hinblick auf das Erleben von „schnell" ist: Kein Lebensmittelhändler reagiert so flexibel und schnell wie *ALDI Süd* auf steigenden und sinkenden Andrang an den Kassen durch Öffnung und Schließung derselben. Voraussetzungen sind neben einer klar formulierten Prozessvorgabe auch ein flexibler Personaleinsatz – sowie Mitarbeiter, die diese Vorgaben auch sensibel und aufmerksam umsetzen, weil sie verstanden haben, was auf dem Spiel steht, wenn sie Kunden zu lange an den Kassen warten lassen.

Blicken wir nun auf einige ausgewählte Prozesse an der Kasse, die ebenfalls zur Wahrnehmung von „*ALDI Süd* ist sehr schnell" beitragen:

- Auch für die Prozesse spielt der Kassierer eine wichtige Rolle. Von *ALDI Süd*-Mitarbeitern wird berichtet, dass sie an der Kasse pro Stunde 3400 bis 3500 Artikel zu scannen haben – das entspricht etwa 55 Artikeln pro Minute oder fast einem Artikel pro Sekunde (Heidenfelder 2018). Die hohe Verbindlichkeit dieser Vorgabe lässt sich daran ablesen, dass im Computer nachvollzogen werden kann, wie viele Artikel tatsächlich gescannt wurden. Zudem wird von einer 15-Sekunden-Regel berichtet: Die Abwicklung des Einkaufs an der Kasse mit Scannen der Artikel und Rückgeld zusammensuchen darf demnach nicht länger als 15 Sekunden dauern. Auch diese Vorgabe zeigt Wirkung: Eine Studie kommt zu dem Ergebnis, dass ein Kassenvorgang bei *ALDI Süd* im Durchschnitt zwischen 20 und 25 Sekunden dauert und damit rund 17 Sekunden schneller abgewickelt wird als beim besten Konkurrenten (Schlautermann 2009).

- Ebenso hilft der Kassenaufbau dabei, den Bezahlvorgang zu beschleunigen. Zugegeben – wenn man die Bequemlichkeit der *Edeka-* oder *REWE-*Warenauffangmulde an der Kasse gewohnt ist, ist man bei *ALDI Süd* schnell überfordert. Während sich bei den Vollsortimentern die gekauften Waren in einem opulenten Auffangbecken sammeln und dort darauf warten, bis man sie nach dem Zahlen eingesammelt und verstaut hat, müssen Sie sich bei *ALDI Süd* beeilen. Denn wenn Sie dort beim Einpacken nicht mit dem Tempo Schritt halten, das der Kassierer beim Einscannen vorlegt, landen ihre Produkte – im schlimmsten Fall – auf dem Boden. Ein Umstand, der sicher zu Stress und Verärgerung führen kann, den aber viele *ALDI Süd-*Kunden wiederum billigend in Kauf nehmen – wohlwissend, dass dies die Kunden in der Warteschlange vor ihnen genauso betrifft und es daher das eigene Warten wie gewünscht verkürzt (Feurer 2021). Dass der Zusammenhang zwischen der „Warenauffangmulde" und der Schnelligkeit des Kassiervorgangs bereits den Firmengründern bekannt gewesen sein dürfte und von diesen von Anfang an konsequent berücksichtigt wurde, wird in dem TV-Doku-Drama „Die Aldi-Brüder" angedeutet, als einer der Albrecht-Brüder den Schreiner anweist, den Kassentisch zu kürzen (Ley 2018).
- Schließlich: Treue-Aktionen, Lose und ähnliches – so beliebt sie auch bei dem einen oder anderen Kunden sein mögen – sind bei *ALDI Süd* eher eine Seltenheit, denn diese beanspruchen zusätzliche Zeit, um nach z. B. Treuepunkten zu fragen, diese zu zählen, zu buchen oder auszuhändigen.
- Wenn sich aktuelle Tests bewähren, wird es bei *ALDI Süd* in absehbarer Zeit gar keine Kassen mehr geben, diese werden durch den „smarten" Einkaufswagen ersetzt: Dieser erfasst automatisch die Preise der Waren im Warenkorb und fügt sie dem Kassenbon hinzu, der auf einem Display zu sehen ist. Am Ausgang wird der Bon vom Einkaufswagen ausgedruckt, den man an einem Terminal scannt und per Karte bezahlt. (Schuldt 2021). Eine enorme Zeitersparnis beim Bezahlvorgang wäre die Folge.

Wir haben Ihnen am Beispiel *ALDI Süd* und dem Touchpoint „Kasse" erläutert, wie gezielt und effektiv sich das Erlebnis des Kunden entwickeln lässt, wenn man weiß, in welche Richtung man denken muss. Verlassen wir damit den Kontaktpunkt „Kasse" und wenden uns dem zweitwichtigsten Touchpoint zu, nämlich den Preisen.

Dem einen oder anderen mag sich die Frage stellen, wie man den Touchpoint „Preise" in Richtung „schnell" optimieren kann. Dies hängt damit zusammen, dass viele diesen Kontaktpunkt intuitiv mit der absoluten Höhe assoziieren und darauf reduzieren. Dabei gibt es viele weitere Hebel, wie die Preiswahrnehmung von Kunden in Richtung „schnell" optimiert werden kann. Einige ausgewählte finden Sie bei *ALDI Süd* umgesetzt, wobei auch dabei der Kassierer bzw. die Kasse eine bestimmte Rolle spielt:

- Vor der Einführung der Scanner-Technik mussten die *ALDI Süd-*Kassierer alle Artikelpreise auswendig lernen und diese jeweils händisch eintippen. Auch das ist in dem TV-Dokudrama „Die ALDI-Brüder" sehr schön nachgestellt und legt nahe, dass den Pionieren schon lange vor der Entdeckung des *Fan-Prinzips* und der Entwicklung von

FANOMICS die extreme Bedeutung der Schnelligkeit des Einkaufsprozesses für ihre Kunden bewusst war (Ley 2018). So wird in einer Szene ein Bewerbungsgespräch gezeigt, bei dem die potenzielle Mitarbeiterin ihre Fähigkeiten im Kopfrechnen unter Beweis stellen muss. Auch dies war in den Anfängen sicher ein Faktor, der den Bezahlvorgang beschleunigte. Zudem wurde die Anzahl der verschiedenen Preise bei *ALDI Süd* limitiert, um den Mitarbeitern das Auswendiglernen zu erleichtern.

- Durch den Einsatz eines elaborierten Lesesystems können die Strichcodes auf den gekauften Produkten ausgelesen werden, ohne dass der Mitarbeiter den Zahlencode direkt an den Scanner halten muss. Mit der Hilfe von Spiegeln und Scannern können die Strichcodes, die bei *ALDI Süd* möglichst groß gehalten sind, aus jeder Position erkannt werden – auch wenn das Produkt schon stark zerknittert ist.
- Auch bei den gewährten Zahlungsarten macht *ALDI Süd* keine Kompromisse. Als bei vielen Wettbewerbern bargeldloses Bezahlen mit EC-Karten und Kreditkarten schon lange zum Serviceangebot gehörten, galt bei *ALDI Süd* noch lange die Devise „Nur Bares ist Wahres". Dahinter verbarg sich die Erkenntnis, dass das Plastikgeld den Zahlungsvorgang meist verlängert. Erst seitdem *ALDI Süd* über ein einzigartig schnelles Transaktionsverfahren verfügt, sind auch EC-Cash und seit einigen Jahren auch Kreditkarten erlaubt.

Nun wollen wir nach der Kasse und den Preisen noch einen kursorischen Blick auf die nächsten relevanten Touchpoints werfen und die Frage beantworten, wie dort das zentrale Kundenbedürfnis nach „schnell" umgesetzt wird:

- Der Aufbau der Filialen besitzt einen hohen Wiedererkennungswert: Während man sich bei Besuchen in verschiedenen *REWE*- oder *Edeka*-Märkten meist wieder vollständig neu orientieren muss, sind die Filialen von *ALDI Süd* immer nach demselben Prinzip aufgebaut. Der Kunde fühlt sich sofort heimisch und verliert wenig Zeit mit der Suche nach den gewünschten Artikeln.
- Die Sortimentstiefe ist, wenn man die Vielfalt aus den Regalen der Vollsortimenter gewohnt ist, sehr gering. Oftmals reduziert sich die Auswahl auf zwei bis drei verschiedene Marken je Produktkategorie. Wenn man allerdings voraussetzt, dass für die Kunden von *ALDI Süd* der Kauf von Lebensmitteln keinen großen Stellenwert hat, so erleben sie diese eingeschränkte Auswahlmöglichkeit als hochgradig entlastend, denn *ALDI Süd* hat quasi für sie eine sinnvolle Vorauswahl getroffen und damit die eigene Entscheidung erleichtert und beschleunigt. Dieses Muster kennen wir aus vielen Branchen: Geht es für die Kunden um Schnelligkeit, führt nicht die Sortimentstiefe zu hoher Zufriedenheit. Oftmals werden unter diesen Bedingungen Anbieter mit einem eingeschränkten, bedarfsgerechten und transparenten Angebot besser bewertet. Der erfreuliche Nebeneffekt für den Anbieter: Auch für die Mitarbeiter im Service oder im Verkauf wirkt sich ein reduziertes Angebot entlastend aus. Sie müssen weniger Produkte kennen und wissen dafür über die angebotenen Produkte besser Bescheid.

Abschließend sei angemerkt, dass sich die Fokussierung auf das zentrale Kundenbedürfnis „schnell“ bei *ALDI Süd* auch in der Unternehmensstrategie wiederfindet, und zwar bei der Definition der relevanten Zielpersonen. Dort gilt vermeintlich die Richtlinie, dass das Angebot der *ALDI Süd*-Filialen ältere Zielgruppen ab 75 Jahren nicht adressiert, mit der Begründung, dass ältere Menschen die benötigte Prozessgeschwindigkeit nicht mehr mitbringen. Tatsächlich sieht man diese Zielgruppe in den *ALDI Süd*-Filialen selten (Schlautermann 2008).

Wir haben am Beispiel *ALDI Süd* illustriert, wie der Prozess der Fokussierung und Orchestrierung im Rahmen der Implementierung von *FANOMICS* im Detail abläuft und uns dabei auf die Leistungsprozesse konzentriert. Es stellt sich also die Frage, wie die Orchestrierung der Kommunikationsprozesse abläuft. Die Vorgehensweise ist analog. Auch hier wird basierend auf den Erkenntnissen der *Fan-Ampel* mittels einer *Touchpoint-Ampel* analysiert, wie stark welches Kommunikations- und Werbemedium (beispielsweise Website, Printwerbung, Messen, Funkwerbung und Werbebroschüren) das zentrale Kundenbedürfnis bedient (vgl. Abschn. 4.3). So können auch kommunikationsseitig die hochrelevanten Touchpoints entsprechend orchestriert werden. *ALDI Süd* verfolgt dies konsequent. Ohne dies in derselben Detailtiefe darzustellen, wollen wir auf einen Aspekt der Kommunikation bei *ALDI Süd* eingehen, nämlich den Claim. *ALDI Süd* hat sich seit 2015 dem Einfach-Prinzip verschrieben (Abb. 3.17). Was das genau bedeutet, möchten wir mit einem Zitat aus einer Pressemitteilung von *ALDI Süd* erläutern:

> „Tagtäglich treffen wir unzählige Entscheidungen. Da ist Orientierung gefragt – auch beim Einkauf. Und genau die bietet *ALDI Süd*. Hier kann man ‚einfach einkaufen‘ – schnörkellos und unkompliziert für mehr Lebensqualität. Um diese Kernbotschaft zu illustrieren, schaltet die Unternehmensgruppe *ALDI Süd* ab dem 22. September 2015 erstmals Außenwerbung in weiten Teilen Süd- und Westdeutschlands. Insgesamt vier verschiedene Motive unterstreichen das ‚Einfach-Prinzip‘, mit dem der Discounter seiner bewährten Linie treu bleibt: der Konzentration auf das Wesentliche.
>
> *Entscheidungen leicht gemacht*
>
> Was bedeutet ‚einfaches Einkaufen‘ bei *ALDI Süd*? Zum einen eine sorgfältige Vorauswahl. Entscheidungen sollen nicht durch einen Überfluss an Auswahlmöglichkeiten erschwert werden – unnötiges Kopfzerbrechen entfällt. *ALDI Süd* hat außerdem immer die besten Produkte und Angebote. Dieses Prinzip spiegelt sich auch in den Filialen wider. Ein freundlicher und hilfsbereiter Service ist bei *ALDI Süd* selbstverständlich. Dazu gehört auch, dass Waren einfach übersichtlich präsentiert werden. So ist der Einkauf einfach schnell erledigt und die Kunden haben trotzdem alles, was sie brauchen. Da bleibt mehr Zeit für Familie und Hobbys sowie mehr Geld für schöne Dinge. Das Leben ist schon kompliziert genug, deshalb möchten wir es unseren Kunden wenigstens beim Einkauf so einfach wie möglich machen“, sagt Sandra-Sibylle Schoofs, Leiterin Marketing von *ALDI Süd*. „Qualität zum besten Preis bleibt dabei unser oberstes Gebot. So müssen die Kunden bei der Auswahl nicht lange überlegen, die Arbeit haben wir im Vorfeld schon erledigt. Das spart Zeit und Geld.“ (Aldi Süd 2015)

Die Kampagne wurde durch vier unterschiedliche Anzeigenmotive und Werbefilme umgesetzt und fortlaufend aktualisiert. Die gewählten Motive stellen allesamt das Kernbedürfnis der *ALDI Süd*-Kunden in den Mittelpunkt, nämlich den lästigen Lebensmittel-

Abb. 3.17 Das „Einfach-Prinzip" von *ALDI Süd* macht Passung mit den zentralen Kundenbedürfnissen auch kommunikativ erlebbar. (Mit freundlicher Genehmigung von © *ALDI Süd* 2021. All Rights Reserved)

einkauf mit so wenig Ressourcenaufwand wie möglich zu absolvieren und die dadurch gesparten Ressourcen für wichtigere Themen wie Hobbys und Familie einzusetzen.

Es stellt sich abschließend die Frage, ob sich diese konsequente Orchestrierung von *ALDI Süd* entsprechend der Konzeptidee von *FANOMICS* positiv auf das Kundenfeedback auswirkt, und zwar gleichermaßen auf die gefühlte Passung und die wahrgenommene Einzigartigkeit. Um das zu überprüfen, schauen wir auf die vollständige *Fan-Ampel*, die zusätzlich zur Relevanz der Bindungstreiber für die emotionale Bindung nun auch Informationen über die „Kundenbewertung" und den „Wettbewerbsvergleich" umfasst (Abb. 3.18).

Beim Blick in die mittlere Spalte „Kundenbewertung" der *Fan-Ampel* erkennt man, dass *ALDI Süd* bei dem zentralen Bedürfnis „*ALDI Süd* ist sehr schnell" von den Kunden eine Stärke zugeschrieben wird, womit die Grundlage für erlebte Passung und damit für Identifikation gegeben ist. Und schließlich verdeutlicht die rechte Spalte der *Fan-Ampel*, dass es *ALDI Süd* gelingt, hinsichtlich der Schnelligkeit besser wahrgenommen zu werden als der Wettbewerb. Das Ergebnis zeigt eindrucksvoll, wie die konsequente Orchestrierung nach dem *Fan-Prinzip* zur Wahrnehmung der Passung und zum Gefühl der Einzigartigkeit beiträgt und warum *ALDI Süd* die höchste *Fan-Quote* im Lebensmitteleinzelhandel hat.

Wahrnehmung	Relevanz für emotionale Bindung	Kundenbewertung	Aldi ist im Vergleich zum Wettbewerb ...
ist sehr schnell	hoch	gut	besser
ist sehr günstig	hoch	gut	besser
steht für Entlastung	hoch	gut	besser
bietet hochwertige Produkte	mittel	gut	gleich
ist sehr abwechslungsreich	mittel	mittel	schlechter
ist sehr serviceorientiert	mittel	mittel	gleich
ist sehr erfolgreich	niedrig	gut	besser
ist sehr kompetent	niedrig	mittel	gleich
ist sehr fair	niedrig	schlecht	gleich
ist sehr nachhaltig	niedrig	mittel	gleich

Quelle: *2HMforum.*-Grundlagenforschung

Abb. 3.18 *Fan-Ampel* von *ALDI Süd* verdeutlicht das Entstehen von Identifikation: Zentrale Bindungstreiber werden gut bewertet und differenzieren gegenüber dem Wettbewerb (▶ https://doi.org/10.1007/000-53y)

3.5 Beispiele aus der Praxis VIII: *Miele* – Orchestrierung von Leistung und Kommunikation

„Diese Jungs haben von vorne bis hinten alles durchdacht." – Wenn eine geniale Unternehmerpersönlichkeit wie Steve Jobs, Mitgründer, langjähriger CEO und bis zu seinem Tod das „Gesicht" von *Apple*, so über den deutschen Haushaltsgerätehersteller *Miele* redet, verdient dies in einem Buch über das *Fan-Prinzip* und seine Transformation auf die Kundenbeziehungen einen genaueren Blick. Denn dieses Zitat könnte bedeuten, dass *Miele* zentrale Kundenbedürfnisse genau verstanden hat und diese Bedürfnisse an allen Kontaktpunkten gezielt bedient – also konsequent nach dem Konzept von *FANOMICS* arbeitet. Wenn das so wäre, müsste sich dies in einer hohen *Fan-Quote* niederschlagen. Dies konnten wir leicht überprüfen, denn wir haben im Rahmen des *Fanfocus Deutschland* auch die Beziehungsqualität der Kunden der führenden Haushaltsgerätehersteller erhoben. Und tatsächlich, das Ergebnis ist beeindruckend: *Miele* ist nicht nur der Anbieter mit den meisten Fans – der Haushaltsgerätehersteller aus Gütersloh mit den legendären langlebigen Waschmaschinen lässt bedeutende Wettbewerber wie *Bosch*, *Liebherr*, *AEG* und *Bauknecht* um Längen hinter sich. Die *Fan-Quote* von 38 % ist darüber hinaus auch branchenübergreifend ein Spitzenergebnis (vgl. Abb. 3.19). Diese herausragende Beziehungsqualität versetzt *Miele* bis heute in die Lage, deutlich höhere Preise durchzusetzen als der Wettbewerb – eine wesentliche Voraussetzung für Profitabilität und Wachstum.

Die Daten belegen: *Miele* ist also ein Unternehmen, das das *Fan-Prinzip* intuitiv erfolgreich praktiziert, und zwar streng genommen schon seit über einhundert Jahren. Als die

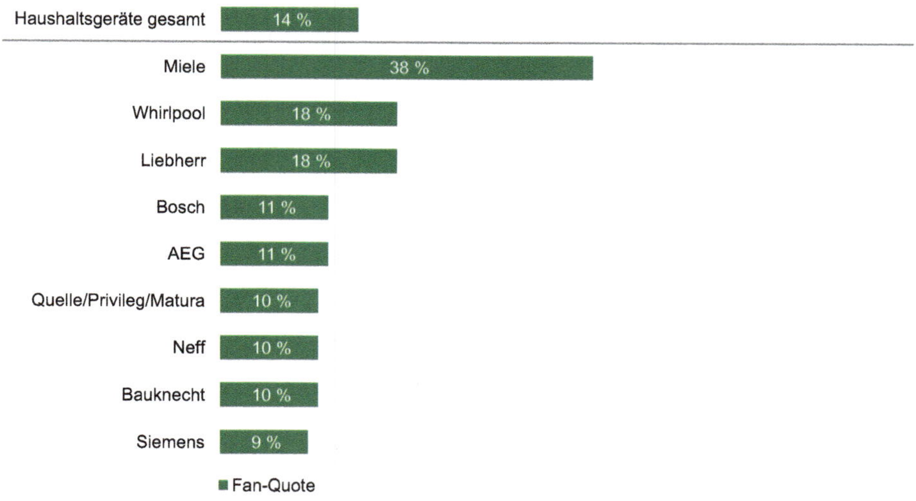

Basis: 921 Kundeninterviews über die neun marktführenden Unternehmen (Marktanteil > 2 %) der Haushaltsgerätebranche
Quelle: *2HMforum.*-Grundlagenforschung *Fanfocus Deutschland* 2013

Abb. 3.19 Die *Fan-Quoten* in der Haushaltsgerätebranche

beiden Gründer Carl Miele und Reinhard Zinkann 1899 ihre ersten Milchzentrifugen auf den Markt bringen wollten, gab es in der weiteren Umgebung bereits etablierte Wettbewerber in großer Zahl. Auf der Suche nach einer klaren Differenzierung mussten sich die Gründer, vergröbert dargestellt, zwischen den Attributen „besser" oder „billiger" entscheiden. Man entschied sich für „Immer besser" – und nahm dabei den Mehraufwand bei Konstruktion und Material in Kauf. Ziel war es, bei Langlebigkeit, Zuverlässigkeit, Ergebnisqualität und Bedienkomfort die Nummer eins am Markt zu werden und zu bleiben. Der Anspruch der Qualitäts- und Innovationsführerschaft war geboren – von den Gründern damals auf den Punkt gebracht durch das Markenversprechen „Immer besser", das das Unternehmen bis heute prägt.

Bevor wir näher darauf eingehen, wie *Miele* dieses Markenversprechen sowohl leistungsseitig als auch kommunikationsseitig für die Kunden an allen Kontaktpunkten erlebbar macht, wollen wir uns einen kurzen Moment auf die Frage besinnen, welches Bedürfnis *Miele* mit diesem Versprechen bedient. Diametral zu den bereits dargestellten Ansprüchen von beispielsweise *ALDI Süd*-Kunden (vgl. Abschn. 3.4) haben wir es bei den typischen *Miele*-Kunden mit Menschen zu tun, bei denen die Entscheidung für Haushaltsgeräte – und in besonderem Maße für die Waschmaschine, das Vorzeigeprodukt von *Miele* – mit hohem Involvement einhergeht. Der hohe Anspruch an Qualität und Innovation spiegelt das Sicherheitsbedürfnis der *Miele*-Kunden wider, für sich und ihre Familien nicht nur etwas Gutes, sondern das Bestmögliche zu tun. Sei es im traditionellen Familienbild die Hausfrau, die sich über die Qualität ihrer Hausarbeit definiert, sei es im modernen Verständnis die Familie mit zwei berufstätigen Elternteilen: Sie alle eint die Sehnsucht nach Entlastung, also nach einem Haushaltsgerät, das sie nicht im Stich lässt. Man will sich hundertprozentig auf die eingesetzten Geräte verlassen können, weil ordentliche und zuverlässige Hausarbeit und damit verbundene Attribute wie Sauberkeit und Hygiene von großer Bedeutung sind.

Um es in aller Deutlichkeit zu sagen: Dies ist nicht das zentrale Bedürfnis *aller* Kunden von Haushaltsgeräten. Sonst wäre der Erfolg von Anbietern wie *Neff* oder *Whirlpool*, die sich stärker über den Preis positionieren, nicht zu erklären. Aber offensichtlich ist in Deutschland das Potenzial an Kunden mit einem ausgeprägten Qualitäts- und Innovationsbedürfnis und korrespondierender Zahlungsbereitschaft im Haushaltsgerätebereich ausreichend groß, um *Miele* bis heute attraktive Wachstumsmöglichkeiten zu bieten. Doch wie bedient *Miele* diese Klientel? Wie orchestriert *Miele* seine Leistungserbringung konsequent im Hinblick auf das Qualitäts- und Innovationsbedürfnis dieser Kunden?

An erster Stelle sei die Produktpolitik genannt: *Miele* fokussierte sich im Laufe der Jahrzehnte vom breit aufgestellten Ausrüster für die Landwirtschaft hin zu Elektrogeräten für Küche, Wäsche- und Bodenpflege im Privathaushalt – sowie auf artverwandte Elektrogeräte für den Einsatz in Gewerbebetrieben oder medizinischen Einrichtungen. Ehemals erfolgreiche Produktbereiche wie Molkereitechnik, Fahrräder, Mopeds, Autos oder Küchenmöbel wurden aufgegeben, um alle Produktionskapazitäten, Innovationskraft und Vermarktungsressourcen auf diese Geräte konzentrieren zu können. Auch als Konsequenz dieser Fokussierung kann *Miele* 5 bis 8 % seines Umsatzes, und damit mehr als alle relevanten Wettbewerber, in Forschung und Entwicklung investieren – eine wichtige Voraussetzung dafür, glaubwürdig das Qualitätsbedürfnis der Kunden zu bedienen.

Die Markenführung korrespondiert mit dieser restriktiven Produkt- und Angebotspolitik: Die Vermarktung erfolgt ausschließlich über die Marke *Miele*, die durchweg im Premiumsegment positioniert ist. Es gibt keinerlei Zweitmarken, Billigschienen, zugekaufte Marken oder Produktion für Handelsmarken. Daneben sind zahlreiche Qualitätsmerkmale aus der Produktion aufzuführen:

- Als einziger Hersteller der Branche verwendet *Miele* bei seinen Waschmaschinen Laugenbehälter aus Edelstahl (statt aus Kunststoff).
- Die Trommelkreuze und Ausgleichsgewichte sind aus Gusseisen (hergestellt von einer eigenen Gießerei am Hauptsitz Gütersloh) statt aus Beton gefertigt. Diese sorgen für zusätzliche Stabilität, verhindern eine Unwucht beim Schleudern und sind langlebiger als Betonteile.
- Auch sonstige Komponenten, die mechanischer Beanspruchung unterliegen, sind solider konstruiert als die entsprechenden Produkte der Wettbewerber. Auf den ersten Blick sieht man dies beispielsweise bei den Federn und Dämpfern, an denen das Aggregat aus Trommel, Laugenbehälter und Antrieb aufgehängt ist.
- Als einziger Hersteller der Branche emailliert *Miele* die Fronten seiner Waschmaschinen und Trockner. Dies sorgt für besondere Härte und dauerhaften Glanz.
- Der hohe Metallanteil sorgt für ein konkurrenzlos hohes Gewicht der *Miele*-Waschmaschinen (100 Kilogramm statt 50 bis 75 Kilogramm bei Wettbewerbsprodukten) und eine unübertroffen hohe Recyclingquote von etwa 90 %.

- *Miele* testet Produkte wie Waschmaschinen, Trockner, Geschirrspüler, Kühlgeräte oder Backöfen über anspruchsvolle Belastungs- und Dauertests auf 20 Jahre Haltbarkeit.
- Auch das klare Bekenntnis zu „Made in Germany“ ist eine wesentliche Facette der Leistungserbringung: *Miele* steht unverändert für deutsche Ingenieurskunst, deutsche Wertarbeit und überwiegend deutsche Fertigung. Immer noch finden 90 % der produktiven Wertschöpfung in Deutschland statt. Dies unterscheidet *Miele* vom Wettbewerb und hilft, das Versprechen der Qualitäts- und Innovationsführerschaft glaubhaft zu erfüllen.

Unter zahlreichen weiteren Aspekten sei ein besonders markanter Beleg für die Touchpoint-spezifische Orchestrierung in Richtung „Qualität der Leistungserbringung“ genannt, nämlich das Bekenntnis zum Fachhandel: In Deutschland erfolgt die *Miele*-Vermarktung ausschließlich über autorisierte Vertriebspartner, die anspruchsvolle Mindeststandards bei Präsentation, Beratung und Service gewährleisten. Im Gegenzug unterstützt *Miele* seine Vertriebspartner auf vielfältige Weise, schützt sie im Rahmen des rechtlich und praktisch Möglichen vor denjenigen Vertriebsformen, die diese Standards gerade nicht erfüllen, und verkauft seine Geräte nicht selbst direkt an Endkunden.

Dem aufmerksamen Leser ist es nicht entgangen, und gerade die eben geschilderte Vertriebsstrategie ist ein perfektes Beispiel hierfür: Auch bei *Miele* – genau wie bei *ALDI Süd* (vgl. Abschn. 3.4) – geht die Ausrichtung am zentralen Kundenbedürfnis mit einem konsequenten „Ja zum Nein“ einher:

- Trotz tiefgreifender Veränderung der Handelslandschaft in Deutschland (stetig steigende Marktanteile der Fachmarktketten und des Internets, rückläufige Zahl der Fachhändler) steht *Miele* zum Vertriebsweg „Fachhandel“ – und verzichtet auf vermeintlich schnelles, aber eben nicht positionierungskonformes und damit auch nicht nachhaltig profitables Wachstum über andere Vertriebswege.
- Mit seiner *Fokussierung* auf Haushaltsgeräte widersteht *Miele* der Versuchung, seine enorme Markenstärke zur Ausdehnung in andere Produktbereiche zu nutzen. Im Gegenteil: Über die Jahrzehnte wurde das Sortiment systematisch eingedampft. Auch hier resultiert der Verzicht auf schnellen zusätzlichen Profit aus der Erkenntnis, dass eine glaubwürdige Vermittlung der Qualitäts- und Innovationsführerschaft nur durch Konzentration der Ressourcen zu erreichen ist.
- Auch die beschriebenen Qualitätsmerkmale der Produktion sind Ausdruck eines klaren „Ja zum Nein“, nämlich eines „Nein“ zu billigeren Materialien und Produktionsverfahren, die sich zwar kurzfristig renditesteigernd, mittelfristig aber schnell als schädigend für das Markenbild erweisen würden.

So beeindruckend diese Einzelaspekte auch sind, entscheidend ist die Orchestrierung und im Beispiel *Miele* auch das Zusammenspiel mit einer ebenso orchestrierten Kommunikation. Schauen wir uns dies anhand einiger Beispiele an:

- An erster Stelle sei hier das Markenversprechen „Immer besser" erwähnt, das auf die beiden Unternehmensgründer zurückgeht und seitdem nicht verändert wurde. Wie schon an anderer Stelle erwähnt (vgl. unsere Ausführungen zu *BMW* und *AUDI* in Abschn. 3.1), ist die Konstanz der Markenbotschaft über einen langen Zeitraum in Verbindung mit der konsequenten Erlebbarkeit die wesentliche Voraussetzung dafür, dass eine Markenidentität entsteht und spürbar ist – und damit eine Identifikationsbasis für Fan-Kunden schafft.
- Das zentrale Wesensmerkmal des Familienunternehmens wird von *Miele* sehr pointiert herausgearbeitet, nämlich das Denken in Generationen und nicht in Quartalsberichten. Dies vermittelt Nachhaltigkeit und Verlässlichkeit. Zudem sind die Unternehmensführer aus den Gründerfamilien Identifikationsfiguren, die seit Generationen die Werte personifizieren und transportieren – gegenüber den Mitarbeitern und den Kunden.
- Die Aussage, dass *Miele*-Waschmaschinen 20 Jahre halten, mag sich in der Realität für viele als authentisch bewahrheiten. Aber dass alle – Kunden wie Nichtkunden – nahezu spontan *Miele*-Waschmaschinen mit dem Attribut der Langlebigkeit verbinden, ist vor allem ein Verdienst der Kommunikation – an die Langlebigkeit einer *Miele*-Maschine glauben auch diejenigen, die diese Erfahrung selbst nie gemacht haben.
- Eine wertvolle Aufladung erfährt die Positionierung von *Miele* als Qualitätsführer durch die unabhängigen Auszeichnungen und Testsiegel, die *Miele* permanent verliehen werden. *Miele* nutzt diese Siegel sehr fokussiert und konzentriert sich auf besonders prominente oder belastbare. Dies bedient nachhaltig das Entlastungsmotiv der Kunden, denn es vermittelt Sicherheit.

Der Ertrag aus dieser leistungsseitig und kommunikativ perfekt orchestrierten Kundenreise schlägt sich sichtbar in der *Fan-Ampel* nieder (vgl. Abb. 3.20).

Bei den für die Positionierung als Qualitäts- und Innovationsführer wesentlichen Attributen wie „Innovativität" und „Glaubwürdigkeit" hängt *Miele* seine wesentlichen

Wahrnehmung	Relevanz für emotionale Bindung	Bewertung Miele	Miele ist im Vergleich zum Wettbewerb ...
ist sehr innovativ	hoch	mittel	besser
ist sehr flexibel	hoch	mittel	besser
ist sehr glaubwürdig	hoch	gut	besser
ist sehr fair	mittel	mittel	besser
ist sehr zuverlässig	mittel	gut	besser
arbeitet sehr professionell	mittel	mittel	besser
ist sehr seriös	niedrig	gut	besser
ist sehr erfolgreich	niedrig	gut	besser
hat eine große Marktbekanntheit	niedrig	gut	besser

Quelle: *2HMforum.*-Grundlagenforschung *Fanfocus Deutschland* 2013

Abb. 3.20 Die *Fan-Ampel* von *Miele* zeigt insbesondere die ausgeprägte wahrgenommene Einzigartigkeit

Wettbewerber deutlich ab. Auch wenn die Ausgangssituation, nämlich das zentrale Kundenbedürfnis, ein fundamental anderes ist als bei *ALDI Süd*, so zeigt auch das Beispiel *Miele*, wie sich durch konsequente Ausrichtung an den Konzeptideen von *FANOMICS* nachhaltiges Wachstum realisieren lässt. Da die Möglichkeiten begrenzt sind, sich in einem technologisch ausgereiften Markt durch faktische Leistungserbringung zu differenzieren, entsteht der entscheidende Effekt bei *Miele* erst und gerade durch das Zusammenspiel aus orchestrierter Leistungserbringung und Kommunikation. Die hohe Leistungsqualität ist dabei das wesentliche Fundament, der Kunde erlebt den Claim „Immer besser" als authentisch – doch erst die entsprechend orchestrierte Kommunikation verschafft dieser fokussierten Positionierung die notwendige Identifikation und Einzigartigkeit.

3.6 *FANOMICS:* Von der Entwicklung zur Umsetzung

Das *Fan-Portfolio* hat uns die Augen für die wahre Herausforderung im Kundenbeziehungsmanagement geöffnet: Statt zu versuchen, unzufriedene Kunden zu zufriedenen zu machen, sollte man hochzufriedene Kunden zu solchen mit hohem Kundenwert machen – also zu Fans – was einer Vertikalbewegung in Richtung emotionale Bindung im *Fan-Portfolio* (vgl. Abschn. 1.6) entspricht.

Damit war klar geworden, dass wir neben der neuen Steuerungsgröße *Fan-Quote* auch ein Steuerungskonzept benötigen, das uns hilft, diese Vertikalbewegung im *Fan-Portfolio* auszulösen, um so das Kundenbeziehungsmanagement nachhaltig erfolgreicher zu machen. Ziel war es, mit *FANOMICS* ein solches neues Management-Steuerungssystem vorzustellen und es anhand von Best-Practice-Beispielen zu erläutern. Dabei haben wir uns konsequent am *Fan-Prinzip* orientiert und dieses auf die Beziehungen von Unternehmen zu ihren Kunden übertragen. Bei der Entwicklung dieses neuen Steuerungssystems haben wir mit der Identifikation und der gefühlten Einzigartigkeit die beiden zentralen Wesensmerkmale des *Fan-Prinzips* auf die Beziehung von Unternehmen und ihren Kunden übertragen. Auf diese Weise konnten wir den Mechanismus herausarbeiten, der Kunden zu Fans macht und somit emotionale Kundenbindung ermöglicht. Dieser Mechanismus hat sich in der Definition von *FANOMICS* niedergeschlagen.

Mit der *Fan-Ampel* und der *Touchpoint-Ampel* haben wir Instrumente vorgestellt, mit denen Unternehmen die wesentlichen Informationen zur Implementierung sowie zur Steuerung des *Fan-Prinzips* generieren können. Die *Fan-Ampel* identifiziert die Bindungstreiber und öffnet so den Blick auf die zentralen Bedarfs- und Motivstrukturen der Kunden. Indem sie zusätzlich die Stärken und Schwächen im Wettbewerbsvergleich darstellt, ist sie die wesentliche Informations- und Steuerungsbasis. Denn sie verdeutlicht, wie es um die Passung und wahrgenommene Einzigartigkeit tatsächlich bestellt ist. Und die *Touchpoint-Ampel* liefert Unternehmen konkrete Informationen darüber, welche Touchpoints innerhalb der Kundenreise für das zentrale Bedürfnis von besonderer Bedeutung sind. Somit stellt sie eine Handlungsanleitung dar, an welchen wesentlichen Kontaktpunkten mit der Orchestrierung gestartet werden sollte, um effizient vorzugehen.

Mit *FANOMICS* geht es nicht mehr darum, Kundenerlebnisse isoliert zu betrachten und überall zu glänzen. Vielmehr öffnet *FANOMICS* den Blick auf das große Ganze und zeigt den Unternehmen auf, wo sie glänzen müssen – und wo sie besser „Nein" sagen sollten, sogar sagen müssen, um die Kundenbeziehungsqualität zu fördern. So umgesetzt, entfaltet sich der wirtschaftliche Effekt von *FANOMICS* in zwei Richtungen:

- Durch die wachsende Identifikation und Wahrnehmung von Einzigartigkeit steigt die emotionale Bindung, und es wird die gewünschte Vertikalbewegung im *Fan-Portfolio* ausgelöst: Die *Fan-Quote* erhöht sich, der Kundenwert steigt spürbar.
- Wer entsprechend fokussiert und orchestriert, geht sparsamer mit seinen Ressourcen um, was zu einer nachhaltigen Reduktion der Kosten führt.

So wird klar, warum sich *FANOMICS* massiv auf den wirtschaftlichen Erfolg auswirkt – und warum sich die notwendigen Investitionen bei der Einführung und Umsetzung schnell auszahlen werden (vgl. Kap. 2).

Wir haben in den vergangenen Kapiteln (vgl. Kap. 1, 2 und 3) unsere umfassenden Erkenntnisse über *FANOMICS*, seine Herleitung aus dem *Fan-Prinzip*, seinen Nutzen und seine Wirkmechanismen dargelegt. Wenn Sie dies als Anreiz empfinden, in Ihrem Unternehmen *FANOMICS* einzusetzen, und die Implementierung selbst in die Hand nehmen wollen, so erfahren Sie im folgenden Kap. 4, wie Sie im Detail vorgehen sollten.

Literatur

Aldi Süd (2015) Aldi Süd startet Kampagne zum „Einfach-Prinzip" und schaltet erstmals Außenwerbung. https://unternehmen.aldi-sued.de/de/presse/pressemitteilungen/unternehmen/2015/pressemitteilung-aldi-sued-startet-kampagne-zum-einfach-prinzip/. Zugegriffen am 31.05.2021

Becker R (2014) Wie falsche Werbung den Baumarkt Praktiker in den Ruin trieb. https://www.focus.de/finanzen/experten/becker/20-prozent-auf-alles-wie-falsche-werbung-praktiker-in-den-ruin-trieb_id_3009969.html. Zugegriffen am 25.05.2021

Becker R (2016) Abgasskandal: Aus diesem einen Grund werden die Kunden VW die Treue halten. Focus Online. https://www.focus.de/finanzen/experten/becker/umweltschutz-ist-ueberschaetzt-abgasskandal-warum-die-kunden-vw-trotzdem-die-treue-halten-werden_id_5074996.html. Zugegriffen am 20.05.2021

Facebook (2014) ADAC. https://de-de.facebook.com/ADAC. Zugegriffen am 20.05.2021

Feurer S (2021) Hat Aldi die schnellste Kasse der Welt? Was hinter der 15 Sekunden Regel steckt. https://www.chip.de/news/Hat-Aldi-die-schnellste-Kasse-der-Welt-Was-hinter-der-15-Sekunden-Regel-steckt_179387969.html. Zugegriffen am 31.05.2021

Focus Online (2014) Nach nur einem Jahr: ADAC steigt wieder aus dem Fernbus-Geschäft aus. https://www.focus.de/finanzen/news/umkaempfter-markt-adac-steigt-aus-dem-fernbus-geschaeft-aus_id_4263248.html. Zugegriffen am 19.05.2021

Følstad A, Kvale K (2018) Customer journeys: a systematic literature review. J Serv Theory Pract 28:196–227

Grabitz I, Seidl H (2006) Festung Deutschland. https://www.welt.de/print-wams/article145447/Festung-Deutschland.html. Zugegriffen am 01.07.2021

Heidenfelder E (2018) Kassiererin berichtet: Als ich einen Kunden verarztete, musste ich mich rechtfertigen. https://www.focus.de/finanzen/karriere/arbeitet-im-discounter-seit-sie-15-ist-fast-jede-sekunde-ein-produkt-scannen-aldi-kassiererin-packt-ueber-ihren-job-aus_id_9139347.html. Zugegriffen am 31.05.2021

Kuehnl C, Jozic D, Homburg C (2019) Effective customer journey design: consumers' conception, measurement, and consequences. J Acad Mark Sci 47:551–568

Ley R (2018) Die Aldi-Brüder (aka Aldi – Eine deutsche Geschichte) (Arbeitstitel). AVEpublishing Argon Verlag AVE GmbH, Berlin

Luchsinger C (2021) Kundenzentrierung: Das Silodenken durchbrechen. https://www.linkedin.com/pulse/kundenzentrierung-das-silodenken-durchbrechen-cyrill-luchsinger/. Zugegriffen am 20.07.2021

NDR 1 Niedersachsen (2020) Die VW-Abgas-Affäre: Eine Chronologie. https://www.ndr.de/nachrichten/niedersachsen/braunschweig_harz_goettingen/Die-VW-Abgas-Affaere-eine-Chronologie,volkswagen892.html. Zugegriffen am 16.06.2020

Osman Y (2017) Deutsche Bank löst „Leistung aus Leidenschaft" ab. https://www.handelsblatt.com/finanzen/banken-versicherungen/banken/neuer-slogan-positiverbeitrag-deutsche-bank-loest-leistung-aus-leidenschaft-ab/19769814.html. Zugegriffen am 16.06.2021

Scherbaum C (2020) Epstein, Schwarzgeld, Zinsbetrug: Die größten Skandale der Deutschen Bank. https://www.rnd.de/wirtschaft/deutsche-bank-die-grossten-skandale-HB2SV474SBCWTMU3XVDJ454QOM.html. Zugegriffen am 31.05.2021

Schlautermann C (2008) Lebensmitteldiscounter – Demografie schadet. https://www.handelsblatt.com/unternehmen/handel-konsumgueter/lebensmitteldiscounter-demografie-schadet/2983984.html. Zugegriffen am 16.06.2021

Schlautermann C (2009) Aldi hält Wettbewerber deutlich auf Abstand. https://www.handelsblatt.com/unternehmen/handel-konsumgueter/supermaerkte-aldi-haelt-wettbewerber-deutlich-auf-abstand/3162820.html. Zugegriffen am 16.06.2021

Schuldt R (2021) Pilotprojekt in einer Filiale im Ruhrgebiet. Shopping ohne Kasse: Aldi testet smarten Einkaufswagen. https://www.computerbild.de/artikel/cb-News-Smart-Home-Shopping-ohne-Kasse-Aldi-testet-smarten-Einkaufswagen-30661835.html. Zugegriffen am 01.09.2021

Schumacher O (2012) Pünktlichkeit: Komplexe Größe zwischen öffentlicher Wahrnehmung und betrieblichen Rahmenbedingungen. https://www.deutschebahn.com/resource/blob/1170754/fba6b91841 0fff5a6640bcab87205c52/Themendienst-Puenktlichkeit-data.pdf. Zugegriffen am 19.05.2021

Spiegel (2018) Mayer bricht Zehnkampf-Weltrekord. https://www.spiegel.de/sport/sonst/zehnkampf-kevin-mayer-stellt-neuen-weltrekord-auf-a-1228377.html. Zugegriffen am 16.06.2021

Statistisches Bundesamt (2020) Wirtschaftsrechnungen Laufende Wirtschaftsrechnungen Einkommen, Einnahmen und Ausgaben privater Haushalte (16. Dezember 2020). https://www.destatis.de/DE/Themen/Gesellschaft-Umwelt/Einkommen-Konsum-Lebensbedingungen/Einkommen-Einnahmen-Ausgaben/Publikationen/Downloads-Einkommen/einnahmen-ausgaben-privater-haushalte-2150100197004.pdf. Zugegriffen am 31.05.2021

4 Wie mache ich Kunden wirklich zu Fans?

In den ersten drei Kapiteln haben wir dargestellt, warum es für Unternehmen lohnenswert ist, mit *FANOMICS* Kundenbeziehungen nach dem *Fan-Prinzip* zu managen. *FANOMICS* steht für die grundlegende Ausrichtung Ihres Unternehmens an der emotionalen Kundenbindung – es stellt quasi die neue Maxime Ihres unternehmerischen Handelns dar. In diesem Kapitel wollen wir Ihnen nun vermitteln, wie Sie bei der Einführung der Grundideen von *FANOMICS* in Eigenregie vorgehen sollten. Unser Implementierungskonzept beruht auf unseren Erfahrungen aus mehreren hundert Kundenprojekten. Wir beschreiben damit einen Idealweg, der einen maximalen Erfolg beim Einsatz von *FANOMICS* verspricht. Nicht alle Elemente lassen sich auf exakt die gleiche Art und Weise in jedem Unternehmen umsetzen. Es wird also entscheidend darauf ankommen, dass Sie die folgenden Ausführungen auf Tauglichkeit für Ihr Unternehmen hinterfragen und gegebenenfalls passende alternative Wege einschlagen. Und selbst wenn Sie bestimmte Bausteine aktuell nicht umsetzen können oder wollen, lassen Sie sich davon nicht entmutigen: Machen Sie sich auf den Weg, fangen Sie jetzt an – die Auseinandersetzung mit *FANOMICS* wird Sie inspirieren, und es werden sich schnell erste Erfolge einstellen. Und daraus entstehen die Energie und die Kreativität, auch bisher zurückgestellte Schritte anzugehen.

Als Einstieg wollen wir Ihnen anhand eines Modells von *FANOMICS* die einzelnen Bausteine vorstellen und kurz erläutern (Abb. 4.1).

Ergänzende Information Die elektronische Version dieses Kapitels enthält Zusatzmaterial, auf das über folgenden Link zugegriffen werden kann [https://doi.org/10.1007/978-3-658-35892-1_4]. Die Videos lassen sich durch Anklicken des DOI Links in der Legende einer entsprechenden Abbildung abspielen, oder indem Sie diesen Link mit der SN More Media App scannen.

R. Becker, G. Daschmann, *Das Fan-Prinzip*,
https://doi.org/10.1007/978-3-658-35892-1_4

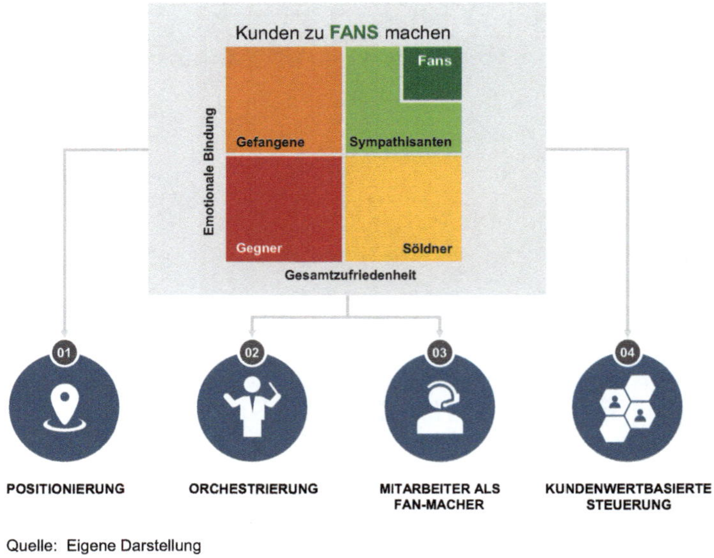

Abb. 4.1 Die Bausteine von *FANOMICS* (Kurzversion/Übersicht)

1. Emotionale Bindung steigt, wenn sich Kunden mit ihrem Anbieter identifizieren, d. h. wenn eine Übereinstimmung besteht zwischen relevanten Bedürfnissen der Kunden und dem, wofür ein Anbieter steht. Die Grundlage dafür schafft die richtige **Positionierung:** Sie fokussiert sich auf zentrale Kundenbedürfnisse und stellt als Identifikationsgrundlage eine größtmögliche Passung zur Unternehmensstrategie, der Unternehmenskultur, den Stärken und den Alleinstellungsmerkmalen her.
2. Emotionale Bindung steigt, wenn diese Passung zwischen den relevanten Bedürfnissen der Kunden und der Positionierung des Unternehmens entlang der Kundenreise immer und immer wieder erlebbar wird. Es geht also um **Orchestrierung,** und zwar
   a. **um die Touchpoint-übergreifende Orchestrierung,** also um alle strukturellen, personellen oder systemischen Maßnahmen, die – einmal initiiert – entlang der Kundenreise an vielen Touchpoints für die gewünschte Passung sorgen,
   b. **um die Touchpoint-spezifische Orchestrierung,** also um alle ergänzenden Maßnahmen zur Ausrichtung einzelner Touchpoints auf die zentralen Kundenbedürfnisse, um das Gefühl der Passung weiter zu verbessern.
3. Emotionale Bindung entsteht durch den **„Herzblutfaktor Mitarbeiter“**: Fan-Mitarbeiter sind Fan-Macher, denn sie erzeugen bei den Kunden das Gefühl von Einzigartigkeit.
4. Emotionale Bindung steigt, wenn bei mangelnder Passung gezielt kundenindividuell gegengesteuert wird. Es geht also um **personalisierte Maßnahmen in Abhängigkeit von der aktuellen Zuordnung im *Fan-Portfolio*.**

4.1 Positionierung

Die **Positionierung** sollte sich auf zentrale Kundenbedürfnisse fokussieren und als Identifikationsgrundlage eine größtmögliche Passung zur Unternehmensstrategie, der Unternehmenskultur, den Stärken und den Alleinstellungsmerkmalen herstellen (Kotler et al. 2011; Homburg 2016).[1] Dabei soll sie im Idealfall gegenüber zentralen Wettbewerbern differenzieren. Schließlich soll sie langfristig Orientierung und Planungssicherheit bieten, denn wesentliche strategische und operative (Investitions-) Entscheidungen sollen durch die Positionierung geleitet und gesteuert werden.

Angelehnt an diese grundsätzlichen Überlegungen werden wir Ihnen in diesem Abschnitt Kriterien vorstellen, anhand derer Sie beurteilen können, wie Erfolg versprechend Positionierungsoptionen im Rahmen von *FANOMICS* sind. Denn für die überwältigende Mehrheit der Unternehmen gibt es nicht *die eine* richtige Positionierung. Warum das so ist, werden wir im Weiteren noch erläutern.

4.1.1 Instrumente und Steuerungssysteme im Positionierungsprozess

Für einen erfolgreichen Positionierungsprozess sind valide und umfassende Informationen über zentrale Kundenbedürfnisse, eigene Stärken und Schwächen sowie die aktuelle Stellung im Wettbewerbsvergleich eine wesentliche Voraussetzung. Es geht um strategische Weichenstellungen, denn die Entscheidungen, die Sie basierend auf diesen Informationen treffen, sollten für viele Jahre belastbar sein und die Grundlage für ein nachhaltiges Wachstum schaffen. Auch wenn immer wieder notwendige Anpassungen an veränderte Rahmenbedingungen stattfinden, so bleibt die definierte DNA des Unternehmens, seine Positionierung, doch immer gleich – Kontinuität ist ein, wenn nicht sogar *der* entscheidende Erfolgsfaktor auf dem Weg, ein Monopol in den Köpfen der Kunden zu kreieren.

Nehmen wir das in diesem Buch bereits zitierte Beispiel *BMW* – ein Unternehmen mit einer auch branchenübergreifend überragenden *Fan-Quote* (vgl. Abschn. 3.1). Natürlich haben sich die Rahmenbedingungen im Automobilbereich in den letzten Jahren und Jahrzehnten ständig verändert. Kundenerwartungen, das Wettbewerbsumfeld, neue Technologien sowie gesellschaftliche und politische Rahmenbedingungen haben den Münchener Automobilkonzern immer wieder gefordert. Dabei konnte sich *BMW* auf eines verlassen: Innerhalb der heterogenen Masse der Autofahrer gab und gibt es eine Zielgruppe, für die „Freude am Fahren" und die damit verbundenen Attribute wie „Sportlichkeit" oder „Spannung" die zentrale Rolle spielen – ein Motiv, das von *BMW* so konsequent und

[1] Auch wenn in der Marketingwissenschaft „Marke" mit „Positionierung" gleichgesetzt wird, verwenden wir die Begriffe im Zusammenhang mit *FANOMICS* bewusst *nicht* synonym, da „Marke" im geläufigen Verständnis auf den kommunikativen Teil beschränkt ist, während es uns um die Orchestrierung von Kommunikation *und* Leistungserbringung geht.

flächendeckend wie von keinem anderen Autobauer bedient wird. Also besteht die Herausforderung „lediglich" darin, bei sich verändernden Rahmenbedingungen die Kundenkontakte immer wieder so anzupassen, dass dieses zentrale Motiv erlebbar bleibt.

Stellen Sie sich vor, *BMW* könnte sich nicht auf die Daten verlassen, die den Weg in diese Richtung zeigten und zeigen. Damit Sie genauso sichere und belastbare Entscheidungen treffen können und Ihre strategische Positionierung nachhaltig Früchte trägt und nicht zum Blindflug wird, benötigen Sie fundierte Informationen und Steuerungsinstrumente:

- Elementar sind fundierte Informationen über die zentralen Bindungstreiber[2] (als Schlüssel zum Verständnis der Kundenmotive). Sie sind zwingend notwendig, damit Sie nicht den gleichen Fehler wie *Praktiker* begehen (vgl. Abschn. 3.1) und Ihr Unternehmen am Bedarf respektive am Marktpotenzial „vorbei" positionieren.
- Ebenso notwendig sind Informationen zu den wahrgenommenen Stärken und Schwächen, um zum einen nicht „aufs falsche Pferd" – also auf Schwächen – zu setzen wie es z. B. die *Deutsche Bank* tat (vgl. Abschn. 3.1), und zum anderen den Erfolg initiierter Maßnahmen kontinuierlich messen zu können.
- Schließlich sind Vergleiche zu Wettbewerbern insbesondere bei der Ausarbeitung der Positionierung von Bedeutung (vgl. Abschn. 4.1.2), damit Sie unter ansonsten gleichwertigen Positionierungsoptionen jene auswählen können, die am ehesten auch Differenzierungspotenzial zum Wettbewerb aufzeigen.

Diese Informationen werden über eine Kundenbefragung generiert. Die Erkenntnisse insbesondere aus der daraus abgeleiteten *Fan-Ampel* (vgl. Abschn. 3.4) spiegeln die aktuelle Positionierung eines Unternehmens aus der subjektiven Sicht der Kunden wider und öffnen den Blick insbesondere auch auf die zentralen Bindungstreiber, die den Startpunkt einer erfolgreichen Positionierung darstellen. Daher sollten vertiefende qualitative Kundenbefragungen genutzt werden, um das Verständnis der identifizierten Bindungstreiber zu vertiefen und dahinterliegende Kundenmotive besser zu verstehen.

Lassen Sie uns dies an einem konkreten Beispiel erläutern: Die *Fan-Ampel* eines fiktiven Unternehmens in der IT-Branche zeigt, dass es für die emotionale Bindung seiner Geschäftskunden von zentraler Bedeutung ist, bei einem marktführenden Unternehmen zu kaufen. Doch warum? Welches konkrete Motiv erzeugt das Gefühl der Passung zu diesem IT-Anbieter? Wollen die Kunden damit einen eigenen Machtanspruch dokumentieren im Sinne von „Ein Unternehmen wie das unsere kauft nur bei dem Besten (der mit dem Marktführer gleichgesetzt wird)?" Oder ist es Ausdruck eines Sicherheitsmotivs nach dem Motto „Wenn wir bei diesem Anbieter kaufen, kann nichts schiefgehen" (bestimmt erinnert sich der eine oder andere in diesem Zusammenhang noch an die frühere Positionierung von *IBM*, „Too big to fail", die genau auf dieses Kundenmotiv ausgerichtet war). Zur Beantwortung solcher Fragen sind qualitative Kundenbefragungen sehr wert-

[2] Wir sprechen von Bindungstreibern, weil in der *Fan-Ampel* die Relevanz bestimmter Eigenschaften von Unternehmen auf die emotionale Bindung der Kunden dargestellt ist.

voll. Zur Verortung der Erkenntnisse hinsichtlich der zugrunde liegenden Motivstruktur der Kunden empfehlen und verwenden wir das *Motiversum*, unser aus der psychologischen Forschung abgeleitetes Modell der emotionsleitenden Motivstrukturen (vgl. Abb. 4.3).

Bei der Suche nach einer erfolgversprechenden Positionierung kommt es entscheidend darauf an, dass zentrale Kundenbedürfnisse und Unternehmensstärken korrespondieren, denn nur dann wird das Unternehmen das Gefühl der Passung bei den Kunden erzeugen können. Daher werden neben der Kundenperspektive auch Informationen darüber benötigt, wie sich das Unternehmen selbst wahrnimmt, wie seine strategische Ausrichtung aussieht, seine Kultur und Werte, und über welche Kompetenzen und Alleinstellungsmerkmale das Unternehmen verfügt, aber auch, welche Schwächen der Erfüllung bestimmter Positionierungsaspekte im Wege stehen. Diese Informationen können durch unterschiedliche Instrumente gewonnen werden, die im Idealfall miteinander kombiniert werden sollten:

- Der *Identitäts-Workshop* gibt Aufschluss über die strategische Ausrichtung, Werte sowie gewünschte Stärken und Differenzierungsmerkmale aus Sicht des Managements.
- Die *Mitarbeiterbefragung* validiert die Erkenntnisse aus dem Identitäts-Workshop. Sie zeigt auf, wie gut es der Unternehmensleitung gelingt, zentrale Werte und Prozesse, die für die Erfüllung der Positionierung essenziell sind, auch erlebbar zu machen.
- Der *Reifegrad-Check* gibt aus Sicht der relevanten Entscheider Aufschluss darüber, inwieweit die Prozesse im Kundenmanagement für eine erfolgreiche Umsetzung der Positionierung geeignet sind. Möchte beispielsweise ein Unternehmen den Kunden das Leben einfacher machen, dann ist eine aktuell gepflegte Datenbasis, die wesentliche Informationen auch zur Kontakthistorie enthält, eine wesentliche Grundlage. Ist das Ergebnis eines solchen Reifegrad-Checks, dass die Datenbasis diese Anforderung nicht in ausreichendem Maß erfüllt, so wäre an diesem Punkt dringend nachzubessern.

All diese Instrumente dienen dazu, die Kundenperspektive, also eine Außensicht auf das Unternehmen, mit der Innensicht aus verschiedenen Perspektiven zu spiegeln. Auch liefert diese Vorgehensweise erste Anhaltspunkte hinsichtlich der Ursachen von Kundenbewertungen.

Die zur erfolgreichen Positionierung benötigten Informationen werden durch den Blick auf das Wettbewerbsumfeld und daraus ableitbare Differenzierungsmöglichkeiten abgerundet:

- Im Rahmen der Kundenbefragung werden auch Wettbewerbskunden befragt. So kann das eigene Stärken-Schwächen-Profil mit dem der zentralen Wettbewerber abgeglichen werden, um Profilierungsfelder zu identifizieren.
- Mittels einer Kommunikationsanalyse wird geprüft, welche Positionen zentrale Wettbewerber in der Ansprache ihrer Kunden aktuell besetzen. Aus den Ergebnissen lässt sich ableiten, welche für die Kunden relevanten Bedürfnisse in welchem Maß von Wettbewerbern kommunikativ bedient werden und wo es möglicherweise unbesetzte relevante Themenfelder gibt, die Differenzierungsmöglichkeiten bieten.

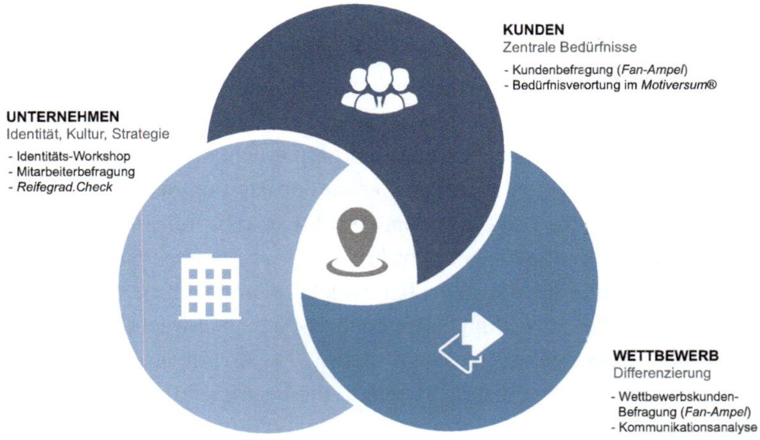

Abb. 4.2 Instrumente zur Informationsbeschaffung im Rahmen des Positionierungsprozesses

Abb. 4.2 stellt die verschiedenen Instrumente zur Informationsbeschaffung im Rahmen des Positionierungsprozesses im Überblick dar; in den folgenden Abschnitten werden sie detaillierter vorgestellt.

4.1.2 Instrumente I: Bindungstreiber identifizieren: Kunden- und Wettbewerbskundenbefragung

Dies ist kein Lehrbuch über Marktforschung. Daher wollen wir uns darauf fokussieren, Ihnen in diesem Kapitel zentrale Fragen zu beantworten, die sich bei der Umsetzung von Kunden- und Wettbewerbskundenbefragungen stellen und Ihnen bewährte Lösungsmöglichkeiten aufzuzeigen:

- **Welche Themen sollten beleuchtet werden?**
  Im Hinblick auf das Implementierungsfeld der Positionierung benötigen Sie aus der Kunden-/Wettbewerbskundenbefragung folgende Informationen:
  - Emotionale Bindung an und Zufriedenheit mit dem Anbieter. Basierend auf diesen Fragen entstehen der *Fan-Indikator* und das *Fan-Portfolio*. Der *Fan-Indikator* bildet die emotionale Bindung der Kunden ab und dient somit als Grundlage zur Aufteilung der Kunden im *Fan-Portfolio*. Er ist zudem zwingend notwendig, um die relevanten Bindungstreiber zu ermitteln. Nur wenn die emotionale Bindung der Kunden bekannt ist, lässt sich auch mittels der *Fan-Ampel* feststellen, welche erfüllten zentralen Bedürfnisse diese Bindung entscheidend aufladen. Insbesondere die ermittelte *Fan-Quote* ist die Grundlage zur Messung der Erfolgswirksamkeit der Positionierung.

– Potenziell relevante Bindungstreiber zur Identifizierung zentraler Bedürfnisse, des Stärken-Schwächen-Profils sowie der wahrgenommenen Differenzierung. Diese Informationen werden in der *Fan-Ampel* verdichtet.

Grundsätzlich stellt sich die Frage, wie der Katalog der abzufragenden Treiber entwickelt wird. Auf der einen Seite gibt es unternehmens- und branchenübergreifend große Übereinstimmungen hinsichtlich der relevanten Bindungstreiber, was für ein standardisiertes Vorgehen spricht. Auf der anderen Seite sind nach unseren Erfahrungen unternehmensspezifische Aspekte so bedeutsam, dass sich individuelle Anpassungen oder Ergänzungen lohnen. Verantwortliche Mitarbeiter, aber auch die Kunden selbst (z. B. im Rahmen qualitativer Interviews) können helfen, diese spezifischen Aspekte zu identifizieren.

- **Wie komplex soll die Kundenbefragung sein? Wie viele Länder, Regionen, Zielgruppen müssen wir abbilden, um daraus die richtigen Schlüsse ziehen zu können?**
Insbesondere in großen Unternehmen mit komplexen Geschäftsbereichen, zahlreichen Kundengruppen und internationaler Ausrichtung stellt sich häufig die Frage, inwieweit die Kundenbefragung diese Komplexität abbilden muss. Da es bei *FANOMICS* um die Suche nach dem gemeinsamen Nenner geht, ist die Antwort einfach: Konzentrieren Sie sich auf Ihr Kerngeschäft, also auf die wichtigsten Märkte und die zentralen Zielgruppen. Weniger ist mehr! Haben Sie auf diesem Weg die richtige Botschaft gefunden, dann übersetzen Sie diese für alle relevanten Kontaktpunkte (Länder, Märkte, Zielgruppen). Was das bedeutet, soll folgendes Gedankenspiel illustrieren:

  Unterstellen wir für einen kurzen Moment, *BMW* hätte nicht bereits seit Jahrzehnten das zentrale Motiv seiner Kunden („Freude am Fahren") erkannt und durch entsprechende Fokussierung und Orchestrierung eine Monopolstellung in den Köpfen erreicht. Dann stünde man bei der Kunden- und Wettbewerbskundenbefragung vor der Herausforderung, aus mehreren Produktreihen, zahlreichen Absatzmärkten und entsprechend heterogenen Kundengruppen das zentrale Kundenmotiv abzuleiten. Man würde voraussichtlich auf eine Kernproduktreihe (z. B. den 5er) und auf Kernmärkte (z. B. Deutschland und USA) schauen. Mit der daraus destillierten Erkenntnis könnte man differenzierte Botschaften für weitere Produktbereiche ableiten. Voraussichtlich ist die „Freude am Fahren" für einen 1er-Fahrer anders zu übersetzen als für einen Fahrer der X-Reihe. Das Gleiche gilt selbstverständlich auch für die Übersetzung auf unterschiedliche Absatzmärkte. All diese Übersetzungsaufgaben sind jedoch, hat man die Botschaft erst gefunden, durchaus leistbar: Das Beispiel aus Abschn. 3.1 hat bereits verdeutlicht, dass selbst technische Ausstattungsmerkmale der Modelle wie der Allradantrieb in die Motivwelt des typischen *BMW*-Fahrers übersetzt werden können.
- **Wie häufig sollte die Kundenbefragung wiederholt werden?**
Auf diese Frage gibt es keine eindeutige Antwort. Da die Herleitung der zentralen Motivstrukturen für eine dauerhafte Ausrichtung und Orientierung gedacht und gemacht ist, besteht aus dieser Perspektive gar keine Notwendigkeit für eine Folge-

messung. Anders sieht das mit der Frage nach den eigenen Stärken und Schwächen sowie der Wahrnehmung des Wettbewerbs aus. Je nachdem, wie dynamisch sich der eigene Auftritt oder der von zentralen Wettbewerbern verändert, können sich sogar unterjährig signifikante Wahrnehmungsunterschiede und damit auch Verschiebungen in der Farbsymbolik der *Fan-Ampel* ergeben. Grundsätzlich gilt: Je kurzfristiger Sie Verschiebungen zu Ihren Ungunsten erkennen, desto schneller können Sie reagieren. Daher ist es empfehlenswert, im jährlichen Turnus zumindest die Bindungstreiber aus der *Fan-Ampel* und die emotionale Kundenbindung abzufragen.

- **Bei Unternehmen aus dem B2B-Bereich: Welche Personen in den Kundenunternehmen sollten befragt werden?**
  Größere Kundenunternehmen verfügen meist über sogenannte Buying-Center, das heißt, kaufrelevante Entscheidungen werden in der Regel nicht von einer Person allein getroffen, sondern es sind mehrere Entscheider involviert – z. B. ein Fachverantwortlicher, ein Einkäufer und ein Geschäftsführer. In diesem Fall stellt sich die Frage, wer im Rahmen der Erhebungen stellvertretend für das Kundenunternehmen befragt werden soll, denn es ist durchaus denkbar, dass der Fachverantwortliche ein Fan und der Einkäufer ein Söldner-Kunde ist. Auch die Bedarfsstrukturen der beteiligten Entscheider aus den unterschiedlichen Funktionsbereichen können sich unterscheiden. Daher empfiehlt es sich, im Vorfeld der Kundenbefragung den Entscheidungsprozess im Kundenunternehmen genau zu durchleuchten und typische relevante Entscheider zu identifizieren. Wenn der begründete Verdacht besteht (der sich auch im Rahmen eines vorgeschalteten Tests validieren lässt), dass sich beteiligte Entscheider aus unterschiedlichen Funktionsbereichen entweder in ihren Bedarfsstrukturen oder in ihrer Beziehungsqualität systematisch unterscheiden, so sollten sie in der Kundenbefragung differenziert betrachtet werden. Haben Sie dabei jedoch Mut zur Lücke. Es sind uns keine Fälle bekannt, bei denen sich mehr als drei Personen aus verschiedenen Funktionsbereichen in einem Kundenunternehmen als wirklich relevante Entscheider erwiesen haben.
- **Gibt es Alternativen zur Kundenbefragung, um die benötigten Informationen zu generieren?**
  Wenn Unternehmen ihre Kunden nicht befragen können oder wollen,[3] um die benötigten Informationen zu generieren, so müssen sie diese auf anderem Weg beschaffen. Als pragmatisch hat sich die Erarbeitung der benötigten Informationen gemeinsam mit den Mitarbeitern mit Kundenkontakt oder dem Top-Management erwiesen. Über Leitfragen wie „Was glauben Sie, welche Eigenschaften beeinflussen besonders stark die emotionale Bindung der Kunden?“ und dann nachfolgend „Welche Touchpoints sind für das Erleben von z. B. Schnelligkeit besonders wichtig?“ können Informationsprozesse simuliert werden, wie sie auch in der Kundenbefragung eingesetzt werden, um die *Fan-Ampel* und die *Touchpoint-Ampel* abzuleiten. Dass die auf diese Weise ge-

[3] Gründe können z. B. datenschutzrechtliche Hürden sein, institutionelle Verweigerungen der Kunden zur Teilnahme oder die Überschneidung mit anderen Kundenbefragungen.

wonnenen Erkenntnisse mit Vorsicht zu betrachten sind, versteht sich von selbst. Vielleicht bietet sich die Möglichkeit, sie in informellen persönlichen Gesprächen mit Kunden zu validieren.

4.1.3 Instrumente II: Kundenbedürfnisse vertiefen und verorten: das *Motiversum*®

Wenn wir die zentralen Bedürfnisse sowie die dahinterliegenden Motivstrukturen von Kunden verstehen wollen, ist es wichtig, sich noch einmal zu vergegenwärtigen, was wir in Abschn. 1.2 bereits eingehend im Zusammenhang mit Emotionen erörtert haben: Bedürfnisse schaffen psychologische Beweggründe, sorgen also für Motive unseres Handelns. Und diese Motive wiederum lösen Emotionen aus, die uns helfen, die entsprechenden Handlungen umzusetzen. So sind in jedem von uns evolutionär mehrere Emotionsprogramme verankert, die durch wichtige Bedürfnisse ausgelöst werden und die dem Ziel dienen, diese Bedürfnisse zu erfüllen (vgl. Panksepp 1998; Scherer 2005; Scheier und Held 2007; Fassbender und Thanhoffer 2011; Myers 2014; Häusel 2016). Wir alle verfügen beispielsweise sowohl über ein emotionales Angstprogramm als auch über ein emotionales Kampfprogramm. Das Angstprogramm löst Fluchtverhalten aus: Es sorgt für das Vermeiden von Gefahr und sichert so unser überlebenswichtiges Bedürfnis nach Unversehrtheit. Die hinter diesem Emotionsprogramm stehenden Motive sind „Sicherheit und Geborgenheit". Das Bedürfnis ist also Unversehrtheit, das Motiv ist Sicherheit, das damit verbundene Emotionsprogramm ist Angst und die Handlung ist Fluchtverhalten. Das Kampfprogramm hingegen löst aggressives Verhalten aus: Es sorgt für das Durchsetzen im Konkurrenzkampf und sichert so unser überlebenswichtiges Bedürfnis nach Ressourcen. Die hinter diesem Emotionsprogramm stehenden Motive sind „Autonomie und Macht". Das Bedürfnis ist also Durchsetzung, das Motiv ist Autonomie, das damit verbundene Emotionsprogramm ist Kampf und das Verhalten ist Aggression. Bedürfnisse, Motive und Emotionen sind somit untrennbar miteinander verbunden.

Dass durch Bedürfnisse und Motive in erster Linie Emotionen ausgelöst werden und nicht etwa der rationale Verstand allein unser Verhalten steuert, ist evolutionär funktional: Nur Emotionen sorgen dafür, dass in solchen zentralen Bedürfnissituationen physiologische Vorgänge stattfinden, die die Erfolgschancen unseres Handelns steigern – wie beispielsweise die Ausschüttung von Hormonen und Neurotransmittern. Emotionen sind eben ganzheitliche körperliche Verhaltensprogramme. Das Beispiel von Angst- und Kampfprogramm zeigt zudem, welche Rolle hierbei dem auslösenden Bedürfnis zukommt. Denn geraten wir in eine Konfliktsituation mit einem Rivalen, geben beide Programme widersprüchliche Signale ab: Das Angstprogramm rät uns, das Feld kampflos zu übergeben, das Kampfprogramm rät uns, unsere Ansprüche zu verteidigen. Welches Programm sich durchsetzt, hängt entscheidend davon ab, welchen Stellenwert das zugrunde liegende Bedürfnis hat und ob es stärker im Bereich des Sicherheitsmotivs oder des Autonomiemotivs verortet ist.

Emotionen dienen somit dem Erfüllen von Bedürfnissen und dem Verwirklichen von Motiven. Und andererseits lösen das Erreichen von Motiven sowie das Erfüllen von Bedürfnissen in uns positive Emotionen aus, die wir als Belohnung und somit als erstrebenswert empfinden. Eben darum, so haben wir gezeigt, ist eine Fan-Beziehung eine Beziehung mit emotionaler Bindung: Weil sie zentrale Bedürfnisse erfüllt und hierdurch positive Emotionen auslöst.

Will man die zentralen Bedürfnisse seiner Kunden verstehen, ist es also wichtig, die Motivstrukturen zu identifizieren, die hinter den Bedürfnissen der Kunden stehen und deren Erfüllung bei ihnen positives emotionales Erleben auslöst. Um dies zu erleichtern, hilft es, sich die grundlegenden verschiedenen Richtungen und Ausprägungen von Motiven vor Augen zu führen – quasi in einer Art Landkarte der Motivstrukturen. Wir haben eine solche Landkarte erstellt – das *Motiversum*. Es stellt das Universum der möglichen Motivstrukturen beschreibend und erschöpfend dar, macht es grafisch erfahrbar und hilft so bei der Veranschaulichung (vgl. Abb. 4.3).

Bei der Herleitung des *Motiversums* haben wir uns an den grundlegenden evolutionären Emotionsprogrammen nach Panksepp (1998) orientiert, die wir in Abschn. 1.2 schon näher erläutert haben: SEEKING, FEAR und RAGE sind darunter die zentralen evolutionären Programme, die unser Verhalten tagtäglich steuern. Das SEEKING-System sucht nach neuen Reizen und Belohnungen, das FEAR-System vermeidet Gefahr und versucht Sicherheit herzustellen. Und das RAGE-System ist mit Durchsetzungsbestreben im Konkurrenzkampf assoziiert. Die dahinterliegenden Motivstrukturen kann man demnach benennen: Das SEEKING-System setzt auf „Inspiration und Neugier", das FEAR-System steht für „Sicherheit und Geborgenheit" und das RAGE-System strebt nach „Autorität und

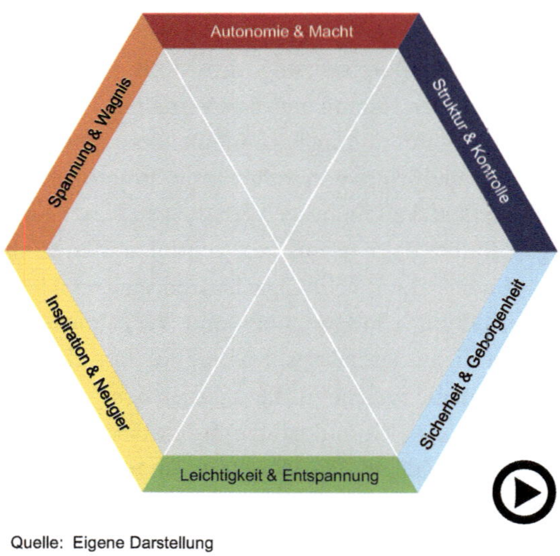

Abb. 4.3 Das *Motiversum*: Landkarte der emotionsleitenden Motivstrukturen (▶ https://doi.org/10.1007/000-542)

Macht". Damit sind die ersten drei grundlegenden Bausteine des menschlichen Emotionskosmos benannt. Gleichzeitig ergeben sich aus dem Zusammenspiel dieser drei Grundströmungen wiederum benennbare Mischformen: Zwischen dem Motiv der „Sicherheit und Geborgenheit" einerseits und dem Streben nach „Autonomie und Macht" andererseits verbirgt sich der Wunsch nach „Struktur und Kontrolle" aller Umstände. Zur anderen Dimension hin ergibt sich zwischen „Sicherheit und Geborgenheit" auf der einen Seite und „Inspiration und Neugier" auf der anderen Seite der Wunsch nach unverbindlicher und gefahrloser Anregung, also nach „Leichtigkeit und Entspannung". Und der Wunsch nach „Inspiration und Neugier" wiederum trifft sich auf der anderen Seite mit dem Streben nach „Autonomie und Macht" im Motiv der Risikobereitschaft, also in „Spannung und Wagnis".

Das *Motiversum* mit seinen sechs Segmenten ähnelt einer Reihe ähnlicher Taxonomien aus der psychologischen Literatur, die alle versuchen, die den Emotionen zugrunde liegenden Motive zu ordnen und zu strukturieren. So präsentieren Scheier und Held (2007, 145 ff.) ebenfalls sechs Emotionsdimensionen: Sie gehen von den drei „Grundbelohnungen" Sicherheit, Autonomie und Erregung aus, die sie um die drei Zwischendimensionen Genuss, Disziplin und Abenteuer erweitern. Fassbender und Thanhoffer (2011, 135 ff.) übernehmen fünf dieser Dimensionen, ersetzen aber den Begriff der „Erregung" durch den der „Stimulanz". Ähnlich geht auch Häusel (2016, 38 ff.) von drei zentralen Emotionssystemen Balance, Dominanz und Stimulanz aus, die auch hier für Sicherheit, Neugier und Macht stehen. Sie werden ergänzt durch die Mischformen Abenteuer, Fantasie und Disziplin. Barden (2013) legte eine ähnliche Taxonomie für den englischen Sprachraum vor. All diesen Taxonomien ist gemein, dass sie – ausgehend von Befunden der Psychologie und Neurologie – aus den drei Grundmotiven Sicherheit, Durchsetzung und Neugier den gesamten emotionalen Motivkosmos herleiten. Dasselbe leistet das von uns entwickelte *Motiversum* – allerdings mit z. T. anderen Begriffen, die uns für unsere Zwecke, nämlich die Einordnung von Kundenbedürfnissen, geeigneter erscheinen.

Mit den sechs Feldern des *Motiversums* haben wir somit die sechs zentralen Motive identifiziert, in die sich nun die Bedürfnisse von Kunden anschaulich einordnen lassen. Auf den ersten Blick scheint dies ein einfacher Vorgang: So würde möglicherweise ein Lebensversicherer seine Kunden im Motivfeld „Sicherheit und Geborgenheit" vermuten, während ein Hersteller von Outdoor-Wear vermutlich seine Kunden bei „Spannung und Wagnis" verorten würde. Das klingt zunächst plausibel, muss aber nicht richtig sein, weil es eben nicht allein das Produkt ist, das automatisch die Kundenbedürfnisse vorgibt, sondern, wie wir noch zeigen werden, die tatsächliche Positionierung des Unternehmens. Daher ist die Identifizierung der zentralen Bedürfnisse sowie der dahinterliegenden Motivstrukturen eine der wesentlichen Herausforderungen des Positionierungsprozesses: Um den Zugang zu den Motivstrukturen zu finden, ist die Frage zu beantworten, warum die Bindungstreiber, die sich in der *Fan-Ampel* als hochrelevant für die Kunden erweisen, so wichtig für die emotionale Bindung sind. In der Praxis hat es sich bewährt, zum fundierten Verständnis der zentralen Bedürfnisse im Anschluss an eine klassische *quantitativ-standardisierte* Kundenbefragung eine *qualitative* Analysephase anzuschließen. Dies kann alternativ im Rahmen von Fokusgruppen oder in Form von Tiefeninterviews geschehen. Dabei sind die zentralen Leitfragen:

- Warum sind bestimmte Bindungstreiber für die Kunden so wichtig? Welche Motive sowie damit einhergehende Emotionen verbergen sich dahinter?
- Wo innerhalb der Kundenreise werden sie erlebt?
- Was führt dazu, dass ein Unternehmen von den Kunden hinsichtlich dieser Bindungstreiber als stark bzw. schwach wahrgenommen wird?

Das *Motiversum* ermöglicht dann anhand der Ergebnisse der qualitativen Studie die eindeutige Zuordnung der zentralen Kundenbedürfnisse (also der Bindungstreiber) zu den sechs grundlegenden Motiv- und Emotionsstrukturen und den damit einhergehenden typischen Verhaltensmustern. Dies erleichtert sowohl die Ausrichtung der Positionierung auf die relevanten Motivstrukturen als auch die gezielte Orchestrierung.

Lassen Sie uns das genauer erläutern, indem wir noch einmal auf das fiktive Unternehmen in der IT-Branche zurückkommen. Als zentraler Bindungstreiber seiner Kunden erwies sich, bei einem marktführenden Unternehmen Kunde zu sein. Unterstellen wir, die weiterführende qualitative Analyse hätte ergeben, dass dies Ausdruck der Devise ist: „Wenn wir bei diesem Anbieter kaufen, kann nichts schiefgehen.“. Daraus könnte man auf eine starke Verankerung im Motiv-Bereich der „Sicherheit“ schließen. Typische Verhaltensmuster sind das Streben nach Stabilität und damit einhergehend die Vermeidung jeglicher Veränderung.

Dieses Wissen vorausgesetzt, könnte unser IT-Beispielunternehmen seine Positionierung und natürlich auch den Orchestrierungsprozess zielgenauer auf diese zentralen Sicherheitsmotive seiner Kundenunternehmen ausrichten.

4.1.4 Instrumente III: Identität verstehen: der Identitäts-Workshop

Eine Positionierung wird nur dann erfolgreich sein, wenn die Unternehmenskompetenzen, die Unternehmensstrategie und das Selbstbild sowie die Unternehmensführung, -kultur und -werte die dafür notwendige Grundlage schaffen. Wir erinnern in diesen Zusammenhang nochmal an das Negativbeispiel der *Deutschen Bank* (vgl. Abschn. 3.1), die zwar erfolgreich relevante Kundenbedürfnisse in der Beziehung zu einer Bank identifiziert und sich in ihrer Positionierung darauf fokussiert hat, nämlich ein Streben nach „Autonomie und Macht“ sowie nach Effizienz und eine starke Leistungsorientierung, aber intern zur Erfüllung dieser Bedürfnisse kulturell nicht aufgestellt war. Damit das nicht passiert und die notwendige Übereinstimmung sichergestellt wird, sollte das Management ein fundiertes, gemeinsames Selbstverständnis des Unternehmens erarbeiten und dokumentieren, die Eignung dieses Selbstverständnisses zur Erfüllung von Positionierungsoptionen prüfen und selbstkritisch bewerten, wie es um die Akzeptanz dieser Optionen im Management und der Belegschaft bestellt ist. So können mögliche Hürden im Positionierungsprozess frühzeitig identifiziert und es kann gezielt gegengesteuert werden. Als Format zur Erarbeitung des Selbstverständnisses hat sich in unserer Projektarbeit der Identitäts-Workshop mit dem Top-Management bewährt. Ein typisches zugrunde liegendes Frageraster finden Sie in Abb. 4.4.

Häufig stellt sich in der Diskussion mit dem Top-Management heraus, dass die beteiligten Entscheider unterschiedliche Zielbilder mitbringen, die Kundenbedürfnisse unterschiedlich verorten oder kein einheitliches Werte-Leitbild verfolgen. Das gleiche Muster beobachten wir, wenn wir in Unternehmen das Selbstverständnis verschiedener Hierarchieebenen in getrennten Identitäts-Workshops spiegeln. Für den Erfolg einer Positionierung ist ein einheitliches Selbstverständnis sowohl auf Top-Management-Ebene als auch zwischen verschiedenen Führungsebenen elementar, da der auf der Positionierung aufsetzende Prozess der Orchestrierung nur funktionieren kann, wenn alle Führungskräfte in die gleiche Richtung unterwegs sind, denn sie sind in der Sprache des *Fan-Prinzips* die „Stars" der Mitarbeiter, das heißt, sie geben diesen die nötige Orientierung.

Quelle: Eigene Darstellung

Abb. 4.4 Identitäts-Workshop – Frageraster

4.1.5 Instrumente IV: Identität überprüfen: die Mitarbeiterbefragung

Um zu überprüfen, wie gut es den Führungskräften gelingt, den Mitarbeitern eine einheitliche und richtige Orientierung mitzugeben, sollten die Erkenntnisse des Identitäts-Workshops aus der Mitarbeiterperspektive überprüft werden. Am besten ist dafür das Instrument einer Mitarbeiterbefragung geeignet. Sie zeigt auf, wie gut es der Unternehmensleitung gelingt, zentrale Werte und Prozesse, die für die Erfüllung der Positionierung essenziell sind, auch erlebbar zu machen: Nehmen wir als Beispiel ein fiktives Unternehmen, dessen Positionierung sich darauf fokussiert, den Kunden das Leben einfacher zu machen. Das Unternehmen weiß aus der Kundenperspektive, dass insbesondere die reibungslose, integrierte, einheitliche Kommunikation als entlastender Faktor wahrgenommen wird und damit zur Erfüllung dieser Positionierung beiträgt. Dafür sind eine Kultur der Offenheit und ein abteilungsübergreifend exzellenter Informationsaustausch zentrale Voraussetzungen. Wird dies in der Wahrnehmung der Mitarbeiter nicht so gelebt bzw. umgesetzt, so sind dies wesentliche Hürden bei der erfolgreichen Umsetzung der Positionierung.

Ähnlich wie bei der Kundenbefragung wollen wir auch bezüglich der Mitarbeiterbefragung auf zwei Aspekte genauer eingehen, die sich immer wieder als erfolgsrelevant herauskristallisieren:

- **Welche Mitarbeiter sollten befragt werden?**
  Da es bei *FANOMICS* um die Orchestrierung sämtlicher Prozesse und Maßnahmen geht, ist die gesamte Belegschaft betroffen. Denn jeder Mitarbeiter ist entweder direkt im Kundenkontakt oder er ist interner Dienstleister für Abteilungen oder Kollegen, die direkten Kundenkontakt haben. Somit beeinflusst jeder die Wahrnehmung von Kunden an Touchpoints der Kundenreise entweder direkt oder mittelbar. Daher empfehlen wir, alle Mitarbeiter zu befragen. Sofern dies nicht umsetzbar ist, sollten auf jeden Fall die Führungskräfte befragt werden, da sie als wesentliche Multiplikatoren und Meinungsführer ihr Selbstverständnis ins Unternehmen tragen und an die von ihnen geführten Mitarbeiter weitergeben. Auch die Mitarbeiter mit Kundenkontakt, also Vertriebs- und Serviceeinheiten, sind besonders wichtig, da ihr Selbstverständnis direkt zum Kunden wirkt. Sollte eine Mitarbeiterbefragung gar nicht möglich sein, so kann die benötigte Validierung auch im Rahmen von Workshops mit Führungs- und Mitarbeitergruppen durchgeführt werden.
- **Welche Themen sollten beleuchtet werden?**
  Im Kern geht es um drei wesentliche Themenblöcke:
  1. Wie ist es aktuell um die Identifikation der Führungskräfte und Mitarbeiter mit dem Unternehmen bestellt? Stimmen zentrale Bedürfnisse und wahrgenommene Unternehmenseigenschaften überein? Um diese Fragen zu beantworten, messen wir den *Fan-Indikator* und die *Fan-Quote* in der Belegschaft nach der gleichen Logik wie bei den Kunden (vgl. Abschn. 4.3.5)

2. Stimmen die Wahrnehmung des Top-Managements und der Belegschaft hinsichtlich des Stärken-Schwächen-Profils des Unternehmens überein? Wie stehen Führungskräfte und Mitarbeiter generell zur werteorientierten Unternehmenssteuerung?
3. Werden die zur Erfüllung einer (optionalen) Positionierung relevanten Werte im Unternehmen auch gelebt? Dazu gibt es Frageraster, die wir immer wieder einsetzen, um zentrale Widersprüche und Widerstände zu identifizieren und in die Bewertung von Positionierungsoptionen einfließen zu lassen. Solche Fragen sind zum Beispiel:
   a. Hat an Werten orientiertes Verhalten eine hohe Bedeutung im Arbeitsalltag?
   b. Sind die festgelegten Werte bekannt?
   c. Glauben die Mitarbeiter, dass die Werte zum Erfolg betragen?
   d. Werden die Werte auch tatsächlich gelebt?

4.1.6 Instrumente V: Prozesse im Kundenmanagement überprüfen: der *Reifegrad.Check*

Die Kundenbefragung ist der zentrale Startpunkt von *FANOMICS*, denn sie gibt Aufschluss über die zentralen Bedürfnisse der Kunden und über das Stärken-Schwächen-Profil des Unternehmens aus Kundensicht. Für den Positionierungsprozess genauso wie später für den Orchestrierungsprozess ist es notwendig, die Gründe für die Bewertung durch die Kunden besser zu verstehen. Denn die Ursachen geben Aufschluss darüber, mit welchem Aufwand Passung zu den zentralen Kundenbedürfnissen hergestellt werden kann und wo genau die Hebel angesetzt werden müssen. In der Praxis hat sich das Format des Reifegrad-Checks bewährt, um zu überprüfen, inwieweit die Prozesse im Kundenmanagement für eine erfolgreiche Umsetzung der Positionierung schon geeignet sind, und um festzulegen wie die relevanten Prozesse kontinuierlich optimiert werden können.

Denken wir beispielhaft wieder an das fiktive Unternehmen, das sich zum Ziel gesetzt hat, den Kunden das Leben einfacher zu machen. Zur Erreichung dieses Ziels sind zentralisierte, fundierte und aktuelle Informationen über die Kunden inklusive einer umfassenden Bestell- und Kontakthistorie wesentlich. Ist das Ergebnis eines solchen Reifegrad-Checks für dieses Unternehmen, dass die verfügbaren Kundendaten diese Anforderung nicht in ausreichendem Maß erfüllen, so wäre an diesem Punkt nachzubessern.

Der Reifegrad-Check des Kundenmanagements kann in Form von Experten-Interviews mit relevanten Entscheidern aus dem Management oder als Workshop durchgeführt werden. Ein von uns entwickeltes Themenraster eines solchen Reifegrad-Checks finden Sie in Abb. 4.5. Bewertet wird die IST-Situation für insgesamt acht Dimensionen, darunter Aspekte wie „Positionierung & Kundenmanagement-Strategie“, „Kundenanalyse“ und „Prozesse und Tools“ in jeweils fünf Reifegradstufen. In der Gegenüberstellung zu einem Ziel-Reifegrad, der aus der angestrebten Positionierung abgeleitet wird, können besonders

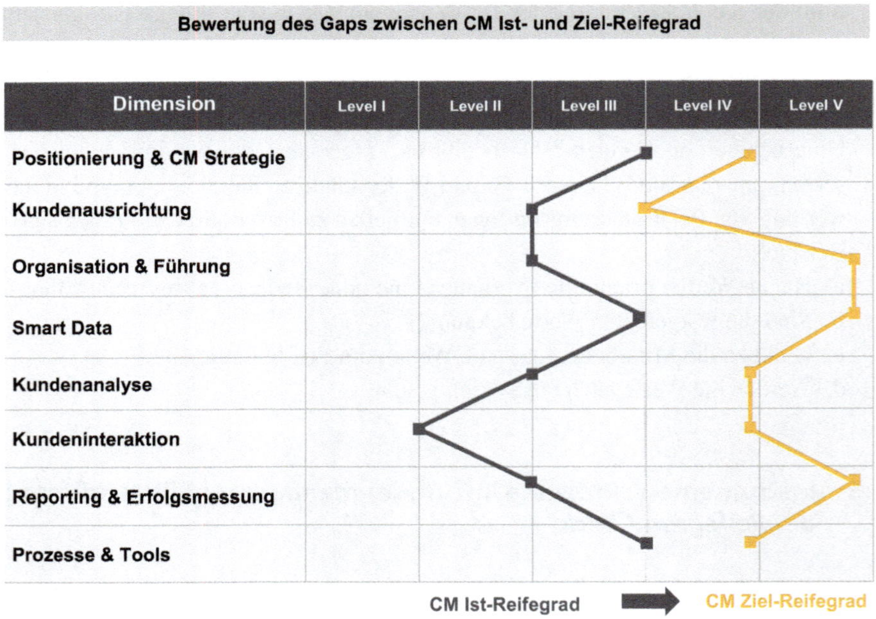

Quelle: Eigene Darstellung – *BCM. Best Customer Management GmbH* 2021

Abb. 4.5 Themenraster Reifegrad-Check

relevante Hürden und damit Handlungsfelder identifiziert werden. In dem dargestellten Beispiel wäre dies die Dimension „Kundeninteraktion", da sich Ist- und Soll-Reifegrad dort am stärksten unterscheiden.

4.1.7 Instrumente VI: Differenzierungschancen ermitteln: die Kommunikationsanalyse

Die bisher vorgestellten Instrumente dienen dazu, zum einen die Kundenperspektive umfassend zu beleuchten und insbesondere zentrale Kundenbedürfnisse zu identifizieren, zum anderen diese Kundenperspektive mit der Innensicht des Unternehmens zu vergleichen. Die zur erfolgreichen Positionierung benötigten Informationen werden durch den Blick auf das Wettbewerbsumfeld und sich daraus ableitende Differenzierungsmöglichkeiten abgerundet.

Da im Rahmen der Kundenbefragung auch Kunden relevanter Wettbewerber befragt werden, gibt die *Fan-Ampel* ebenso Aufschluss darüber, wer hinsichtlich wesentlicher Bindungstreiber besser bewertet wird: Ihr Unternehmen oder einer der relevanten Wettbewerber. Daraus lässt sich allerdings nicht ablesen, welche Positionierung von welchem zentralen Wettbewerber besetzt wird. Um Differenzierungschancen leichter zu erkennen und die Positionierungsoptionen hinsichtlich ihrer Eignung zur Differenzierung beurteilen zu können, empfehlen wir das Instrument der Kommunikationsanalyse. Mit ihr lassen sich folgende Fragen beantworten:

- Wie positioniert sich Ihr Unternehmen kommunikativ im Vergleich zu den zentralen Wettbewerbern in der Ansprache der Kunden?
- Welche für Ihre Kunden relevanten Bedürfnisse werden in der Kommunikation in welchem Maß von welchem Wettbewerber kommunikativ bedient?

Aus den Ergebnissen lässt sich ableiten, wo es möglicherweise unbesetzte relevante Themenfelder gibt, die Differenzierungsmöglichkeiten bieten.

Gesichtet und analysiert werden sollte das verfügbare Kommunikationsmaterial wie Website, Broschüren, Werbeanzeigen und Präsentationen. Bündeln Sie diese Kommunikationsinhalte durch Zuordnung zu den Motivfeldern in unserem *Motiversum*. So identifizieren Sie die kommunikativen Schwerpunkte. Das Beispielergebnis in Abb. 4.6 zeigt zunächst, in welchen Motivfeldern sich die drei Wettbewerber eines fiktives Unternehmens X aus dem Bankenbereich positionieren. Es zeigt sich, dass die Motivfelder der „Autonomie und Macht" (Unternehmen A), der „Struktur und Kontrolle" (Unternehmen A und B) und der „Sicherheit und Geborgenheit" (Unternehmen C) bespielt werden. Sollte es für Unternehmen X beispielsweise eine Option geben, sich im Motivfeld „Leichtigkeit" zu positionieren, weil dort zentrale Bedürfnisse seiner Kunden verortet werden, so hätten wir eine Differenzierungsoption im direkten Wettbewerbsumfeld identifiziert, da dieses Motivfeld aktuell kommunikativ von keinem Wettbewerber adressiert wird. Das würde

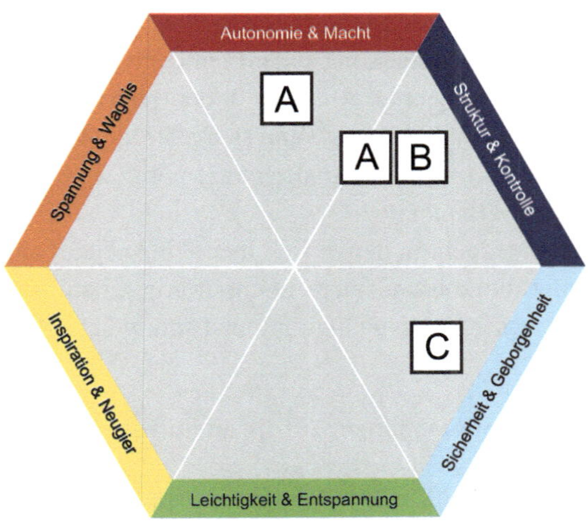

Quelle: Kommunikative Wettbewerbsanalyse, eigene Darstellung

Abb. 4.6 Beispiel für kommunikative Wettbewerbsanalyse I: Die drei Wettbewerber A, B und C von Unternehmen X positionieren sich in den Motivfeldern „Autonomie und Macht", „Struktur und Kontrolle" sowie „Sicherheit und Geborgenheit".

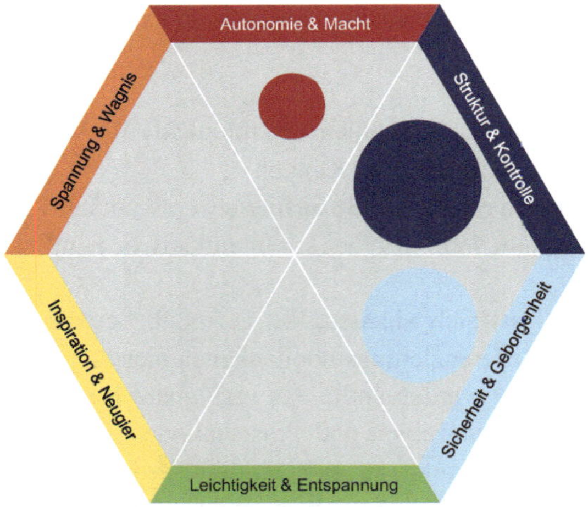

Quelle: Kommunikative Wettbewerbsanalyse, eigene Darstellung

Abb. 4.7 Beispiel für kommunikative Wettbewerbsanalyse II: Beispielunternehmen X positioniert sich aktuell in den Motivfeldern „Struktur und Kontrolle" und „Sicherheit und Geborgenheit".

dann auch bedeuten, dass Unternehmen X sich kommunikativ neu ausrichten müsste, denn aktuell liegen seine Schwerpunkte in den Motivfeldern der „Struktur und Kontrolle" und der „Sicherheit und Geborgenheit" (die Schwerpunkte sind an der Größe der Kreise erkennbar, vgl. Abb. 4.7) und steht damit insbesondere in Konkurrenz zu Unternehmen A und Unternehmen B.

Leider können mit den beschriebenen Analysen nicht immer solche Differenzierungschancen gefunden werden. Tatsächlich ist die Suche nach einer bisher unbesetzten Positionierungsoption, die zudem Passung zu den zentralen Kundenbedürfnissen herstellt, sehr häufig ergebnislos, weil mehrere Anbieter in den relevanten Motivfeldern um vorhandenes Kundenpotenzial konkurrieren. Wenn sich allerdings eine Chance zur Differenzierung auftut und diese nicht erkannt und genutzt wird, wäre dies mit einem großen wirtschaftlichen Schaden verbunden.

In den meisten Fällen jedoch, in denen sich mehrere Anbieter auf dasselbe Motivfeld fokussieren, entscheidet die konsequentere Orchestrierung darüber, wer eine Monopolstellung in den Köpfen seiner Kunden einnimmt und somit mehr Kunden zu Fans macht.

Fundierte Analysen und Informationen sind die Grundlage einer sicheren Positionierungsentscheidung

1. Die Kundenbefragung dient dazu, zentrale Bedürfnisse sowie die hochrelevanten Touchpoints zu identifizieren. Zentrale Analyseinstrumente sind die *Fan-Ampel* und die *Touchpoint-Ampel*. Mit der *Fan-Ampel* identifizieren wir die zentralen Bindungstreiber sowie den Grad der Passung und der Differenzierung zum Wettbewerb. Mit der *Touchpoint-Ampel* ermitteln wir die hochrelevanten Touchpoints.

2. Das *Motiversum* ermöglicht es uns, basierend auf den Bindungstreibern die zentralen Motivräume zu ermitteln, in denen die Kundenbedürfnisse verortet sind. So können wir Verhaltensmuster und korrespondierende Bedürfnisse identifizieren.
3. Der Identitäts-Workshop mit dem Top-Management, die Mitarbeiterbefragung und der Reifegrad-Check des Kundenmanagements prüfen aus Sicht des Unternehmens, welche zentralen Bedürfnisse und Motivstrukturen aufgrund der Strategie, der Kultur und des Stärken-Schwächen-Profils erfolgreich orchestriert werden können, welche Verbesserungspotenziale dazu erschlossen werden müssen und zu welchen Kundenbedürfnissen das Unternehmen aufgrund seiner Rahmenbedingungen keine Passung herstellen kann. Dieser Analyseschritt ermöglicht es, geeignete von weniger und gar nicht geeigneten Positionierungsoptionen zu unterscheiden.
4. Die Kommunikationsanalyse zeigt auf, welche Motivräume aktuell von den Wettbewerbern kommunikativ bespielt werden, und identifiziert Differenzierungspotenziale durch das Aufspüren von bisher nicht besetzten Räumen. Gleichzeitig hilft sie dabei, für Positionierungsoptionen potenzielle Wettbewerber zu erkennen, die dieselben Kundenbedürfnisse adressieren.

4.1.8 Herleitung der Positionierung

Die bisherigen Ausführungen haben gezeigt, dass fundierte Informationen nötig sind, um die bestmögliche Positionierungsentscheidung zu treffen. Das impliziert, dass es für die meisten Unternehmen verschiedene Positionierungsoptionen gibt. Die Gründe dafür wollen wir anhand von vier Beispielen genauer erläutern:

- **Beispiel 1**
  Die wenigsten Unternehmen sind klar positioniert. Dadurch gewinnen sie im Laufe der Zeit Kunden mit unterschiedlichen zentralen Bedürfnisstrukturen. Dies wollen wir am Beispiel des Bankinstituts A erläutern, das ausschließlich im Privatkundengeschäft tätig ist. Die *Fan-Ampel* weist insgesamt vier hochrelevante Bindungstreiber aus, und zwar „ist sehr kompetent", „ist sehr persönlich", „ist sehr modern" und „bietet günstige Konditionen". Durch die nachfolgende qualitative Analyse konnten diese vier Bindungstreiber wie in Abb. 4.7 dargestellt zwei zentralen Motivfeldern zugeordnet werden: Es gibt also zwei wesentliche Positionierungsoptionen für dieses Unternehmen, zum einen im Motivfeld „Struktur und Kontrolle", zum anderen im Motivfeld „Leichtigkeit und Entspannung". Dies ist – vereinfacht ausgedrückt – darauf zurückzuführen, dass Bankinstitut A in der Vergangenheit in der Kommunikation und an den Touchpoints der Leistungserbringung sowohl in Richtung „Struktur und Kontrolle" als auch in Richtung „Leichtigkeit und Entspannung" Passung erlebbar gemacht hat. Wir haben es hier also mit einer eierlegenden Wollmilchsau oder auch dem Zehnkämpfer-

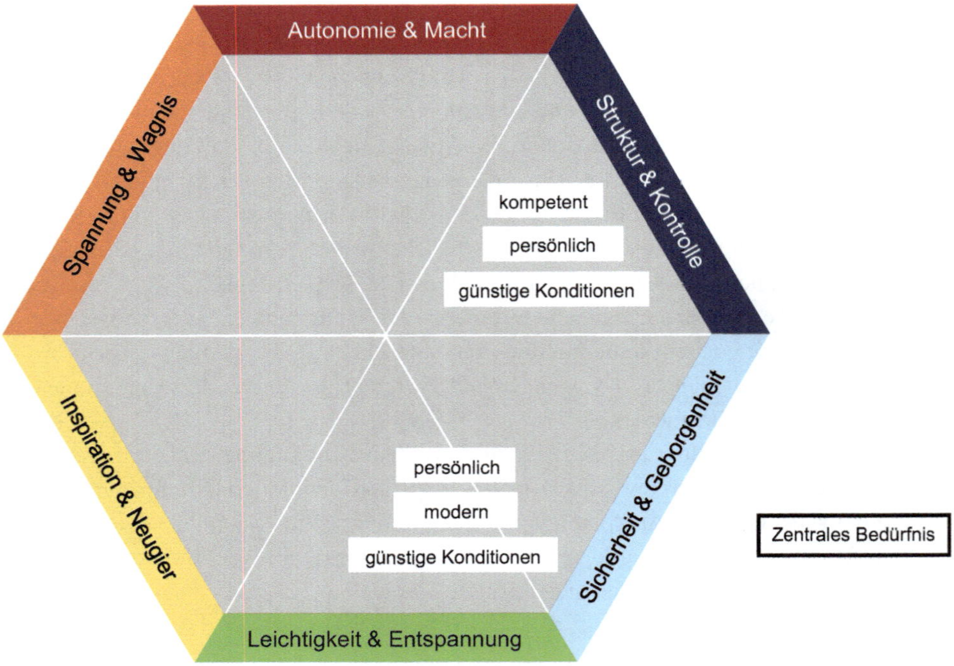

Quelle: Entwicklung der Positionierung für ein Bankinstitut, eigene Darstellung

Abb. 4.8 Verortung der zentralen Bedürfnisse eines Bankinstituts in zwei Motivfeldern: „Struktur und Kontrolle" und „Leichtigkeit und Entspannung"

Symptom zu tun, also dem Wunsch, mehrere potenzielle Kundenbedürfnisse zu bedienen und so verschiedenste Kundengruppen nachhaltig zu binden (vgl. Abschn. 3.1). Die Entscheidung für eine der Optionen wird diesem Unternehmen also helfen, fokussierter aufzutreten, um potenzielle Kunden mit einem klaren Profil zu erreichen und gleichzeitig Ressourcen zu sparen (Abb. 4.8).

- **Beispiel 2**
  Bankinstitut A öffnet den Blick auf eine weitere Ursache, warum es oft nicht die *eine* Positionierung gibt: Denn selbst wenn sich die hochrelevanten Bindungstreiber eindeutig einem Motivfeld zuordnen ließen – unterstellen wir für einen Moment, dabei handele es sich um das Motivfeld „Leichtigkeit und Entspannung" – dann kann es in Bezug auf die Erfolgsaussichten einen großen Unterschied machen, ob sich Bankinstitut A innerhalb dieses Motivfeldes schwerpunktmäßig als „modern", als „persönlich" oder als „preisgünstig" positioniert: Denn der vertiefende Blick auf die *Fan-Ampel* zeigt, dass Bankinstitut A bei dem Bindungstreiber „ist sehr persönlich" von den Kunden als schlecht wahrgenommen wird, somit dort also nur schwer Passung herstellen kann – ein starkes Argument, diesen Bindungstreiber bei der Positionierung nicht in den Vorder-

grund zu stellen. Im Wettbewerbsvergleich wiederum sieht man, dass es hinsichtlich „ist sehr modern“ Wettbewerber gibt, die auf Augenhöhe mit Bankinstitut A sind, weshalb eine wahrgenommene Differenzierung nur mit großem Aufwand zu erreichen wäre.

- **Beispiel 3**
  Im B2B-Umfeld können die Kunden in mehreren Motivräumen positioniert sein, wenn Ansprechpartner mit unterschiedlichen Bedürfnissen am Entscheidungsprozess beteiligt sind. Schauen wir uns das anhand des Unternehmens B aus dem produzierenden Gewerbe an. In der *Fan-Ampel* erweisen sich insgesamt vier Unternehmenseigenschaften als hochrelevante Bindungstreiber, die anhand der nachfolgenden qualitativen Analyse in den Motivräumen der „Autonomie und Macht“, der „Struktur und Kontrolle“ und dazwischen positioniert werden können (vgl. Abb. 4.9). Das Ergebnis spiegelt die Verschiedenartigkeit der befragten Ansprechpartner aus den Kundenunternehmen wider, die aufgrund ihrer Zuständigkeiten unterschiedliche Bedürfnisse an Unternehmen B haben: Die Geschäftsführer entscheiden sich für erfolgreiche Anbieter, weil dies mit ihrem Selbstverständnis korrespondiert, die Einkäufer erwarten in erster Linie Lösungs-

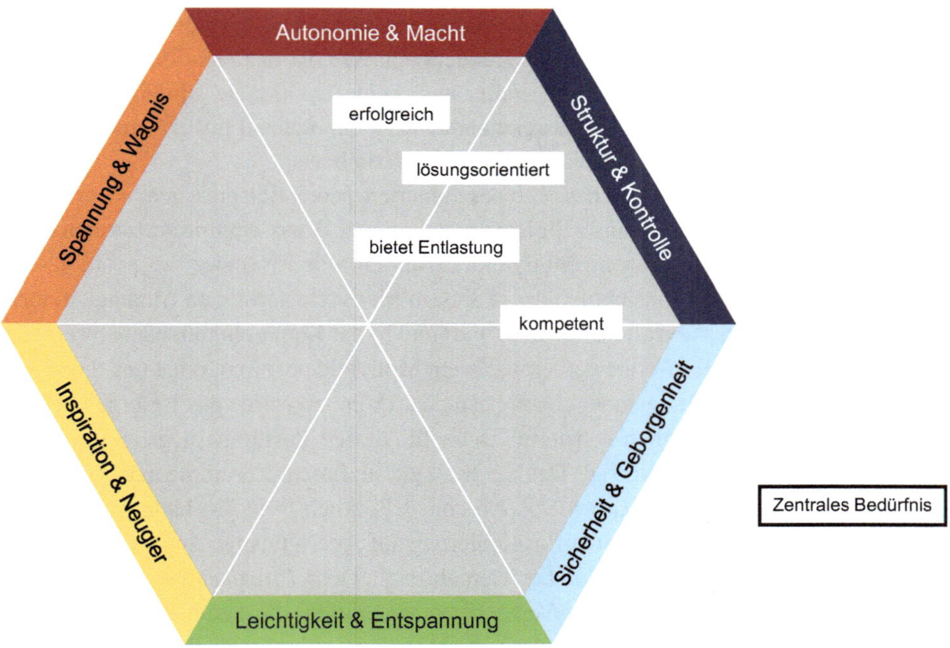

Quelle: Quantitative Statusanalyse für ein B2B-Unternehmen aus dem produzierenden Gewerbe, eigene Darstellung

Abb. 4.9 Verortung der zentralen Bedürfnisse der Kunden eines Unternehmens aus dem produzierenden Gewerbe im *Motiversum*

orientierung, um möglichst effizient und kostengünstig arbeiten zu können, der Produktionsleiter sucht nach kompetenten Anbietern, da er selbst eine hohe Fachlichkeit mitbringt. Unter diesen Umständen ist ein fundiertes Verständnis des Entscheidungsprozesses in den Kundenunternehmen wichtig, um die beste Entscheidung für eine der Positionierungsoptionen treffen zu können. Denn im besten Fall sollte die Positionierung das Gefühl der Passung insbesondere für den zentralen Entscheider herstellen.

- **Beispiel 4**
  Dieses Beispiel öffnet den Blick auf einen weiteren typischen Fall mit mehreren Positionierungsoptionen: Der Bindungstreiber „bietet Entlastung“ ist so komplex, dass er gleichermaßen die Motivräume der „Autonomie und Macht“, aber auch der „Struktur und Kontrolle“ betrifft: Das bedeutet: Um bei Kunden mit diesem komplexen Anspruch ein optimales Gefühl der Passung zu erzeugen, bietet es sich an, bestimmte Facetten in der Positionierung zu betonen, zum Beispiel solche, die mit besonderen Stärken oder der Chance zur Differenzierung im Wettbewerbsumfeld einhergehen.

Demnach haben die meisten Unternehmen verschiedene Möglichkeiten, sich zu positionieren. Stellt sich zunächst die Frage, wie man diese Positionierungsoptionen findet? In der Logik von *FANOMICS* ist die Grundvoraussetzung für jede erfolgreiche Positionierung die Fokussierung auf ein zentrales Kundenbedürfnis. Ist das nicht der Fall, so kann niemals das Gefühl der Passung und somit auch keine emotionale Bindung entstehen. Positionierungsoptionen, die kein ausreichendes Kundenpotenzial mit passenden zentralen Bedürfnissen adressieren, scheiden also grundsätzlich aus.

Wir wollen Ihnen dies anhand des eben geschilderten dritten Beispiels genauer erläutern: Mögen die Verlockungen für unser Beispielunternehmen B aus dem produzierenden Gewerbe noch so groß sein, sich im Motivfeld „Inspiration und Neugier“ zu positionieren, weil a) das Unternehmen hinsichtlich der in diesem Motivfeld verorteten Bindungstreibern „modern“ und „kreativ“ exzellent bewertet wird und b) die Kommunikationsanalyse offenlegt, dass sich bisher kein Wettbewerber in diesem Motivfeld positioniert hat und damit eine theoretische Differenzierungsmöglichkeit bestünde. Dennoch würde das Unternehmen mit dieser Positionierung kläglich scheitern. Denn für diesen Positionierungsansatz gibt es schlichtweg *kein* Kundenpotenzial. Denken Sie bitte in diesem Zusammenhang noch einmal an die Baumarktkette *Praktiker* (vgl. Abschn. 3.1): Auch *Praktiker* hatte die scheinbar beste denkbare Startposition mit der Positionierung auf „preisgünstige Angebote“ und dem legendären Claim „20 % auf alles, außer Tiernahrung“. Denn *Praktiker* konnte damit zwar eine Monopolstellung im Kopf der Verbraucher generieren, die glaubten, bei *Praktiker wirklich* günstiger einzukaufen, obwohl dies nicht stimmte. Aber, auch wenn faktische Stärken und die eindeutige Differenzierungsoption im Baumarktumfeld dafürsprachen: *Praktiker* ist mit dieser Positionierung gescheitert, weil „günstig“ eben kein relevantes Bedürfnis der Baumarktkunden ist.

Lassen Sie sich also nicht in Versuchung führen! Fokussieren Sie sich bei der Suche nach den für Sie relevanten Positionierungsmöglichkeiten vielmehr auf die zentralen

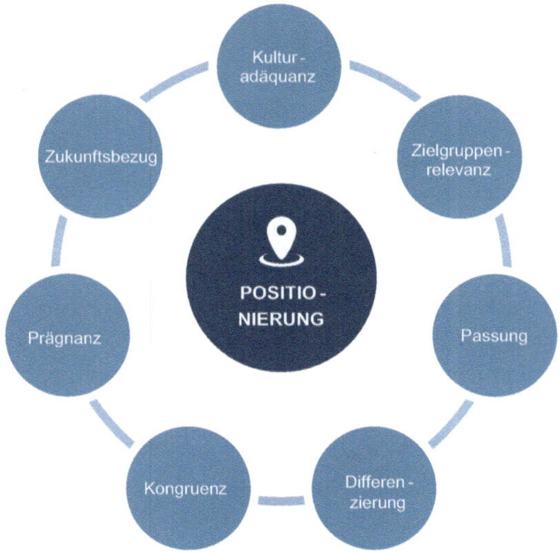

Quelle: Eigene Darstellung

Abb. 4.10 Kriterien zur Bewertung der Positionierungsoptionen

Kundenbedürfnisse. Wenn Sie also a) die zentralen Bindungstreiber Ihrer Kunden verstanden haben und b) diese den zugrunde liegenden Motivfeldern zugeordnet haben, so wird der Blick frei auf die für Sie denkbaren Positionierungsoptionen.

Haben Sie dahingehend Klarheit, so folgt der zentrale Schritt, unter den verschiedenen Möglichkeiten die erfolgversprechendste Positionierungsvariante zu identifizieren. Dazu benötigen Sie nun all die Informationen, die Sie aus der Kundenperspektive, der Innensicht und dem Blick auf den Wettbewerb gesammelt haben. Abb. 4.10 zeigt im Überblick jene Kriterien, die im Hinblick auf eine bestmögliche Entscheidung bedacht und in der Gegenüberstellung der Positionierungsoptionen bewertet werden sollten. Sie spiegeln die Modellidee und die Definition von *FANOMICS*. Wir werden Ihnen die sieben Kriterien im Folgenden genauer vorstellen und den Entscheidungsprozess dann an einem konkreten Beispiel für Sie illustrieren.

1. Kriterium *Zielgruppenrelevanz*: Die Positionierung muss für die anzusprechende(n) Zielgruppe(n) relevant sein. Dieses Kriterium hat eher theoretischen Charakter, da wir überhaupt nur solche Positionierungsoptionen einer eingehenden Prüfung unterziehen, die eine hohe Relevanz für die Kunden haben. Es handelt sich mithin um eine notwendige Voraussetzung. Die benötigten Informationen hinsichtlich der Bindungstreiber entnehmen wir der *Fan-Ampel*, also der Kundenbefragung. Als Grundlage einer verlässlichen Zuordnung zu Motivfeldern im *Motiversum* greifen wir auf vertiefende Informationen aus den qualitativen Analysen zurück, mit denen wir die Zusammenhänge zwischen den verschiedenen Bindungstreibern intensiver untersuchen.

2. Kriterium *Passung*: Die Positionierung muss eine Passung zwischen den tatsächlichen Stärken Ihres Unternehmens und den Motiven der Kunden herstellen, denn nur dann kann emotionale Bindung entstehen. Ob das der Fall ist, verrät uns ein Blick auf die *Fan-Ampel*, die neben der Relevanz der verschiedenen Unternehmenseigenschaften für die emotionale Bindung auch ausweist, wie das Unternehmen hinsichtlich dieser Eigenschaften von den Kunden bewertet wird. Nur wenn hohe Relevanz mit einer guten Bewertung einhergeht, ist die Voraussetzung für die Wahrnehmung von Passung gegeben.
3. Kriterium *Differenzierung*: Hier unterscheiden wir zwei Teilaspekte.
   a. Die Positionierung muss das Gefühl von Einzigartigkeit bewirken, denn nur dann entsteht gemäß der Definition von *FANOMICS* die Monopolstellung im Kopf des Kunden, die ihn zum Fan werden lässt. Auch die dafür benötigte Information entnehmen wir der *Fan-Ampel*, und zwar der Gegenüberstellung der Ergebnisse aus der Kunden- und der Wettbewerbskundenbefragung. Differenziert sich das Unternehmen in dieser Gegenüberstellung positiv von seinen Wettbewerbern, so ist auch diese Voraussetzung erfüllt. Dann schaltet die *Fan-Ampel* wieder auf „Grün".
   b. Die Positionierung muss eine Differenzierung vom Wettbewerb ermöglichen. Um das zu beurteilen, schauen wir uns das Ergebnis der kommunikativen Wettbewerbsanalyse an. Liegt eine Positionierungsmöglichkeit in einem Motivfeld, das bisher kommunikativ von keinem relevanten Wettbewerber besetzt ist, so ermöglicht dies eine Differenzierung von den Wettbewerbern.
4. Kriterium *Kongruenz*: Auch hier unterscheiden wir wieder zwei Teilaspekte. Das Kriterium greift den Kerngedanken der Orchestrierung entlang der Kundenreise auf und unterscheidet zwischen der Leistungserbringung und der Kommunikation.
   a. Die Positionierung muss in der *Leistungserbringung* an den wesentlichen Kontaktpunkten erlebbar sein. Die Antwort liefert uns die *Touchpoint-Ampel* für die Leistungserbringung, basierend auf den Ergebnissen der Kundenbefragung. Wird das Unternehmen an den Touchpoints, die für die Erfüllung der Positionierung von besonderer Bedeutung sind, von den Kunden gut bewertet, so schaltet die *Touchpoint-Ampel* auf „Grün", also ist das Kriterium der Kongruenz leistungsseitig erfüllt.
   b. Die Positionierung muss in der *Kommunikation* an den wesentlichen Kontaktpunkten erlebbar sein. Die Antwort liefert uns die *Touchpoint-Ampel* für die Kommunikation, wiederum basierend auf den Ergebnissen der Kundenbefragung. Werden die Kommunikationskanäle, die für die Erfüllung der Positionierung von besonderer Bedeutung sind, von den Kunden gut bewertet, so schaltet die *Touchpoint-Ampel* auf „Grün" – das Kriterium der Kongruenz in der Kommunikation wäre dann erfüllt. Ergänzend prüft man auch das Ergebnis der Kommunikationsanalyse für das eigene Unternehmen. Dieses verdeutlicht, auf welchen der Positionierungsoptionen aktuell bereits der kommunikative Schwerpunkt liegt. Diese Information ist kein substanzielles Kriterium für die Entscheidungsfindung, hilft aber, den Aufwand einzuschätzen, der anfällt, wenn die Kommunikation im Anschluss an die Entscheidungsfindung orchestriert werden soll: Je weniger die bisherige Kommunikation auf die positionierungsrelevanten Themen eingezahlt hat, desto aufwändiger ist die Neuausrichtung.

5. Kriterium *Prägnanz*: Natürlich kommt es darauf an, eine Positionierung so zu kommunizieren, dass der vermittelte Nutzen und damit die passungsstiftenden Reize für die Kunden klar und intuitiv erkennbar sind. Wenn Sie hierfür noch keine klare Lösung haben, kann ein Konzept- oder Namenstest mit bestehenden und potenziellen Kunden die Entscheidung absichern.
6. Kriterium *Zukunftsbezug*: Die Positionierung muss zukunftsfähig sein und eine Mission vorgeben. Mehrfach haben wir bereits darauf hingewiesen, dass eine Positionierung für einen langen Zeitraum die Richtung vorgeben sollte, in die sich ein Unternehmen entwickeln will, denn in der stetigen Wiederholung steckt die wesentliche Kraft für die Steigerung der emotionalen Bindung. So erklärt sich der Erfolg starker Positionierungen gerade dadurch, dass sie lange und beständig für immer das gleiche Versprechen stehen, dieses auch immer wieder einhalten und ihren Kunden somit eine verlässliche Identifikationsplattform bieten. Stellen Sie sich für einen Moment vor, *BMW* würde nicht seit über 50 Jahren für „Freude am Fahren" stehen und diese Fahrfreude immer wieder sowohl in der Leistungserbringung als auch in der Kommunikation verlässlich erlebbar machen. Stattdessen hätte *BMW* zunächst beschlossen, lieber die Autofahrer zu adressieren, bei denen die Wahl der Automarke stark durch die Motive „Autonomie und Macht" getrieben sind (wie bei *AUDI* mit „Vorsprung durch Technik"), um danach die Fahrer zu bedienen, die beim Autokauf von starken Genuss-/Komfortmotiven getrieben sind (wie zum Beispiel die typischen Mercedes-Fahrer). Bestimmt wäre das Unternehmen nicht so erfolgreich. Also sollten Sie sich bei der Entscheidung für eine der Positionierungsoptionen auch über den Zukunftsbezug Gedanken machen. Nach unserer Erfahrung verfügen viele Unternehmen über ausreichend Expertise, um selbstständig zu einem belastbaren Ergebnis zu kommen. Wenn Sie sich unsicher sind, können Sie gezielt Branchentrends recherchieren, wie sie häufig auf Branchenleitmessen vorgestellt werden. Oder Sie unterhalten sich mit Branchenexperten oder einschlägigen Wissenschaftlern, die Ihnen helfen, Ihre eigenen Eindrücke zu schärfen.
7. Kriterium *Kulturadäquanz*: Die Positionierung muss zur strategischen Ausrichtung, zur Kultur und zum Selbstverständnis des Unternehmens passen. Denn nur dann wird es dem Unternehmen gelingen, das Gefühl der Passung zu erzeugen und damit die emotionale Kundenbindung zu steigern. Nach unserer Erfahrung scheitern besonders viele Positionierungsansätze an diesem Kriterium, weil die Unternehmensentscheider entweder über keine ausreichenden belastbaren Informationen verfügen oder diese nicht wahrhaben wollen. Stellen Sie sich zum Beispiel einen mittelständischen Unternehmensinhaber vor, der trotz erschlagender Informationslage aus dem Identitäts-Workshop und der Mitarbeiterbefragung nicht akzeptieren will, dass die notwendige Bereitschaft in seiner Belegschaft nicht gegeben ist, sich „rund um die Uhr" um die Kunden zu kümmern. Genau das ist aber eine zentrale Voraussetzung dafür, die von ihm priorisierte Positionierungsoption auch erfolgreich zu implementieren. Das Ergebnis können Sie sich vermutlich vorstellen, die Positionierung wird aufgrund mangelnder Kulturadäquanz scheitern. Also schaffen Sie für solche zentralen Entscheidungen eine fundierte Informationsgrundlage, und seien Sie dann auch offen für die sachlich beste Entscheidung.

Basierend auf diesen sieben Kriterien entsteht ein Entscheidungsraster, das nicht immer so eindeutige Entscheidungen ermöglicht wie in Abb. 4.11 dargestellt. Das dargestellte mittelständische Industrie-Unternehmen aus der Elektronik-Branche hatte einen Positionierungsprozess gemeinsam mit einer Werbeagentur durchlaufen. Stark kommunikativ und kreativ getrieben entschied sich das Unternehmen für eine Positionierung im Motivfeld der „Inspiration und Neugier", nämlich für „Unsere Leidenschaft für Elektronik". Die erhofften Erfolge stellten sich jedoch nicht ein, weder in der Beziehungsqualität noch betriebswirtschaftlich. Eine umfassende Bestandsaufnahme (Kundenbefragung, Identitäts-Workshop, Mitarbeiterbefragung, kommunikative Wettbewerbsanalyse) erklärte, warum: Weder waren die zentralen Kundenbedürfnisse im Motivfeld der „Inspiration und Neugier" verortet (siehe in Abb. 4.11 unter der Rubrik „Zielgruppenrelevanz"), noch gelang es dem Unternehmen, mit dieser Positionierung bei den Kunden ein Gefühl der Passung herzustellen. Entscheidende Ursache hierfür war, dass die kulturelle Verankerung im Unternehmen nicht gegeben war.

Basierend auf der *Fan-Ampel* wurden die zentralen Kundenbedürfnisse im Motivfeld der „Autonomie und Macht" und der „Struktur und Kontrolle" verortet. Im Zusammenspiel mit den Erkenntnissen aus dem Identitäts-Workshop und der Mitarbeiterbefragung konnte darauf aufsetzend eine alternative Positionierungsoption erarbeitet werden mit dem Arbeitstitel „Unsere Kompetenz für die Energie-Effizienz", die eine viel höhere Passung herstellte und für die Kunden bereits in hohem Maße erlebbar war (siehe in Abb. 4.11 das Kriterium 4a. „Kongruenz/Leistungen"). Als eine wesentliche Ursache dafür konnte die hohe kulturelle Adäquanz identifiziert werden: Das von Ingenieuren geprägte Unter-

Kriterien	„Unsere Leidenschaft für Elektronik"	„Unsere Kompetenz für die Energieeffizienz"
1. Zielgruppenrelevanz	-	++
2. Passung	0	++
3. Differenzierung		
a. Einzigartigkeit	0	+
b. Kommunikation	++	-
4. Kongruenz		
a. Leistungen	-	+
b. Kommunikation	0	0
5. Prägnanz	0	+
6. Zukunftsbezug	-	++
7. Kulturadäquanz	0	+

Quelle: Eigene Darstellung

++ sehr stark erfüllt + stark erfüllt 0 mehr oder weniger erfüllt - wenig erfüllt

Option, die auf der entsprechenden Dimension besser abschneidet

Quelle: Eigene Darstellung

Abb. 4.11 Erfolgskriterien für Positionierungsalternativen am Beispiel eines Industrieunternehmens

nehmen definierte sich von jeher über hohe Kompetenz und einen ausgeprägten Effizienzgedanken. Da zudem auch weniger bedeutsame Kriterien wie die Prägnanz und der Zukunftsbezug eindeutig für die alternative Positionierungsoption sprachen, fiel die Entscheidung nicht schwer. Die Orchestrierung (vgl. Abschn. 3.2) funktionierte ebenfalls, sodass sich deutlich messbare Erfolge einstellten: Die *Fan-Quote* erhöhte sich innerhalb von vier Jahren um 13 %.

Es gibt Fälle, bei denen die Entscheidung zwischen zwei oder mehr Positionierungsoptionen nicht so eindeutig ist wie in unserem Fallbeispiel. Für drei häufig anzutreffende Konstellationen möchten wir Ihnen gerne aus unserer Beratungserfahrung Tipps mitgeben:

- Ist eine Option aus der Perspektive der Zielgruppenrelevanz und der Differenzierung besonders attraktiv, aktuell die Passung aber gering, so empfiehlt es sich, zunächst konzertiert an den Defiziten auf der Leistungsebene zu arbeiten, bis sich für die Kunden das Gefühl der Passung einstellt. Erst dann sollte die Positionierung aktiv kommuniziert werden. Versprechen Sie in der Kommunikation nichts, was Sie gegenüber dem Kunden in Ihrer Leistungserbringung nicht halten können.
- Häufig lässt sich das Kriterium der Differenzierung für keine der Positionierungsoptionen erfüllen. Das hängt damit zusammen, dass die relevanten Motivräume, in denen sich substanzielle Kundenpotenziale verorten lassen, überschaubar sind. Dies gilt insbesondere für B2B-Kundenbeziehungen sowie immer dann, wenn die Anbieterauswahl für die Kunden von geringer Bedeutung ist. Zum Beispiel ist bei der Entscheidung für Versicherungen – wie das Wort schon impliziert – das Motiv der Sicherheit für viele Kunden sehr bedeutsam, sie sind also im Motivfeld der „Sicherheit und Geborgenheit“ verortet. Dementsprechend tummeln sich in diesem Bereich auch viele Ihrer Wettbewerber. Das sollte Sie jedoch nicht davon abhalten, sich ebenfalls dort zu positionieren, solange viele andere Kriterien dafürsprechen. Voraussetzung ist, dass Sie sich perspektivisch durch konsequente Orchestrierung (vgl. Abschn. 3.2) in der Wahrnehmung der Kunden differenzieren. Da unverändert die überwältigende Anzahl der Anbieter die „Mehr ist Mehr“-Philosophie verfolgt und sich nicht konsequent fokussiert, sind die Chancen dafür gar nicht so schlecht, wenn man sich realistische Zeitziele setzt: Haben Sie Geduld und denken Sie an die eine oder andere Erfolgsgeschichte – zum Beispiel an die von *AUDI*. Auch dort hat die konsequente Ausrichtung auf „Vorsprung durch Technik“ und das damit angesprochene Motivfeld der „Autonomie und Macht“ erst nach Jahren gegriffen – dann aber nachhaltig die gewünschten Erfolge produziert.
- Lässt sich im Management keine Entscheidung herbeiführen, so hat es sich als zielführend erwiesen, die Marktperspektive in den Entscheidungsprozess mit einzubeziehen, und zwar in Form einer Potenzialanalyse. Wie der Name schon sagt, wird dabei für die konkurrierenden Positionierungsoptionen ermittelt, wie groß das Potenzial an jeweils passenden Kunden tatsächlich ist. So würde sich ein Autohersteller, der unter Berücksichtigung aller relevanten Positionierungsmöglichkeiten gleiche Chan-

cen bei Kunden mit Sicherheits- und Machtmotiven hätte, für die Positionierungsoption entscheiden, die unter den Autofahrern das häufiger anzutreffende Motiv adressiert und damit größere Wachstumschancen bietet.

Nachdem Sie all diese Schritte durchlaufen haben, haben Sie mit der Entscheidung für eine Positionierung eine zentrale Grundlage für das erfolgreiche Steuern mit *FANOMICS* geschaffen. Idealerweise erfüllt Ihre Positionierung die zu Beginn des Kapitels formulierten Anforderungen: Sie richtet sich konsequent an den zentralen Kundenbedürfnissen aus, bringt diese in Einklang mit eigenen Stärken und Kompetenzen und schafft eine wahrgenommene Differenzierung zum Wettbewerb.

Unsere Beschreibung des Prozesses bei der Herleitung der Positionierung ist idealtypisch und setzt Ihre Bereitschaft voraus, entsprechend Zeit und Ressourcen zu investieren. Nach unseren Erfahrungen sollten Sie – ein einigermaßen entscheidungsfreudiges Management vorausgesetzt – hierfür mindestens sechs Monate einplanen. Wenn Sie diese Zeit und Ressourcen nicht investieren wollen, so können Sie den Prozess auch abkürzen. In der letzten Konsequenz können Sie im Management sämtliche notwendigen Entscheidungen auch ohne umfassende Analysen treffen, wenn Sie sich sicher sind, genau über Kundenbedürfnisse, Kundenwahrnehmungen und Ihre Stellung im Wettbewerbsumfeld Bescheid zu wissen und auch die Sicht Ihrer Führungskräfte und Mitarbeiter gut einschätzen können. Dies vorausgesetzt, können vereinzelt Positionierungsentscheidungen in einem einzigen Workshop durch das Management getroffen werden – allerdings mit einem höheren Irrtumsrisiko.

Es ist zwar bei den Ausführungen zur Herleitung der Positionierung bereits mehrfach angeklungen, soll an dieser Stelle aber noch einmal in aller Deutlichkeit gesagt werden: Auch wenn *FANOMICS* zunächst auf bestehende Kundenbeziehungen ausgerichtet ist, reichen seine Wirkung und der Nutzen seiner Implementierung weit über die Bestandskunden hinaus und machen sich auch in der Neukundengewinnung bemerkbar.[4] Dies gilt insbesondere für die Positionierung: Ihr kommt auch bei der Erschließung von neuen Kunden eine überragende Bedeutung zu, denn sie schafft Orientierung. Wer ein klares und intuitiv erkennbares Profil hat, gewinnt nicht nur leichter Kunden, er gewinnt vor allem die richtigen Kunden – nämlich nicht neue Söldner, die nur kurzfristiges Geschäft bringen, sondern Kunden, die bereit sind, langfristige Bindungen einzugehen. Denn nur, wenn sich die einmal getroffene Entscheidung des Kunden für einen neuen Anbieter als richtig erweist, weil er genau das bekommt, was er gesucht hat, amortisieren sich die Investitionen für die Kundengewinnung. Dieser Kunde ist nämlich keine „Eintagsfliege", sondern bleibt treu.

Schließlich wollen wir auf eine weitere Wirkungsebene einer erfolgreichen Positionierung eingehen, nämlich auf die Verzahnung von Kunden- und Mitarbeiterperspektive. Denn auch beim Blick in das Unternehmen leuchtet der positive Effekt der Positionierung schnell ein, wobei wir an dieser Stelle besonders zwei Aspekte hervorheben:[5]

---

[4] Zum Einsatz von *FANOMICS* im Neukundengeschäft vgl. Abschn. 5.2.

[5] Eine umfassende Erörterung zu den Wechselwirkungen finden Sie in Abschn. 4.3.

- Der erste Aspekt beschreibt die Wirkung der Positionierung auf die Mitarbeitermotivation. Bereits mehrfach haben wir die ressourcensparende Wirkung angesprochen, die dadurch entsteht, dass neue und laufende Projekte, Instrumente und Maßnahmen hinsichtlich ihres Nutzens für die Positionierung hinterfragt und erst gar nicht gestartet beziehungsweise eingestellt werden. Diese konsequente „Mehr Ja zum Nein"-Philosophie spart Geld und schont Mitarbeiterressourcen. Es ist unmittelbar einleuchtend, dass Mitarbeiter, die sich hierdurch auf Wesentliches konzentrieren können, motivierter sind – mit positiven Effekten auf die emotionale Kundenbindung. Dies sei an einem Beispiel illustriert: Angenommen, das telefonische Servicecenter eines Versandhandels hätte bisher 20 Kriterien formuliert, anhand derer die Qualität der Telefonate mit den Kunden bewertet wurden. Bei den Telefonaten handelt es sich um Bestellungen, die durchschnittliche Gesprächsdauer beträgt fünf Minuten. Was glauben Sie, wie gut können die Mitarbeiter sich dabei auf zentrale Kundenbedürfnisse konzentrieren, wenn sie diese zum einen nicht kennen und zum anderen stattdessen 20 fernab von den Kundenbedürfnissen formulierte Qualitätskriterien erfüllen müssen? Und wie wird es sich auf die Motivation der Mitarbeiter im Servicecenter und auf die Kontaktzufriedenheit der bestellenden Kunden auswirken, wenn diese Mitarbeiter die wirklich wesentlichen Bedürfnisse der Kunden kennen und sich auf diese konzentrieren, statt sinnlose Qualitätsvorgaben (wie zum Beispiel das mehrfache Nennen des Kundennamens) inhaltsleer durchzuexerzieren?
- Der zweite Aspekt betrifft insbesonders große, international aufgestellte Unternehmen, denn Positionierung schafft klare und verbindliche Orientierung für weiteres (internationales) Wachstum. Dies ist nicht nur im Hinblick auf die Unternehmenskultur von entscheidender Bedeutung, sondern auch für die zunehmend globaler werdenden Kundenmärkte: Wie soll für einen Kunden die Identität eines Lieferanten klar erkennbar sein, wenn er in der Geschäftsbeziehung mit der deutschen Tochter etwas vollkommen Anderes erlebt als mit der Zentrale in den USA?

4.2 Orchestrierung

Fans wollen, ja sie brauchen die Wiederholung: Sie möchten das, was sie einst zu Fans machte, immer und immer wieder erleben. Das ist der Nektar jeder Fan-Beziehung. Erinnern Sie sich nur an einige unserer eingangs präsentierten Beispiele: An Pierre Brice, der die Rolle des *Winnetou* nie mehr ablegen konnte. An Udo Jürgens, der ohne die Zugabe im Bademantel die Bühne nicht mehr verlassen konnte. An Neil Young, der sich dazu verdammt sieht, immer wieder „Heart of Gold" zu spielen (vgl. Abschn. 1.2). Sie alle sind nicht nur Stars – sie sind auch Gefangene ihrer Fans. Deren Forderung nach Wiederholung des Fan-Erlebnisses zwingt die Stars, diese Wiederholbarkeit immer wieder zu liefern – also an jedem Kontaktpunkt mit dem Fan das zu sein, was dem Bild des Stars im Kopf des Fans entspricht. Und nur denjenigen Stars, die diesen Ruf nach Wiederholung immer wieder erfüllen, schwören die Fans die ewige Treue – denn nur sie scheinen die gemeinsamen

Werte nicht zu verraten. Wiederholbarkeit ist also der zentrale Mechanismus, mit dem Stars ihre Fans binden – und das Instrument, mit dem sie ihre Fan-Gemeinde zusammenhalten. Wichtig ist: Dieser Wiederholungsmechanismus funktioniert nur, wenn das Fan-Erlebnis auch authentisch und glaubhaft angeboten wird. Es genügt also nicht, um das Beispiel von *The Who* noch einmal aufzugreifen, nur das *Image* eines „Gitarrenzertrümmerers" zu haben – man muss dann auch tatsächlich regelmäßig Gitarren zertrümmern, will man die Fans bei der Stange halten (vgl. Abschn. 1.2).

Es liegt auf der Hand, wie sich dieser Mechanismus auf Kundenbeziehungen übertragen lässt: Unternehmen, die Fan-Kunden schaffen und halten wollen, müssen ihnen diese ständige *Wiederholbarkeit* bieten. Sie müssen ihre zentralen, auf das Kundenbedürfnis zugeschnittenen Botschaften immer und immer wieder vermitteln und erlebbar machen. Erst daraus entsteht die Wahrnehmung der Kunden, dass ihr Anbieter ihre Bedürfnisse besser bedient als der Wettbewerb. Das bedeutet, dass Unternehmen sich nicht nur in Werbung und Kommunikation entsprechend präsentieren müssen, sondern dass sie diese zentrale Botschaft an sämtlichen Berührungspunkten, die der Kunde zum Unternehmen hat, fühlbar und erlebbar machen müssen. In der gesamten Leistungserbringung und in jeglicher Form der Kommunikation. Nur wer die zentrale Fan-Botschaft an *allen* Kontaktpunkten immer wieder „spielt", bietet eine rituelle, immer wiederkehrende Bestärkung für den Fan, die richtige Entscheidung getroffen zu haben, und erhält so die Identifikation mit dem Unternehmen und seinen Angeboten aufrecht.

Die Orchestrierung als *der* zentrale Mechanismus von *FANOMICS* hat also drei Facetten: Zum einen geht es um die *Kontaktfrequenz* (1), denn fallen die Kontakte weg oder werden sie erschwert, schwächt dies die Beziehungsbasis zu den Fans; es fehlen schlichtweg die Möglichkeiten für Wiederholung. Zum anderen geht es um die notwendige *Passung* aller Kontakterlebnisse der Kunden entlang ihrer Kundenreise, die es sowohl übergreifend (2) als auch kontaktspezifisch (3) zu orchestrieren gilt. Diesen drei Facetten wollen wir uns im Folgenden zuwenden.

4.2.1 Die Bedeutung der Kontaktfrequenz und Maßnahmen zur Steigerung

Sie mögen einwenden, dass die Übertragung von der Fan-Beziehung auf Unternehmensbeziehungen in diesem Zusammenhang nur theoretisch und metaphorisch erfolgte – tatsächlich jedoch lässt sich die Richtigkeit der Überlegung, dass wiederholte passende Kontakterlebnisse die Kundenbindung erhöhen, empirisch belegen. Als eines von unzähligen Beispielen, die den aus der Fan-Forschung abgeleiteten Zusammenhang bestätigen, sei eine Studie im Auftrag einer überregionalen Bank genannt. Wir erhoben, wie häufig die Kunden in den letzten zwölf Monaten kanalübergreifend Geschäftskontakt mit der Bank hatten und wie dieser Kontakt bewertet wurde. Zudem erhoben wir den *Fan-Indikator* sowie die Gesamtzufriedenheit und konnten die Kunden so in unser *Fan-Portfolio* einordnen. Die Ergebnisse in Abb. 4.12 zeigen eindeutig: Je mehr Kontakterleb-

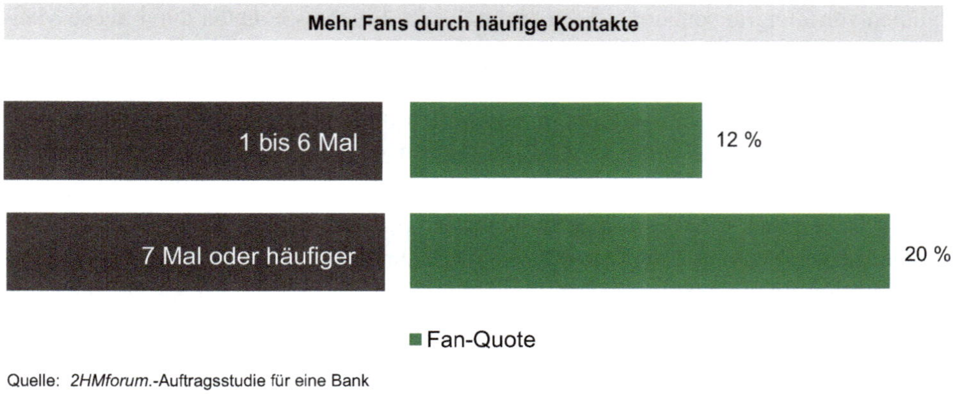

Abb. 4.12 Mit der Kontaktfrequenz steigt die *Fan-Quote*, denn Kontakte ermöglichen das wiederholte Erleben von Passung

nisse die Kunden hatten, umso höher war die *Fan-Quote*. Diesen Zusammenhang finden wir in praktisch jeder Kundenstudie, wohlwissend, dass er gleichermaßen das verstärkte Kontaktbedürfnis der Fans gegenüber ihrem Anbieter spiegelt und Ausdruck des emotionalisierenden Effekts der Kontaktwiederholung ist.

Diese Erkenntnis stellt Unternehmen vor große Herausforderungen, bietet aber ebenso große Chancen. Insbesondere gilt dies für Unternehmen in Branchen, bei denen die Kontakte selten von den Kunden ausgehen, wie zum Beispiel in der Strombranche, bei Versicherungen und Banken, bei IT-Unternehmen oder bei Krankenkassen. All diesen Branchen ist gemeinsam, dass die meisten Kunden kein besonderes Involvement mitbringen und Kontakte von den Kunden zumeist nur anlassbezogen gesucht werden. Hier benötigen die Unternehmen aktive Kontaktstrategien mit relevanten Inhalten; rein werbliche Kontakte respektive solche, die für die Kunden keinen konkreten Nutzwert generieren, führen schnell zu sogenannten Wear-out-Effekten (Schweiger und Schrattenecker 2021), das heißt zu Ablehnungsreaktionen, die im Ergebnis die Kontaktaufnahme zunehmend erschweren oder unmöglich machen und damit die emotionale Kundenbindung mehr beschädigen als stärken.

Dass sich Kontaktstrategien mit relevanten Inhalten lohnen, sei am Beispiel einer gesetzlichen Krankenkasse erläutert. Dazu müssen Sie wissen, dass die attraktivsten Zielgruppen von Krankenkassen die jungen, gesunden und berufstätigen Mitglieder sind, die Beiträge zahlen und entweder keine oder kaum Leistungen in Anspruch nehmen. Für diese Mitglieder sind Krankenkassen ein notwendiges Übel, das unnötiges Geld kostet und kaum Nutzen stiftet. Entsprechend hoch ist der Söldner-Anteil und die Fluktuation, zumal durch die Vergleichsportale der früher aufwändige Kassenwechsel sehr vereinfacht wurde. Die gesetzliche Krankenkasse in unserem Beispiel hat für diese wirtschaftlich besonders attraktive Kundengruppe ein Kontaktkonzept aufgesetzt und diese – angepasst an die jeweiligen Lebensumstände – zweimal im Jahr aktiv kontaktiert. Dabei wurden passende Angebote rund um Wellness, Fitness und Prävention platziert oder auch einfach „nur" über korrespondierende Themen informiert. Die passenden Themen wurden im Vorfeld im

Rahmen von Zielgruppenbefragungen ermittelt.[6] Im Ergebnis konnten durch diese Maßnahme die *Fan-Quote* im Vergleich zu einer Kontrollgruppe ohne entsprechende „Haltekontakte" fast verdoppelt und der Anteil der Kündigungen in dieser Zielgruppe halbiert werden. In der Kosten-Nutzen-Relation erwies sich diese auf den ersten Blick recht aufwändige Vorgehensweise aufgrund des enormen Hebels als hochgradig effizient.

In einem anderen Beispiel – ebenfalls für eine Krankenkasse – wurden verschiedene Kontaktthemen und -strategien unter Einbindung verschiedenster, teilweise auch digitaler Kontaktkanäle gezielt auf ihre Kosten-Nutzen-Relation hin untersucht (vgl. Abb. 4.13). Als Entscheidungsgrundlage wurden für insgesamt vier unterschiedliche Kampagnen und eine Kontrollgruppe, die an keiner der Kampagnen teilnahm, im Rahmen einer Initialmessung vor dem Kampagnenstart sowie einer Wirkungsmessung zum Kampagnenende die Steigerung der *Fan-Quote* sowie die Kündigungsquoten innerhalb der Gruppen gemessen. Zwar erwies sich die Kampagne 4 als am wirksamsten, weil sie zur größten Steigerung der *Fan-Quote* sowie zur geringsten Kündigungsquote führte. Bei der Gegenüberstellung von Aufwand und Nutzen pro Kunde erwirtschaftete allerdings Kampagne 3 den höchsten Deckungsbeitrag und erwies sich damit als am effizientesten. Kampagne 3 wurde folgerichtig auf alle Kunden übertragen. Solche Vorgehensweisen sind trotz des auf den ersten Blick erheblichen

Je n=1.000	Initialmessung	Wirkungsmessung		Rentabilitätsberechnung		
	Fan-Quote	Fan-Quote	Kündigungs-quote	Aufwand/ Kunde	Nutzen/ Kunde	Δ
Gruppe 1	20 %	25 %	12 %	5€	7€	2€
Gruppe 2	20 %	30 %	10 %	10€	9€	-1€
Gruppe 3	20 %	35 %	8 %	**15€**	**21€**	**6€**
Gruppe 4	20 %	45 %	5 %	30€	28€	-2€
Kontroll-gruppe	20 %	20 %	15 %	0€	0€	0€

Quelle: *2HMforum.*-Auftragsstudie für eine Krankenkasse

Abb. 4.13 Optimierung von Betreuungskonzepten im Multi-Kanal durch Messung der *Fan-Quote* und der Rentabilität

[6] Vgl. dazu auch Abschn. 4.2.7, in dem dargestellt wird, wie die bedarfsgerechte Ausgestaltung von Angeboten und Leistungen im Rahmen von *FANOMICS* funktioniert.

Aufwands sehr gut geeignet, um die richtigen Themen in der richtigen Dosierung und über die richtigen Kanäle zu streuen, ohne unnötig Ressourcen zu verschwenden.

Exkurs: Lehren aus der Corona-Zeit: die Auswirkungen von Kontaktverboten und -beschränkungen

Eine besondere Brisanz erfährt der Zusammenhang zwischen Kontaktfrequenz und emotionaler Bindung durch die Corona-Krise: Als Folge wird es zu einer Umverteilung von Kundenpotenzialen in bisher nie erlebten Dimensionen kommen. Denn durch die Kontaktverbote und -beschränkungen kaufen die Kunden gar nicht mehr oder seltener, und sie nehmen Service-Leistungen seltener in Anspruch: Damit fallen wesentliche Kontaktpunkte weg. Dies schwächt die Beziehungsbasis zu den Kunden, denn es fehlen schlichtweg die Möglichkeiten für die so wichtigen Wiederholungen. Dass auch diese theoretischen Überlegungen empirisch fundiert sind, sehen Sie wiederum an der bereits zitierten Auftragsstudie für einen Bankkunden: Je weniger Kontakte Kunden haben, desto größer ist der Anteil an Gegnern und Söldnern, also an Kunden mit einer geringen emotionalen Verbundenheit (vgl. Abb. 4.14).

Das Learning aus der Corona-Krise lässt sich gut auf alle Branchen anwenden, die generell mit niedrigen Kontaktfrequenzen zu kämpfen haben: Unternehmen können die negativen Auswirkungen auf die Kundenbeziehungen abfedern, indem sie Multi-Kanal-Konzepte entwickeln und umsetzen. Auch digitale Kanäle sind sehr wohl geeignet, die notwendige Kontaktfrequenz aufrechtzuerhalten. Voraussetzung: Die Botschaften sind relevant und stellen die notwendige Passung zu den zentralen Kundenbedürfnissen her. Das Ganze hat einen schönen Nebeneffekt: Gut gemacht und orchestriert mit den anderen Kanälen sparen Unternehmen durch den Einsatz digitaler Kanäle Ressourcen im Vergleich zu den kostenintensiven persönlichen Kontakten. Allgemein und ausführlich gehen wir auf

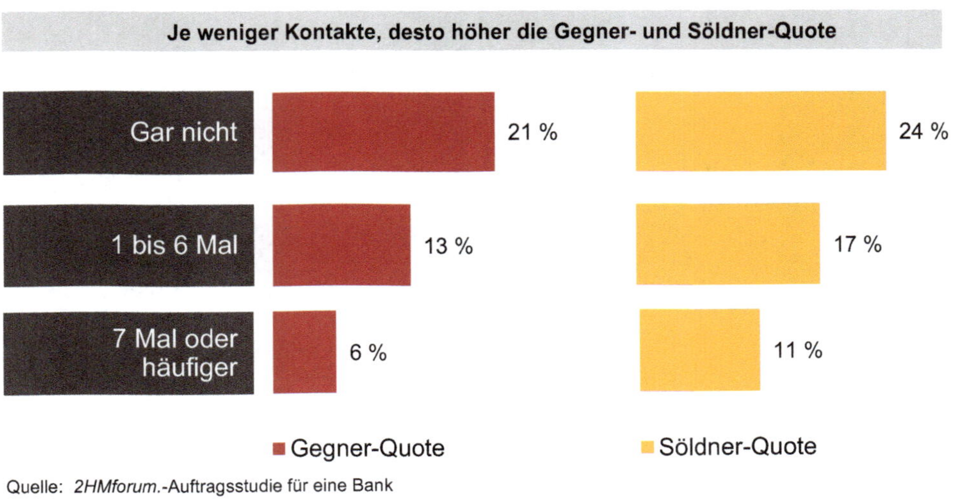

Abb. 4.14 Das mangelnde Erleben von Passung durch eine zu geringe Kontaktfrequenz steigert die Gegner- und die Söldner-Quote

das Thema, wie digitale Kanäle zur Steigerung der *Fan-Quote* genutzt werden können, in Abschn. 4.2.11 ein.

Wie dieser Wandel vom stark auf den persönlichen Kontakt in der Filiale ausgerichteten Anbieter zu einem Multi-Kanal-Dienstleister erfolgreich gemeistert werden kann, zeigt die *Kreissparkasse Köln*, die mit einer Bilanzsumme von annähernd 30 Mrd. Euro, fast 4000 Mitarbeitern und rund 170 Filialen zu den drei größten Sparkassen in Deutschland gehört. Sie konnte ihre ohnehin hohe *Fan-Quote* in Zeiten der Pandemie sogar leicht von 29 % im Jahr 2019 auf 30 % im Jahr 2020 steigern. Wie ihr das gelungen ist, das erfahren Sie im Interview mit dem Vorstandsmitglied der Kreissparkasse Köln, Christian Bonnen (vgl. Abb. 4.15).

4.2.2 Der Touchpoint-übergreifende Orchestrierungsprozess

Zentrale Grundlage für einen erfolgversprechenden Orchestrierungsprozess ist eine bestehende Positionierung, sei es aus einer systematischen Herleitung im Rahmen von *FANOMICS* oder aus sonstiger Quelle. Falls Sie über keine formale Positionierung verfügen und diese auch nicht erarbeiten wollen, so benötigen Sie für den Orchestrierungsprozess mindestens fundierte Erkenntnisse über die zentralen Bindungstreiber, die Sie der *Fan-Ampel* entnommen haben.

Abb. 4.15 Podcast – Christian Bonnen, Mitglied des Vorstandes der Kreissparkasse Köln (▶ https://doi.org/10.1007/000-540)

Da wir die konkrete Vorgehensweise bei der Orchestrierung wieder anhand des *ALDI Süd*-Beispiels illustrieren wollen: Sicher erinnern Sie sich, dass der zentrale Bindungstreiber für *ALDI Süd*-Kunden „schnell" ist (vgl. Abschn. 3.4). Der Einfachheit halber wollen wir bei den folgenden Erläuterungen davon ausgehen, dies sei der Startpunkt für den Orchestrierungsprozess bei *ALDI Süd*.

Im nächsten Schritt geht es um die Zielstellung der Orchestrierung: Sie dreht sich immer um den Gesamtklang, der durch das abgestimmte Zusammenspiel aller entsteht – und damit übertragen auf das Kundenbeziehungsmanagement um die Beantwortung der Frage, mit welchen abgestimmten Maßnahmen Unternehmen *Touchpoint-übergreifend* und *Touchpoint-spezifisch* das Positionierungsversprechen erlebbar machen können.

Viele dieser Maßnahmen können mit kleinem Aufwand große Wirkung erzielen, haben also eine Hebelwirkung. Wir wollen zunächst auf die Touchpoint-übergreifenden Hebel genauer eingehen. Bei diesen Hebeln handelt es sich zum einen um kulturelle und strukturelle Rahmenbedingungen, die sich nicht nur an *einem* Touchpoint auswirken, sondern konzertiert über die gesamte Kundenreise hinweg das Verhalten von Mitarbeitern beeinflussen. Dabei kann es sich um das Werte-Leitbild, um die Führungsgrundsätze, um das Führungsverhalten oder um Prozesse und die verfügbare Infrastruktur (zum Beispiel die eingesetzte CRM-Lösung) handeln. Zum anderen handelt es sich auch bei den Fähigkeiten und Kompetenzen der Mitarbeiter häufig um Touchpoint-übergreifend wirksame Ansatzpunkte für die Orchestrierung (vgl. Abb. 4.16).

Um möglichst effizient vorgehen zu können, benötigen Sie eine Bestandsaufnahme sowie eine fundierte Einschätzung, welche dieser Hebel in Ihrem Unternehmen besonders

Abb. 4.16 Dimensionen der Orchestrierung

große Chancen zur Optimierung der Orchestrierung bieten. Wir haben sehr gute Erfahrungen damit gemacht, zu diesem Zweck einige besonders wichtige Touchpoints im Hinblick auf das Positionierungsversprechen genauer zu untersuchen. Diese haben wir mit der *Touchpoint-Ampel* ermittelt. Sie erinnern sich an das *ALDI Süd*-Beispiel: Für die Wahrnehmung der Schnelligkeit von *ALDI Süd* sind insbesondere die Kasse, der Preis und der Aufbau der Filialen von besonderer Bedeutung.

Was ist die Idee hinter dieser Vorgehensweise? Natürlich gibt es unzählige Kontaktpunkte zwischen einem Unternehmen und seinen Kunden, je nach Geschäftsmodell können es sogar mehrere Hundert sein (Petifourt 2019). Im Idealbild soll die Orchestrierung über all diese Touchpoints funktionieren, faktisch ist es aber nicht zielführend, sie alle zu untersuchen, da die Hauptwirkung auf den Kunden nach unserer Erfahrung von einigen wenigen ausgeht. Wählt man also die wichtigsten stellvertretend für alle aus, so können wir davon ausgehen, dass die kulturellen und strukturellen Rahmenbedingungen und insbesondere die Hürden der Orchestrierung auf diese Weise hinreichend gut erfasst werden. Somit wird die Grundlage für ursachenadäquate strukturelle Maßnahmen geschaffen, die eine Orchestrierung über alle Touchpoints hinweg effizient ermöglicht.

Lassen Sie uns beispielhaft überlegen, wie ein solcher Prozess am Beispiel *ALDI Süd* für den zentralen Touchpoint „Kasse" aussehen könnte.

Zunächst gilt es, für diesen Kontaktpunkt ein Zielbild zu formulieren, das beschreibt, wie ein besonders positionierungskonformes Erlebnis für den Kunden ausschauen sollte: Der Kunde möchte die Kasse so schnell wie möglich verlassen: Dazu sollte zum einen die Wartezeit möglichst kurz sein, zum anderen die eigentliche „Abfertigung" inklusive des Bezahlvorgangs möglichst schnell über die Bühne gehen. Wenn das geklärt ist, stellt sich im nächsten Schritt die Frage, was *ALDI Süd* daran hindert, dem Kunden dieses positionierungskonforme Erlebnis der schnellen Bedienung an der Kasse zu ermöglichen. Wir werden im Folgenden beispielhaft auf die Wartezeit eingehen:[7]

- Sie könnte zu lange sein, weil zu wenige Mitarbeiter in den *ALDI Süd* Filialen im Einsatz sind und deshalb zu wenige Kassen geöffnet werden können, insbesondere in Stoßzeiten. Das wäre ein Thema der Personalressourcen- und -einsatzplanung.
- Ebenfalls Auswirkungen auf die Wartezeit hat, dass zusätzliche Kassen nicht schnell genug von Mitarbeitern besetzt werden, obwohl diese in der Filiale verfügbar wären. Warum ist das so? Die Antwort ist nicht trivial. Verfügbare Mitarbeiter könnten den Ausruf zum Öffnen einer weiteren Kasse nicht gehört haben. Das wäre ein klassisches Thema der Infrastruktur: Es müssten (weitere) Lautsprecher installiert werden, oder die Mitarbeiter könnten Headsets tragen, über die sie direkt erreicht werden können. Ebenso denkbar: Der Mitarbeiter hat den Ruf gehört, reagiert aber nicht, weil er gerade mit dem Entladen einer Lieferung beschäftigt ist. Er priorisiert seine aktuelle Tätigkeit offensichtlich höher als den Kassendienst. Das könnte daran liegen, dass ihm gar nicht

[7] Vgl. dazu auch die ausführliche Erläuterung zur Umsetzung von „schnell" an den *ALDI Süd*-Kassen in Abschn. 3.4.

bewusst ist, wie wichtig es für das Erfüllen des zentralen Kundenbedürfnisses ist, die Kasse zu übernehmen. Es könnte ein neuer Mitarbeiter sein, dem die entsprechenden Grundlagen noch nicht vermittelt wurden. Dann handelt es sich um ein Kommunikationsdefizit, das dringend behoben werden müsste. Schließlich könnte ihm die Bedeutung bewusst sein, und er beschließt dennoch, die aktuelle Arbeit zu beenden, bevor er eine weitere Kasse öffnet. Das wiederum könnte verschiedene Ursachen haben: Zum Beispiel weil bei der Anlieferung ein Engpass durch wartende LKW besteht, der den Mitarbeiter unter Druck setzt. Dann wären die Logistikprozesse zu prüfen. Oder der Mitarbeiter mag die Arbeit an der Kasse nicht, er lädt viel lieber Ware ab, die Ursache ist also in seinen Fähigkeiten, Kompetenzen und Talenten begründet. Dafür gibt es zwei mögliche Lösungsansätze, die beide mit Führung und Organisation zu tun haben: Entweder führt *ALDI Süd* arbeitsteilige Prozesse ein, die es Mitarbeitern in den Filialen ermöglichen, entsprechend ihren Fähigkeiten und Talenten nur an der Kasse oder nur im Lager zu arbeiten. Wenn man den Arbeitsalltag in der Filiale eines Lebensmitteldiscounters kennt, so erscheint dieser Lösungsansatz realitätsfremd. Wahrscheinlicher ist, dass man einem Mitarbeiter, der seine Talente und Fähigkeiten nicht darin sieht, an der Kasse zu arbeiten, eine andere Tätigkeit als die bei einem Lebensmitteldiscounter nahelegen sollte.

- Ebenso denkbar ist, dass dem Mitarbeiter die Tätigkeit an der Kasse durchaus Freude bereitet, er aber nicht einsieht, warum er seine bestehende Arbeit unterbrechen soll, nur um schnell die Kasse zu besetzen, obwohl ihm die entsprechende Arbeitsanweisung bewusst ist. Wir haben es offensichtlich mit einem Haltungsthema zu tun, also mit einem klassischen Kulturthema: Möglicherweise beobachtet der Mitarbeiter bei dem Filialleiter ähnliche Verhaltensweisen und seine Missachtung der Arbeitsanweisungen wird auch nicht sanktioniert. Dann handelt es sich um ein Führungsthema. Lebt der Filialleiter die Werte von *ALDI Süd* dagegen vorbildlich vor, so stellt sich die Frage, ob der Mitarbeiter wirklich zu *ALDI Süd* passt. Dann haben wir es mit einem Thema des Personal-Recruitings zu tun. Nicht von ungefähr gilt der Sinnspruch „train for skills, hire for attitudes".
- Schließlich wirkt es sich auf die Wartezeit aus, wenn die Mitarbeiter an den Kassen den Einkauf eines Kunden nicht schnell genug „abfertigen". Auch dies kann zum einen etwas mit den Fähigkeiten und Kompetenzen zu tun haben, die sich natürlich trainieren lassen, aber sicher nur bis zu einem gewissen Grad. Dann muss man eben konstatieren, dass nicht jeder gleichermaßen für diese rasche Umsetzung geeignet ist, wie sie bei *ALDI Süd* an der Kasse eingefordert wird, um dem Dogma der Schnelligkeit gerecht zu werden. Und, Sie ahnen es bestimmt bereits, natürlich kommt an dieser Stelle auch der Umgang mit dem Thema der Freundlichkeit an der Kasse ins Spiel, den wir an anderer Stelle bereits intensiv erläutert haben (vgl. Abschn. 3.4): Sind die Mitarbeiter von *ALDI Süd* an der Kasse besonders freundlich, so mag dies für einzelne Kunden zwar ein positiveres Einkaufserlebnis implizieren, wird aber nach allgemein bekannten Grundregeln zwischenmenschlicher Kommunikation von diesen Kunden dann auch als Aufruf zum Smalltalk verstanden – was für die große Mehrheit aller anderen Kunden zu längeren

Wartezeiten führt und so gegen die zentralen Kundenbedürfnisse verstößt, die *ALDI Süd* bedienen will. Ist ein *ALDI Süd*-Mitarbeiter an der Kasse trotzdem auffällig freundlich, so kann dies zwei Ursachen haben: Entweder, er weiß es nicht besser, dann ist es ein Vermittlungsproblem, oder er weiß es, befolgt es aber nicht, weil es zum Bespiel nicht seiner Mentalität entspricht. Dann haben wir es wieder mit einem Haltungsproblem zu tun.

All diese Maßnahmen, die wir exemplarisch anhand des hochrelevanten Touchpoints „Kasse" hergeleitet haben, wirken Touchpoint-übergreifend positiv auf die Wahrnehmung der Schnelligkeit von *ALDI Süd*. Auch das wollen wir kurz anhand einiger Beispiele erläutern:

- Der mangelnde oder falsche Personaleinsatz hat Auswirkungen auf das Nachbestücken leerer Regale mit frischer Ware: Für den typischen *ALDI Süd* -Kunden, der den Einkauf von Lebensmitteln als lästiges Übel empfindet, kann das bedeuten, dass er aufgrund fehlender Artikel warten muss oder einen unnötigen zusätzlichen Einkauf tätigen muss – beides vermeidbarer Zeitaufwand, der dazu führt, dass das Positionierungsversprechen nicht eingehalten wird.
- Bessere Kommunikation zwischen den Mitarbeitern durch infrastrukturelle Verbesserungen – etwa durch Tragen eines Headsets – wirkt sich zum Beispiel auch in Eskalationssituationen positiv aus, wenn ein ganz bestimmter Mitarbeiter oder der Filialleiter benötigt werden.
- Eine konsequente Vermittlung des Stellenwerts der Schnelligkeit insbesondere gegenüber neuen Mitarbeitern sensibilisiert für die Kundenkommunikation an allen anderen Touchpoints.
- Die Fokussierung in der Rekrutierung auf Mitarbeiter, die zu *ALDI Süd* und seiner Positionierung passen, wirkt sich ebenfalls auf die gesamte Kundenreise positiv aus. Dies gilt in besonderem Maße auch für die Auswahl der Führungskräfte, die aufgrund ihrer Vorbildfunktion für das positionierungskonforme Verhalten der Mitarbeiter in den Filialen Verantwortung tragen.

Dies verdeutlicht, was wir mit dem Thema der Orchestrierung meinen, aber auch, wie Unternehmen pragmatisch und effizient Orchestrierung umsetzen können. Basierend auf unseren Erfahrungswerten gibt es in Unternehmen immer Touchpoint-übergreifend relevante Hürden, die einer wirksamen Orchestrierung im Wege stehen. Die Konzentration auf Maßnahmen zu ihrer Beseitigung schafft durch enorme Synergien die erwähnte Hebelwirkung, weil sie eben nicht nur an einem, sondern an ganz vielen Touchpoints entlang der Kundenreise wirken.

Zwingend erforderlich für eine erfolgreiche Orchestrierung ist eine Unternehmensführung, die die notwendigen Voraussetzungen schafft und bereit ist, selbst als Teil des „Orchesters" zu agieren. Sind auf Vorstandsebene Ressorts wie Vertrieb, Service und Personal auf verschiedene Entscheider verteilt (was der Realität in vielen Unternehmen entspricht), so sind diese Entscheider gefordert, ihre Aktivitäten zu synchronisieren, mit einer Stimme zu sprechen und auch einmal die Rolle des Triangel-Spielers zu übernehmen, der sich zurücknimmt und auf seinen relevanten Einsatz hinarbeitet. Uns ist bewusst, dass sich dies mit dem typischen Profil und dem Selbstverständnis von Top-Entscheidern nicht immer in Einklang bringen lässt.

4.2.3 Die Touchpoint-spezifische Orchestrierung

Aufgrund der Bedeutsamkeit mancher Touchpoints oder wegen der hohen organisatorischen Anforderungen an den Touchpoint-übergreifenden Orchestrierungsprozess kann es für Unternehmen zielführend sein, alternativ oder parallel an den wesentlichen Touchpoints zusätzlich spezifische Orchestrierungsmaßnahmen zu initiieren. Beim Touchpoint-spezifischen Orchestrierungsprozess gilt die Aufmerksamkeit allen Maßnahmen, die zwar nur am Touchpoint selbst greifen und dort direkt wirken, sich aber auf die Gesamtwahrnehmung niederschlagen und damit in die Orchestrierung fördernd oder hemmend eingreifen. Der Vorteil ist, dass zur Umsetzung im besten Fall nur ein für den Touchpoint zuständiger Entscheider erforderlich ist und damit schnell Entscheidungen getroffen und Maßnahmen umgesetzt werden. Der Nachteil ist, dass mit Touchpoint-spezifischen Maßnahmen Aspekte, die nur Touchpoint-übergreifend optimiert werden können, vernachlässigt und dann nicht oder nur unzureichend erledigt werden und das Gefühl der Passung für die Kunden somit unvollständig bleibt.

Lassen Sie uns dies wie zuvor am Beispiel von *ALDI Süd* und dem hochrelevanten Touchpoint „Kasse" erläutern. Grundlage für einen Touchpoint-spezifischen Orchestrierungsprozess ist wiederum eine ausgearbeitete Positionierung oder wenigstens die Kenntnis des zentralen Kundenbedürfnisses. Also geht es bei *ALDI Süd* darum, an der Kasse möglichst schnell zu sein. Zahlreiche Touchpoint-spezifische Entscheidungen hat *ALDI Süd* dementsprechend getroffen, von denen drei im Folgenden beispielhaft dargestellt sind:

- Es gibt bei *ALDI Süd* keinen Warenauffangbereich, damit die Kunden ihre Einkäufe nicht „zwischenparken" können, weil dies den Prozess für die wartenden Kunden verlangsamt. Die daraus abgeleitete klare Anforderung ist also, Kassen entsprechend zu konstruieren.
- Ein weiterer spezifischer Einflussfaktor ist der Bezahlvorgang. Lange hat *ALDI Süd* keine bargeldlose Bezahlung zugelassen, weil die Transaktionen zu lange gedauert haben. Heute bietet *ALDI Süd* bargeldlose Bezahlung an, die so schnell ist, dass daraus im Vergleich zur Bezahlung mit Bargeld kein Nachteil mehr entsteht.
- Spezielle Kompetenzen der Mitarbeiter sind besonders an der Kasse relevant. So kannten sie früher, als noch nicht gescannt wurde, die Preise für alle Produkte auswendig, um so den Bezahlprozess zu optimieren.

Die Aufzählung ließe sich um einige weitere Punkte verlängern, die ebenfalls vordergründig spezifisch an der Kasse dazu beitragen, dass es für die Kunden schnell geht. Stellt sich trotzdem die – nach den Ausführungen zum Orchestrierungsprozess rhetorische – Frage, ob *ALDI Süd* allein mit diesem Strauß an Touchpoint-spezifischen Maßnahmen alles Mögliche dafür getan hat, dass die Kunden schnell bezahlen können. Die Antwort lautet: Nein, denn auch Touchpoint-übergreifende Maßnahmen leisten einen wesentlichen Beitrag. Was nützt der optimierte Bezahlvorgang, wenn die Kasse nicht besetzt ist, weil es *ALDI Süd* versäumt hat, den Mitarbeitern zu vermitteln, wie wichtig „Schnelligkeit" für die Kunden ist, und dass es unter allen Umständen darauf ankommt, schnellstmöglich eine weitere Kasse zu öffnen, wenn der entsprechende Ausruf erfolgt?

Bei allen kulturellen und strukturellen Themen, also wenn es um werteorientierte Führung, Personalauswahl und -entwicklung oder Kommunikation geht, sind häufig mehrere Entscheider und Unternehmensbereiche involviert und damit Entscheidungen schwieriger zu treffen und umzusetzen. Daher ist es zielführend, weil pragmatisch und schnell umsetzbar, mit dem Touchpoint-spezifischen Orchestrierungsprozess zu starten. Starten Sie dabei nach Möglichkeit mit einem hochrelevanten Touchpoint. Warum? Weil sich dann messbare Erfolge, und zwar nicht nur am Touchpoint selbst, sondern auch im Hinblick auf die wahrgenommene Orchestrierung und damit auf die Beziehungsqualität, schneller und wirksamer einstellen.

4.2.4 Steuerungsinstrument: die Nachkontaktbefragung

Ebenso wie für den erfolgreichen Positionierungsprozess benötigen wir auch für den Touchpoint-spezifischen Orchestrierungsprozess belastbare Informationen, die uns helfen, an den einzelnen Touchpoints die richtigen Hebel zu identifizieren und dann die Wirksamkeit initiierter Maßnahmen zu überprüfen. Nun haben wir Ihnen im Rahmen des Positionierungsprozesses bereits die Kunden- und Wettbewerbskundenbefragung vorgestellt, die die notwendigen Erkenntnisse generiert, zum Beispiel zum Erstellen der *Fan-Ampel* und der *Touchpoint-Ampel*. Wir haben also mit dieser Befragung bereits Informationen zur Wahrnehmung der Touchpoints generiert. Wenn wir aber vertiefende Erkenntnisse zur Performance an einzelnen Touchpoints benötigen, um den Orchestrierungsprozess effizient zu gestalten, so sind die Befunde aus der Kundenbefragung noch nicht ausreichend. Um das zu verdeutlichen, wollen wir noch einmal auf ein Praxisbeispiel aus Abschn. 3.1 zurückkommen, nämlich auf das von der *Deutschen Bahn* und der *Lufthansa*.

Sie erinnern sich: Wir hatten dargestellt, dass die *Lufthansa* als viel pünktlicher wahrgenommen wird als die *Deutsche Bahn*. Belegt hatten wir dies mit Befragungsergebnissen, auf die wir nun etwas näher eingehen wollen (Becker und Lang 2013). Sie stammen aus einer „klassischen" Kundenstudie, nämlich aus einer repräsentativen Befragung von regelmäßigen und gelegentlichen Nutzern zur Pünktlichkeit und Zuverlässigkeit beider Verkehrsunternehmen. Diese Studie entspricht also von der Methodik her den Kunden- und Wettbewerbskundenbefragungen, die wir zur Herleitung der Positionierung eingesetzt haben. Sie zeichnen sich dadurch aus, dass sie Aussagen über alle Kunden ermöglichen, und zwar unabhängig von der Nutzungsfrequenz und der letzten Nutzung. Bei dieser allgemeinen Befragung zur Pünktlichkeit und Zuverlässigkeit fällt die *Deutsche Bahn* auf einer 100-Punkte-Skala um über 30 Punkte hinter die Vergleichsgruppe von *Lufthansa*-Kunden zurück (vgl. Abb. 4.17). Allein aus diesem Ergebnis zu schlussfolgern, die *Deutsche Bahn* hätte ein gravierenderes Leistungsproblem mit der Pünktlichkeit als die *Lufthansa*, greift jedoch zu kurz.

Um das zu illustrieren, wollen wir Ihnen ein weiteres, alternatives Befragungsinstrumentarium vorstellen: Wir haben im Rahmen unserer eigenen Grundlagenforschung 460 Kunden der *Deutschen Bahn* (nur Fernreisende) und der *Lufthansa* (nur innerdeutsche Flüge) unmittelbar nach ihrer Ankunft an Bahnhöfen beziehungsweise Flughäfen befragt – und zwar danach, wie zufrieden sie auf *dieser konkreten Reise* mit der Pünktlichkeit ihrer Züge beziehungsweise Flüge waren. Diese Befragungstechnik, bei der sich die Aussagen nicht auf alle Kunden beziehen, sondern nur auf Kunden, die jüngst zu einem Unternehmen in Kontakt standen, nennt man *Nachkontaktbefragung*. Der Vorteil dieser Vorgehensweise liegt auf der Hand: Die Bewertung der Kunden spiegelt die soeben erlebte Leistungserbringung wider. Verzerrende Aspekte der Leistungswahrnehmung hingegen – nämlich allgemeine Vorurteile über diese Leistungserbringung – sind in diesem Moment weitgehend ausgeblendet. Abb. 4.18 zeigt das Ergebnis für unser Beispiel: Die Urteile der Reisenden unterscheiden sich kaum. Den Fluggästen erscheinen die Flüge ebenso unpünktlich wie den Bahnreisenden die Züge.

Was lässt sich daraus schließen? Die Ursache für das Problem der *Deutschen Bahn* mit der Pünktlichkeit im Vergleich zur *Lufthansa* ist primär kein Leistungsdefizit. Denn in der Beurteilung der Leistung schneidet die *Deutsche Bahn* zwar nicht gut ab, befindet sich

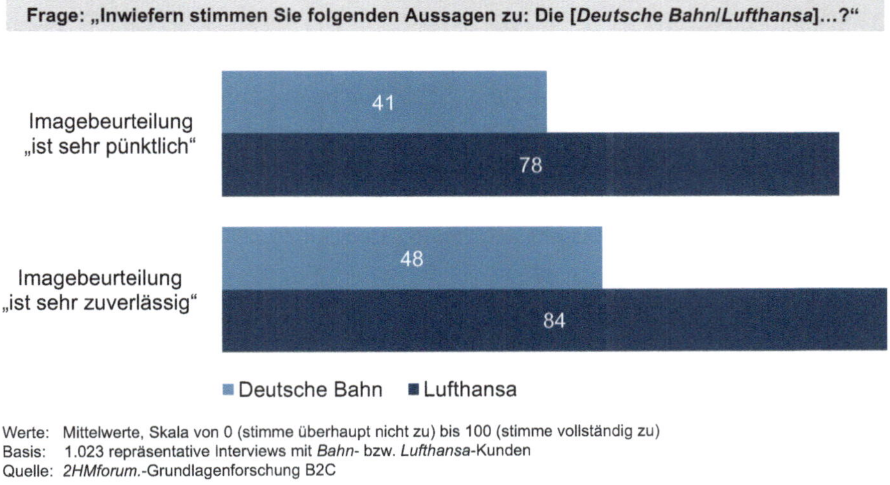

Abb. 4.17 Die allgemeine Bewertung von Pünktlichkeit und Zuverlässigkeit wird stark von der Markenwahrnehmung beeinflusst: Die *Deutsche Bahn* liegt weit hinter der *Lufthansa* zurück.

Frage: „Wie zufrieden waren Sie mit der Pünktlichkeit bei [Ihrer letzten Zugfahrt/Ihrem letzten Flug]?"

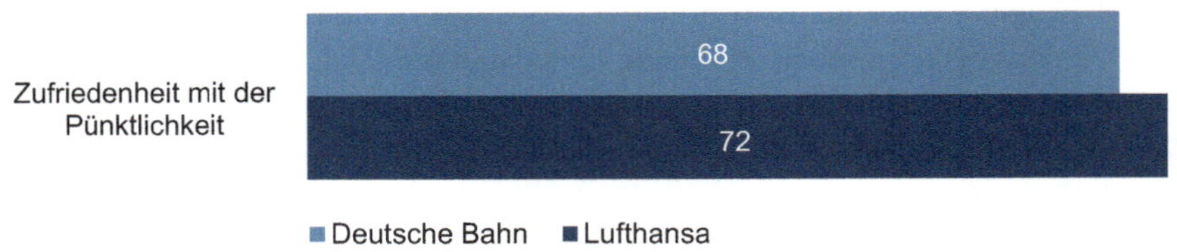

Werte: Mittelwerte; Skala von 0 (sehr unzufrieden) bis 100 (sehr zufrieden)
Basis: 460 Interviews mit Reisenden an Bahnhöfen oder Flughäfen
Quelle: *2HMforum.*-Grundlagenforschung B2C

Abb. 4.18 Erst die Nachkontaktbefragung ermöglicht einen ungefilterten Blick auf die wahrgenommene Pünktlichkeit: Die *Deutsche Bahn* und die *Lufthansa* unterscheiden sich kaum.

aber praktisch auf Augenhöhe mit der fliegenden Konkurrenz. Die Ursachen sind also vielmehr auf der Wahrnehmungsebene zu suchen: Beide Unternehmen sind gleichermaßen pünktlich – oder unpünktlich, wenn man so will. Trotzdem produzieren sie bei ihren Kunden komplett unterschiedliche Vorstellungen. Auf die Ursachen wollen wir nicht näher eingehen, das haben wir an anderer Stelle bereits getan (vgl. Abschn. 3.1). Vielmehr geht es an dieser Stelle um eine andere Erkenntnis: Nämlich, dass die Art der Kundenbefragung und der Zeitpunkt der Messung das Ergebnis beeinflussen und es daher bei der Auswahl des Messinstruments entscheidend auf die Zielsetzung ankommt.

Das Beispiel von *Deutscher Bahn* und *Lufthansa* zeigt, dass die Bewertung des Kunden, allgemein abgefragt, zwangsläufig immer auch von der Markenwahrnehmung beeinflusst ist. Eine solche Abfrage ist Gegenstand der „klassischen" Kundenbefragung aus der „Vogelperspektive", die wir im Rahmen der Herleitung der Positionierung einsetzen, um allgemeine Aussagen über zentrale Kundenbedürfnisse, die Beziehungsqualität sowie ihre wesentlichen Einflussgrößen zu generieren. Will ein Unternehmen aber die tatsächliche Leistung an wesentlichen Kontaktpunkten aus der Kundenperspektive bewerten lassen, so wird diese „klassische" Befragungstechnik zu erheblichen Verzerrungen führen. Denn für die Mehrzahl der befragten Kunden liegt der letzte Kontakt zum Anbieter einige Zeit zurück. Aufgrund des zeitlichen Abstands und der damit einhergehenden schwindenden Erinnerungsfähigkeit des Kunden an konkrete Kontaktsituationen ist es schwer, valide Urteile über die eigentliche Leistungserbringung zu erhalten. Diese sind aber zentral zur Optimierung der Touchpoints.

Wer ein Kundenfeedback erhalten möchte, um daraus belastbare Ansätze zur Schärfung der Leistungserbringung im Hinblick auf das zentrale Kundenbedürfnis abzuleiten, muss die Kunden also unmittelbar am „Touchpoint" befragen. Zum einen ist die Erinnerungsfähigkeit aufgrund der zeitlichen Nähe dann noch sehr hoch, was eine sehr detaillierte Abfrage möglich macht. Zum anderen können dann Einflüsse der Marke nahezu ausgeschlossen werden.

Umgekehrt sind solche Nachkontaktbefragungen nicht geeignet, um die strategische Ausrichtung des Unternehmens zu unterstützen, da das Gesamtbild sehr stark von dem letzten Kontakt geprägt ist, auf den sich die Befragung bezieht. Berücksichtigt man Stärken und Schwächen der Befragungsansätze, so ergibt sich daraus ein sinnvolles Wechselspiel: Die klassische Kundenbefragung wird benötigt, um zentrale Bindungstreiber und darauf aufsetzend die relevanten Touchpoints zu identifizieren. Die Nachkontaktbefragung greift diese Informationen auf und vertieft die Erkenntnisse als Grundlage des Touchpoint-spezifischen Orchestrierungsprozesses. Auch dies sei anhand des *ALDI Süd*-Beispiels illustriert (vgl. Abb. 4.19): Basierend auf den Ergebnissen der klassischen Kundenstudie konnten wir die *Fan-Ampel* ableiten und somit den zentralen Bindungstreiber identifizieren, nämlich „*ALDI Süd* ist sehr schnell". Diesen zentralen Bindungstreiber wiederum nutzten wir zur Ableitung der hochrelevanten Touchpoints. Bei *ALDI Süd* erwies sich die Kasse als wichtigster Touchpoint für die Wahrnehmung von „schnell". Nun kann die Nachkontaktbefragung am Touchpoint „Kasse" genutzt werden, um die Wahrnehmung der Perfomance an der Kasse genauer zu verstehen und Erkenntnisse für deren konsequente Ausrichtung am zentralen Kundenbedürfnis abzuleiten.

Was genau bewerten Kunden bei der Nachkontaktbefragung, und warum? Um diese Frage zu beantworten, wollen wir uns noch einmal deren Ziele vergegenwärtigen:

Im Hinblick auf einen erfolgreichen Orchestrierungsprozess interessiert uns die Gesamtbewertung des Touchpoints durch Kunden mit einem konkreten Kontakterlebnis. Wir erfassen diese durch die Gesamtzufriedenheit mit dem konkret erlebten Kontakt, da es sich um eine Leistungsbewertung handelt. Für eine erfolgreiche Orchestrierung kommt es entscheidend darauf an, dass Kunden den Kontakt an einem hochrelevanten Touchpoint mit der Note „1" bewerten, denn nur dann kommt es zu dem Gefühl der Passung. Das erkennen wir, wenn wir die Bewertung des Touchpoints mit der *Fan-Quote* korrelieren. Wie wir Abb. 4.20 beispielhaft entnehmen können, übersteigt die *Fan-Quote* von Kunden mit einem perfekt passenden Kontakterlebnis die *Fan-Quote* aller Kunden – unabhängig von einem

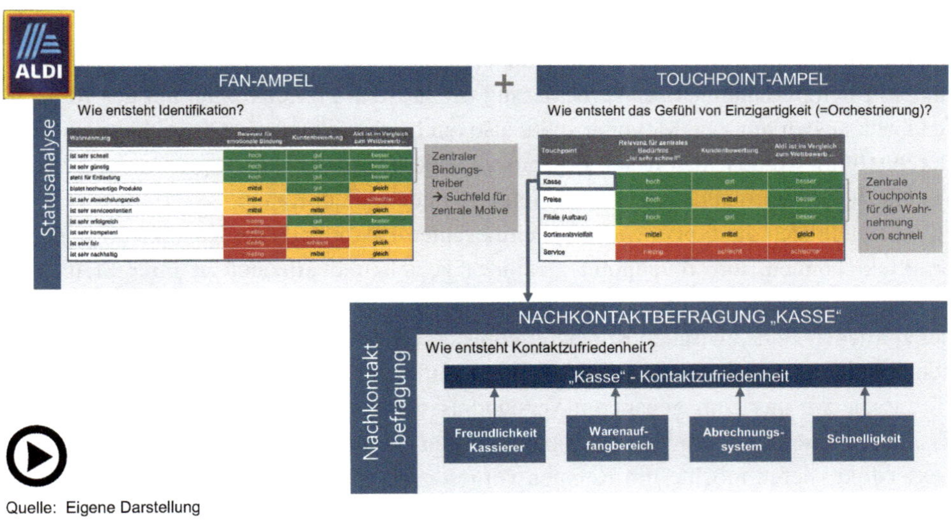

Abb. 4.19 Der Zusammenhang zwischen „Klassischer Kundenbefragung" (aller Kunden) und „Nachkontaktbefragung" (am relevanten Touchpoint unmittelbar nach dem Kontakt) (▶ https://doi.org/10.1007/000-541)

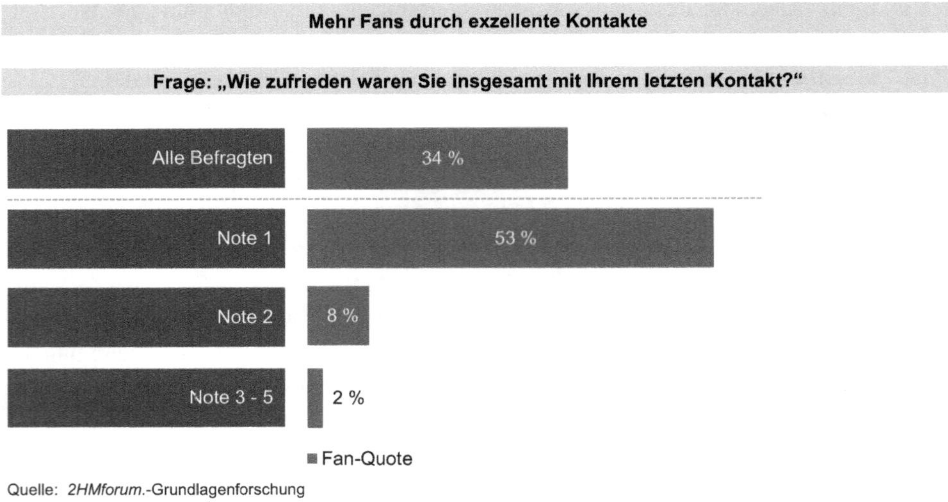

Abb. 4.20 Nur die Note „1“ zählt: Wenn Kunden bei einem Kontakterlebnis das Gefühl der Passung haben, steigt die *Fan-Quote.*

Kontakterlebnis – bei weitem. Doch schon bei einer Bewertung des Erlebnisses an dem Touchpoint mit der Note „2“ sinkt die *Fan-Quote* deutlich unter die aller Kunden. Das bedeutet: Bereits bei der Bewertung eines Kontakts mit „2“ oder schlechter hat der Kontakt der Beziehungsqualität geschadet. Dieser Befund lässt sich über alle Studien für alle Unternehmen in allen Branchen immer wieder replizieren. Wir haben uns daher entschieden, den Anteil der Kunden, die einen Kontakt mit der Note „1“ bewerten, als relevante Steuerungsgröße für den Grad der Orchestrierung an einem Touchpoint zu verwenden.

Die Gesamtkontaktzufriedenheit ist also der zentrale Parameter, um zu verstehen, wie gut die Ausrichtung auf die zentralen Kundenbedürfnisse an den Touchpoints funktioniert und wie sich Maßnahmen zur Verbesserung der Passung im Zeitverlauf auf das Kundenfeedback auswirken. Die Messung sollte also am besten (stichprobenartig) kontinuierlich durchgeführt werden, damit auf Ergebnisveränderungen schnell reagiert werden kann. Ausführliche Informationen zur Durchführung finden Sie in Kap. 6.

Nun stellt sich die Frage, wie wir die relevanten Faktoren dieser Kontaktzufriedenheit ermitteln können, um Touchpoint-spezifisch gezielt und effizient an ihrer Steigerung arbeiten zu können. Ein großer Vorteil der Nachkontaktbefragung ist, dass wir aufgrund der zeitlichen Nähe zwischen Kontakterlebnis und Befragung auch Details abfragen können, um die relevanten Einflussfaktoren zu identifizieren.

Lassen Sie uns zum genaueren Verständnis der Vorgehensweise das Beispiel einer Sparkasse anschauen, die sich beim persönlichen Beratungsgespräch in der Filiale noch besser fokussieren möchte. Im Rahmen vorgeschalteter Workshops mit den zuständigen Mitarbeitern sowie in qualitativen Befragungen von Kunden konnten wir Aspekte wie die

Kundenorientierung der Mitarbeiter, die Gesprächsführung, die Lösungskompetenz, die Erreichbarkeit/Verfügbarkeit sowie die Schnelligkeit als potenziell relevant für die Bewertung der Beratungsgespräche identifizieren. Diese Aspekte wurden daher in die Nachkontaktbefragung aufgenommen, und zwar „übersetzt" auf konkrete Kundenerfahrungen. So wurde beispielsweise der Grad der Kundenorientierung mittels Aussagen wie „Der Berater war stets freundlich" oder „Der Berater interessierte sich für mich" erfasst.

Um zu verstehen, wie wichtig die einzelnen Aspekte sind, wird ihre sogenannte Treiberwirkung für die Gesamtzufriedenheit mit den Beratungsgesprächen ermittelt (dies erfolgt mathematisch durch Regressionsberechnungen). Das Ergebnis für unser Beispiel der persönlichen Beratungsgespräche in der Sparkassen-Filiale ist in Abb. 4.21 dargestellt: Die Kundenorientierung erweist sich als der wichtigste Treiber, gefolgt von der Gesprächsführung und der Lösungskompetenz. Offensichtlich kommt es dagegen weniger auf die Schnelligkeit an, denn dieses Thema erweist sich als am unwichtigsten. Die Ergebnisse werden dann für den Optimierungsprozess genutzt und helfen, Ressourcen richtig einzusetzen.

4.2.5 Beispiel aus der Praxis IX: DiBaDu: perfekte Orchestrierung im telefonischen Kundenkontakt

In unserer *Fanfocus-Deutschland*-Benchmarkstudie ist die *ING* die marktführende Bank mit der höchsten *Fan-Quote* (vgl. Abb. 4.22). Ein Befund, der den einen oder anderen Leser auf den ersten Blick überraschen mag. Schließlich ist die *ING* eine Direktbank, das heißt, sie hat keine Möglichkeit, die Beziehung durch die als besonders emotionalisierend geltenden persönlichen Kontakte in der Filiale vor Ort aufzuladen. Zudem haftet der *ING*

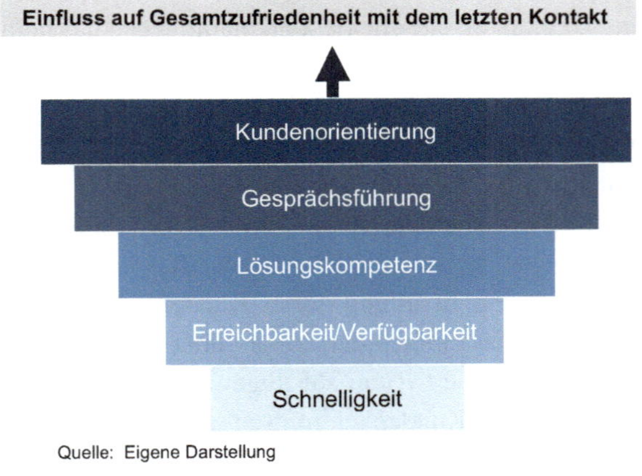

Abb. 4.21 Ermittlung der Treiberwirkung bei Beratungsgesprächen: Die Zufriedenheit wird am stärksten von der Kundenorientierung beeinflusst.

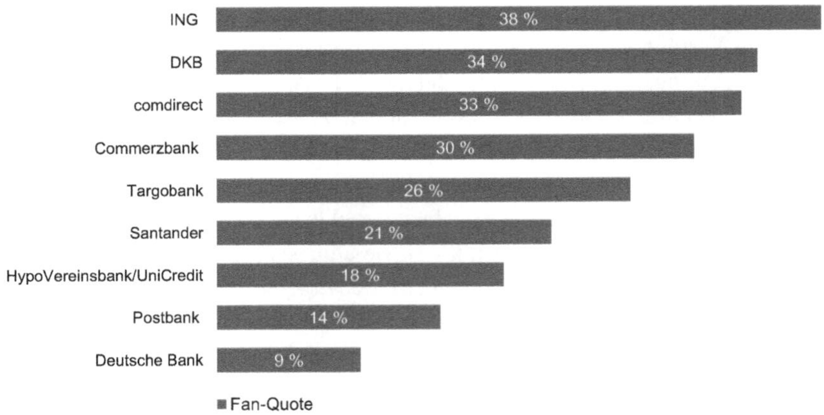

Basis: 900 Interviews mit Kunden der aufgelisteten Banken
Quelle: *2HMforum.*-Grundlagenforschung *Fanfocus Deutschland* 2021

Abb. 4.22 Die *Fan-Quoten* von Banken im Vergleich

noch immer das Image der Zinsführerschaft an, hat sie doch insbesondere in den Anfangsjahren auf dem deutschen Markt stark mit Zinsvorteilen geworben. Und Kunden, die man über solche Angebote gewinnt, verhalten sich – um es in der Sprache unseres *Fan-Portfolios* auszudrücken – söldnerhaft. Also scheinbar eine schwierige Ausgangssituation, um Kunden zu Fans zu machen.

Wie schafft es die *ING* unter diesen Vorzeichen auf den ersten Platz im *Fanfocus Deutschland Banken*? Die Antwort: durch konsequente Ausrichtung an den zentralen Kundenbedürfnissen. Das wollen wir Ihnen im Folgenden anhand der telefonischen Kundenbetreuung erläutern. Dafür wollen wir zunächst die Frage beantworten, wo das zentrale Bedürfnis der *ING-DiBa*-Kunden liegt, auf das es sich zu fokussieren gilt. Wer sich bewusst für eine Direktbank entscheidet und damit gegen das beratungsintensive Angebot der Filialisten, für den ist die persönliche Vor-Ort-Beratung offensichtlich nicht so wichtig. Sehr häufig handelt es sich dabei um Kunden, die ein breites finanzielles Grundwissen mitbringen und daher nicht auf zeit- und kostenintensive Beratungsangebote angewiesen sind. Sie suchen eine Bank, die ihre Belange so schnell und einfach wie möglich umsetzt. Sie wollen selbst entscheiden, ob und wann sie mit ihrer Bank in Kontakt treten, und erwarten dann eine schnelle, abschließende Behandlung ihrer Anliegen.

Zwingend notwendig ist zur Erfüllung dieser Kundenbedürfnisse eine maximale Erreichbarkeit. Im Internet ist das einfach darstellbar, aber was ist, wenn sich ein Anliegen dort nicht lösen lässt? Dann ist die *ING* an 365 Tagen im Jahr, also sieben Tage die Woche und 24 Stunden am Tag, für ihre Kunden telefonisch erreichbar. Aber theoretische Erreichbarkeit ist eine Sache, faktische eine andere. Wohl wissend, wie wichtig eine verlässliche

Umsetzung für die Erfüllung der zentralen Kundenbedürfnisse ist, hat sich der telefonische Kundenservice der *ING* hier hohe Ziele gesetzt: Es sollen insgesamt mindestens 95 % der Gespräche entgegengenommen werden – und 80 % der Gespräche innerhalb von 20 Sekunden. Seit Jahren verfolgt die *ING* dieses Ziel – weil sie weiß, dass sie hier ein essenzielles Kundenbedürfnis bedient.

Doch maximale Erreichbarkeit ist nur eine Seite der Medaille, die Kunden erwarten ebenso eine schnelle, abschließende Bearbeitung ihrer Anliegen. Wie lässt sich das gewährleisten? Die *ING* ist zu dem Ergebnis gekommen, dass es dafür entscheidend auf die Mitarbeiter ankommt: Sie müssen nicht nur eine hohe fachliche Kompetenz mitbringen, sondern insbesondere die Fähigkeit und die Motivation, Kundenbedürfnisse zu verstehen und zu lösen. Daraus hat die Bank einige erstaunliche Schlussfolgerungen gezogen:

1. Im Gegensatz zu anderen Banken setzt die *ING* im telefonischen Kundenservice primär auf eigene Mitarbeiter und nicht auf externe Callcenter, auch wenn dies mit höheren Kosten einhergehen mag. Dies geschieht vor dem Hintergrund, dass eigene Mitarbeiter Motivation stärker spüren und transportieren, weil sie sich intensiver mit „ihrem" Unternehmen und seinen Zielen identifizieren. Diese Motivation wird für die Kunden als ausgeprägte Serviceorientierung spürbar und wirkt sich positiv auf die wahrgenommene Kontaktqualität und damit die emotionale Kundenbindung aus.
2. Gemäß dem Motto „Train for skills, hire for attitudes!" achtet die Direktbank bei der Auswahl ihrer Mitarbeiter für den Kundenservice weniger auf fachliche Kompetenzen als auf eine ausgeprägte kundenorientierte Haltung. Schon die Ansprache der Mitarbeiter bei der Rekrutierung auf dem Arbeitsmarkt vermittelt – wie Abb. 4.23 illustriert – diese Sichtweise. Fachliche Kompetenzen werden den ausgewählten Mitarbeitern dann in Lehrgängen vermittelt.
3. Da es für die Kunden entscheidend auf die abschließende Bearbeitung ankommt, verzichtet die *ING-DiBa* auf jegliche produktivitätsorientierte Sanktionierung. Das heißt: Es gibt keinerlei Vorgaben darüber, wie viele Gespräche ein Mitarbeiter in einem bestimmten Zeitfenster zu führen hat oder wie lange ein Gespräch im Durchschnitt dauern darf.
4. Die Zielsysteme und Trainingsmaßnahmen sind vielmehr konsequent auf das ausgerichtet, was am Ende wirklich zählt, nämlich die Wahrnehmung des Kunden. Ein regelmäßiges Kundenfeedback ist hier die notwendige Voraussetzung. Das heißt: Trainingsmodule und Evaluationsinstrumente entstehen nicht theoriegeleitet, sondern auf der Basis der Bewertung der Gespräche durch die Kunden und fundierter Analysen, die ermitteln, was die Bewertung der Kunden beeinflusst.

Abb. 4.23 Kundenorientierung als Persönlichkeitsmerkmal: Ansprache der *ING-DiBa* zur Mitarbeiterrekrutierung. (Mit freundlicher Genehmigung von © ING-DiBa AG 2014. All Rights Reserved)

Abb. 4.24 Ergebnis konsequenter Touchpoint-spezifischer Orchestrierung: Steigerung der *Fan-Quote* im Zeitvergleich

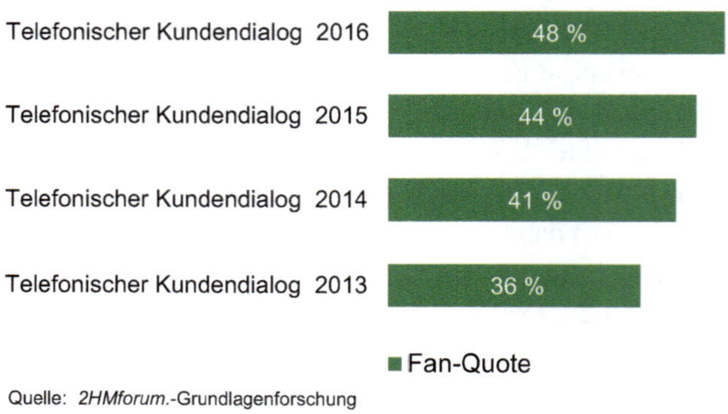

Diese Erkenntnisse und ihre Umsetzung sind ein Prozess, der sich über Jahre hinzieht und der kontinuierlich durch Nachkontaktbefragungen überprüft und wieder neu justiert wird. Dass sich bei so viel Konsequenz beachtliche Erfolge einstellen, sehen Sie in Abb. 4.24. Dargestellt ist die *Fan-Quote* unter den Anrufern der telefonischen Kundenberatung der *ING*. Der Anteil ist in den Jahren 2013 bis 2016 – dem Zeitraum, als die genannten Maßnahmen eingeführt wurden – um 12 Prozentpunkte gestiegen – und damit auch der Wertbeitrag des telefonischen Kundendialogs.

4.2.6 Orchestrierung einzelner Touchpoints

In diesem Abschnitt wollen wir nun auf den Orchestrierungsprozess an denjenigen Touchpoints näher eingehen, die sich in vielen Unternehmen und Branchen als hochrelevant erweisen:

1. Das Produkt- oder Leistungsangebot bedarfsgerecht zu gestalten, stellt erfahrungsgemäß viele Unternehmen vor große Herausforderungen. Andererseits bietet dieser Touchpoint enorme Möglichkeiten, durch konsequente Ausrichtung auf die Kundenbedürfnisse Ressourcen einzusparen. Denn in den seltensten Fällen ist es die Breite des Angebots, die die Passung für die Kunden herstellt. Im Gegenteil, häufig ist ein überbordendes Angebot nicht nur immens teuer in der Entwicklung, Produktion und Lagerhaltung sowie für den Vertrieb schwer zu vermitteln, sondern auch vom Kunden überhaupt nicht gewünscht. Daher wollen wir Ihnen im folgenden Kapitel konkrete Ratschläge an die Hand geben, wie sich ein bedarfsgerechtes Angebot realisieren lässt – und wie sich diese Herangehensweise auf weitere Touchpoints wie zum Beispiel die Optimierung der Website sowie der Kommunikationsinhalte übertragen lässt.
2. Großes übergreifendes Potenzial bietet auch die Optimierung der Preise. Eine wesentliche Erkenntnis ist, dass viele Unternehmen die Preisbereitschaft der Kunden nicht konsequent abschöpfen, weil sie sich bei der Preisgestaltung stark von der schreienden Minderheit der Söldner beeinflussen lassen und Preise nicht konsequent mit dem zentralen Kundennutzen verbinden und kommunizieren. Auch dazu wollen wir Ihnen einen Überblick vermitteln, wie durch Optimierung der Preisgestaltung direkte Effekte auf den Unternehmenserfolg erzielt werden können.
3. Auch wenn *FANOMICS* darauf zielt, aus hochzufriedenen Kunden Fans zu machen, so identifiziert das *Fan-Portfolio* auch eine Gruppe von Kunden, die zwar (noch) emotional gebunden, aber (aktuell) nicht zufrieden sind, nämlich die Gefangenen. In der Regel sind dies Fans, die aber leistungsseitig enttäuscht und daher unzufrieden wurden. Dementsprechend lässt sich dieser Typus sehr häufig auf ein unzureichendes Beschwerdemanagement zurückführen. Gleiches gilt für die Gegner-Kunden: Wenngleich die Situation komplexer ist, da Gegner emotional nicht gebunden sind, spielt auch bei der Entstehung von Gegnerschaft das Beschwerdemanagement eine Rolle. Daher verdient auch dieser Touchpoint eine vertiefende Betrachtung.
4. Zahlreiche Unternehmen halten den Innovationsgrad ihrer Produkte und Leistungen für einen zentralen Treiber von Kundenzufriedenheit und -bindung. Dabei können Innovationen, falsch eingesetzt und vermittelt, das Erleben der Passung bei Kunden erheblich stören und sogar zu Abwanderungen führen. Warum das so ist und wie man Innovationen zielgerichtet einsetzt, um das Gefühl der Passung zu steigern, wollen wir Ihnen ebenfalls in einem eigenen Abschnitt erläutern.
5. Schließlich wollen wir auf ein Thema eingehen, das spätestens durch die Corona-Krise für die meisten Unternehmen zu einer zentralen Herausforderung geworden ist, nämlich die Digitalisierung. Dabei wollen wir der zentralen Frage nachgehen, ob und wie auch Kontakte über digitale Kanäle zur Steigerung der emotionalen Bindung beitragen.

4.2.7 Touchpoint I: bedarfsgerechte Angebote und Leistungen

Angebote und Leistungen als relevanter Kontaktpunkt
Die bedarfsgerechte Gestaltung von Angeboten und Leistungen eines Unternehmens ist von großer Bedeutung, da es hier in der Regel um einen zentralen Touchpoint von Unternehmen mit ihren Kunden geht. Mit Angeboten und Leistungen sind im engeren Sinne die Produkte und Dienstleistungen eines Unternehmens gemeint, auf die die folgenden Ausführungen zunächst auch abstellen.[8] Die Gestaltung bedarfsgerechter Produkte und Dienstleistungen stellt sicher, dass Unternehmen an diesem Touchpoint ihr Kernverspechen erlebbar machen. Dennoch neigen viele Unternehmen dazu, durch ein überbordendes „Mehr ist Mehr“ an begleitenden Angeboten den Blick auf diejenigen Angebote und Leistungen zu verstellen, die mit dem Kernversprechen verknüpft sind, im Sinne von: „Der Kunde findet schon die für ihn richtigen Leistungen.“ Was die richtigen Angebote und Leistungen für die Kunden sind, hat das Unternehmen zu entscheiden, basierend auf den Erkenntnissen über das zentrale Kundenbedürfnis. Alles andere führt zu einer Verwässerung des Unternehmensimages und verhindert so die Monopolstellung in den Köpfen der Kunden und damit die Ausschöpfung von Potenzialen.

Der Wildwuchs und dessen Ursachen
Immer wieder zeigen unsere Studien, dass Angebots- und Leistungsportfolios nicht konsequent bedarfsgerecht ausgestaltet sind. In vielen Unternehmen sind die Leistungsportfolios historisch stark angewachsen. Ursächlich dafür ist in vielen Fällen eine im Laufe der Zeit zunehmende Ausdifferenzierung von Produkten und Dienstleistungen mit dem Ziel, (1) Trends aufzugreifen und damit unreflektiert Marktchancen nutzen zu wollen, (2) Wachstum durch Neukundengewinnung auf fragmentierten Märkten erreichen zu wollen, (3) Unsicherheit über die wahren Bedürfnisse der Kunden durch eine große Vielfalt an Produkten und Leistungen kaschieren zu wollen und/oder (4) Kunden-Segmente mit geringerem Kundenwert bedienen zu wollen. Befeuert wird diese Entwicklung zusätzlich, wenn ein Unternehmen über freie Kapazitäten verfügt. Mit anderen Worten: Ein aufgeblähtes Portfolio ist häufig die Folge davon, Gelegenheiten hinterherzurennen und dadurch seine eigenen Werte zu verraten.

Dieses Phänomen ist in wirtschaftlich schwierigen Zeiten noch häufiger zu beobachten. So bieten viele Unternehmen eine große Menge an Produkten und Leistungen an, um jeden Kunden zu gewinnen und im Lebenszyklus zu halten. Dies macht unter Gesichtspunkten des kurzfristigen Wachstums und der Stabilität durch Kundendiversifikation auch Sinn – allerdings ist diese Herangehensweise zu kurz gesprungen: Nicht nur, dass die auf diese Weise generierten Kundenbeziehungen vielfach keine Stabilität bringen. Sie sind auch teuer erkauft, nämlich im Sinne nicht bedarfsgerecht platzierter Investitionen. Und

[8] Im weiteren Sinne subsumiert sich unter Angeboten und Leistungen jedoch auch anderer für Kunden nutzenstiftender Output, so z. B. Information und/oder Kommunikation. Ein Ausblick darauf wird in diesem Abschnitt noch aufgegriffen.

vor einer (regelmäßigen) Bereinigung solch historisch gewachsener Portfolios schrecken viele Manager zurück, ist doch die Sorge zu groß, dadurch einzelne Kunden an die Konkurrenz zu verlieren. Was gut gemeint ist, wird also schnell zu einem „Zuviel" und verhindert die notwendige bedarfsgerechte Ausrichtung von Angeboten und Leistungen – und damit den nachhaltigen Unternehmenserfolg.

Negative Folgen für das Unternehmen
Während fraglich ist, ob ein überbordendes Portfolio an Angeboten und Leistungen am Markt irgendwie geartete positive Effekte hat, ist die Kehrseite unstrittig: Es hat unmittelbar negative Effekte für das Unternehmen. So ist eine zunehmende Anzahl von Angeboten und Leistungen immer auch mit einem Anstieg von Komplexitätskosten verbunden. Wenn man Komplexität als das Gegenteil von Einfachheit begreift, ist man schnell bei einer geringen Überschaubarkeit, Beherrschbarkeit und Planbarkeit. Dass sich dies zeitlich und psychologisch nachteilig auf Mitarbeiter auswirkt, verwundert in keinster Weise. So ist das Bewältigen eines großen Portfolios eine Herausforderung für die Mitarbeiter, angefangen bei Anforderungsanalysen, Entwicklung und Fertigung von Produktvarianten bis hin zu Marketing und Vertrieb. Wie wir noch zeigen werden, ist insbesondere für den Vertrieb als Schnittstelle zum Kunden eine große Vielfalt häufig eher eine Bürde als ein Segen, wenn das zentrale Kundenbedürfnis nicht als Klammer für mögliche Verkaufsargumente erkennbar ist. Und Führungskräfte stehen vor der undankbaren Aufgabe, diese Komplexität zusätzlich zu allen anderen Herausforderungen beherrschen bzw. koordinieren zu müssen. Entsprechende reflexhaft geschaffene Strukturen und Prozesse zur vermeintlichen Bewältigung der Situation machen es dann vielfach noch komplexer. So werden beispielsweise umfangreiche Dokumentationen zu allen Produkten geschaffen, die teilweise auch noch durch die Mitarbeiter kontinuierlich gepflegt werden müssen, um selbigen das Gefühl der Kontrolle zurückzugeben, das sie erst durch die Überkomplexität verloren haben.

Aber auch losgelöst von den Konsequenzen für die alltägliche Arbeit der Mitarbeiter ist eine Abkehr vom Mehr an Angeboten und Leistungen angeraten: Mit zunehmender Produktvielfalt sinken die Losgrößen jeder einzelnen Variante bzw. der Teile, sodass Skaleneffekte verloren gehen. Oder Dienstleister benötigen mehr Personal, um sich für zusätzliche Services die Kompetenz ins Haus zu holen. Letztlich ergeben sich aus der Vielfalt schnell degressive Erlöszuwächse bei überproportionalen Kostensteigerungen, sodass der wirtschaftliche Nutzen einer Ausweitung des Angebots- und Leistungsportfolios stets geprüft werden sollte. Am Beispiel des Unternehmens *Märklin*, dem bekannten Modellbahnbauer, der im Jahr 2009 in die Insolvenz gegangen ist, lässt sich genau dieser Effekt als Ursache für die unternehmerische Schieflage zeigen. *Märklin* walzte sein Sortiment immer mehr aus, der Katalog umfasste schließlich über 500 Seiten – um die Sammler, männliche Käufer ab 40 Jahren aufwärts, zu bedienen. Kundenwachstum war hingegen nicht zu verzeichnen und auch nicht zentrales strategisches Ziel. In der Folge haben sich die Produkte großflächig gegenseitig kannibalisiert, denn die neuen Produkte wurden nicht zusätzlich gekauft, sondern die Nachfrage für die bisherigen Produkte verlagerte sich lediglich auf weitaus mehr

Produkte. Der Umsatz blieb somit gleich, die Kosten jedoch stiegen: Denn *Märklin* musste seine Lager mit einer Vielfalt an Teilen füllen, um die einzelnen Varianten fertigen zu können. Die geringen Losgrößen bei den vielen Endprodukten hatten signifikante Konsequenzen: Mehr Aufwand für Entwicklung, Fertigung und Vertrieb, Skaleneffekte brachen weg, die Lagerkosten und damit die Kapitalbindung stiegen. Diese Entwicklung droht vielen Unternehmen, die ihr Portfolio an Angeboten und Leistungen rein produkt- und innovationsgetrieben füllen, ohne dass auf die Kunden und die potenzielle Nachfrage geachtet wird.

Negative Folgen für Kunden

Auch an den (potenziellen) Kunden geht ein überbordendes Angebot nicht spurlos vorüber. Im Wesentlichen lassen sich zwei Aspekte benennen, die problematisch sind und den Ansatz „Kunden zu Fans" torpedieren:

1. Insbesondere für Fan-Kunden ist ein willkürliches „Mehr" überhaupt nicht wünschenswert: Denn dies verwässert letztlich den Kern dessen, weshalb Kunden überhaupt glühende Anhänger des Unternehmens sind. Mittel- bis langfristig erodiert auch eine starke Kundenbeziehung, wenn Angebote und Leistungen aufgrund ihrer Ausgestaltung nicht eindeutig und offensichtlich mit dem zentralen Bedürfnis im Zusammenhang stehen. Fan-Kunden hinterfragen in der Folge nach und nach, ob denn der Anbieter noch ihre wahre, die Passung stiftende Heimat ist. So durfte *Beiersdorf* mit seiner seit 1905 geführten Marke Nivea erleben, was ein Abweichen von den Kernwerten der Marke durch Einführung von ergänzenden Produkten bedeuten kann. Die Marke Nivea ist mit ihrem Kernprodukt, der Creme in der bekannten blauen Dose, im Bereich der pflegenden Kosmetik angesiedelt. Grundversprechen der Marke sind Natürlichkeit, Pflege und Milde. Auf der Suche nach Wachstumsoptionen erschien dem Unternehmen in den 1990er-Jahren der Markt der dekorativen Kosmetik attraktiv. Der damalige Trend zur Natürlichkeit im Markt der dekorativen Kosmetik, der sich in klassisch-natürlichen Farben und dezentem Make-up wiederfand, bestärkte die Entscheider bei *Beiersdorf* darin, im Jahr 1998 eine ergänzende Produktlinie unter der Marke Nivea einzuführen. Mit dem Namen Nivea Beauté schuf man eine Subbrand. Das Ziel: Die neue Linie sollte vom positiven Image der Muttermarke, das durch Pflege, Natürlichkeit, Qualität, Vertrauen und einem eher bescheidenden Auftreten gekennzeichnet war, profitieren. Gleichzeitig sollte die Muttermarke Nivea durch die Nutzung einer Tochtermarke vor möglichen negativen Rückwirkungseffekten geschützt werden. Anfangs lief das Geschäft recht gut, doch einige Zeit nach der Einführung von Nivea Beauté entwickelte sich der Markt weiter, die Natürlichkeit verlor im Markt für dekorative Kosmetik nach und nach an Stellenwert und auch über den Pflegeaspekt konnte man die Produkte nicht weiter erfolgreich vermarkten. Folglich wurden von der Marke Nivea Beauté immer wieder aktuelle Trends im Markt aufgegriffen, was so ein diffuses Bild erzeugte, dass der Markenkern und damit das Kernversprechen der Muttermarke zu verwässern drohten. Um diese vor weiterem Schaden, nämlich der Enttäuschung der Kernklientel zu schützen, wurde die Linie Nivea Beauté 2010 endgültig wieder vom Markt genommen.

2. Durch ein überbordendes Leistungsportfolio entstehen – unabhängig vom Fehlen der inhaltlichen Klammer – auch Komplexitätskosten bei den Kunden. So verlieren diese schnell den Überblick, was zu Frustration und letztlich zu einem Erodieren von emotionaler Bindung führt. Wenn sich der Kunde hingegen einlässt auf die Vielzahl an Leistungen und Angeboten, dann steht er vor einer noch größeren Herausforderung im Entscheidungsverhalten. Das große Angebot führt also am Ende nicht zu großer Freude, sondern zu gigantischer Enttäuschung. Denn die Entscheidung für und gegen einzelne Angebote und Leistungen kann aufgrund der schieren Masse gar nicht mehr mit der ausreichenden Sicherheit und ohne Bedauern getroffen werden – was vielfach in einem Nicht-Kauf endet. Das klingt zunächst etwas kontra-intuitiv, scheint doch auf den ersten Blick die Vorstellung einer schier unbegrenzten Auswahl ziemlich verlockend. Doch meist unterschätzen Unternehmen wie Kunden zunächst, mit welch großem Aufwand die Auswahl aus einer größeren Palette an Angeboten verbunden ist.

   Eine Feldstudie der Psychologen Sheena Iyengar und Mark Lepper Iyengar S, Lepper M (2000) beschäftigte sich mit dem so genannten Auswahlparadoxon: Dabei zeigten sie am Beispiel einer Auswahl von Marmeladensorten, dass ein zunehmend großes Sortiment im Hinblick auf den Kauf demotivierend wirkt. Zu diesem Zweck wurden Kunden eines Supermarktes an verschiedenen Tagen unterschiedlich viele Marmeladensorten präsentiert: 24 und 6 Auswahlmöglichkeiten. Bei der großen Auswahl zeigten ca. 60 % der betrachteten Kunden Interesse an den Produkten, jedoch äußerten nur 3 % der Kunden eine Kaufabsicht. Bei der kleineren Auswahl von sechs Sorten war der Anteil der Interessenten mit ca. 40 % geringer als bei der großen Auswahl, doch kauften letztlich 30 % der Kunden auch ein Glas Marmelade.

Wie ALDI Süd es macht

Greifen wir wieder unser *ALDI Süd*-Beispiel auf – denn das Unternehmen zeigt entlang des Touchpoints „Angebote und Leistungen“, dass es genau die eben geschilderte Problematik verstanden hat. Die „Schnelligkeit“ als zentrales Versprechen berücksichtigt das Unternehmen konsequent in der Gestaltung seines Sortiments und vermeidet damit auch die Herausforderungen eines aus der Vielfalt resultierenden Zeitverlusts, der im Sinne des zentralen Kundenbedürfnisses kontraproduktiv ist. In der Philosophie des Unternehmens heißt es, *ALDI Süd* konzentriere sich auf das Wesentliche und habe es sich zur Aufgabe gemacht, nur Produkte anzubieten, die den Verbrauchern einen größtmöglichen Nutzen bieten (Bedarfsgerechtigkeit). In seinem konzentrierten Sortiment vertreibt *ALDI Süd* rund 1600 Basisartikel. Zum Vergleich: Allein *LIDL* verfügt über ca. 2000 Basisartikel in seinem Sortiment. Und in der Definition seines rationellen Verkaufssystems beschreibt *ALDI Süd* seine Anforderungen an die Präsentation von Produkten als „übersichtlich“ und „in jeder Filiale identisch“. Damit wolle man die Suchkosten für seine Kunden geringhalten. Dieter Brandes, Ex-Geschäftsführer von *ALDI Süd*, führte Folgendes in einem Interview aus: „Vor allem soll Komplexität vermieden werden. [...] Bei Aldi heißt es [...]: Überflüssiges vermeiden“ (Langer 2004).

Der Bezug zu FANOMICS

Die Steuerung eines Unternehmens nach den Grundregeln von *FANOMICS* bietet durch die Fokussierung auf zentrale Kundenbedürfnisse die Möglichkeit, unter den möglichen Angeboten und Leistungen die wesentlichen, nämlich bedarfsgerechten Bestandteile auszuwählen. Diesem Zielzustand nähern sich Unternehmen in der Regel aus zwei verschiedenen Richtungen:

1. Das Produktportfolio ist nicht ausreichend entwickelt, um für die Kunden das Gefühl der Passung zu entwickeln, und es bedarf weiterer Leistungen. In diesem Fall steht zunächst die Entwicklung von Angeboten und Leistungen im Vordergrund, bei der die Gruppe der Fans eine konstruktive Rolle spielen sollte (vgl. Abschn. 2.1). Die so entwickelten Leistungen sind sodann auf ihre Bedarfsgerechtigkeit im Kontext des Gesamtportfolios, also der bereits bestehenden Angebote und Leistungen, zu prüfen.
2. Das Portfolio soll ausgedünnt werden, sodass sich Unternehmen durch das Nicht-Mehr-Anbieten enormes Einsparpotenzial bietet – verbunden mit der Möglichkeit, Ressourcen an wesentlich nutzbringenderen Stellen einsetzen zu können, um die emotionale Bindung bei den Kunden steigern zu können. Für die handelnden Verantwortlichen ist es hier besonders wichtig, über die Bereinigung des Portfolios mit großer Sicherheit entscheiden zu können. Es bedarf folglich belastbarer Information darüber, welche Angebote und Leistungen vor dem Hintergrund des zentralen Kundenbedürfnisses oder als Hygienefaktor besonders bedeutsam sind. Mit Hygienefaktoren sind Angebote und Leistungen gemeint, deren Fehlen ggf. zur Abwanderung führt, deren Existenz aber wiederum kein Treiber von Fantum ist (vgl. Herzberg 1959, Matzler und Bailom 2004). Näheres hierzu erläutern wir noch im Rahmen dieses Abschnitts. Mit einer auf dem *Fan-Portfolio* und dem zentralen Kundenbedürfnis basierenden konsequenten Ausrichtung der Angebotsgestaltung stellen Unternehmen somit implizit sicher, zu den „richtigen“ Leistungen Ja und zu den „falschen“ Leistungen Nein zu sagen.

Probleme bei der Bestimmung von bedarfsgerechten Angeboten und Leistungen

Nun ist eine Differenzierung zwischen den mehr und weniger bedarfsgerechten und damit durch die Kunden mehr oder weniger präferierten Angeboten und Leistungen alles andere als trivial. Entscheider versuchen dies immer wieder anhand objektiver Kriterien, wie z. B. den Verkaufszahlen. Die Erkenntnis darüber, welche Angebote und Leistungen in welchem Umfang in Anspruch genommen wurden, soll dann eine verlässliche Aussage über die Kundenpräferenzen ermöglichen. Doch werden einzelne Angebote und Leistungen durch bestimmte Kunden aus vielerlei Gründen (persönlich, situativ, finanziell, technologisch) nicht beansprucht, auch wenn eine klare Präferenz für diese vorliegt. Beispielsweise arbeitet *Mercedes-Benz* mit seinem Markenversprechen „Das Beste“ und entschied sich unter anderem aus diesem Grund, die Produktmarke Maybach wiederzubeleben: als Premiumprodukt oberhalb der S-Klasse. Die Produkte werden profitabel vermarktet, der Marktanteil in der relevanten Zielgruppe ist aber äußerst gering. Dennoch spielt das Produkt eine wichtige Rolle für die glaubwürdige Vermittlung des Markenversprechens und für die Vermittlung des Führungsanspruchs im Premium-Automobilsektor – auch und gerade für Kunden, die eben günstigere Produktlinien des Herstellers kaufen. Folglich ist die Befragung von Kunden nach wie vor das valideste Instrument für die Bestimmung der bedarfsgerechten Angebote und Leistungen. Doch wie erhält man von Kunden im Rahmen einer Befragung differenzierte Aussagen dazu, was denn nun wichtiger und damit bedarfsgerechter ist als anderes? Hier ist in der Tat Vorsicht geboten: Denn die klassische skalenbasierte Befragung, in der nach Zustimmung im Hinblick auf die Wichtigkeit oder dem Gefallen verschiedener Angebote und Leistungen gefragt wird, führt am Ende zu einer Inflation der Wünsche und Wichtigkeiten. Die Befragten markieren dann meist alle der gelisteten Angebote oder Leistungen als wichtig. Würde sich ein Unternehmen an solchen Ergebnissen orientieren, würde man wiederum zur viel zitierten eierlegenden Wollmilchsau – die man nicht sein will.

Entscheidungsbasierte Methode zur Präferenzmessung als Lösung
Vor diesem Hintergrund sollte für die Beantwortung dieser Fragestellung mit entscheidungsbasierten Verfahren gearbeitet werden. Dabei werden Kunden im Rahmen einer quantitativen Befragung vor echte Entscheidungen gestellt. Es geht darum, dass die Befragten aus mehreren präsentierten Alternativen die wichtigste und die unwichtigste auswählen, damit einen echten Trade-off machen. Daraus entstehen dann valide Präferenzprofile von Kunden, die die am Markt tatsächlich vorliegende Differenzierung in der Produktwahrnehmung entlang der Nutzenstiftung anzeigen. Durch diese Verfahren können Präferenzen nicht nur für das Aggregat aller Befragten, sondern auch für einzelne Kunden ermittelt werden. Insbesondere bei den Fans ist dieses Trade-off-Verfahren wichtig, besticht diese Kundengruppe doch dadurch, dass sie tendenziell alle Leistungen ihres Anbieters in Betracht zieht. Auf dieser Basis lässt sich dann ableiten, wie relevant einzelne Leistungen im Portfolio im Vergleich zu anderen Leistungen sind.

Anwendung unter Berücksichtigung der wahrgenommenen Passung
Falls ein Angebots- und Leistungsportfolio im Sinne der Orchestrierung tatsächlich ausgedünnt werden kann und muss, sind für die Entscheidung über die zentralen und damit weiterhin anzubietenden Angebote und Leistungen zwei Aspekte relevant, nämlich solche Angebote und Leistungen zu identifizieren, die (1) die wahrgenommene Passung zum Unternehmen erhöhen und (2) die insbesondere bei den Söldner-Kunden für die Zeit bis zur erfolgreichen Steigerung der emotionalen Bindung eine Abwanderung verhindern. Denn Söldner kaufen primär Angebote und Leistungen, während die Fans das Unternehmen bzw. die Marke kaufen. Folglich mag es Angebote und Leistungen geben, die nicht unmittelbar die emotionale Bindung erhöhen, aber eben als Hygienefaktor anzusehen sind. Demnach ist je nach Fragestellung die Betrachtung der spezifischen Angebots- und Leistungspräferenzen der Segmente aus dem *Fan-Portfolio* sinnvoll. Dabei sind vor allem die Fan-Kunden von großer Bedeutung, weil sie maximale Passung aufweisen und

mit ihrem großen Wissen über das Unternehmen und seine Leistungen fundierte Aussagen machen können.

Sollen nun also Angebotsbestandteile eines Anbieters identifiziert werden, die für dessen Fan-Kunden eine hohe Bedeutung haben – weil sie eben entsprechend der Bedürfnislage dieser Gruppe eine hohe Passung an diesem Touchpoint herstellen –, bedarf es der Anwendung entscheidungsbasierter Methoden. Dies gilt allgemein für die Ermittlung von individuellen und/oder gruppenspezifischen Präferenzen.[9] Wie dies funktioniert und zu welchen Ergebnissen es führt, wollen wir am Beispiel einer Hotelkette illustrieren. Diese versteht sich als „Budget Design Marke". Im Jahr 2000 orientierte man sich noch stark an der Konkurrenz, betrieb Häuser in peripheren Lagen und bot ein austauschbares Produkt, mit dem man über den Preis erfolgreich sein wollte. Doch nach und nach emanzipierte man sich vom ursprünglichen Budget-Ansatz, indem man die zentralen Bedürfnisse der heutigen Fan-Klientel immer besser verstand und dies auch in der Umsetzung konsequent berücksichtigte. In diesem Zuge verlagerte der Anbieter seine Standorte in die Nähe der Stadtzentren und bediente vor allem deutsche Städte und europäische Metropolen. Der Erfolg spricht für sich: Mittlerweile hat das Unternehmen seinen Umsatz verzehnfacht. Doch was hat die Hotelkette im Hinblick auf bedarfsgerechte Angebote genau gemacht? Das Unternehmen fokussierte seine Angebote auf das Wesentliche und nicht viel mehr, rückte dabei konsequent und bis heute den zentralen Werttreiber „Design" in den Vordergrund. Die Ergebnisse eines entscheidungsbasierten Verfahrens zur Aufdeckung von Präferenzen der Fan-Kunden, hier eine MaxDiff-Analyse, förderte die relevanten Angebotsspezifikationen für das Erleben des zentralen Kundenbedürfnisses zutage. Die Ergebnisse halfen sodann, sich auf die wesentlichen Facetten zu konzentrieren und gezielt weniger relevante Aspekte des Leistungspakets abzuspecken.

Es lässt sich intuitiv erkennen (vgl. Abb. 4.25), dass für Fan-Kunden der Markenkern „Design" im Vordergrund steht und in der Produktwahrnehmung erlebbar gemacht werden muss. Darüber hinaus geht es den Fan-Kunden um die Lage im urbanen Umfeld und somit um das unmittelbare „Downtown"-Eintauchen nach Verlassen des Hotels. Hingegen sind der Umfang des Frühstücksbuffets oder die Zimmerausstattung nicht relevant für die Fan-Kunden. Und so kennt es auch jeder Besucher: Im Vergleich zu anderen Hotels ist das Frühstücksbuffet eher spartanisch, auch das Frühstücken in der Lounge ist für manch einen Besucher gewöhnungsbedürftig. Der echte Fan-Kunde sucht ihn aber förmlich, den morgendlichen Aufenthalt im Designumfeld. Auch die Zimmer sind spärlich ausgestattet. Eine Kaffeemaschine sucht der Gast beispielsweise vergeblich, auch eine Minibar ist in den Zimmern nicht vorhanden. Das ist aber auch nicht von Bedeutung für die Fan-Kunden. Diese suchen das abendliche Erlebnis in der urbanen und designorientierten Lounge mit integrierter Bar.

---

[9] Eine regressionsbasierte Methode ist hier aus methodischen Gründen keine Option. Diese wird beispielsweise angewendet, um pauschal für alle Kunden über alle Touchpoints hinweg die wirklich wichtigen für das Erleben des zentralen Kundenbedürfnisses herauszuarbeiten.

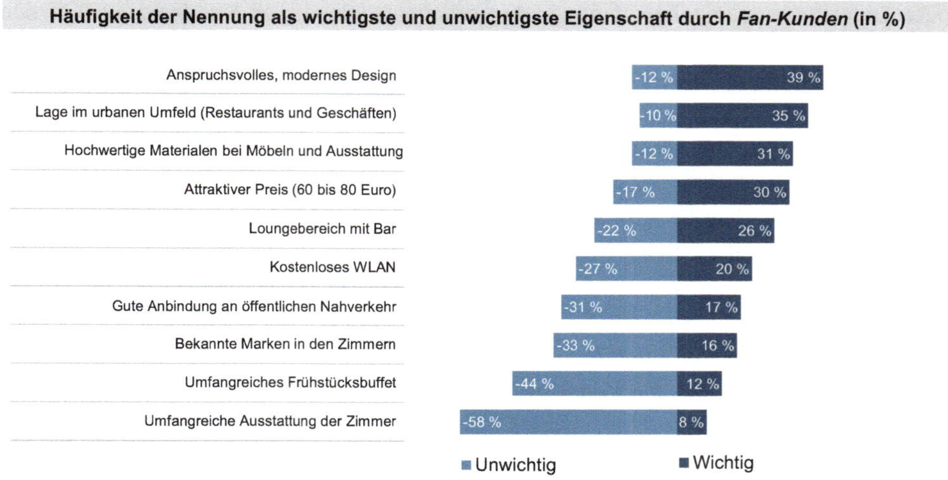

Häufigkeit an Bewertungen im Set (in %). Hellblau = „am unwichtigsten"; dunkelblau = „am wichtigsten".
Ein Set ist ein Bündel von vier Aspekten, von denen durch Befragte jeweils eines als das unwichtigste und ein anderes als das wichtigste auszuwählen ist.
Quelle: *2HMforum.*-Auftragsstudie für eine Hotelkette

Abb. 4.25 Ermittlung der relevanten Angebotsspezifikationen einer Hotelkette für das Erleben des zentralen Kundenbedürfnisses

Anwendbarkeit auf weitere Marketing-Instrumente
Ein bedarfsgerechtes Angebots- und Leistungsportfolio zahlt auf das zentrale Kundenbedürfnis ein und ist dadurch ein wertvoller Hebel zur Entwicklung von Kunden zu Fans und hält Kunden aus anderen Segmenten, wie z. B. die Söldner, im Lebenszyklus. Und das bei gleichzeitiger Schonung von Ressourcen. Im Ergebnis erhöht dieses Vorgehen die Rendite von Unternehmen und macht finanzielle Mittel frei für die Sicherstellung einer vollständig orchestrierten Kundenreise.

4.2.8 Touchpoint II: bedarfsgerechte Preise

Status quo
Unternehmen müssen bei der Optimierung ihrer Angebote und Leistungen zwangsläufig auch an die durch den Kunden zu entrichtende Gegenleistung denken: In der Regel ist dies der zu zahlende Preis. Dabei sehen wir in der Praxis immer wieder folgendes Bild: Unternehmen richten sich bei der Preisfindung an besonders preissensiblen Segmenten aus – häufig an der schreienden Minderheit der Söldner. Und faktisch ist es eben auch so, dass der Preis das einzige Marketing-Instrument mit direkter Wirkung ist – da wird manch ein Entscheider schwach. Die Gegenposition zu „So billig wie möglich!" heißt allerdings: „Was nichts kostet, ist nichts wert!" Und eben dieses Credo teilen vor allem die überzeugten Kundensegmente wie Fans und Sympathisanten, die demnach einen anderen Blick auf den Preis haben – diesen nämlich niemals isoliert von der Passung der Produkte

oder Dienstleistungen sehen. Unbestritten schauen viele dieser Kunden auch auf den Preis – doch geht es dabei weniger um „günstig", sondern vielmehr um Preiswürdigkeit und um Preisfairness. Denn Fan-Kunden sind bereit und willens, für nutzenstiftende Angebote und Leistungen einen entsprechenden Preis zu entrichten. Sie möchten aber nicht übervorteilt werden. Mit der Optimierung des Kundennutzens ist – bei entsprechend gelungener Kommunikation – dann auch unmittelbar eine entsprechende Preisbereitschaft verbunden. Die Preiswahrnehmung und -bereitschaft von Kunden ist dabei das Ergebnis der Erlebnisse an allen Kontaktpunkten zwischen Kunde und Unternehmen. Eine gelungene Orchestrierung ist folglich hochrelevant für die wahrgenommene Wertigkeit von Produkten und Dienstleistungen. So zeigt unsere *FANOMICS*-Grundlagenforschung (vgl. Abschn. 2.1), dass Konditionen von einem Großteil der Fans und Sympathisanten positiver bewertet werden und die Preiszufriedenheit deutlich höher ist als bei den übrigen Gruppen im *Fan-Portfolio*. Hintergrund: Bei Fans und Sympathisanten sind Preise und Konditionen schlichtweg zu einem guten Teil vom Produkt entkoppelt, vielmehr werden sie an der hohen Passung zum zentralen Kundenbedürfnis bemessen. „Wir verkaufen einen Lebensstil – das Motorrad gibt es gratis dazu", wie man bei *Harley-Davidson* zu sagen pflegt (Delekat 2015).

Orientierung am Nutzen für die Fans

Bei der Gestaltung von Leistungen und Leistungsportfolios müssen sich Unternehmen vordergründig am Segment der Fans orientieren. Dementsprechend macht es keinen Sinn, wenn sich Unternehmen bei der Spezifikation von Leistungen und Leistungsportfolios dann aber die Preise von ihren Söldnern diktieren lassen. Eine durch Fokussierung auf das zentrale Bedürfnis ausgerichtete Leistung hat für Fan-Kunden unmittelbar einen hohen Wert, manifestiert sich in der Leistung doch im Kern die Passung zwischen Kunde und Unternehmen. Folglich sind Fans auch bereit, einen *angemessenen* Preis zu bezahlen. Für die Preisfindung ist damit die Nutzenwahrnehmung des Fans entscheidend – je bedarfsgerechter Angebote und Leistungen sind, desto höher wird der Wert eingeschätzt. Doch wie sollen Unternehmen nun damit umgehen, dass der Fan in großer Regelmäßigkeit mit den Angeboten und Leistungen seines Anbieters einen höheren Nutzen verbindet, was dann wiederum in letzter Konsequenz zu einem höheren Preis führt? Denn so liegen die Preise für Angebote und Leistungen über der Zahlungsbereitschaft einzelner Kundensegmente. Das ist aber eben nicht falsch, sondern genau richtig, ist die Leistung doch in der Regel für den Fan gemacht. Es braucht dann eben einen Ansatz, der es Unternehmen ermöglicht, den nutzenbasierten Preisvorstellungen der anderen Segmente gerecht zu werden. Dies ermöglichen verschiedene Formen der Preisdifferenzierung, also verschiedene Wege, unterschiedliche Preise am Markt durchzusetzen:

- qualitative/leistungsbezogene Preisdifferenzierung
- quantitative Preisdifferenzierung
- zeitliche Preisdifferenzierung
- räumliche Preisdifferenzierung

Durch eine wohlüberlegte Anwendung dieser verschiedenen Differenzierungsansätze können Fans goutiert und gleichzeitig geringere Preise für Segmente wie die Söldner gerechtfertigt werden – ohne die jeweils anderen Gruppen zu übervorteilen. Der Fan erhält eine voll und ganz auf ihn zugeschnittene Leistung, versehen mit der entsprechenden und angemessenen Preisforderung. Für den Söldner, der dieselbe Leistung mit einem geringeren Nutzen verbindet, kann dann eine modifizierte Variante mit eben geringerem Preis geschnürt werden (qualitative Preisdifferenzierung) – aber immer vor dem Hintergrund einer nicht überbordenden Vielfalt. Um Vorstellungsbilder der Fans von ihrer Marke nicht zu verwässern, sollten Entscheider hier ggf. mit differenzierten (Sub-)Marken arbeiten. Auch können niedrigere Preise angeboten werden, indem der Stückpreis bei steigender Abnahmemenge gemäß einer Rabattstaffel zurückgeht oder Loyalitätsprogramme implementiert werden (quantitative Preisdifferenzierung). Auch kann der Preis zu bestimmten Zeiten (zeitliche Preisdifferenzierung) oder in bestimmten Regionen oder Absatzkanälen (räumliche Preisdifferenzierung) gesenkt werden. Einzelne Kunden können sodann entscheiden, ob sie für einen niedrigeren Preis gewisse Unannehmlichkeiten in Kauf nehmen möchten.

Denkt man an verschiedene Instrumente zur Umsetzung von Preisdifferenzierung, die uns in der Praxis immer wieder begegnen, sind u. a. die folgenden zu nennen: Einführung von Produktvarianten, Kundenkarten mit Treueprämien sowie Coupons, Gutscheine und Sonderangebote. Entscheidend ist eine konsequente Ausrichtung der Ausgestaltung dieser Instrumente am Fan-Kunden, da dieser das Maß aller Dinge im Kunden-Portfolio sein sollte.

1. Die Einführung von Produktvarianten stellt auf eine leistungsbezogene Preisdifferenzierung ab. Hierbei muss unmissverständlich klar sein, dass die zur Befriedigung des zentralen Bedürfnisses gestaltete – und damit auf den Fan zugeschnittene – Leistung der Standard ist. Möchten Unternehmen beispielsweise für die Söldner eine abgespeckte Variante anbieten, so muss mindestens kommunikativ verdeutlicht werden, dass die „kleine" Variante zwar eine gute, aber eben nicht die optimale Lösung ist. Deutlicher wird das über eine Art Baukastensystem: Hierbei wird die „große" Leistung als Standard mit allen nötigen Elementen angeboten, der Kunde hat dann aber die Möglichkeit, einzelne Elemente abzuwählen. So weiß der Fan-Kunde beispielsweise eine umfassende Beratung und After-Sales seines Anbieters zu schätzen, weil er eben jeden Kontakt zum Unternehmen schätzt. Der Söldner wiederum ist preissensibler und hat in vielen Fällen kein Interesse am Kontakt zum Anbieter und damit auch nicht an dem eben genannten Servicekranz. Im Zusammenhang mit umfassenden Produkten und Leistungen arbeiten Unternehmen zum Beispiel mit der Metapher des Flaggschiffs. In vielen Fällen ist dies zwar auch das jeweils neueste Produkt, dies ist aber keinesfalls zwangsläufig so. Es vermittelt dem Kunden aber unmittelbar den Eindruck, hier das beste Produkt zu bekommen. Im Falle der „kleinen" Leistung als Standard hätte der Fan-Kunde hingegen das Gefühl, sein Produkt für mehr Geld in Richtung Optimum aufwerten zu müssen und würde sich und seine Bedürfnisse implizit unverstanden fühlen.

2. Kundenkarten mit Treueprämien sind ein Instrument, das bereits implizit auf die Einstellung des Fans bzw. des Sympathisanten gegenüber seinem Anbieter ausgerichtet ist. Denn der Fan hat beispielsweise im Vergleich zum Söldner eine höhere Kauffrequenz und/oder Kaufmenge. Folglich profitiert der Fan davon auch stärker als andere Segmente. Und selbst, wenn das nicht so wäre, sollten Treueprämien mit klarer Passung in Richtung Fan-Kunden konzipiert sein: So sollten zum Beispiel Prämien in erster Linie keine gesammelten Bonuspunkte sein, die dann als Rabatt auf die üblicherweise gekauften Produkte eingelöst werden können. Denn auf diese Weise werden Fans zu preissensiblen Söldnern erzogen und wertvolle Deckungsbeiträge verschenkt. Vielmehr sollte der Fan-Kunde davon profitieren, indem die Prämie ihm die Möglichkeit gibt, stärker in die Welt seines Anbieters eintauchen zu können wie etwa exklusive News, attraktive und exklusive Services, Zugang zu einer exklusiven Community, Betriebsbesichtigungen oder ähnliches, wenn der Kunde eine entsprechende Punktzahl erreicht hat. Diese Idee findet sich auch in der Konzeption der Kundenkarte des Modelabels *ESPRIT* wieder. Die „Friends"-Kundenkarte unterscheidet zwischen drei Stufen, die Kunden durch ihr Kaufverhalten erreichen können: (1) Basic, (2) Gold und (3) Platinum. Die jeweilige Stufe eines Kunden ist vom Umsatz innerhalb eines Kalenderjahres abhängig. Während man auf Stufe (1) einige Basisleistungen wie beispielsweise Rabattcoupons erhält, kommen in den darüberliegenden Stufen emotionale Mehrwerte dazu, wie VIP-Shopping ab Stufe Gold oder eine professionelle Style-Beratung durch Mitarbeiter von *ESPRIT* ab der Stufe Platinum.
3. Entscheidet sich das Unternehmen, mit der Kategorie „Coupons, Gutscheine und Sonderangebote" zu arbeiten, ist ebenfalls entscheidend, sich an den Fans zu orientieren. So sollten Gutscheine zum Beispiel weniger darauf ausgerichtet sein, bei Kunden die Kaufmengen von bereits in der Vergangenheit gekauften Produkte und Dienstleistungen zu erhöhen, vielmehr sollte dadurch Cross-Buying induziert werden – eine Verhaltensweise, die dem Fan ohnehin näherliegt, die aber auch den Söldner monetär wertvoller für das Unternehmen macht.

Methoden zur Preisfindung

Die Grundlage für eine Preisfindung für Produkte und für verschiedene Segmente ist letztlich die Bedarfsgerechtigkeit bzw. Nutzenstiftung der Leistungen und Angebote. Doch wie kann man auf dieser Basis den Preis ermitteln? Eine direkte Abfrage der Zahlungsbereitschaft in einer Kundenbefragung führt zu strategischem Antwortverhalten und deshalb zur Unterschätzung der Preisbereitschaft der Kunden. Daher bieten sich (1) mehrdimensionale oder (2) entscheidungsbasierte Abfragen an. Van Westendorps Price Sensitivity Meter ist eine mehrdimensionale Abfrage, bei der nicht der eine Preis im Mittelpunkt steht, den ein Kunde bereit ist zu zahlen. Vielmehr interessieren hier vier Preispunkte, nämlich, bei welchem Preis ist das Produkt „zu teuer", „teuer", „günstig" und „zu günstig". Hieraus lassen sich dann Preispräferenzen ableiten. Das Verfahren ist auch dann von Vorteil, wenn die Vorstellungen der Kunden vom Produkt unscharf sind oder schlichtweg keine Preisanker existieren, wie das beispielsweise bei Innovationen der Fall ist. Die entscheidungsbasierten Methoden versetzen den Befragten hingegen in die Situation einer Wahlentscheidung.

Hier sind das Gabor-Granger-Verfahren und die Conjoint-Analyse zu nennen. Bei der Anwendung des Gabor-Granger-Verfahrens ist durch eine Reihe von Entscheidungen für oder gegen einzelne Preispunkte eine valide Ableitung einer Preis-Absatz-Funktion und damit von Preiselastizitäten möglich. Die weiter reichende Variante entscheidungsbasierter Verfahren zur Präferenzmessung ist die Conjoint-Analyse. Die Idee dieses dekompositionellen Verfahrens ist es, Befragte im Rahmen von Trade-off-Entscheidungen vor mehrere Produktalternativen zu stellen. Diese Alternativen werden anhand von zentralen Eigenschaften und einem Gesamtpreis beschrieben. Nun muss sich der Befragte immer wieder für eine aus mehreren Alternativen entscheiden und eben auch gegen die übrigen. Auf diese Weise können (a) die Preissensibilität, (b) die Nutzenstiftung einzelner Produkteigenschaften und (c) die Preisbereitschaften für einzelne Produkteigenschaften und Gesamtprodukte bestimmt werden. Der Ausgangspunkt der Analyse sind die Fans des Unternehmens, da zur Optimierung von Angeboten zunächst die Nutzen- und Preiswahrnehmung des zentralen Kundensegments verstanden werden muss. Anschließend werden die übrigen Segmente, vor allem Sympathisanten und Söldner, beleuchtet. Die Erkenntnisse über die Fans werden sodann den Erkenntnissen über die übrigen Segmente gegenübergestellt. Auf diese Weise können Produkteigenschaften identifiziert werden, die beispielsweise für die Söldner von geringerer Bedeutung sind, und Entscheidungen zu Preisanpassungen für „kleinere“ Produktvarianten getroffen werden. Die wesentliche Leitplanke ist dabei die Auffassung der Fans, soll doch für sie das optimale Angebot geschnürt werden. Die Preisunterschiede zwischen dem optimalen und dem kleineren Produkt sollten daher auch die unterschiedliche Nutzenwahrnehmung dieser beiden Produkte durch die Fans widerspiegeln und gleichzeitig das kleinere Produkt preislich in die Region der Preisbereitschaft von Söldnern bringen.

4.2.9 Touchpoint III: Defizitabbau durch bedarfsgerechtes Beschwerdemanagement

Für die meisten Unternehmen geht es primär nicht darum, aus unzufriedenen Kunden zufriedene zu machen, weil sie dieses Ziel bereits erreicht haben. Sie benötigen ein Konzept, wie sie ihre zufriedenen Kunden emotional binden und damit zu Kunden mit hohem Kundenwert machen. Genau da setzt *FANOMICS* an – das haben wir in diesem Buch hinreichend dargelegt.

Doch das bedeutet nicht, dass die Grundgedanken von *FANOMICS* nicht auch dazu genutzt werden können, um aus unzufriedenen Kunden zufriedene zu machen. Allerdings ist die Vorgehensweise dabei grundlegend anders als beim Zufriedenheitsmanagement. Sie orientiert sich an der Frage, wie man die Zufriedenheit der Kunden dort, wo es wirklich notwendig ist, wirkungsvoll steigern kann, ohne dem „Mehr ist Mehr"-Paradigma des Zufriedenheitsmanagements zu verfallen, oder, um in der Sprache dieses Buchs zu bleiben, ohne eine eierlegende Wollmilchsau zu werden. Es lohnt sich nicht, pauschal in Leistungen zu investieren, die von den Kunden bereits überdurchschnittlich bewertet werden. Bei der Umsetzung von *FANOMICS* im Rahmen der Leistungserbringung geht es vielmehr um die klare *Fokussierung* auf die zentralen Kundenbedürfnisse – also unter Umständen sogar um die kritische Reflexion der Frage, ob ein Weniger an Leistungen nicht auch ausreicht oder eine andere Ausgestaltung nicht zielführender wäre, um die Beziehungsqualität zu den Kunden zu stärken.[10] Mit anderen Worten: Umfang und Art der Leistungserbringung sind kein Selbstzweck, und verschiedene Aspekte der Leistungserbringung stehen nicht isoliert nebeneinander. Die Aufgabe besteht vielmehr darin, die einzelnen Aspekte der Leistungserbringung so zu orchestrieren, dass am Ende das *Gesamtbild* für den Kunden im Sinne seiner Erwartungshaltung passend ist.

Dies sei erneut an einem konkreten Beispiel verdeutlicht, und auch dazu schauen wir wieder auf *ALDI Süd* und den hochrelevanten Touchpoint „Kasse". Würde *ALDI Süd* seine Leistungserbringung als Selbstzweck verstehen und einzelne Aspekte isoliert anstatt in seiner orchestrierten Wirkung betrachten, wäre das konsequente „Nein" zur Freundlichkeit und einem kundenfreundlichen Warenauffangbereich undenkbar. Vielmehr würde man getrennt und isoliert voneinander an der Verbesserung der einzelnen Leistungsaspekte arbeiten. Man würde durch eine veränderte Personalrekrutierung und intensive Schulungen die Freundlichkeit der Mitarbeiter an der Kasse zu steigern versuchen. Durch Austausch bzw. Umbau der Infrastruktur würde man den Kunden einen Warenauffangbereich wie bei anderen Supermärkten anbieten. Das tut *ALDI Süd* aber nicht. Weil *ALDI Süd* die einzelnen Aspekte der Leistungserbringung aus der ganzheitlichen Perspektive der Wirkung auf die Beziehungsqualität betrachtet. Damit ist die Leistungserbringung nicht Selbstzweck, sondern wird Mittel zum Zweck. Am Ende entscheidet nur der Gesamteindruck beim Kunden, und der lässt sich wiederum *nicht* aus der Summe der Einzelleistungen ermitteln. Dieses Beispiel sollte die Augen öffnen, worum es bei der Leistungserbringung – und damit bei der Kundenzufriedenheit – letzten Endes wirklich geht.

Doch was machen wir mit Kunden, die wirklich unzufrieden sind? Dann geht es darum, die Zufriedenheit zu steigern. Auch wenn der Anteil dieser Kunden bei den meisten Unternehmen überschaubar ist (vgl. Abschn. 1.6), bieten wir Ihnen im Rahmen von *FANOMICS* auch dafür eine wirkungsvolle Vorgehensweise. Denn FANOMICS ist kein Ansatz exklusiv für Unternehmen, die bereits eine hohe Reife im Kundenbeziehungsmanagement erreicht haben, sondern eignet sich insbesondere für Unternehmen, die sich gerade auf den Weg machen: Wir versprechen Ihnen, wenn Sie unsere Ratschläge befolgen, werden sich die notwendigen Investitionen für die Steigerung der Kundenzufriedenheit im Rahmen

[10] Vgl. hierzu die ausführlichen Ausführungen zur bedarfsgerechten Leistungsgestaltung in Abschn. 4.2.7.

halten und die Erfolge werden sich schnell einstellen. Profitieren Sie von den Fehlern der anderen, die sich mühselig mit der Gießkanne nach vorne gearbeitet und ihre Verbesserungen in der Kundenzufriedenheit im besten Wortsinn viel zu teuer erkauft haben. Echter Handlungsbedarf im Sinne einer zwingend notwendigen Leistungsverbesserung besteht *nur dann*, wenn Defizite an Kontaktpunkten auftreten, die für die Kunden hochrelevant sind. Dies sei an zwei Beispielen illustriert:

- **Beispiel 1**
  Was geschieht, wenn das Leistungsdefizit *keinen* hochrelevanten Kontaktpunkt betrifft? Wie bereits ausführlich erläutert, hat der *ADAC* die Krise um die manipulierte Abstimmung zum „Gelben Engel“ praktisch unbeschadet überstanden. Kaum ein Mitglied hat sich deshalb vom *ADAC* abgewandt, weil das zentrale Bedürfnis im Hinblick auf den *ADAC* eben durch die Pannenhilfe und nicht durch Umfragen zum beliebtesten Auto geprägt wird (vgl. Abschn. 3.1).
- **Beispiel 2**
  Was geschieht hingegen, wenn das Leistungsdefizit durchaus *einen oder mehrere* hochrelevante Kontaktpunkte betrifft? Das zeigt das Beispiel des Automobilherstellers *Mercedes Benz*, der vor einigen Jahren die gegenteilige Erfahrung zum *ADAC* machen musste. Wie keine andere Marke stand *Mercedes* für Qualität und Zuverlässigkeit. Man erinnere sich nur an den Werbespot, in dem der *Mercedes* fahrende Ehemann zu spät nach Hause kommt – und sich mit einer Panne entschuldigt. Was macht die zornige Ehefrau? Sie verpasst ihm eine schallende Ohrfeige und ruft erbost: „Was? Mit einem Mercedes?“ Der Qualitätsanspruch der Marke *Mercedes* war in der öffentlichen Meinung so sprichwörtlich und selbstverständlich positioniert, dass das Unternehmen es sich leisten konnte, hierüber Sketche in der beschriebenen Art zu verfassen und mit der Selbstverständlichkeit des Images zu kokettieren. Doch dann kam der Elchtest: Die neue *Mercedes* A-Klasse kippte bei einem Test, der das Ausweichen vor einem plötzlich auf der Straße auftretenden Hindernis simuliert, durch sogenanntes Aufschaukeln um. Auch wenn dieser Vorfall nicht der einzige Anlass war, kann man doch sagen, dass er sich nachhaltig auf die Verbundenheit der Kunden auswirkte. Viele treue Kunden wandten sich enttäuscht ab. Die Verkaufszahlen – insbesondere auch der neuen A-Klasse – blieben weit hinter den Erwartungen zurück. Der wirtschaftliche Schaden war enorm (Kaiser 2017). Später hieß es, die vergleichbaren Modelle anderer Hersteller hätten den Elchtest ebenso wenig bestanden wie der *Mercedes*. Doch dieses Gerücht schadete – für viele verblüffend – dem Abverkauf der Modelle der Konkurrenz weitaus weniger, als es bei *Mercedes* der Fall war. Der Grund liegt auf der Hand: Kein anderer Automobilhersteller war so nachhaltig über sein Qualitätsversprechen positioniert wie *Mercedes* – deswegen traf die Schwaben dieses Qualitätsdefizit auch wesentlich härter als die Konkurrenz.

Wir lernen aus diesen Beispielen, dass Leistungsdefizite nur dann wirklich zur Bedrohung für die Beziehungsqualität werden, wenn sie die zentralen Bedürfnisse der Kunden berühren. Dann müssen Unternehmen schnell und effizient gegensteuern. Die wesentliche Voraussetzung dafür ist ein funktionierendes Beschwerdemanagement. Denn emotional gebundene Kunden werden aufgrund ihres hohen Involvements ihre Unzufriedenheit artikulieren, sofern sie wirklich für sie wesentliche Aspekte berührt. Diese Rückmeldungen der Kunden zu Leistungsdefiziten bieten jedem Unternehmen in zweierlei Richtung große Chancen: Zum einen kann das Unternehmen individuell auf den Beschwerdeführer reagieren und durch eine perfekte Beschwerdebehandlung sogar positive Effekte hinsichtlich der Beziehungsqualität auslösen. Zum anderen kann das Unternehmen durch eine systematische Auswertung eingehender Beschwerden wesentliche Leistungsdefizite identifizieren und aktiv gegensteuern.

Was so einfach klingt, erweist sich in der Praxis für viele Unternehmen als große Herausforderung. Wie unsere Grundlagen- und Auftragsforschung immer wieder bestätigt, gibt es keine andere Disziplin, die von Kunden so kritisch bewertet wird wie das Beschwerdemanagement – mit fatalen Folgen für die Beziehungsqualität (vgl. Abb. 4.26): Bereits bei Kunden mit einer Beschwerdezufriedenheit von „3“ auf einer Notenskala von „1“ für „sehr zufrieden“ bis „5“ für „sehr unzufrieden“ ist die *Fan-Quote* deutlich geringer und die Gegner-Quote deutlich höher als bei Kunden, die sich nicht beschweren; und dieser Effekt verschärft sich weiter für die Beschwerdezufriedenheit von „4“ und „5“. Die Folge ist ein Schaden für die Beziehungsqualität, der oft irreparabel ist.

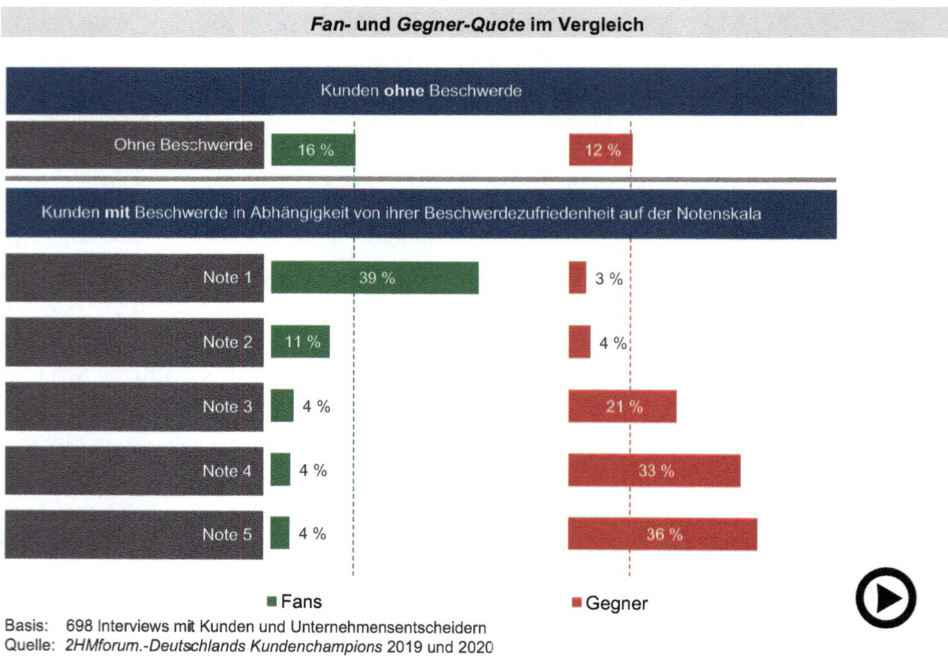

Abb. 4.26 Super-GAU Beschwerde: Wie aus Fans Gefangene oder Gegner werden (▶ https://doi.org/10.1007/000-53z)

Vielleicht fragen Sie sich, worin genau dieser Schaden besteht? Kunden, die aufgrund einer nicht bedarfsgerechten Beschwerdebehandlung zu Gegnern werden, wandern mit großer Wahrscheinlichkeit früher oder später ab. Doch das ist der kleinere Schaden. Denn die Gegner-Kunden arbeiten – wie ihr Name schon sagt – aktiv gegen ihren Anbieter, und zwar durch negative Mundpropaganda: Es ist schon lange bekannt, dass unzufriedene Kunden negative Erlebnisse anderen Bestandskunden und potenziellen Kunden weitererzählen. Auch unsere Studien bestätigen das. Das war schon immer ein Problem, weil es Bestandskunden verunsichert und potenzielle Kunden vom Kauf abhält. Jedoch hat sich das Gefährdungspotenzial im Zeitalter der Digitalisierung exponentiell erhöht.

Ein besonders eindrucksvolles und häufig zitiertes Beispiel dafür ist das des kanadischen Country-Musikers David Carroll. Er schildert in seinem Song United Breaks Guitars, wie er die Zerstörung einer 3500 Dollar Bob Taylor Gitarre durch grobe Gepäckarbeiter während einer Flugreise mitansehen musste – sowie von der anschließenden Odyssee durch die Beschwerde-Instanzen bei *United Airlines* – mit dem Ergebnis, dass man die Gitarre nicht ersetzte. Der Refrain des Songs lautet: *I should have flown with someone else, or gone by car, because United breaks guitars.*[11] Das Video zum Song wurde am 6. Juli 2009 bei YouTube veröffentlicht und Stand 31.05.2021 über 20 Millionen Mal geklickt (Youtube sonsofmaxwell 2009). Es ist ein Beispiel dafür, wie viel Macht ein Kunde im Zeitalter von Social Media hat und dafür, wie genau sich diese Macht entfaltet:

- Es kam zu einer viralen Verbreitung in den Social Media (durch Anschauen, Teilen und Kommentieren des Videos).
- Es fand ein sogenannter Spill-over-Effekt statt: Die klassischen Medien wurden aufmerksam, praktisch jeder renommierte US-amerikanische Fernsehsender griff die Geschichte auf. Dieser „Spill-over" von der digitalen in die mediale Welt trug zur weiteren Beschleunigung der Verbreitung bei.
- Schließlich reagierte United sogar, aber viel zu spät, denn es war zu signifikanten negativen Effekten auf den Börsenkurs gekommen, ganz zu schweigen von dem Imageschaden (Kupillas 2009).

Solche Beispiele wiederholen sich ständig. Sie zeigen, wie gefährlich es ist, wenn Unternehmen ihr Beschwerdemanagement nicht bedarfsgerecht ausrichten. Nun könnten Sie denken, das beträfe nur eine kleine Minderheit der Beschwerdeführer, weil die Unternehmen ihr Beschwerdemanagement im Griff haben? Weit gefehlt! In unserer Grundlagenforschung (vgl. Abb. 4.27) geben 45 % der Kunden an, mit der Beschwerdebehandlung nicht zufrieden zu sein (das entspricht den Noten 3 bis 5).

Hierfür gibt es zahlreiche Gründe, keinesfalls sind die Ursachen wie landläufig vermutet ausschließlich im Produkt verankert. Abb. 4.28 verdeutlicht, dass rund die Hälfte der Beschwerden auf Defizite in der Logistik, dem Service oder der Information und Kom-

[11] „Ich hätte mit einer anderen Fluggesellschaft fliegen oder mit dem Auto fahren sollen, weil United Gitarren zerbricht."

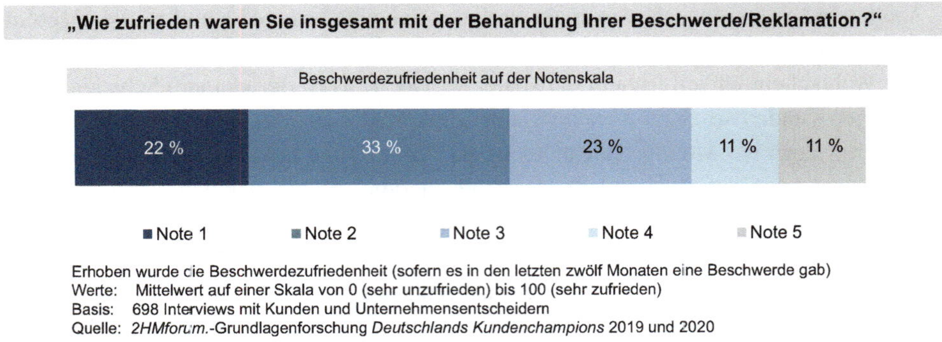

Abb. 4.27 Die Beschwerdezufriedenheit von Beschwerdeführern ist sehr niedrig

munikation zurückzuführen sind. Das bedeutet, dass Beschwerdesituationen an den unterschiedlichsten Touchpoints in der Wertschöpfungskette auftreten können, praktisch aber einen eigenen Touchpoint darstellen mit sehr speziellen Anforderungen. So hat es sich in vielen Unternehmen als zielführend erwiesen, die Beschwerdebearbeitung zu bündeln, um eine gleichermaßen bedarfsgerechte und effiziente Vorgehensweise zu ermöglichen. Dies hat drei Ursachen: Erstens lässt sich die notwendige hohe Verbindlichkeit für den Kunden in einer Beschwerdesituation nur durch eine zentrale Ansprechperson sicherstellen, die als Anwalt des Kunden im Unternehmen eine bedarfsgerechte und verbindliche Lösung herbeiführt. Zweitens können nur durch die Zentralisierung Informationen gebündelt und systematisch ausgewertet werden und somit Lerneffekte erzielt werden. Das dritte Argument für die Zentralisierung des Beschwerdemanagements betrifft die Befähigung und den Typus von Mitarbeitern, die sich für die Beschwerdebearbeitung eignen. Da es sich um emotional aufgeladene Situationen handelt, ist eine besondere, auf Deeskalation ausgerichtete Gesprächsführung notwendig sowie ein ausgleichendes Temperament. Dies widerspricht den Talenten, nach denen Mitarbeiter im Vertrieb und im Kundenservice ausgewählt werden, die sonst Adressaten der Beschwerdeführer sind. Dazu kommt, dass die Konfrontation mit subjektiv empfundenen Missständen des Kunden besonders dann Widerstände auslöst, wenn die eigene Leistung zur Diskussion steht: Das ist beispielsweise der Fall, wenn sich ein Kunde beim Service über mangelnde Erreichbarkeit oder Kompetenz in der Sachbearbeitung beklagt.

Wenn diese Bündelung der Kompetenzen nicht möglich oder gewünscht ist, sollten Mitarbeiter mit korrespondierenden Talenten umfassend befähigt und sensibilisiert werden. Jeder Ihrer Mitarbeiter ist als Endverbraucher täglich selbst mehrfach Kunde. Nutzen Sie diesen Erfahrungshintergrund zum Aufbau von Empathie, und befähigen Sie so Ihre Mitarbeiter, sich in Ihre Kunden hineinzuversetzen. Dazu gehören neben entsprechenden Trainingsmaßnahmen auch klar formulierte Handlungsfreiräume, in welchen Fällen und in welchem Umfang sich die Mitarbeiter kulant verhalten können, um eine abschließende Problemlösung herbeizuführen.

Damit Ihr Beschwerdemanagement fokussiert zentrale Kundenbedürfnisse befriedigen kann, reichen diese organisatorischen Rahmenbedingungen nicht aus. Ebenso notwendig ist eine Beschwerdekultur:

- Nicht Sie entscheiden, welche Beschwerden berechtigt sind oder nicht, sondern der Kunde. So sind etwa die „unsachgemäße" Anwendung eines Produkts oder die „Nichtbeachtung von Hinweisen" nicht Ausdruck eines Fehlverhaltens des Kunden, sondern einer nicht bedarfsgerechten Kommunikation des Anbieters (vgl. Abb. 4.28).
- Machen Sie es Kunden leicht, auftretende Probleme und Defizite zu artikulieren. Haben Kunden den Eindruck, dass sie entweder einen immensen Aufwand betreiben müssen, um ihrem Anbieter Probleme zu melden, oder dass ihre Rückmeldungen nicht ernst genommen werden, so werden sie mit den Füßen abstimmen, also bei der nächsten Gelegenheit abwandern. Die große Chance eines wirkungsvollen Defizitabbaus ist dann verspielt. Also schaffen Sie ausreichend Möglichkeiten für Kunden, sich zu artikulieren. Es ist wichtig, dass Kunden, die mit Ihren Leistungen unzufrieden sind, sich bei Ihnen melden, und Sie Ihnen damit eine Chance geben zu reagieren. Der Anteil dieser sogenannten Beschwerdeführer sollte eine zentrale Steuerungsgröße im Rahmen des Defizitabbaus sein.

Wenn Sie diese Ratschläge konsequent umsetzen, haben Sie mit einem funktionierenden Beschwerdemanagement einen gleichermaßen ausreichenden und optimalen Zugriff auf die „Horizontalbewegung" im *Fan-Portfolio*: Sie erfahren punktgenau, wo Leistungsdefizite auftreten und wie Sie diese systematisch in den Griff bekommen. Im Bestreben, Kundenzufriedenheit zu steigern, verfallen Sie mit diesem Ansatz des Defizitabbaus nicht in die bereits mehrfach als problematisch identifizierte „Mehr ist Mehr"-Philosophie des

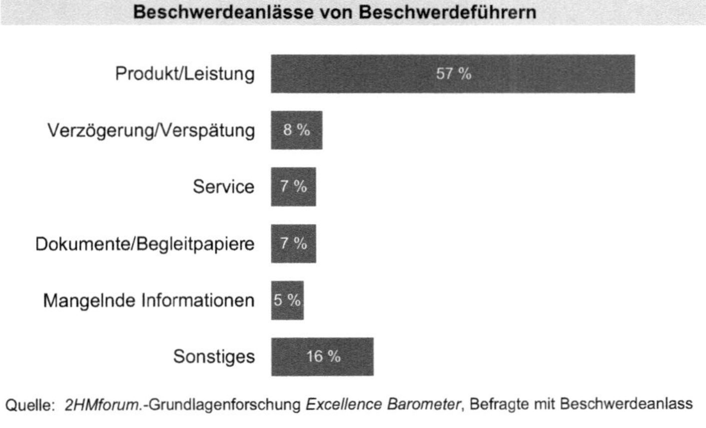

Abb. 4.28 Beschwerdeursachen verstehen und möglichst abstellen

klassischen Zufriedenheitsmanagements. Statt irgendwelche Kundenbedürfnisse in vorauseilendem Gehorsam über das notwendige Maß hinaus zu erfüllen und dabei finanzielle und personelle Ressourcen zu verschwenden, verfolgen Sie einen strikt minimalistischen Ansatz und investieren nur dort, wo Leistungsdefizite die zentralen Bedürfnisse Ihrer Kunden berühren.

4.2.10 Touchpoint IV: Produktinnovationen bedarfsgerecht einsetzen

„Hauptsache neu" scheint das Motto vieler Unternehmen zu sein, wenn es darum geht, ihre Innovationen am Markt zu platzieren. Wir möchten ihnen im Folgenden erläutern, wie Sie die Erfolgsquote von Innovationen durch bedarfsgerechte Ausrichtung steigern können.

Deutschland ist traditionell ein Land voller Innovatoren. Technik und Innovation stehen bei vielen Unternehmen im Mittelpunkt, und es gibt über 180.000 Unternehmen, die regelmäßig Innovationen für den Weltmarkt hervorbringen. Nun liegt jedoch die „Flop-Rate" für Innovationen bei ca. 70 %. Das hat nichts damit zu tun, dass die Produkte technologisch nicht ausgereift sind, sondern es liegt eher daran, dass der spezifische Nutzen einer Innovation unzureichend ist oder häufig nicht ausreichend kommuniziert wird, sodass die Kunden diese Innovationen selten so annehmen, wie es von den Unternehmen geplant ist.

Sie kennen vielleicht den Satz von Charles Revson (dem Gründer der Marke *Revlon*): „In der Fabrik produzieren wir Kosmetik, im Laden verkaufen wir Träume" (Gebhardt 2010). Das ist ein exzellentes Beispiel dafür, dass es bei Innovationen darum geht, nutzenorientiert – hier mit Bezug zur Schönheit – zu argumentieren und nicht über die technische Funktionalität.

Zwar sind einige Unternehmen heute in der Lage, von der eigenschaftsorientierten Definition ihrer Angebote in der Kommunikation auf die nutzenorientierte Definition zu gehen:

- In der Pharmaindustrie heißt es nicht mehr länger „Wir produzieren neue Medikamente", sondern „Wir tragen noch besser zur Gesundheit bei".
- IT-Systemhäuser entwickeln keine „neue Software", sondern sie „senken Kosten".
- Ein Energieunternehmen sagt nicht länger „Wir fördern Erdöl", sondern argumentiert „Wir stellen Energie bereit".

Was uns aber auffällt: Gerade, wenn es um Innovationen geht, dann gehen viele Unternehmen häufig zurück zur klassischen eigenschaftsorientierten Definition. Das liegt daran, dass die Unternehmen sich häufig ihre Innovationen, gerade in der Digitalisierung, selbst erklären müssen, von der erlernten nutzenorientierten Definition abweichen und eben zurück zur klassischen eigenschaftsorientierten Definition springen.

Um das zu belegen, haben wir 30 Anzeigen zu innovativen Produkten und Leistungen geprüft und herausgefunden, dass diese in über 50 % der Anzeigen unspezifisch oder nicht ausreichend positioniert sind – und damit letztendlich für den Leser auch schwierig zu verarbeiten. Um das genauer zu erläutern, wollen wir das bewährte Modell des *Motiversums* nutzen (vgl. Abschn. 4.1): Die Werte „Innovation“ oder „neu“ sind dort nicht abgetragen, weil sie keinem Motiv eindeutig zugeordnetwerden, sondern in verschiedene Nutzenaspekte aufgeschlüsselt werden, je nachdem, was für eine Person der Betrachter ist und in welcher Rolle er gerade agiert.

Schauen wir uns das beispielhaft für eine Innovation im Maschinenbau an. Stellen wir uns vor, wir wollen die neue Maschine an einen Entscheider verkaufen, dessen Motive im Feld „Inspiration und Neugier“ beheimatet sind, dann gilt es *nicht* zu sagen, „Das Produkt ist neu“, sondern „Das Produkt bietet völlig neue Möglichkeiten, das innovative Design ist einzigartig“. Möchten wir dagegen Entscheider aus dem Motivfeld „Autonomie und Macht“ passgenau ansprechen, dann müsste es für die gleiche neue Maschine heißen „Wir haben die stärkste und leistungsfähigste Maschine entwickelt, die es auf dem Markt gibt“. Für einen Entscheider mit dem Motiv „Sicherheit und Geborgenheit“ geht es wiederum darum, dass wir ihm mit unserer Produktinnovation Sicherheit geben. Hier müssten wir die neue Maschine positionieren mit der Aussage „Damit gehen Sie auf Nummer sicher, da können Sie nichts falsch machen“. Und wird der Entscheider von dem Motiv „Struktur und Kontrolle“ angetrieben, so ist die Botschaft, die wir hinter eine Innovation setzen sollten: „Das ist die wirtschaftlichste Lösung, wir haben bis ins kleinste Detail alles für Sie durchgerechnet“.

Es ist also wichtig zu verstehen, dass „neu“ an sich keine zentralen Kundenbedürfnisse adressiert. Wenn Sie also auf die Botschaft „neu“ setzen, ohne sie nutzenorientiert zu übersetzen, und auf einen Kunden aus dem Motivfeld „Sicherheit und Geborgenheit“ treffen, der auf Nummer sicher gehen will, dann schaffen Sie sogar Unsicherheit, denn „neu“ ist intuitiv eine Veränderung des Jetzigen und wird von einem Kunden mit starker Sicherheitsorientierung als Bedrohung empfunden. Das führt nicht nur zu einem Nichtverarbeiten der Innovationsidee, sondern sorgt im schlimmsten Fall sogar für Reaktanz. Schauen wir uns das beispielhaft für Versicherungen an: Für die Kunden geht es im Wortsinn um Sicherheit, sie möchten wissen, dass sie gut versichert sind. Innovation bedeutet unkommentiert jedoch immer zunächst Veränderung und sorgt damit für Verunsicherung. Botschaften wie „Die neue Art der Autoversicherung“ (SBB 2016) oder „Jetzt beginnt die Zukunft des Rechtsschutzes“ (ARAG 2021) irritieren und führen zur Ablehnung der angebotenen Leistung.

Um für Innovationen den Grad der Passung und der Akzeptanz zu ermitteln, ist das klassische Instrument der Nachkontaktbefragung, wie wir es an anderen Touchpoints einsetzen, nicht geeignet. Für Innovationen benötigen wir Bewertungsmodelle, die bereits vor der kostspieligen Umsetzung die entsprechende Bedarfseignung prüfen. Wir benötigen Marktforschungsansätze, die geeignet sind, die Innovation ideal aus Kundensicht zu positionieren. Dabei sind Antworten auf folgende Fragen hilfreich:

- Wie muss die Innovation kommuniziert werden, um maximale Passung zu den zentralen Kundenbedürfnissen auszulösen?
- Wie groß ist das Potenzial, wie viele Kunden werden die Innovation voraussichtlich in Anspruch nehmen, wenn sie passend kommuniziert wird?

- Was sind die Gründe dafür, dass die Innovation von bestimmten Kunden nicht als bedarfsgerecht wahrgenommen wird? Wenn Sie die Gründe kennen, wie können Sie gezielt gegensteuern, um das Potenzial der Innovation zu erhöhen?
- Wie hoch ist die Zahlungsbereitschaft für die bedarfsgerecht ausgestaltete Innovation? Wie hoch ist der bedarfsgerechte Preis? Und wie kann der Preis optimal an die Kundenbedürfnisse angepasst werden, um hierdurch die Abschöpfung der maximalen Zahlungsbereitschaft zu realisieren?
- Was bedeutet das alles für Ihre Kosten-Nutzen-Rechnung? Wird die Innovation rentabel sein? Reichen Potenzial und Zahlungsbereitschaft aus, um die Investition in Forschung, Entwicklung und Markteinführung zu kompensieren?
- Und schließlich, welche Touchpoints sind relevant, um Kunden mit dem innovativen Produkt, der innovativen Leistung in Berührung zu bringen und so die gewünschte Wirkung der Innovation in der Kundenwelt zu entfalten?

4.2.11 Touchpoint V: die emotionalisierende Wirkung digitaler Kanäle

Was über Jahre, ja sogar über ein ganzes Jahrzehnt hinweg, häufig nur Worthülse oder Buzzword war, hat ein kleines Virus wahr werden lassen: die digitale Revolution. Praktisch von einem Tag auf den anderen waren wir alle gezwungen umzudenken. Denn die persönlichen Beziehungen zu Kunden, Geschäftspartnern, Mitarbeitern wurden massiv eingeschränkt. Exemplarisch seien der Einzelhandel, die Gastronomie, die Banken, aber auch die Industrie genannt, die bisher ihre Kunden vorwiegend über Messen und den Außendienstbesuch vor Ort kontaktiert hat. Und nun: kein gewohntes Begrüßungsritual, ja zum Teil gar kein Blickkontakt mehr – und wenn, dann nur aus der Ferne per Kamera, kein gemeinsamer Tee oder Kaffee bei der wichtigen Besprechung, kein Handschlag nach dem Vertragsabschluss. Die emotionale Bindung, die Nähe, die Verbundenheit durch persönliche Kontakte wurde per Dekret aufgehoben (Becker 2020).

Aber ist das wirklich so? Denn das ist ja nur die eine Seite der Medaille. Auf der anderen Seite explodierte in Folge der Krise unwiderruflich die Nutzung kontaktloser, digitaler Kanäle: Was viele bisher als umständlich und unsicher wahrnahmen, erwies sich als schnell, transparent, sicher und hygienisch. Und das Beste: Aus mehr als 20 Jahren Fan-Forschung wissen wir, dass es nicht entscheidend ist, ob tatsächlich ein direkter Vor-Ort oder Face-to-Face-Kontakt zwischen Kunden und Mitarbeitern entsteht (also bei persönlichen oder telefonischen Kontakten). Auch Nutzer digitaler Kanäle können eine spürbare Emotionalisierung erleben. Entscheidend ist, dass Kunden die Wahlmöglichkeit haben und nicht in einen bestimmten Kanal gezwungen werden – und dass die digitalen Kontakte genauso wie die persönlichen Kontakte von den Kunden als passend empfunden werden. Wie bereits allgemein für Kontakte erläutert (vgl. Abschn. 4.2), bedeutet dies, dass Kunden den Kontakt über einen digitalen Kanal in der Notenlogik auch mit der Note „1“ bewerten müssen. Nur dann steigt die *Fan-Quote*. Wie stark, illustriert Abb. 4.29 – die

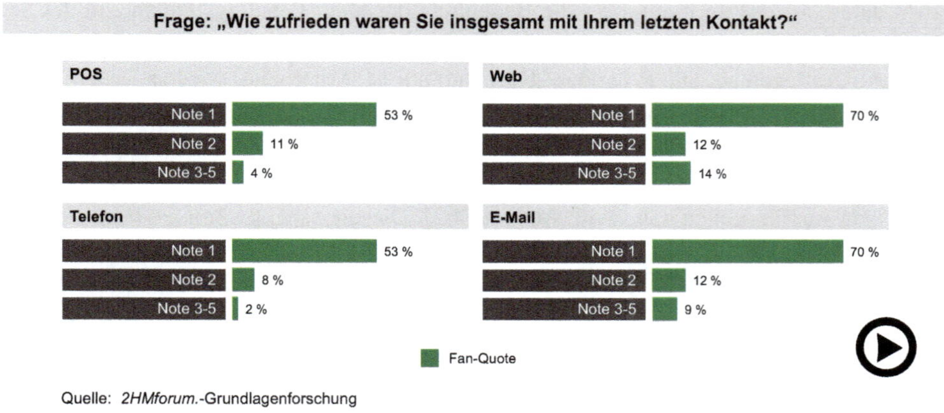

Abb. 4.29 Perfekt orchestrierte Kundenkontakte steigern die *Fan-Quote* – auch über digitale Kanäle (▶ https://doi.org/10.1007/000-543)

Steigerungsrate der Digitalkontakte liegt sogar über der der klassischen analogen Kanäle. Schon bei der Note 2 sinkt die *Fan-Quote* unter die von Kunden, die gar keinen Kontakt hatten. Die Chance ist also vertan.

Was gerade in der digitalen Aufbruchsstimmung gerne übersehen wird: Die digitalen Kanäle werden nur dann nachhaltig zum Unternehmenserfolg beitragen, wenn Unternehmen ihre Hausaufgaben gemacht haben. Wer also kein fundiertes Verständnis von Kundenbedürfnissen, Kundenwahrnehmungen und Differenzierungsmöglichkeiten zum Wettbewerb hat und diese Erkenntnisse nicht systematisch an allen Kontaktpunkten zum Kunden umsetzt, wird auch in den digitalen Kanälen keinen Erfolg haben. Hier verwechseln viele Verantwortliche schlichtweg Ursache und Wirkung. Nicht die digitalen Kanäle schaffen Loyalität und steigern die *Fan-Quote*, sondern umgekehrt, eine hohe *Fan-Quote* ist die Garantie dafür, dass digitale Kanäle als zusätzliche Kontakt-, Orientierungs- und Vertriebskanäle den Unternehmenserfolg steigern.

Das bedeutet gerade in Krisenzeiten, wenn alles schnell gehen muss: Wer mit der Gießkanne agiert, bevor er fundierte Grundlagen geschaffen hat, wird nicht profitieren, sondern im Gegenteil: Er schadet der Beziehung und vernichtet Ressourcen.

4.3 Die Mitarbeiter als Fan-Macher

Der Kerngedanke der Orchestrierung rückt die Mitarbeiter in den Mittelpunkt einer erfolgreichen Unternehmenssteuerung mit *FANOMICS*. Nicht von ungefähr spricht man davon, dass die Marke Schuhe trägt. Das bedeutet, dass den Mitarbeitern bei der Vermittlung der Positionierung – also der Passung zwischen den zentralen Kundenbedürfnissen und der wahrgenommenen Unternehmensleistung – eine Schlüsselrolle zukommt. Dies ist zum einen darauf zurückzuführen, dass die Bedeutung der Dienstleistungsbranche, in der der Mitarbeiter das „Produkt" ist, für das der Kunde zahlt, in den letzten Jahrzehnten zunehmend gestiegen ist. Die Rolle des „Herzblutfaktors" Mitarbeiter wird außerdem intuitiv klar, wenn wir uns die enorme Kontaktfrequenz und -intensität zwischen Mitarbeitern und Kunden vergegenwärtigen. Dass es beim „Herzblutfaktor" nicht nur auf persönliche Kontakte ankommt, sondern auch auf Kontakte über die digitalen Kanäle, legen unsere bisherigen Ausführungen nahe (vgl. Abschn. 4.2). Diesen Aspekt werden wir im Folgenden weiter vertiefen.

Zunächst wollen wir uns jedoch der grundsätzlichen Frage zuwenden, wie sich die Wirkung der Mitarbeiter auf die emotionale Kundenbindung beschreiben lässt, und was sie positiv beeinflusst.

4.3.1 Die Kundenorientierung der Mitarbeiter

Der Erfolg der Implementierung von *FANOMICS* hängt ganz grundsätzlich von der Konsequenz und der Kultur des Unternehmens und jedes einzelnen Mitarbeiters ab, sich an den Kunden und ihren zentralen Bedürfnissen auszurichten. Die Fähigkeit und die Bereitschaft der Mitarbeiter, zentrale Kundenbedürfnisse zu erkennen und sich auf diese einzulassen, nennen wir Kundenorientierung. Kundenorientierten Mitarbeitern gelingt es, an den Kontaktpunkten das Gefühl der Passung herzustellen. Sie tun genau das, was den zentralen Bedürfnissen der Kunden entspricht.

Entgegen dem häufig in Theorie und Praxis anzutreffenden Verständnis setzen wir Kundenorientierung nicht gleich mit einem besonders freundlichen und zuvorkommenden Umgang mit den Kunden (Homburg 2001). Wie unser *ALDI Süd*-Beispiel eindrucksvoll zeigt, ist dieses unspezifische Verständnis von Kundenorientierung nicht zielführend; es kann sogar ein den zentralen Kundenbedürfnissen zuwiderlaufendes Verhalten der Mitarbeiter zur Folge haben (vgl. Abschn. 3.4).

Um die Bedeutung der Kundenorientierung der Mitarbeiter für die emotionale Kundenbindung nachzuweisen, haben wir basierend auf diesen Überlegungen einen Kundenorientierungsindex entwickelt, in den vier Fragen einfließen, die sowohl im Rahmen von Kunden- als auch von Mitarbeiterbefragungen gestellt werden können:

1. Die Mitarbeiter fühlen sich persönlich für die Zufriedenheit der Kunden verantwortlich.
2. Den Mitarbeitern fällt es leicht, sich in die Lage der Kunden zu versetzen.
3. Den Mitarbeitern ist klar, dass ihr Gehalt von den Kunden bezahlt wird.
4. Die Mitarbeiter empfinden häufigen Kundenkontakt als angenehm.

Die ersten beiden Aussagen messen die Fähigkeiten und den Willen, sich auf den Kunden und seine zentralen Bedürfnisse einzulassen, die letzten beiden die kundenorientierte Haltung der Mitarbeiter. Wie stark sich die so gemessene Kundenorientierung der Mitarbeiter auf die emotionale Kundenbindung auswirkt, ist in Abb. 4.30 dargestellt.

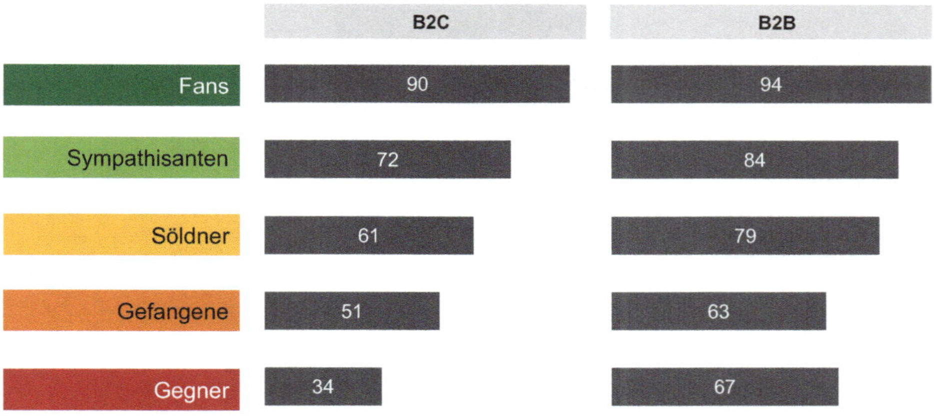

Werte: Mittelwerte auf einer Skala von 0 (keine Kundenorientierung) bis 100 (maximale Kundenorientierung)
Basis: B2C: 9.167 Kundeninterviews, B2B: Kundenbefragung von 263 Firmenkunden eines Unternehmens aus dem produzierenden Gewerbe
Quelle: B2C: *2HMforum.*-Grundlagenforschung *Fanfocus Deutschland* 2018, B2B: *2HMforum.*-Auftragsstudie

Abb. 4.30 Kundenorientierungsindex nach *Fan-Portfolio*

Wir können somit anhand des Kundenorientierungsindizes die Wirkung der Kundenorientierung der Mitarbeiter auf die emotionale Kundenbindung genau messen. Das Schaubild verdeutlicht basierend auf Kundenbefragungen im B2C und B2B, dass die Kundenorientierung der Mitarbeiter von den Fan-Kunden am besten bewertet wird (mit einem Indexwert von 90 (von 100 möglichen) Punkten (B2C) respektive 94 Punkten (B2B)). Sie sinkt dann sukzessive und erreicht ihren absoluten Tiefpunkt bei den Gegnern im B2C mit 34 Punkten. Doch was beeinflusst die wahrgenommene Kundenorientierung der Mitarbeiter? Darauf wollen wir nun detaillierter eingehen und ursachenadäquate Maßnahmen vorstellen.

4.3.2 Einflussfaktoren der Kundenorientierung

Wie der obere Teil von Abb. 4.31 verdeutlicht, unterscheiden wir drei wesentliche Einflussfaktoren der Kundenorientierung:

(1) Mitarbeiter verfügen über das notwendige Wissen über die Kunden (= Customer Insights).
(2) Mitarbeiter verfügen über das Wissen und die notwendigen Fähigkeiten.

Diese beiden Einflussfaktoren subsumieren, ob die Mitarbeiter sich kundenorientiert verhalten *können*, um an den Kontaktpunkten das Gefühl der Passung zu erzeugen.

(3) Mitarbeiter *wollen* sich kundenorientiert verhalten, was stark von der Identifikation mit der Tätigkeit und mit dem Arbeitgeber abhängt, also der internen Beziehungsqualität: Wie gut gelingt es den Unternehmen, ihre Mitarbeiter zu Fans zu machen?

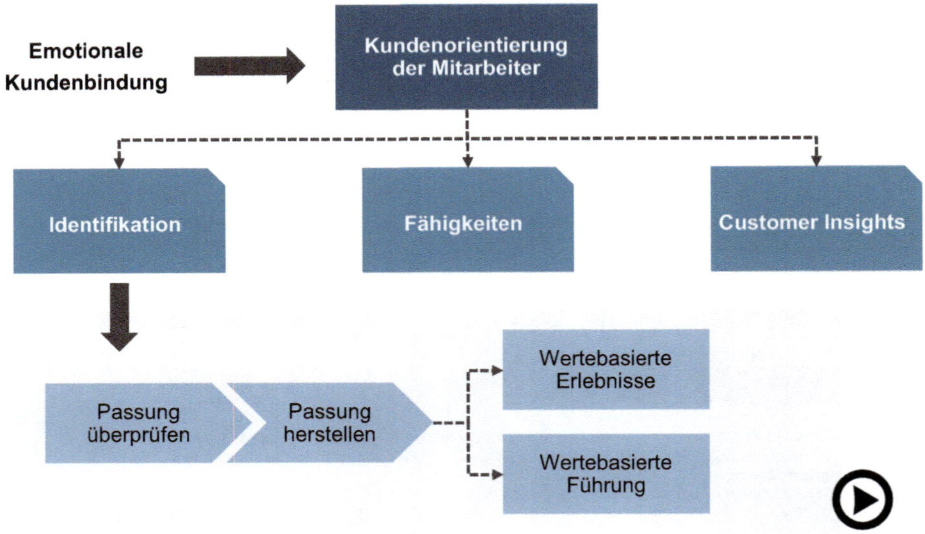

Quelle: Eigene Darstellung

Abb. 4.31 Einflussfaktoren der Kundenorientierung (▶ https://doi.org/10.1007/000-544)

Auch wenn wir uns in diesem Buch schwerpunktmäßig mit den externen Beziehungen beschäftigen und uns der Beantwortung der Frage widmen, wie aus Kunden Fans werden, so wollen wir dennoch kursorisch auf diesen Aspekt eingehen, und zwar aus zwei Gründen: erstens, weil wir überzeugt sind, dass ein Großteil unserer Leser als Unternehmenslenker beide Stoßrichtungen verantwortet, und zweitens, weil nur durch die Wahl des richtigen Startpunkts, und zwar der Kundenperspektive, Aktivitäten zur Steigerung der *Fan-Quote* unter den Mitarbeitern in die richtige Richtung gehen. Das werden wir im Folgenden noch genauer erläutern.

4.3.3 Einflussfaktor 1: Wissen und Information über die Kunden (Customer Insights)

Immer wieder erleben wir es in Unternehmen, dass die zwingend notwendige Voraussetzung für kundenorientiertes Verhalten der Mitarbeiter nicht gegeben ist: Die Mitarbeiter kennen die zentralen Bedürfnisse der Kunden nicht. Dann *können* sie schlichtweg nicht für die Wahrnehmung der Passung sorgen, zumindest nicht bewusst und systematisch. Das kann zwei Ursachen haben: Entweder kennen ihre Arbeitgeber die Kundenerwartungen selbst nicht, dann empfehlen wir den Abschn. 4.1 „Positionierung“, in dem die Vorgehensweise zur Herleitung erläutert wird. Unterstellen wir jedoch, dass die meisten Unternehmen, die sich mit *FANOMICS* beschäftigen, ihre „Hausaufgaben“ gemacht haben, dann scheitert es sehr häufig an der notwendigen umfassenden und richtigen Vermittlung der Customer Insights. So ist es keinesfalls ausreichend, den Mitarbeitern im Rahmen einer Ergebnispräsentation die Befunde einer Kundenbefragung hinsichtlich der zentralen Kundenbedürfnisse vorzustellen. Vielmehr ist eine Konkretisierung und Vertiefung notwendig, damit die Mitarbeiter die Erkenntnisse in ihre tägliche Praxis mit den Kunden integrieren können: Sie müssen die zentralen Kontaktpunkte kennen, und sie müssen die relevanten Hebel verstehen, mit denen sie Passung herstellen können. Um nachhaltige Verhaltensveränderungen bei den Mitarbeitern auszulösen, haben sich Workshop-Formate bewährt, die den Mitarbeitern die Möglichkeit bieten, Input zu geben und gemeinsam über Passung erzeugende Vorgehensweisen zu reflektieren – und die basierend auf den Workshop-Ergebnissen die Erarbeitung und Vermittlung eines für alle verbindlichen Soll-Konzepts ermöglichen.

Lassen Sie uns diesen Prozess wieder beispielhaft an *ALDI Süd* durchspielen: Erst die konsequente Vermittlung des zentralen Bedürfnisses nach „Schnelligkeit" versetzt die *ALDI Süd*-Mitarbeiter in die Lage, intuitiv richtige, aber im Sinne des zentralen Kundenbedürfnisses falsche Verhaltensweisen zu hinterfragen, also zum Beispiel die freundliche und zuvorkommende Kundenkommunikation. Es ist also eine notwendige Voraussetzung, dass *ALDI Süd* diese wesentliche Klärung vornimmt und auch an die Mitarbeiter kommuniziert. Was das konkret für die Mitarbeiter in den Filialen und ihr Verhalten im Arbeitsalltag bedeutet, wird damit noch nicht klar. Dafür ist es notwendig, den Mitarbeitern zu erläutern, an welchen Kontaktpunkten es besonders darauf ankommt, schnell zu sein, zum Beispiel an der Kasse. Nur so können die Mitarbeiter ihre Ressourcen korrekt priorisieren. Sie wissen aber immer noch nicht, wie konkret an der Kasse die Wahrnehmung von „schnell" hergestellt werden soll. Dafür hat *ALDI Süd* – basierend auf umfassenden Analysen und Feedbackschleifen mit den Mitarbeitern – Verhaltensvorgaben und Trainingsmaßnahmen entwickelt, die über die Jahrzehnte immer weiter geschärft und optimiert wurden.

4.3.4 Einflussfaktor 2: Fähigkeiten der Mitarbeiter

Auch fehlende Fähigkeiten können dafür verantwortlich sein, dass Mitarbeiter die notwendige Passung zu den Kundenbedürfnissen nicht herstellen können. So verfügt beispielsweise nicht jeder intuitiv über die motorischen Fähigkeiten, die notwendig sind, um *ALDI Süd*-Kunden den Kontaktpunkt „Kasse" als ausreichend schnell erleben zu lassen. Wie können Unternehmen gegensteuern, wenn es an den Fähigkeiten der Mitarbeiter scheitert? Die logischste Maßnahme sind Schulungen und Trainings, denn durch Anleitung und stetige Wiederholung verbessern wir unsere Fähigkeiten. Wie bereits erwähnt, hat die *ING* daraus sogar eine Tugend gemacht (vgl. Abschn. 4.2). Denn Fähigkeiten sind vermittelbar, Haltungen dagegen nicht. Daher setzt die *ING* bei der Rekrutierung für den telefonischen Kundendialog eher auf Mitarbeiter, die die notwendige Haltung zur Kundenorientierung mitbringen und dies in früheren Tätigkeiten, zum Beispiel im Tourismus oder der in der Hotellerie, bereits unter Beweis gestellt haben. Die notwendigen fachlichen Fähigkeiten für die Telefonate im Callcenter einer Direktbank werden den Mitarbeitern dann im Rahmen von Intensivkursen vor Jobbeginn vermittelt. Außerdem setzt die *ING* auf ein sogenanntes Multi-Skill-Konzept, das es den Mitarbeitern ermöglicht, zusätzlich zu Basisfähigkeiten immer wieder neue Fähigkeiten zu erwerben und so weitere Gesprächs- und Kontaktanlässe zu bearbeiten.

4.3.5 Einflussfaktor 3: Identifikation mit dem Arbeitgeber – Fans unter den Mitarbeitern

Mitarbeiter müssen sich kundenorientiert verhalten *wollen*, und schon lange geht man in Forschung und Praxis davon aus, dass nur zufriedene Mitarbeiter zufriedene Kunden machen (Homburg und Stock-Homburg 2012; Nagl 1997). Doch die Leser dieses Buches ahnen es bereits, so einfach sind die Zusammenhänge nicht, auch wenn der grundsätzliche Gedanke, dass es einen Zusammenhang zwischen der Beziehungsqualität von Unternehmen mit ihren Kunden auf der einen Seite und mit ihren Mitarbeitern auf der anderen Seite gibt, nicht falsch ist: Wir haben in diesem Buch bereits ausführlich erläutert, dass die Kundenzufriedenheit nicht die wesentliche Steuerungsgröße des Kundenwerts ist, und so ist die Mitarbeiterzufriedenheit auch nicht der entscheidende Gradmesser interner Beziehungen. Das wollen wir im Folgenden erläutern.

Dazu ist es naheliegend, *FANOMICS* auch auf die Beziehungen zwischen Unternehmen und ihren Mitarbeitern anzuwenden. Denn für Unternehmenswachstum und -erfolg sind in den letzten Jahren werthaltige interne Beziehungen mindestens so wichtig geworden wie externe: Seit Jahren buhlen Unternehmen um die besten Köpfe, und die demografische Entwicklung und der Fachkräftemangel sorgen dafür, dass der Bedarf an High Potentials das Angebot um ein Vielfaches übersteigt. Unter diesen Vorzeichen verbindet viele Unternehmen dieselbe Frage: Wie schaffen wir es, Mitarbeiter zu gewinnen und zu halten, die für uns durch dick und dünn gehen, die sich hoch motiviert für das ausgelobte Ziel engagieren? Oft setzen Arbeitgeber nur auf der Leistungsebene an, um ihre Mitarbeiter zufrieden zu stellen, zum Beispiel durch gute Bezahlung, Zusatz- und Sozialleistungen, Weiterbildungsmöglichkeiten und flexible Arbeitszeiten. Dies alles sind wichtige Aspekte. Und deshalb glauben Unternehmen, wenn sie in diese Leistungsaspekte investieren, dann werden Mitarbeiter auch zu Fans und zeigen eine entsprechende Bindung. Aber das ist ein Irrtum. Ähnlich wie bei den Kunden führen die Leistungsaspekte zur Steigerung der Zufriedenheit; aber die Zufriedenheit sagt nichts aus über den Grad der emotionalen Verbundenheit.

Zur Ermittlung der *Fan-Quote* unter den Mitarbeitern greifen wir auf dasselbe Modell zurück wie bei den Kunden: Wir bilden einen *Fan-Indikator* aus den Aussagen zur Identifikation („Mein Arbeitgeber ist wie geschaffen für jemanden wie mich“) und zur gefühlten Einzigartigkeit („Für mich ist mein Arbeitgeber der attraktivste Arbeitgeber“) und korrelieren diesen mit der Gesamtzufriedenheit mit dem Arbeitgeber. Es entsteht das *Fan-Portfolio* für die Mitarbeiterbeziehungen, das sich vom *Fan-Portfolio* der Kundenbeziehungen lediglich hinsichtlich charakteristischer Verhaltensmuster und damit auch der Benennung zweier Gruppen unterscheidet:

- Mitarbeiter mit hoher Zufriedenheit und geringer emotionaler Verbundenheit verhalten sich nicht söldnerhaft, im Gegenteil: Sie fühlen sich wohl, haben ein ausreichendes Einkommen und versuchen, ihren Arbeitsaufwand gering zu halten. Wir sprechen daher von Unternehmensbewohnern.
- Mitarbeiter mit geringer Zufriedenheit und hoher emotionaler Verbundenheit sind enttäuscht. Wenn sich die Ursachen ihrer Enttäuschung nicht beseitigen lassen, wechseln sie häufiger den Arbeitgeber. Daher sprechen wir von den Enttäuschten.

Genauso wie zu den Kundenbeziehungen führen wir auch zu den Mitarbeiterbeziehungen eine regelmäßige Grundlagenstudie durch, den *Mitarbeiterfocus Deutschland*. Befragt werden sozialversicherungspflichtig Beschäftigte in Deutschland. Das *Fan-Portfolio* über alle Arbeitnehmer zeigt ein ähnliches Bild wie für die Kunden: Auch unter den Mitarbeitern ist die überwältigende Mehrheit, nämlich 71 %, hochzufrieden, aber nur ein kleiner Anteil, nämlich 21 %, sind Fans ihres Arbeitgebers (vgl. Abb. 4.32).

Gemeinsam mit den Fan-Kunden stellen die Fan-Mitarbeiter das größte Erfolgskapital für Unternehmen dar: Sie sind produktiver, sie empfehlen ihren Arbeitgeber weiter und –

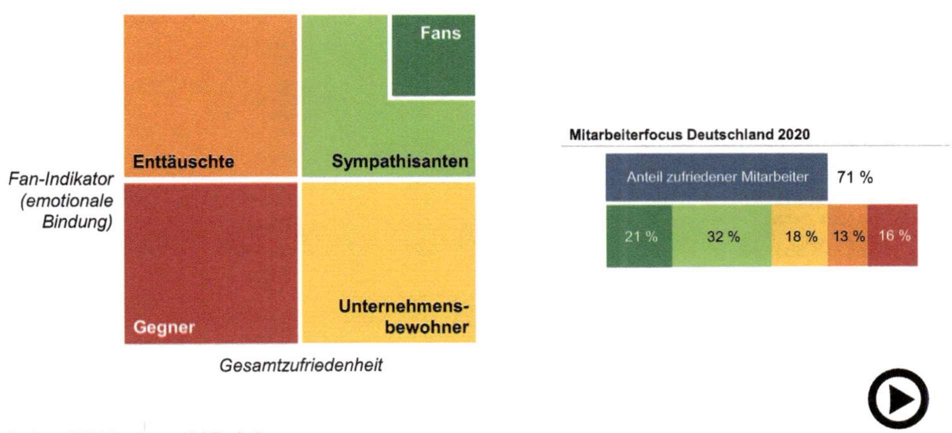

Basis: 976 Interviews mit Mitarbeitern
Quelle: *2HMforum*.-Grundlagenforschung *Mitarbeiterfocus Deutschland* 2020

Abb. 4.32 *Fan-Portfolio*: Nicht alle zufriedenen Mitarbeiter sind auch emotional gebunden (▶ https://doi.org/10.1007/000-545)

besonders wichtig im Hinblick auf die Kundenbeziehungsqualität – sie sind überdurchschnittlich motiviert und kundenorientiert und daher die perfekten Fan-Macher der Kunden.

Letzteres wollen wir uns genauer anschauen. Abb. 4.33 zeigt den Zusammenhang zwischen den hochzufriedenen Gruppen aus dem *Mitarbeiter-Fan-Portfolio* sowie der Arbeitsmotivation. Während 70 % der Fan-Mitarbeiter hoch motiviert sind, gilt dies nur für 15 % der Unternehmensbewohner. Und das, obwohl sich diese beiden Gruppen hinsichtlich ihrer Zufriedenheit mit dem Arbeitgeber kaum unterscheiden. Die gleiche Tendenz zeigt sich, wenn wir uns den Zusammenhang zur Kundenorientierung der Mitarbeiter anschauen (und zwar aus der Perspektive der Mitarbeiter selbst): Über die Hälfte der Fan-Mitarbeiter behauptet, sich persönlich für die Zufriedenheit der Kunden verantwortlich zu fühlen, aber nur knapp ein Drittel der Unternehmensbewohner teilt diese Einschätzung.

Und dass sich die Motivation der Mitarbeiter auf die emotionale Kundenbindung auswirkt, lässt sich an unserem Beispiel der Baumarktkette mit ihren Filialen illustrieren, das Sie bereits aus Abschn. 3.1 kennen (vgl. Abb. 4.34). Als zusätzliche Dimension weisen wir nun neben der emotionalen Kundenbindung und der Rentabilität die durchschnittliche Mitarbeitermotivation jeweils der besten und der schlechtesten 25 % der abgebildeten Filialen aus, und zwar in Form eines Indexwerts von 0 (minimale Motivation) bis 100 (maximale Motivation) (vgl. Abb. 4.35). Es zeigt sich, dass die Mitarbeitermotivation bei den Filialen mit der höchsten emotionalen Kundenbindung und der besten Rentabilität fast doppelt so hoch ist wie bei den schlechtesten Filialen. Wie es zu solchen Schwankungen zwischen einzelnen Filialen der gleichen Baumarktkette kommen kann, darauf werden wir im Folgenden noch genauer eingehen.

Die emotionale Bindung der Mitarbeiter steigert also die emotionale Kundenbindung. Doch was führt zur Steigerung der emotionalen Mitarbeiterbindung? Wie machen Unternehmen Mitarbeiter zu Fans? Um diese Frage zu beantworten, vergegenwärtigen wir uns zunächst, wofür ein Unternehmen Fan-Mitarbeiter benötigt – nämlich, um Kunden zu

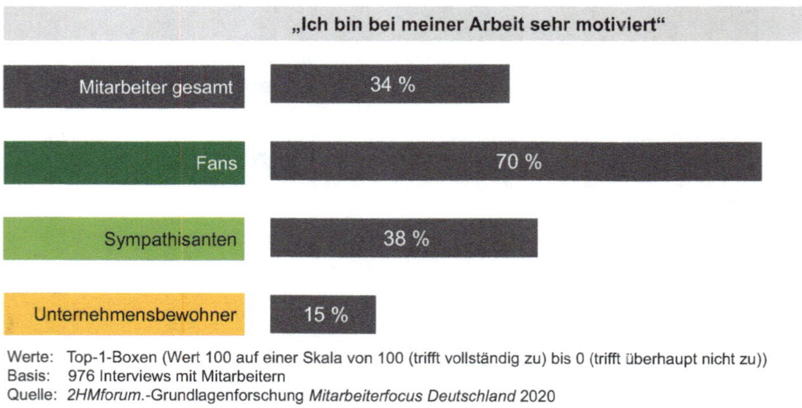

Abb. 4.33 Drei von vier Fan-Mitarbeitern sind bei ihrer Arbeit sehr motiviert

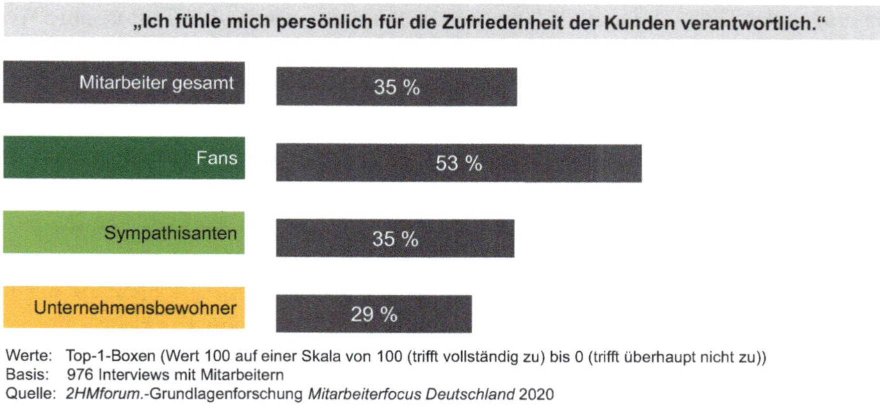

Abb. 4.34 Die Fans tragen den Herzblutfaktor in sich und sind kundenorientiert

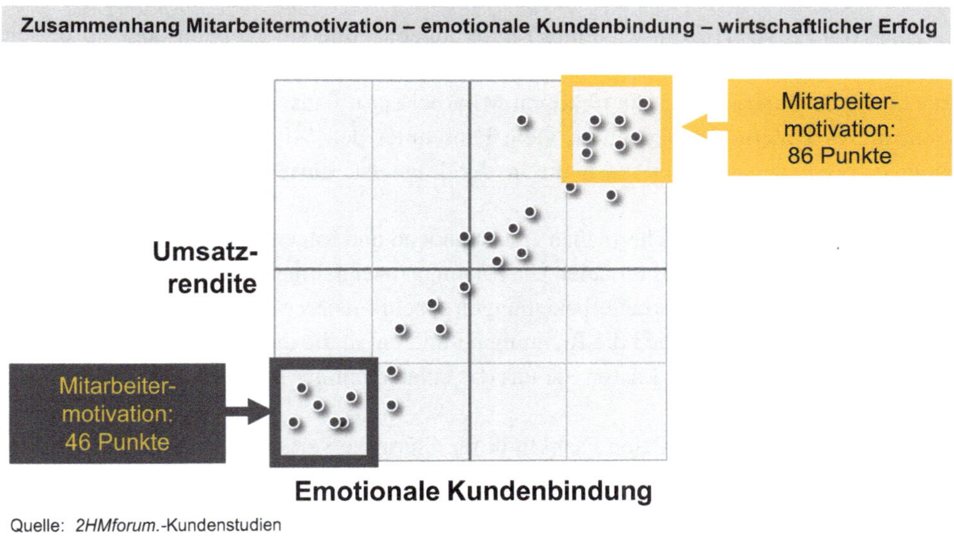

Abb. 4.35 Motivierte Fan-Mitarbeiter machen Kunden zu Fans und steigern so den wirtschaftlichen Erfolg

Fans zu machen und damit nachhaltig erfolgreich zu sein und zu wachsen. Sie mögen einwenden, das greife zu kurz, weil Fan-Mitarbeiter auch viele andere wertvolle Eigenschaften haben. Das stimmt, nützt aber nichts, wenn Sie die „falschen" Fans unter Ihren Mitarbeitern haben.

Was meinen wir mit „falschen" Fans? Fan-Beziehungen von Mitarbeitern basieren auf der gefühlten Passung zwischen zentralen Anforderungen an einen Arbeitgeber und einem immer wieder erlebbaren „Angebot" eines Arbeitgebers, wobei „Angebot" die Rahmenbedingungen der Tätigkeit in einem Unternehmen umfasst, also Kultur/Philosophie/Werte, Führungsleitbild, Kommunikation. Entscheidend ist aber auch, wie sich diese Rahmenbedingungen im Arbeitsalltag bemerkbar machen, ob sie also wirklich gelebt werden.

Strebt ein Mitarbeiter beispielsweise nach Autonomie, also nach möglichst großer Eigenständigkeit, und genau das bietet ihm sein Arbeitgeber, so wird er zum Fan-Mitarbeiter seines Arbeitgebers. Dabei bleibt allerdings die Frage unbeantwortet, ob sein Arbeitgeber mit einer Autonomie-orientierten Belegschaft auch erfolgreich ist, solange die Kundenperspektive nicht beleuchtet wurde und geklärt ist, dass genau diese kulturelle Basis geeignet ist, die zentralen Kundenbedürfnisse erlebbar zu machen. Wäre vielmehr eine straffe Unternehmensführung mit geringen Freiheiten für jeden einzelnen Mitarbeiter notwendig, um die Passung in Richtung Kunde herzustellen, so würde dieses Unternehmen scheitern, egal wie hoch die *Fan-Quote* unter den Mitarbeitern auch sein mag. Entscheidend dafür, ob ein Unternehmen die richtigen oder die falschen Fans unter seinen Mitarbeitern hat, ist also, welche Rahmenbedingungen es sind, die die Mitarbeiter zu Fans machen, und ob diese Rahmenbedingungen der Umsetzung von *FANOMICS* in Richtung *Kunde* nutzen: Sind sie geeignet oder im besten Fall sogar gezielt darauf ausgerichtet, zentrale Kundenbedürfnisse zu bedienen, so macht dieses Unternehmen die richtigen Mitarbeiter zu Fans. Ist dies nicht der Fall, so kann dieses Unternehmen noch so viele Fans unter den Mitarbeitern haben, es wird nicht erfolgreich sein, weil es nicht in der Lage ist, ausreichend Kunden zu Fans zu machen.

Diese Erkenntnis ist gleichermaßen einschneidend und folgenreich, zeigt sie doch, dass entgegen der gelebten Praxis in vielen Unternehmen nachhaltiger Erfolg nur dann möglich ist, wenn Kunden- und Mitarbeiterbeziehungen synchronisiert gemanagt werden, und dass dabei die Kundenbeziehungen die Richtung definieren, in die die Mitarbeiterbeziehungen entwickelt werden müssen. Lassen Sie uns das anhand einiger Beispiele erläutern:

- Stellen wir uns zunächst eine Fachklinik für Chirurgie vor; der Kunde ist dort der Patient, der sich einer Operation unterziehen muss. Nun stellen wir uns vor, dass sich in diesem Krankenhaus ein freigeistiger Chefarzt gerne mit gleichgesinnten Ärzten und Pflegekräften umgibt. Während der Operation entsteht über dem geöffneten Bauch des Patienten eine hitzig geführte Diskussion, ob vor dem Hintergrund des sich tatsächlichen darstellenden Krankheitsbildes der ursprünglich geplante Eingriff durchgeführt werden oder eine andere Therapie bevorzugt zum Einsatz kommen sollte. Man beschließt, die Operation für einen Workshop zu unterbrechen und dann über die weitere Vorgehensweise abzustimmen. Bestimmt würde diese Vorgehensweise bei den Ärzten und Pflegekräften zur gefühlten Passung beitragen, sicher aber nicht für den Patienten, der in der Zwischenzeit verblutet. Natürlich ist das ein sehr unrealistisches Beispiel. Es verdeutlicht aber im Umkehrschluss, warum es überall dort, wo es um Leib und Leben für den „Kunden" geht, nur streng hierarchische Kulturen geben kann. Jeder Assistenzarzt in einer Klinik, aber auch jeder Pilot kann ein Lied davon singen.

- Stellen wir uns einen inhabergeführten B2B-Dienstleister vor, dessen Inhaber dem Unternehmen ein Werteleitbild verordnet hat, das stark auf Kreativität und Vielfalt ausgerichtet ist und damit seinem eigenen Persönlichkeitsprofil entspricht. Das zieht entsprechend profilierte Führungskräfte und Mitarbeiter an; die *Fan-Quote* in der Belegschaft ist im Branchenvergleich überdurchschnittlich hoch. Allerdings ist aus Kundenstudien bekannt, dass die zentralen Kundenbedürfnisse im Motivfeld der „Struktur und Kontrolle" angesiedelt sind. Zentrale Bindungstreiber sind die Zuverlässigkeit, die Kompetenz und die Schnelligkeit des Anbieters. Was glauben Sie, wie leicht es für dieses Unternehmen mit seinen vom Inhaber verordneten kulturellen Rahmenbedingungen ist, Kunden zu Fans zu machen? Mit dieser Frage konfrontiert, antwortet der Inhaber „Dann suchen wir uns eben die Kunden, die zu unserem Profil passen.". Wohl dem, der sich das leisten kann. Denken Sie in diesem Zusammenhang an das Beispiel der Baumarktkette *Praktiker*, dort führte ein Verfehlen der eigentlichen Kundenbedürfnisse zur Insolvenz.
- Gerade für die Geschäftskunden vieler Industrieunternehmen mit komplexen, erklärungsbedürftigen Produkten kommt es auf einfache verständliche Lösungen an, die sie entlasten. Traditionell werden diese Unternehmen jedoch sehr häufig von Top-Entscheidern geführt, die selbst Ingenieure sind und eine geradezu neurotisch übersteigerte innige Beziehung zu ihren Produkten haben (ExBa 2003). Sie umgeben sich mit ihresgleichen und entwickeln eine Kultur, in der Produktverliebtheit ausgelebt wird. Produktinnovationen sind dann geprägt von dem technisch Machbaren, nicht von dem Beitrag zum Kundennutzen. Ein Entscheider formulierte dies in einem Gespräch mit den Autoren einmal wie folgt: „Wir können jetzt Waagen bauen, die messen auf die zwölfte Nachkommastelle genau. Leider gibt es für diese Art von Waagen auf der ganzen Welt keine Anwendung, die mehr als fünf Nachkommastellen benötigt. Und das können unsere Konkurrenten für den halben Preis." Auch dies ist ein Beispiel für ein Unternehmen, das intern eine hohe *Fan-Quote* generiert, aber nicht überlebensfähig ist, weil der kulturelle Fit zu den zentralen Kundenbedürfnissen nicht gegeben ist.
- Die Bankenwelt befindet sich in einer ausgeprägten Transformationsphase, beschleunigt durch die Pandemie-bedingten Kontaktbeschränkungen. Immer mehr typische Filialbankkunden stellen fest, dass Onlinebanking nicht nur sicher ist, sondern auch schnell, flexibel und zu jeder Zeit verfügbar. Diese Erkenntnis verändert die Kundenerwartungen auch gegenüber den Filialbanken. Dabei sind die technischen Herausforderungen möglicherweise noch das geringste Problem. Aber was ist mit der Stammbelegschaft einer typischen Filialbank mit einer traditionell überdurchschnittlich hohen *Fan-Quote*, die sich über Jahrzehnte durch Werte ausgezeichnet hat, die Passung zu sicherheitsorientierten Kundenbedürfnissen herstellen? Was wird aus der internen *Fan-Quote*, wenn aufgrund des notwendigen Veränderungsprozesses nun flexiblere, schnellere und eigenverantwortlichere Führungskräfte und Mitarbeiter benötigt werden, um wettbewerbsfähig zu bleiben? Was passiert umgekehrt, wenn sich diese Banken nicht verändern und damit auch die hohen *Fan-Quoten* in der Belegschaft gewahrt werden?

Wahrnehmung	Relevanz für Fan-Indikator
ist sehr innovativ	hoch
ist sehr flexibel	hoch
ist sehr agil	hoch
ist sehr zuverlässig	hoch
ist für die Zukunft gut aufgestellt	mittel
ist ein sehr sicherer Arbeitgeber	mittel
ist sehr glaubwürdig	mittel
ist sehr seriös	mittel
ist sehr sympathisch	mittel
ist sehr erfolgreich	niedrig
ist sehr fair	niedrig
ist sehr kompetent	niedrig

Quelle: *2HMforum.*-Auftragsstudie für eine Sparkasse

Abb. 4.36 Die *Fan-Ampel* zeigt die hochrelevanten Bindungstreiber der Mitarbeiter der Sparkasse I und ermöglicht so den Abgleich mit dem positionierungsbasierten Werteleitbild

Aus diesen Beispielen lassen sich die wesentlichen Schritte ableiten, die Unternehmen Schritt für Schritt durchlaufen sollten, um Kunden- und Mitarbeiterbeziehungsqualität optimal zu verzahnen (vgl. dazu auch den unteren Teil der Abb. 4.36):

1. Unternehmen benötigen eine positionierungsbasierte Unternehmenskultur, also ein aus den zentralen Kundenbedürfnissen hergeleitetes Werteleitbild, und dieses Werteleitbild muss der Belegschaft nachhaltig vermittelt werden. Denn die zentrale Funktion der Unternehmenskultur besteht darin, die Leitplanken und Richtlinien für eine orchestrierte Ausrichtung des Unternehmens an den zentralen Kundenbedürfnissen zu schaffen.
2. Unternehmen sollten die grundsätzliche Passung ihrer Mitarbeiter zu diesem positionierungsbasierten Werteleitbild überprüfen: Was ist für das Unternehmen wichtig, was für die Mitarbeiter? Das relevante Instrument dafür ist die Mitarbeiterbefragung (vgl. Abschn. 4.1). Mit dem Ihnen bereits aus der Herleitung der Positionierung vertrauten Instrument der *Fan-Ampel* überprüfen Sie, welche dieser Werte für die emotionale Bindung der Mitarbeiter besonders relevant sind. Es sind grundsätzlich zwei Ergebnisszenarien denkbar:

- Die hochrelevanten Bindungstreiber der Belegschaft stimmen mit den wesentlichen Attributen des positionierungsbasierten Werteleitbilds überein. Ein Beispiel dafür finden Sie in Abb. 4.36: Der hier dargestellten Sparkasse I ist der Transformationsprozess mitarbeiterseitig gelungen, denn die notwendige Ausrichtung des Werteleitbilds auf den immer mehr digital agierenden Kunden mit seinen wachsenden Anforderungen an Flexibilität, Schnelligkeit und Verfügbarkeit wird von den Mitarbeitern mitgetragen. Es besteht also eine Passung zwischen den zentralen Bedürfnissen der Belegschaft und dem positionierungsbasierten Werteleitbild. Solche Unternehmen können zu Schritt vier übergehen.
- Die hochrelevanten Bindungstreiber der Belegschaft stimmen mit den wesentlichen Attributen des Werteleitbilds *nicht* überein. Ein Beispiel dafür finden Sie in Abb. 4.37: Der hier dargestellten Sparkasse II ist der Transformationsprozess mitarbeiterseitig bisher *nicht* gelungen, da die notwendige Ausrichtung des Werteleitbilds auf den immer mehr digital agierenden Kunden mit seinen wachsenden Anforderungen an Flexibilität, Schnelligkeit und Verfügbarkeit von den Mitarbeitern nicht mitgetragen wird. Unverändert sind für die emotionale Bindung der Belegschaft die traditionellen Werte wie „Sicherheit", „Seriosität" und „Zuverlässigkeit"

Wahrnehmung	Relevanz für Fan-Indikator
ist sehr seriös	hoch
ist sehr zuverlässig	hoch
ist ein sehr sicherer Arbeitgeber	hoch
ist für die Zukunft gut aufgestellt	mittel
ist sehr innovativ	mittel
ist sehr glaubwürdig	mittel
ist sehr sympathisch	mittel
ist sehr flexibel	niedrig
ist sehr erfolgreich	niedrig
ist sehr agil	niedrig
ist sehr fair	niedrig
ist sehr kompetent	niedrig

Quelle: *2HMforum.*-Auftragsstudie für eine Sparkasse

Abb. 4.37 Die *Fan-Ampel* zeigt die hochrelevanten Bindungstreiber der Mitarbeiter der Sparkasse II und ermöglicht so den Abgleich mit dem positionierungsbasierten Werteleitbild.

von größter Bedeutung. Es besteht also *keine* Passung zwischen den zentralen Bedürfnissen der Belegschaft und dem positionierungsbasierten Werteleitbild

3. Unternehmen sollten eine grundsätzliche Passung hinsichtlich des positionierungsbasierten Werteleitbilds herstellen, und zwar durch eine Mischung aus Überzeugungsarbeit, Rekrutierung passender Mitarbeiter und der Trennung von Mitarbeitern, bei denen das Angebot des Unternehmens keine Passung herstellt.
4. Unternehmen sollten individuelle Passung anstreben, insbesondere auf Führungsebene. Das Ergebnis der *Fan-Ampel* zeigt stets ein aggregiertes Bild über die gesamte Belegschaft. Selbst wenn das Gesamtbild für eine hohe Passung spricht, heißt dies nicht, dass alle Mitarbeiter Passung erleben. Um das Bild zu verfeinern, bieten sich zum einen gezielte Fragen innerhalb einer Mitarbeiterbefragung an, wie zum Beispiel „Ich identifiziere mich mit der Philosophie und den Zielen meines Arbeitgebers“. Sie sehen, dass die *Fan-Quote* bei hoher Zustimmung zu dieser Aussage enorm hoch ausfällt und mit sinkender Zustimmung massiv abnimmt (vgl. Abb. 4.38). Daneben gibt die Verteilung auf die Gruppen im Mitarbeiter-*Fan-Portfolio* einen genaueren Einblick, wie stark die Zustimmung und die Widerstände hinsichtlich der Unternehmenskultur sind. Da dies Ergebnisse auf anonymisierter Basis sind, können Sie nicht auf die Passung einzelner Führungskräfte und Mitarbeiter schließen. Dafür empfehlen sich dann ergänzende Workshops oder Einzelgespräche. Hinsichtlich der Maßnahmen verweisen wir auf Schritt 3: Überzeugungsarbeit, Rekrutierung passender und Trennung von nicht passenden Mitarbeitern. Dabei sollten Sie beachten, dass auf Führungsebene ein Commitment von 100 % angestrebt werden sollte, denn die Führungskräfte sind gemäß der Modellidee des *Fan-Prinzips* die „Stars“, an denen sich die Mitarbeiter orientieren. Auf der Ebene der Mitarbeiter ohne Führungsverantwortung hält ein Unternehmen auch einen gewissen Anteil an Mitarbeitern aus, die nicht passen. Sie können aufgrund be-

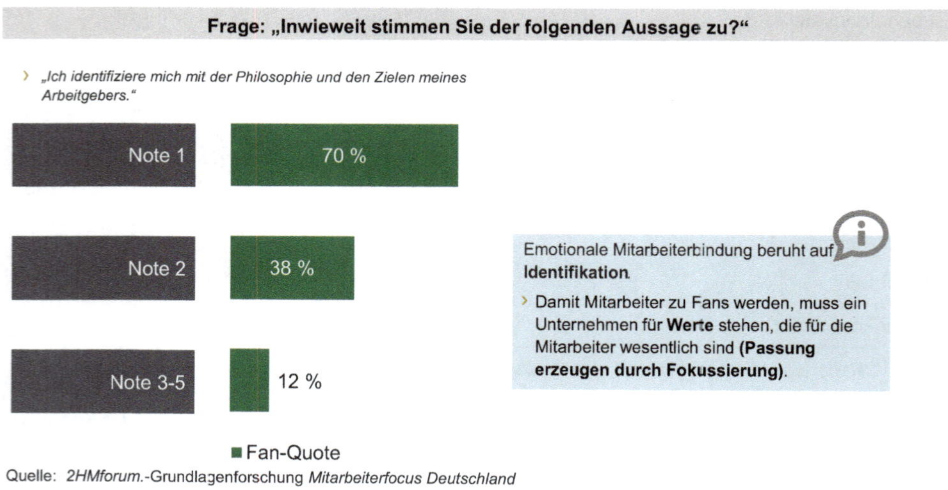

Abb. 4.38 Mit der Identifikation steigt die *Fan-Quote* unter den Mitarbeitern

stimmter Fähigkeit dennoch wichtig sein. Diese können z. B. aufgrund bestimmter Fähigkeiten unverzichtbar sein oder für die Abwicklung von Routinearbeiten benötigt werden.

5. Sie müssen die Passung immer wieder erlebbar machen, also orchestrierte, wertebasierte Mitarbeitererlebnisse schaffen. Mit anderen Worten: Erleben die richtigen Mitarbeiter immer wieder das, was sie zu Fans macht? Der Status lässt sich im Rahmen der Mitarbeiterbefragung überprüfen, und zwar zum einen explizit durch die Frage: „Die Werte gibt es nicht nur auf dem Papier, sie werden auch tatsächlich gelebt." Das Ergebnis verdeutlicht, wie wichtig gelebte Werte für die emotionale Bindung der Mitarbeiter sind. Bereits bei der Zustimmung mit der Note „2" reduziert sich die *Fan-Quote* um mehr als die Hälfte (Abb. 4.39).

Daneben wird im Rahmen der Mitarbeiterbefragung gezielt nach Aspekten gefragt, bei denen Passung erlebt werden sollte, wie zum Beispiel die Wahrnehmung des Vorgesetzten, die Kommunikation und Information, die Zusammenarbeit im Team oder die berufliche Perspektive. Für diese Aspekte lässt sich (analog zur Vorgehensweise bei den Kunden für die Touchpoints) die Relevanz im Hinblick auf die Werttreiber ermitteln. Wir nennen das Ergebnis die *Fan-Macher-Ampel*, da sie Aufschluss über die wesentlichen Treiber gibt, wie die Mitarbeiter zu Fans ihres Arbeitgebers und damit zu Fan-Machern der Kunden gemacht werden können, nämlich durch orchestriertes Erleben der Erfüllung der eigenen zentralen Bedürfnisse an den Arbeitgeber. Damit sich die Bewertungen der Mitarbeiter relativieren lassen, empfehlen wir, nicht nur eigene Mitarbeiter zu befragen, sondern auch Mitarbeiter vergleichbarer Unternehmen (zum Beispiel hinsichtlich Branche und Unternehmensgröße). Wir stellen im Rahmen unserer Mitarbeiterstudien repräsentative Vergleichswerte von Mitarbeitern aus der gleichen Branche (z. B. für einen Finanzdienstleister) zur Verfügung. Eine vereinfachte *Fan-Macher-Ampel* finden Sie in Abb. 4.40.

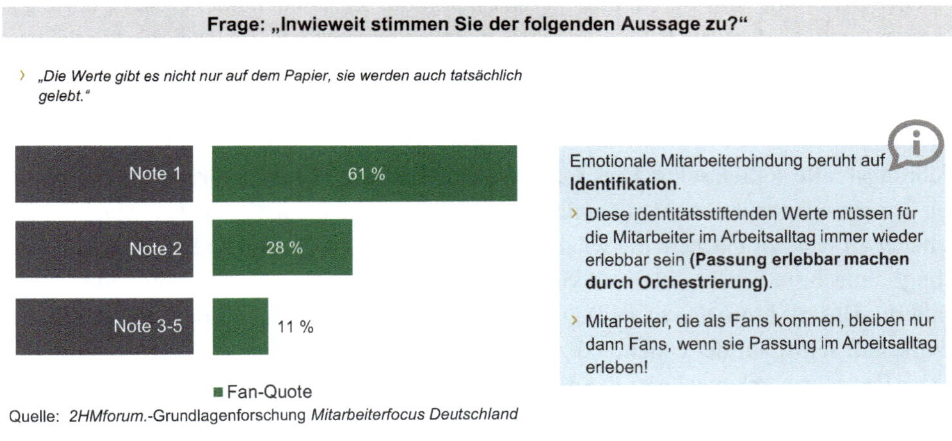

Abb. 4.39 Wenn die identitätsstiftenden Werte im Arbeitsalltag immer wieder erlebbar sind, steigt die *Fan-Quote*

Wahrnehmung	Relevanz für zentrales Bedürfnis „ist sehr zuverlässig“	Mitarbeiter-bewertung	Benchmark FDL
Führungsverhalten	hoch	mittel	schlechter
Arbeitszeit	hoch	gut	gleich
Kommunikation	mittel	schlecht	gleich
Zusammenhalt	mittel	gut	gleich
Bezahlung	mittel	schlecht	gleich
Perspektive	niedrig	mittel	besser
Ausstattung	niedrig	gut	gleich

Quelle: *2HMforum.*-Auftragsstudie

Abb. 4.40 Die *Fan-Macher-Ampel* verdeutlicht, welche Aspekte im Hinblick auf ihren zentralen Bindungstreiber „ist sehr zuverlässig“ für die Mitarbeiter von besonderer Relevanz sind

Ein wesentlicher Faktor der Orchestrierung der Mitarbeitererlebnisse ist die wertebasierte Führung, und zwar aus folgenden Gründen:

- Führungskräfte übernehmen als Identifikationsfiguren und als Vorbilder eine zentrale Rolle. Wir können nachweisen, dass die Beziehung zum direkten Vorgesetzten eine positive Wirkung auf die *Fan-Quote* der Mitarbeiter hat.
- Die Beziehungsqualität zwischen Arbeitgeber und Mitarbeiter wird maßgeblich beeinflusst durch die Wahrnehmung von Information und Kommunikation. Diese wiederum hängt entscheidend von der Führung ab: Ein Unternehmen kann noch so viele Kommunikationsprozesse definieren oder Tools installieren. Wenn die Führungskräfte diese nicht nutzen, um Informationen zu transportieren, um Werte zu leben, werden diese bei den Mitarbeitern auch nicht ankommen.
- Orchestrierung wird für Mitarbeiter erst durch das Zusammenarbeiten der Führungsteams und die daraus resultierende Umsetzungskompetenz des Managements erlebbar, da sich Mitarbeiter im Arbeitsalltag häufig in den Verantwortungsbereichen verschiedener Manager bewegen.

Führungskräfte sollten selbst Fans sein, also eine Passung zwischen ihren eigenen zentralen Erwartungen und dem Angebot ihres Arbeitgebers verspüren, um als Fan-Macher Mitarbeiter zu Fans zu machen, die wiederum als Fan-Macher Kunden zu Fans machen. Das klingt einfach, in der Realität sind viele Unternehmen von diesem Anspruch jedoch weit entfernt. Unser *Mitarbeiterfocus Deutschland* zeigt (vgl. Abb. 4.41), dass in der deutschen Wirtschaft selbst auf der ersten und zweiten Führungsebene weniger als jeder vierte Manager Fan seines Arbeitgebers ist. Selbst wenn man die Sympathisanten dazu zählt, ist nur rund jeder zweite Top-Manager in Deutschland emotional gebunden und zufrieden – und

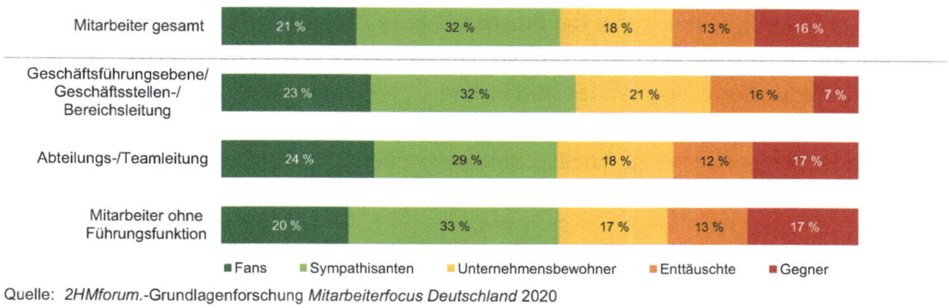

Abb. 4.41 Die *Fan-Quoten* der Führungskräfte entscheiden sich kaum von der *Fan-Quote* der Mitarbeiter. Dies lässt auf mangelnde Identifikation der Führungskräfte schließen.

wird damit seiner Rolle als Fan-Macher gerecht. Auf der Ebene der Abteilungs- und Teamleiter finden wir annähernd das gleiche Ergebnis, allerdings mit einem gravierenden Unterschied: Der Anteil der Gegner liegt bei 17 % und ist damit 10 %-Punkte höher als beim Top-Management. Statt Fan-Macher und Teil der Unternehmenssteuerung zu sein, agieren diese Führungskräfte an der Schnittstelle zur breiten Belegschaft wie Klassensprecher und Kollaborateure, die sich mit den Mitarbeitern gegen die Unternehmensführung verbünden. Warum ist das so? Warum ist die Gegner-Quote insbesondere im mittleren Management so hoch? Die Gründe sind vielfältig:

- Oft sind auch für die Führungskräfte die Ausrichtung ihrer Unternehmen sowie die Unternehmenskultur unklar. Fragen wir in Workshops im Top-Management, wofür das eigene Unternehmen steht, so erhalten wir häufig genauso viele unterschiedliche Antworten wie Manager anwesend sind. Was das im Hinblick auf die Ableitung und Vermittlung eines einheitlichen Werteleitbilds bedeutet, können Sie sich bestimmt vorstellen, der eine oder andere kennt es aus seiner eigenen Erfahrung: Betroffene Mitarbeiter aus Unternehmen mit unklarer Unternehmenskultur beschreiben ein ausgeprägtes Silodenken, eine Misstrauenskultur, eine Ansammlung von Unternehmen im Unternehmen.
- Die Ausrichtung der Unternehmenskultur erfolgt nicht konsequent vom Kunden her, sondern wie in einem unserer Beispiele durch Vorgabe des Inhabers. Die angestellten Führungskräfte erkennen den Widerspruch zu den Kundenbedürfnissen, und zwar umso mehr, je näher sie am Kunden sind, intervenieren aber nicht, oft aufgrund einer etablierten bedingungslosen Zustimmungskultur.
- Führungskräfte werden zu Führungskräften schlicht aufgrund besonderer fachlicher und nicht aufgrund besonderer führungsspezifischer Kompetenzen wie ausgeprägte kommunikative Fähigkeiten, Empathie oder strategische Stärken (ExBa 2008, 2009). Dann scheitert es oft am Können, was im Ergebnis aber zur Frustration der Führungskräfte und damit zu sinkendem Commitment führt.

- Die erste Führungsebene (oder die Inhaberebene) sieht sich nicht als Teil des Systems, sondern als über dem System stehend und hält sich daher auch nicht an die definierten Spielregeln in Form des Werteleitbilds und des Führungsleitbilds. Sämtliche Maßnahmen und Versuche, in solchen Unternehmen für die nachgelagerten Führungsebenen Passung erlebbar zu machen, scheitern an den schlechten Vorbildern und ihrer unzureichenden Glaubwürdigkeit.

Aus dieser beispielhaften Aufzählung möglicher Ursachen ergibt sich eine Liste von Gegenmaßnahmen. Grundsätzlich empfehlen wir:

- Starten Sie auf der Führungsebene, dann greifen Maßnahmen auf untergeordneter Ebene besser.
- Stellen Sie zuerst das notwendige Commitment her, also das Gefühl der Passung zwischen eigenen Bedürfnissen und dem Angebot des Arbeitgebers. Dann haben Maßnahmen zur Befähigung, zum Beispiel Führungs- und Kommunikationstrainings, oder Trainings zum Führen von Mitarbeitergesprächen größere Chancen, nachhaltig zu wirken.
- Beginnen Sie mit strukturellen Themen, klären Sie, warum insgesamt so viele Führungskräfte nicht emotional gebunden sind, und räumen Sie diese strukturellen Defizite aus, zum Beispiel durch die Implementierung und Vermittlung eines positionierungsbasierten, für alle verbindlichen Werteleitbilds und eines Führungsleitbilds, bevor Sie bei einzelnen Führungskräften ansetzen.
- Bauen Sie die Unternehmenskultur nicht „um Führungskräfte herum" (das ist eine Formulierung, die wir in unseren Projekten häufiger zu hören bekommen), sondern tauschen Sie Führungskräfte aus, die keine Passung verspüren. In den meisten Fällen ist das für beide Seiten eine Erlösung. Umgekehrt ist der Schaden für Ihr Unternehmen immens, denn unsere Erfahrungen zeigen, dass neben der betroffenen Führungskraft selbst auch die meisten der von ihr geführten Mitarbeiter keine Fans des Unternehmens sind.

4.3.6 Alle Mitarbeiter sind Fan-Macher

Wenn sich die bisherigen Ausführungen zur Rolle des Mitarbeiters als Fan-Macher im Schwerpunkt auf die kundennahen Bereiche wie Vertrieb und Kundenservice bezogen, so soll dies nicht heißen, dass sämtliche anderen Mitarbeiter nicht gleichermaßen als Fan-Macher die emotionale Kundenbindung beeinflussen. In der vernetzten Arbeitswelt wirken alle Mitarbeiter mittelbar auf die Kundenbeziehungsqualität und/oder sie beeinflussen die emotionale Bindung und Motivation der Kollegen, die direkt oder indirekt auf den

Kunden wirken. Lassen Sie uns dies an einigen Beispielen erläutern, und wir greifen auch dazu wieder auf das *ALDI Süd*-Beispiel zurück:

- Stellen Sie sich vor, *ALDI Süd* möchte sein Versprechen des schnellen Einkaufs in den Filialen einlösen, allerdings bleibt die Warenlieferung aus, weil die für den Wareneinkauf zuständigen Mitarbeiter nicht rechtzeitig nachbestellt haben, die Rechnungen nicht bezahlt haben oder die Logistik nicht im Griff haben.
- Die Werbe- und Kommunikationsabteilung hat die falschen Produkte für die Wochenaktionen ausgerufen, sodass Kunden für die falschen Produkte in den Filialen erscheinen.
- Die Personalabteilung konnte für Mitarbeiter, die das Unternehmen verlassen, nicht schnell genug Ersatz beschaffen, oder die Mitarbeiter sind nicht ausreichend für ihre Tätigkeit ausgebildet und haben daher die Prozesse nicht im Griff. Dann wird das Versprechen „schnell" nicht erfüllt werden können.
- Die IT-Abteilung hält sich bei der Einführung eines neuen Moduls des EAP-Systems nicht an den vereinbarten Zeitplan. Dadurch können Online-Bestellungen nicht in der versprochenen Schnelligkeit abgewickelt werden.

Besonders eindrucksvoll lässt sich die Bedeutung von Mitarbeitern, die nicht in direktem Kundenkontakt stehen, für die emotionale Kundenbindung am Beispiel der Kontakte über die digitalen Kanäle erläutern. Diese haben durch die Pandemie in den letzten Monaten enorm an Bedeutung gewonnen. Nun könnte man unterstellen, dass Mitarbeiter, die für solche Kontakte verantwortlich zeichnen, nicht in gleichem Maße kundenorientiert sein müssen wie die Mitarbeiter am „Frontend", also im Vertrieb, im Verkauf und in der Kundenbetreuung. Tatsächlich entspricht dies auch den Rekrutierungspraktiken in vielen Unternehmen: Während bei den Mitarbeitern in direktem Kundenkontakt gezielt auf entsprechende Schlüsselfähigkeiten geachtet wird, wie Empathie, Kommunikationsfähigkeit oder Kontaktfreudigkeit, werden die Mitarbeiter für die Ausgestaltung und Steuerung der digitalen Kanäle unverändert aufgrund ihrer fachlichen IT-Fähigkeiten ausgesucht.

Wir haben festgestellt, dass die Mitarbeitermotivation und die Kundenorientierung der Mitarbeiter bei digitalen Kanälen eine ebenso bedeutsame Rolle spielen wie bei Mitarbeitern mit persönlichen Kundenkontakten. Besucher von Websites oder Webshops haben ein sehr feines Gespür dafür, ob sich die Mitarbeiter eines Unternehmens bei der Gestaltung und die Pflege von digitalen Kanälen am Kunden orientieren. Sie können Aspekte wie „Den Verantwortlichen fällt es leicht, sich in die Lage der Besucher/Nutzer zu versetzen" sehr genau und differenziert bewerten. Und diese Aspekte haben einen entscheidenden Einfluss darauf, ob am Ende die bereits zitierte „1" in der Notenskala für den Kontakt über einen digitalen Kanal steht oder nicht. Was bedeutet das, wenn die verantwortlichen Mitarbeiter im digitalen Kundenservice wegen ihrer technischen und fachlichen Fähigkeiten und nicht aufgrund ihrer ausgeprägten Kundenorientierung rekrutiert werden? Diesen Mitarbeitern ist oft nicht bewusst, wie ihr Handeln auf den Kunden wirkt. Häufig sind Mitarbeiter aus „klassischen" Serviceeinheiten besser geschult und auch besser geeignet: Hier ist also ein Umdenken notwendig, sowohl in der Ausgestaltung der Stellenprofile als auch in der Entwicklung der Mitarbeiter, die für digitale Kanäle zuständig sind.

Was bedeutet das aktuell in der Krise und generell für die digitale Revolution, die nun in vollem Gange ist? Mit der wachsenden Bedeutung der digitalen Kanäle sollten Sie noch mehr auf die Kundenorientierung auch bei Verantwortlichen für digitale Kanäle achten und diese mittels spezieller Haltungstrainings entsprechend stärken. In gleichem Maße gilt es, Mitarbeiter, die bisher vorwiegend im persönlichen Kontakt mit dem Kunden eingesetzt waren, im Umgang mit kontaktfernen digitalen Kanälen zu stärken.

Es ist offensichtlich, dass sich die Entwicklung der Mitarbeiter zu Fan-Machern nicht auf die Teilorganisationen beschränken darf, die traditionell nah am Kunden tätig sind, sondern im Idealfall als gesamtunternehmerische Herausforderung zu verstehen ist. Dies heißt im Umkehrschluss nicht, dass es sich nicht lohnt zu starten, nur weil nicht das gesamte Unternehmen vom ersten Tag an involviert ist. Vielmehr haben wir immer wieder die Erfahrung gemacht, dass es sich lohnt, mit kundennahen Bereichen zu starten, die einen Großteil der Wirkung zum Kunden verantworten, und dann Schritt für Schritt über die sich einstellenden Erfolge weitere Bereiche nachzuziehen.

4.4 Kundenwertbasierte Steuerung

Bisher haben wir die verschiedenen Kundentypen im *Fan-Portfolio* immer als Aggregat betrachtet. Wir haben uns mit ihren typischen Eigenschaften beschäftigt, ihren Kundenwert beschrieben und allgemeine Maßnahmen erläutert, wie man gezielt auf einzelne Typen einwirken kann, mit dem Ziel, entweder die *Fan-Quote* zu steigern oder das Fan-Potenzial optimal zu nutzen. Der Nutzen dieser Erkenntnisse ist enorm, bleibt jedoch auf allgemeine Maßnahmen im Rahmen von Positionierung und Orchestrierung reduziert.

Wie wäre es nun, wenn wir jeden einzelnen Kunden entsprechend seinem Kundenwert eindeutig zuordnen und somit auch gezielt – nämlich entsprechend den Charakteristika „seiner" Kundengruppe – Maßnahmen zur Steigerung der *Fan-Quote* priorisieren und initiieren könnten? Sei es im Rahmen zielgruppenspezifischer oder gar individueller Maßnahmen? Dadurch würden sich völlig neue Möglichkeiten für das Arbeiten mit *FANOMICS* auftun. Wir könnten sämtliche kundenbezogenen Prozesse vom Service bis zum Vertrieb gezielt auf diese Erkenntnisse ausrichten – und dadurch die Effizienz, aber insbesondere die Wirksamkeit sämtlicher Aktivitäten signifikant steigern. Lassen Sie uns das anhand von zwei prägnanten Beispielen erläutern:

- Gefangene Kunden sind hoch emotional gebunden, aber aktuell unzufrieden, wie wir an anderer Stelle zeigen konnten, häufig aufgrund einer nicht zufriedenstellend bearbeiteten Reklamation. Die passende Maßnahme ist hier, gezielt das wahrgenommene Leistungsdefizit zu verstehen und zu beheben.
- Söldner-Kunden dagegen sind hoch zufrieden, aber nicht emotional gebunden. Hier wären also sämtliche Maßnahmen zur verbesserten Leistungswahrnehmung reine Geldverschwendung. Vielmehr geht es um die Steigerung der emotionalen Bindung. Da wir wissen, dass die Kontaktfrequenz für die emotionale Kundenbindung sehr wichtig ist und die Söldner-Kunden seltener als z. B. Sympathisanten und Fans Kontakt haben, könnten wir mit entsprechenden Kampagnen gezielt bei den Söldnern ansetzen, anstatt – gleichsam mit der Gießkanne – über alle Kunden zu agieren.

Wir wollen uns im Folgenden zunächst anschauen, wie die flächendeckende Zuordnung der Kunden im *Fan-Portfolio* möglich ist. Dann wollen wir uns mit der Frage beschäftigen, welche Gruppen wir mit welcher Priorität adressieren sollten und welche Maßnahmen geeignet sind, um bei den verschiedenen Gruppen im *Fan-Portfolio* gezielte Steigerungen der Beziehungsqualität zu initiieren.

4.4.1 Personalisierte Zuordnung im *Fan-Portfolio*

Die personalisierte Zuordnung der Kunden im *Fan-Portfolio* kann mit zwei unterschiedlichen Varianten vorgenommen werden.

- Bei **Variante 1** erfolgt die Abfrage der für die eindeutige Zuordnung notwendigen Informationen *explizit* beim Kunden. Der Zeitaufwand für die Kunden zur Beantwortung der drei Fragen, die eine eindeutige Zuordnung im *Fan-Portfolio* ermöglichen, beläuft sich auf einige wenige Sekunden. Vorgeschaltet ist ein Prozess, in dem definiert wird, an welchen Kontaktpunkten respektive über welche Kanäle die Abfrage erfolgt und wer sie vornimmt. Denkbar sind hier die verschiedensten Konstellationen, z. B. wird bei besonders wertigen Kunden die Information in regelmäßigen Abständen von einem externen Callcenter telefonisch erfragt, weniger attraktive Kunden erhalten eine E-Mail mit einem Fragebogen. Je nachdem, wie viele Kunden Ihr Unternehmen hat und welches Verfahren der Datensammlung sich als zielführend erweist, kann die explizite Abfrage recht kostspielig sein. Dieser Aufwand wird durch den Einsatz hochautomatisierter Apps reduziert, die an den verschiedensten Kontaktpunkten eingesetzt werden und einfach, beispielsweise über einen QR-Code, aktiviert werden können. In Verbindung mit einer eindeutigen Kundennummer sind also schnelle, eindeutige und damit kostengünstige personalisierte Zuordnungen möglich.
- Für Unternehmen, die den Aufwand der expliziten Zuordnung als zu hoch einstufen, haben wir **Variante 2** entwickelt, bei der die Zuordnung der Kunden im *Fan-Portfo-*

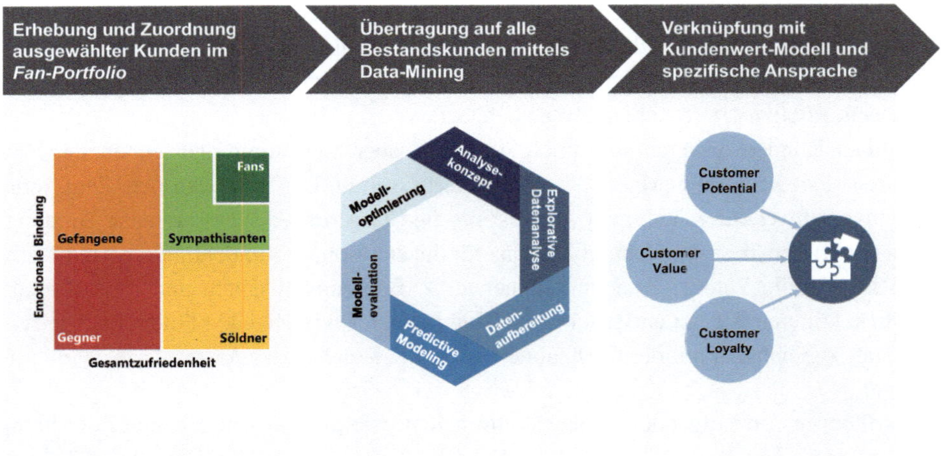

Quelle: Eigene Darstellung

Abb. 4.42 Data-Mining-Modell zur personalisierten Zuordnung der Kunden im *Fan-Portfolio*

lio implizit mittels eines analytischen Ansatzes erfolgt. Auch bei dieser Variante steht am Anfang die personenbezogene Befragung einer Stichprobe von Kunden sowie deren Einordnung in das *Fan-Portfolio*. Durch Verknüpfung mit verfügbaren Daten aus dem CRM und Data Warehouse zur Transaktions- und Kontakthistorie der Kunden wird die Grundlage zur Entwicklung sogenannter *Data-Mining-Modelle* geschaffen. Ziel ist es, relevante Muster innerhalb des Kauf- und Nutzungsverhaltens sowie der Kontakthistorie zu identifizieren, die eine Einordnung auch der nicht-befragten Kunden im *Fan-Portfolio* anhand des entwickelten *Data-Mining-Modells* ermöglichen (zur Veranschaulichung des Prozesses vgl. Abb. 4.42). Da die Zuordnung auf Grundlage einer mathematischen Formel erfolgt, werden nicht alle Kunden korrekt zugeordnet. Dieser Nachteil wird durch den Mehrwert der zielgruppenspezifischen Aussteuerung der Maßnahmen auch für viele Kunden bei weitem kompensiert. Diese sogenannte implizite Vorgehensweise ist allerdings an eine entscheidende Prämisse gebunden: Es müssen ausreichend umfassende, differenzierende und aktuelle Merkmale aus Ihrem *Data Warehouse* resp. CRM-System verfügbar sein, oder es muss möglich sein, Ihre Kundenadressen aus externen Datenquellen anzureichern.

Für Unternehmen mit einem großen Kundenstamm ist die implizite Vorgehensweise das Verfahren der Wahl, da eine explizite Zuordnung zu kostenaufwändig ist. Denkbar sind allerdings auch Hybridverfahren, bei denen die besonders wichtigen Kunden in regelmäßigen Abständen explizit abgefragt und zugeordnet werden, während man sich bei der verbleibenden Masse der Kunden mit der impliziten, nicht komplett fehlerfreien analytischen Zuordnung begnügt. Ebenso denkbar ist es, mit der analytischen Zuordnung über alle Kunden zu beginnen, denn sie liefert schnell Ergebnisse, sodass flächendeckend mit der zielgruppenspezifischen Kundenansprache begonnen werden kann. Die explizite Abfrage verifiziert ressourcenschonend an Routinekontaktpunkten die Ergebnisse oder ergänzt sie – wie eben beschrieben – durch direkte persönliche Abfragen von besonders hochwertigen Kunden.

Für beide Varianten gilt, dass sich – als Voraussetzung für die praktische Umsetzung und das alltägliche Arbeiten – das Ergebnis der Zuordnung des *Fan-Portfolios* in Ihrem *CRM*-System wiederfinden muss und dort auch regelmäßig gepflegt wird. Die notwendigen Modifikationen lassen sich mit geringem Aufwand in jeder gängigen *CRM*-Software vornehmen. Was grundsätzlich im Umgang mit *CRM* gilt, erweist sich auch bei dieser Applikation als zwingend notwendig: Definieren Sie, wie die Pflege und die Aktualisierung der gesammelten Daten in der Datenbank erfolgen soll. Konkretisieren Sie Verantwortlichkeiten, Zeitschienen und Prozessbeschreibungen.

Einen weitverbreiteten Fehler sollten Sie vermeiden: Die mittels expliziter oder impliziter Vorgehensweise vorgenommene individuelle Einordnung aller Kunden in das *Fan-Portfolio* darf nicht Basis für die Ermittlung der *Fan-Quote* als Steuerungsgröße sein, wie wir sie in Abschn. 6.3 erläutern, und kann diese auch nicht ersetzen. Dagegen sprechen die unterschiedlichen Zielstellungen beider Verfahren:

Bei der Steuerung mit der *Fan-Quote* geht es um wissenschaftliche Präzision, um Belastbarkeit und um Nachvollziehbarkeit, wobei die Anonymität der Erhebung eine wesentliche Voraussetzung sein kann. Für die Ausrichtung kundenbezogener Prozesse dagegen ist die Personalisierung zwingend notwendig. Dafür nimmt man gewisse Ungenauigkeiten in Kauf: Wie bereits beschrieben, produziert die implizite Vorgehensweise bei einem gewissen Prozentsatz „falsche" Zuordnungen, aber auch die explizite Variante wird Verzerrungen produzieren – beispielsweise aufgrund der Abfrage direkt durch den Anbieter. Als Basis für eine zielgruppenspezifische Ansprache können solche Unschärfen in den Daten in Kauf genommen werden, ist doch der Mehrwert bereits durch eine zu 70 % zutreffende Einordnung immens. Für eine zentrale Steuerungsgröße wie die *Fan-Quote*, an der sich das gesamte Unternehmenshandeln ausrichtet, wäre hingegen eine Fehlerquote dieser Größenordnung fatal und nicht hinnehmbar. Die Zuordnung der einzelnen Kunden kann und darf somit die regelmäßige empirische Erhebung der *Fan-Quote* nicht ersetzen.

4.4.2 Kundenwertspezifische Maßnahmen und Priorisierung

In diesem Abschnitt wollen wir Ihnen zeigen, wie Sie entsprechend der personalisierten Zuordnung im *Fan-Portfolio* Ihre Aktivitäten zur Steigerung der Beziehungsqualität priorisieren sollten. Oder, mit anderen Worten, die Frage klären können: Wie attraktiv sind die einzelnen Zielgruppen im *Fan-Portfolio* für Sie? Die Fans sind bei dieser Betrachtung außen vor, sie haben den höchsten Status bereits erreicht. Und es geht in diesem Abschnitt um die Steigerung des Kundenwerts. Wenden wir uns also den verbleibenden vier Kundengruppen zu:

- **Die Sympathisanten**
  Die attraktivste der verbleibenden vier Kundengruppen sind die Sympathisanten. Zum einen können Sie mit vergleichsweise geringem Aufwand die beabsichtigte Bewegung in Richtung Fan-Kunde erreichen. Der Nutzen ist enorm (vgl. Kap. 2): Fans sind die besseren Botschafter, verfügen über die höhere Expertise, und in der Regel ist auch der monetäre Kundenwert höher. Zum anderen ist die Gruppe der Sympathisanten häufig die größte Kundengruppe, Sie haben also eine entsprechende Hebelwirkung, wenn Sie bei ihnen ansetzen. Die Vorgehensweise zur Identifizierung der Maßnahmen ist für alle Kundengruppen gleich: Basierend auf den Ergebnissen der Kundenstudie vergleichen Sie die Ergebnisse zwischen den verschiedenen Gruppen des *Fan-Portfolios*. Auch hinsichtlich der Sympathisanten gibt es einige Muster, die sich in solchen Aufbereitungen immer wieder nachweisen lassen: Im Vergleich zu den Fan-Kunden haben die Sympathisanten signifikant weniger passende Kontakte, die sie mit der Note „1“ bewerten, und häufiger Kontakte, die sie mit der Note „3“ oder schlechter bewerten. Damit fehlt ein wesentlicher emotionalisierender Effekt. Darüber hinaus hat es sich als zielführend erwiesen, die Sympathisanten (gemeinsam mit den Fans) zu exklusiven Veranstaltungen oder in VIP-Clubs einzuladen, um so die Identifikation weiter zu stärken.
- **Die Gefangenen**
  Die zweithöchste Priorität sollten Maßnahmen zur Steigerung der Beziehungsqualität bei den Gefangenen-Kunden genießen. Dies vor dem Hintergrund, dass die Behebung der Ursachen wenig zeit- und ressourcenaufwändig ist, da die grundsätzliche Voraussetzung der Passung bei den Gefangenen-Kunden gegeben ist. Häufig handelt es sich um enttäuschte Fans. Zudem besteht eine gewisse Dringlichkeit, um zu verhindern, dass die Gefangenen früher oder später aus Verärgerung in die Gruppe der Gegner abrutschen. Aufgrund der grundsätzlichen Passung bieten die Gefangenen-Kunden die Chance für nachhaltigen Defizitabbau durch das Beseitigen von häufig auftretenden Problemen. Gefangene *ALDI Süd*-Kunden würden sich beispielsweise über die zu lange Wartezeit an der Kasse in einer bestimmten Filiale beschweren und damit *ALDI Süd* einen wichtigen Hinweis geben, wo es gegenzusteuern gilt. Der zentrale Ansatzpunkt bei den Gefangenen-Kunden besteht darin, das Leistungsdefizit abzubauen. Notwendige Voraussetzung ist – wie bei den Gegner-Kunden – eine fundierte Ursachenanalyse in einem persönlichen oder telefonischen Gespräch durch den zuständigen Kundenbetreuer. Haben Sie den Verdacht, dass er die Ursache für die empfundenen Leistungsdefizite ist, sollten Sie einen Beschwerde-Spezialisten involvieren. Es folgt eine individuelle, schnelle und kulante Maßnahme zum Defizitabbau und zur „Wiedergutmachung“. Da es sich um ehemalige Fans oder Sympathisanten handelt, also grundsätzlich eine hohe Passung gegeben ist, wird dies zu einer schnellen Reaktivierung des vorhandenen Fan-Potenzials führen.
- **Die Söldner**
  Die Söldner-Kunden kommen in unserer Prioritätenliste an dritter Stelle. Sie sind zwar in vielen Unternehmen eine relevante Gruppe, und die Leistungswahrnehmung ist vergleichbar mit der von Sympathisanten. Allerdings sind die Maßnahmen zur Steige-

rung der Beziehungsqualität zeit- und ressourcenaufwändiger als bei den Sympathisanten, und es ist dabei mit Streuverlusten zu rechnen, denn wir haben immer wieder die Erfahrung gemacht, dass sich unter den Söldnern auch Kunden versammeln, die im Rahmen von Preiskampagnen gewonnen wurden, aber nicht wirklich zu dem Unternehmen passen. Beispiele dafür sind die Werbeaktionen von Filialbanken, bei denen Neukunden für das Eröffnen eines Gehaltskontos eine Prämie erhalten, oder auch *ALDI Süd*-Gelegenheitskäufer, die dort immer nur bestimmte Sonderangebote aus dem Non-Food-Sortiment erwerben, ihre Lebensmittel aber bei *Edeka* kaufen. Dass sich diese Kunden je mit der ausgewählten Bank beziehungsweise mit *ALDI Süd* identifizieren werden, ist eher unwahrscheinlich. Immer wieder konnten wir zeigen, dass aufgrund der mangelnden Passung aus Söldner-Kunden mittelfristig auch Gegner-Kunden werden können, die dann irgendwann abwandern. Daher sind die zu erwartenden Erfolge bei den Söldnern nicht so groß wie bei den Sympathisanten oder den Gefangenen. Umso wertvoller ist bei den Söldnern der Blick auf die zielspezifischen Ergebnisse der Kundenstudie. Denn typisch für Söldner-Kunden ist die geringe Kontaktfrequenz und damit einhergehend die geringe Kenntnis hinsichtlich des Produkt- und Leistungsangebots. Es lohnt sich, die Söldner-Kunden gezielt anzusprechen, denn die vollumfängliche Kenntnis von Angeboten steigert sehr wohl auch die emotionale Verbundenheit, sofern es sich um bedarfsgerechte Angebote handelt. Ein wesentlicher Hebel ist auch die geringe Einschätzung der Kontaktqualität. Inwiefern dies Ausdruck kontaktspezifischer Defizite oder der grundsätzlich mangelnden Passung der Söldner geschuldet ist, die etwas erwarten, was ihnen von dem Anbieter nicht geboten wird, lässt sich nur über die kontinuierliche begleitende Messung und die Gegenüberstellung der Kundengruppen herausfinden: Bewerten alle Kunden gleiche Kontaktpunkte kritisch, liegt es vermutlich an der Performance, bewerten nur die Söldner (und die Gegner) diese Aspekte kritisch, hat es eher mit der mangelnden Passung zu tun.

- **Die Gegner-Kunden**
  Zahlreiche Unternehmens-Entscheider halten die Gegner-Kunden für die wichtigste Zielgruppe. Hier greifen wohl Verlustängste. Das ist nachvollziehbar, denn tatsächlich wandert ein Großteil der Gegner-Kunden ab. Dennoch – oder gerade deshalb – ist dies die unattraktivste Zielgruppe, die in der Prioritätenliste folglich an vierter und letzter Stelle kommt. Lassen Sie uns das genauer erläutern: Die Steigerung der Beziehungsqualität der Gegner-Kunden ist zeit- und ressourcenaufwändig, da die grundsätzliche Voraussetzung der Passung in dieser Zielgruppe häufig *nicht* gegeben ist. Gegner-Kunden von *ALDI Süd* sind beispielsweise Kunden, die sich freundlichere Kassierer und einen schonenderen Umgang mit den Einkäufen durch einen Warenauffangbereich wünschen. Das bedeutet, dass Sie bei den Gegner-Kunden mit großen Streuverlusten rechnen müssen: Falls die Passung nicht ausreichend ist, sind sämtliche Maßnahmen nicht zielführend. Zudem kann man von den Gegnern aufgrund ihrer unklaren Passung kaum etwas lernen, das beim nachhaltigen Defizitabbau hilft. Was kann beispielsweise *ALDI Süd* mit Beschwerden von Gegnern über unfreundliche Kassierer anfangen – außer der Tatsache, dass Gegner diese ablehnen?

Literatur

ARAG (2021) Jetzt beginnt die Zukunft des Rechtsschutzes! https://www.arag-kooperationen.de/services/partnerinfo/rechtsschutzversicherung/00088/. Zugegriffen am 03.11.2021
Barden P (2013) Decoded: The science behind why we buy. John Wiley & Sons Ltd., West Sussex
Becker R (2020) Alles digital, alles gut? Kundenbindung in Krisenzeiten. kommunikationsmanager 4-2020, F.A.Z.-Institut für Management-, Markt- und Medieninformationen GmbH, Frankfurt, S 50–51
Becker R, Lang J (2013) Wohin will der Kunde wirklich? QZ Qualität und Zuverlässigkeit 58(12):30–34
Delekat T (2015) Ein Lebensgefühl – das Motorrad gibt es gratis dazu. Welt.de (07.06.2015). https://www.welt.de/print/wams/hamburg/article142062302/Ein-Lebensgefuehl-das-Motorrad-gibt-es-gratis-dazu.html. Zugegriffen am 02.07.2021
ExBa (2003) Benchmarkstudie zur Excellence in der deutschen Wirtschaft. Gut. Besser. Excellent! Hrsg. forum! GmbH marketing + communication, DGQ – Deutsche Gesellschaft für Qualität. Bd. 3. S 30–33
ExBa (2008) Benchmarkstudie zur Excellence in der deutschen Wirtschaft. Qualität bewegt. Kapitel Kundenfokussierte Unternehmensführung, Kapitel Mitarbeiter motivieren, Motivierte beflügeln, Kunden begeistern. Hrsg. forum! GmbH marketing + communication, DGQ – Deutsche Gesellschaft für Qualität. Bd. 8. S 42–51
ExBa (2009) Benchmarkstudie zur Excellence in der deutschen Wirtschaft. Erfolgreich in starken Zeiten. Kapitel Menschen machen Erfolge – ExBa zieht Bilanz. Hrsg. forum! GmbH marketing + communication, DGQ – Deutsche Gesellschaft für Qualität. Bd. 9. S 46–51
Faßbender RR, Thanhoffer M (2011) Kreatives Projektmanagement. Mit Projektinszenierung innovative Ergebnisse fördern. Springer Gabler, Wiesbaden
Gebhardt P (2010) Kosmetik-Karriere: Lack mich! Spiegel.de (28.05.2010). https://www.spiegel.de/geschichte/kosmetik-karriere-a-948943.html. Zugegriffen am 02.07.2021
Häusel HG (2016) Brain View: Warum Kunden kaufen. Haufe-Lexware, Freiburg
Herzberg F (1959) The motivation to work. Wiley, New York
Homburg C (2001) Kundenzufriedenheit, 4. Aufl. Gabler, Wiesbaden
Homburg C (2016) Marketingmanagement: Strategie – Instrumente – Umsetzung – Unternehmensführung. Springer Gabler, Wiesbaden
Homburg C, Stock-Homburg R (2012) Der kundenorientierte Mitarbeiter: Bewerten, begeistern, bewegen, 2. Aufl. Gabler, Wiesbaden
Iyengar SS, Lepper MR (2000) When choice is demotivating: can one desire too much of a good thing? J Pers Soc Psychol 79(6):995–1006
Kaiser H (2017) 20 Jahre Elchtest: Der Tag, an dem Mercedes aus der Spur kippte. Stern (20.10.2017). https://www.stern.de/auto/news/mercedes%2D%2D-20-jahre-elchtest%2D%2Dals-der-autokonzern-aus-der-spur-kippte-7668094.html. Zugegriffen am 13.09.2021
Kotler P, Armstrong G, Wong V, Saunders J (2011) Grundlagen des Marketing, 5., akt. Aufl. Pearson Deutschland GmbH, Hallbergmoos
Kupillas J (2009) YouTube-Song zwingt Fluglinie zum Handeln. Welt. (24.07.2009). https://www.welt.de/wirtschaft/webwelt/article4186258/YouTube-Song-zwingt-Fluglinie-zum-Handeln.html. Zugegriffen am 31.05.2021
Langer K (2004) Das Prinzip Aldi. manager magazin. https://www.manager-magazin.de/unternehmen/karriere/a-288791.html. Zugegriffen am 31.05.2021
Matzler K, Bailom F (2004) Messung der Kundenzufriedenheit. In: Kundenorientierte Unternehmensführung, 4. Aufl. Gabler, Wiesbaden
Myers DG (2014) Psychologie, 3. Aufl. Springer, Berlin

Nagl A (1997) Kunden- und Mitarbeiterorientierung in der lernenden Organisation. In: Handbuch Lernende Organisation. Gabler, Wiesbaden, S 275–280

Panksepp J (1998). Affective Neuroscience: The Foundations of Human and Animal Emotions. Oxford University Press, Oxford.

Petifourt S (2019) Kunden hören und ihre Bedürfnisse verstehen. In: Quick Guide Agile Content-Produktion. Springer Gabler, Wiesbaden, S 13–32

SBB – Beamtenbund und Tarifunion Sachsen (2016). https://www.sbb.de/fileadmin/user_upload/www_sbb_de/pdf/service/HUK_Smart-Driver.pdf. Zugegriffen am 15.06.2021

Scheier C, Held D (2007) Was Marken erfolgreich macht. Neuropsychologie in der Markenführung. Haufe, Freiburg

Scherer KR (2005) What are emotions? And how can they be measured? Soc Sci Inf 44(4):695–729

Schweiger G, Schrattenecker G (2021) Werbung. Einführung in die Markt- und Markenkommunikation, 10. Aufl. UVK, Stuttgart

Youtube, sonsofmaxwell, United Breaks Guitars (07.07.2009). https://www.youtube.com/watch?v=5YGc4zOqozo. Zugegriffen am 31.05.2021

FANOMICS: Mehr als Steuerung der Beziehungsqualität

5

In Kap. 4 haben wir uns intensiv mit der Frage beschäftigt, wie wir das *Fan-Prinzip* konkret auf die Beziehung zwischen Unternehmen und ihren Kunden anwenden können, um die *Fan-Quote* zu steigern. Doch das *Fan-Prinzip* leistet viel mehr. Im Laufe der Jahre haben wir in der Grundlagenforschung und in Kundenprojekten immer wieder neue Anwendungsmöglichkeiten für die Unternehmenssteuerung entdeckt und entwickelt, von denen wir Ihnen drei im Folgenden genauer vorstellen wollen.

1. Zunächst geht es um den Einsatz des *Fan-Portfolios* zur kundenwertbasierten Segmentierung: Viele Unternehmen suchen nach Instrumenten, anhand derer sie ihre Kunden segmentieren und gezielt ansprechen können. In Abschn. 4.4 haben wir bereits erläutert, dass es möglich ist, Kunden personalisiert im *Fan-Portfolio* zuzuordnen. In diesem Abschnitt wollen wir nun darauf eingehen, wie sich diese Zuordnung nutzen lässt, um Kunden entlang der Wertschöpfungskette differenziert und priorisiert zu betreuen, und wie sich dieser Ansatz mit anderen gängigen Segmentierungsansätzen verzahnen lässt.
2. *FANOMICS* beschäftigt sich mit dem Management von Bestandskunden. Doch was ist mit potenziellen Kunden und Wettbewerbskunden? Auch zur Optimierung des Vertriebs sowie der Kommunikation mit Nichtkunden bietet das *Fan-Portfolio* Lösungsansätze, die helfen, Streuverluste zu minimieren und Erfolgschancen zu steigern.
3. Seit einigen Jahren erfreut sich ein Ansatz zur Messung und Steuerung der Beziehungsqualität zunehmender Beliebtheit, der insbesondere durch die Einfachheit der Messung besticht und sich daher auch für länderübergreifende vergleichende Messungen eignet, nämlich der Net Promoter Score (NPS). Der Ansatz basiert auf einer einzigen Frage in Kundenerhebungen, nämlich nach der Bereitschaft, ein Unternehmen weiterzuempfehlen. Wir haben mittlerweile in einigen Unternehmen den Brückenschlag zwischen dem

R. Becker, G. Daschmann, *Das Fan-Prinzip*,
https://doi.org/10.1007/978-3-658-35892-1_5

NPS und den Steuerungsansätzen von *FANOMICS* vollzogen und das Ergebnis *NPSplus-Insights* genannt. Es ermöglicht Unternehmen, die intuitive und einfache Messung des NPS fortzusetzen und gleichzeitig von den ganzheitlichen Steuerungsmöglichkeiten des *Fan-Prinzips* zu profitieren.

5.1 Kundenwertbasierte Segmentierung mit dem *Fan-Portfolio*

Zahlreiche Unternehmen betreuen nach wie vor ihre Kunden unabhängig von deren Kundenwert nach dem „Gießkannen-Prinzip“: Profitable Kunden werden genauso (aufwändig) betreut wie Kunden, die unrentabel sind und damit die Gewinne aus profitablen Kundenbeziehungen (teilweise) aufzehren. Durch die Segmentierung anhand des *Fan-Portfolios* können Kunden entsprechend ihrer Profitabilität an sämtlichen Touchpoints der Kundenreise differenziert und abgestuft betreut werden.

Die erste Grundlage dafür sind allgemeine Erkenntnisse zum Kundenwert sowie zu charakteristischen Merkmalen der Gruppen des *Fan-Portfolios*, die wir in Abb. 5.1 zusammengetragen haben. So gilt beispielsweise,

- dass die Absicht zur dauerhaften Kundenbeziehung bei den Fans und Sympathisanten deutlich überdurchschnittlich ausgeprägt ist, dagegen bei den Söldnern unterdurchschnittlich und bei den Gegnern deutlich unterdurchschnittlich,
- dass die Preissensibilität der Fans sehr niedrig, der Sympathisanten niedrig, der Söldner hoch und der Gegner sehr hoch ist,

	Fans	Sympathisanten	Söldner	Gefangene	Gegner
Absicht zur dauerhaften Kundenbeziehung	++	++	-	+	--
Kaufvolumen/Auftrags-wahrscheinlichkeit	++	+	0	+	-
Cross-Buying-Bereitschaft	++	+	0	0	--
Niedrige Preissensibilität	++	+	-	0	--
Weiterempfehlung	++	0	-	0	--
Keine negative Mundpropaganda	++	+	+	+	--
Involvement	++	+	-	+	-
Wahrnehmung der Leistungsqualität	++	+	+	-	--
Wahrnehmung der Kontaktqualität	++	+	0	?	?
Wahrnehmung der Kontaktfrequenz	+	0	-	?	?
Kundenwert	++	+	0	0/+	--

++ sehr ausgeprägt/sehr positiv, + ausgeprägt/positiv, 0 mehr oder weniger ausgeprägt/durchschnittlich, - eher nicht ausgeprägt/negativ, -- überhaupt nicht ausgeprägt/sehr negativ
Quelle: Eigene Darstellung

Abb. 5.1 *Fan-Portfolio*: Übersicht über den Kundenwert der verschiedenen Kundengruppen

- dass die Kontaktfrequenz der Fans hoch, der Sympathisanten durchschnittlich und der Söldner niedrig ist.

Zweite zentrale Grundlage ist die personalisierte Zuordnung der Kunden (vgl. Abschn. 4.4) und die Implementierung dieser Information im CRM-System. Nach unseren Erfahrungen ist dies in jedem gängigen CRM-System mit geringem Aufwand darstellbar. Es gibt sogar CRM-Lösungen, bei denen der notwendige Fragebogen zur Abfrage der Gesamtzufriedenheit und des *Fan-Indikators* bereits im System integriert ist, sodass die Zuordnung automatisiert und in Echtzeit erfolgen kann.

Nun geht es darum, basierend auf den allgemeinen Informationen über die Gruppen des *Fan-Portfolios* entlang der Kundenreise an jedem Touchpoint zu definieren, wie die abgestufte Ansprache aussehen soll. Dies wird in einem SOLL-Konzept festgehalten, das Sie schematisch in Abb. 5.2 dargestellt finden. In einer Matrix werden dort die zielgruppenspezifischen Vorgehensweisen an den einzelnen Touchpoints beschrieben.

Worin genau besteht nun der Mehrwert dieses SOLL-Konzepts? Wie genau sieht die zielgruppenspezifische Ausrichtung aller kundenbezogenen Prozesse aus? Diese Fragen lassen sich für jedes Unternehmen nur individuell beantworten, unter Berücksichtigung der spezifischen Produkte und Angebote, der verfügbaren Ressourcen, der Prozesse und der Kundenstrukturen. Dabei ist die Kernidee immer dieselbe, nämlich dass durch die kundenwertbasierte, zielgruppenspezifische Ansprache positive Effekte gleichermaßen für den Ressourceneinsatz und für die Wirksamkeit der initiierten Maßnahmen entstehen. Wir wollen Ihnen dies anhand einiger Beispiele erläutern.

- Söldner sind Kunden mit einer hohen Leistungszufriedenheit, aber geringer Bindung. Unsere Forschungsergebnisse legen nahe, dass ihre geringe Kontaktfrequenz im Vergleich zu den anderen Kundengruppen eine wesentliche Erklärung hierfür ist. Wie kön-

Quelle: Eigene Darstellung

Abb. 5.2 Zielgruppenspezifische Ausrichtung der kundenbezogenen Prozesse entlang der gesamten Kundenreise

nen Unternehmen von dieser Erkenntnis profitieren? Nehmen wir an, ein Automobilhersteller weiß, welche seiner Kunden Söldner sind, und kennt die Laufzeit ihrer Fahrzeug-Finanzierung. Der Finanzierungszeitraum für das aktuelle Modell des Kunden neigt sich nun dem Ende entgegen. Dies ist in der Branche ein sehr guter Indikator dafür, dass eine Neuanschaffung ansteht. Dem beim Söldner-Kunden in besonderem Maße drohenden Markenwechsel kann der Automobilhersteller zu diesem Zeitpunkt mit einem orchestrierten Kampagnenmanagement entgegensteuern. Neben zentral koordinierten Maßnahmen – Mailings über aktuelle Modelle und insbesondere auch Preisvorteile (die, wie wir ja wissen, Söldner-Kunden besonders ansprechen) – ist es im Sinne der Orchestrierung notwendig, den Händler vor Ort einzubinden. Dieser kann den wankelmütigen Söldner zu Präsentationen und Probefahrten einladen und so gezielt zusätzliche Kontaktpunkte herstellen sowie eine engere Beziehung aufbauen. Dieser Maßnahmenkatalog in der Pre-Sales-Phase macht nur für die Söldner-Kunden Sinn. Bei Fans und Sympathisanten wäre der Aufwand nicht notwendig, bei den Gefangenen kaum erfolgversprechend und bei den Gegnern vergeudete Zeit.

- Bleiben wir noch für einen Moment bei dem Beispiel aus der Automobilbranche. Trotz intensiver Bemühungen (oder vielleicht auch, weil eine fokussierte und zielgruppenspezifische Betreuung nicht stattgefunden hat) wandern Kunden nach Auslaufen der Finanzierung zu einem anderen Automobilhersteller ab. Dann stellt sich die Frage, ob es lohnend ist, den Kontakt zu den verlorenen Kunden über einen Zeitraum von drei Jahren zu halten, um dann – bei der nächsten Neuanschaffung – wieder zum Zug zu kommen. Entscheidend für die Einschätzung der Erfolgschancen dieser kostenintensiven Weiterbearbeitung eines ehemaligen Kunden sind die Gründe für die Abwanderung: Handelt es sich um einen Gegner-Kunden, der sehr unzufrieden mit der Leistungserbringung war und deshalb abgewandert ist? Oder ist es ein hochzufriedener Söldner-Kunde, der einem preislich attraktiveren Angebot eines Wettbewerbers für ein vergleichbares Fahrzeugmodell nicht widerstehen konnte, weil es ihm an der notwendigen emotionalen Bindung zur ursprünglichen Fahrzeugmarke mangelt? Sie merken, eine wirklich verlässliche Entscheidung wird erleichtert, wenn Sie aufgrund der Zuordnung im *Fan-Portfolio* eindeutig zwischen Gegnern und Söldnern unterscheiden können.
- Schauen wir nun auf eine klassische Fragestellung aus dem After-Sales hinsichtlich der Betreuung von Gefangenen- und Gegner-Kunden: Stellen Sie sich vor, Sie werden mit einer Kundenbeschwerde konfrontiert, und Sie müssen entscheiden, ob Sie den Beschwerdeanlass auf Kulanzbasis beseitigen oder ob Sie die Beschwerde zurückweisen. Handelt es sich um einen Gefangenen, so sollten Sie die Beseitigung sehr konkret erwägen, denn der Gefangene ist ja ursprünglich ein Sympathisant oder sogar Fan, der Ihnen immer noch emotional zugeneigt ist. Es handelt sich um einen Kunden, bei dem die Identität zwischen seinen Bedürfnissen und Ihren Angeboten als gegeben zu betrachten ist. Also betrifft seine Beschwerde vermutlich ein Thema von nachhaltiger Relevanz auch für andere emotional gebundene Kunden. Gerade die großzügige Behandlung seiner Beschwerde könnte dazu führen, dass seine Leistungszufriedenheit

wieder steigt und er sich zu seiner ursprünglichen Position im *Fan-Portfolio* „hinbewegt“. Kommt die Beschwerde hingegen von einem Gegner-Kunden, so sollten Sie genau abwägen, ob sich die Investition wirklich lohnt. Dieser Kunde hat ohnehin mit Ihnen abgeschlossen, seine Abwanderung werden Sie kaum verhindern können und vielleicht auch gar nicht verhindern wollen. Es stellt sich zudem die Frage, ob dieser Kunde überhaupt zu Ihnen passt. Um das zu verstehen, kann der Gegenstand der Beschwerde aufschlussreich sein: Würde sich also beispielsweise ein *ALDI Süd*-Kunde über den unzureichenden Warenauffangbereich an der Kasse beschweren, so ist schon am Gegenstand der Beschwerde erkennbar, dass dieser Kunde offensichtlich nicht zu *ALDI Süd* passt. Ein Einlenken wäre also nicht nur vergebene Liebesmüh, sondern auch das falsche Signal im Sinne der *Fokussierung* auf die zentralen Bedürfnisse der anderen Kunden.

- Stellen Sie sich vor, Sie disponieren die Ressourcen Ihrer Vertriebsmitarbeiter in einem Industrieunternehmen und können in einer Boomphase nicht alle eingehenden Anfragen gleichzeitig beantworten. Welche Anfragen würden Sie mit welcher Priorität bearbeiten? Die höchste Priorität hätten die Anfragen von Fans, und zwar aufgrund der sehr hohen Auftragswahrscheinlichkeit, der sehr geringen Preissensibilität und der sehr hohen Cross-Buying-Bereitschaft, gefolgt von den Sympathisanten, dann den Gefangenen-Kunden, schließlich den Söldnern und dann den Gegnern. Worin kann sich die priorisierte Bearbeitung einer Anfrage manifestieren? Natürlich in der grundsätzlichen Frage, ob Sie ein Angebot erstellen oder nicht, dann in der Frage, wer das Angebot erstellt (bestimmt würden Sie Ihre besten Mitarbeiter bei Anfragen mit dem größten Potenzial einsetzen), schließlich die Frage, wie aufwändig Briefings gestaltet werden und wie intensiv Sie auf Sonderwünsche der Kunden eingehen.
- Lassen Sie uns zum Abschluss noch auf ein besonders sensibles Thema eingehen, nämlich die zielgruppenspezifische Preisgestaltung. Eines vorweg: Einige Unternehmen verstehen die Erkenntnis, dass die Fan-Kunden weniger preissensibel sind als die anderen Kundengruppen, als Aufruf, Fans für gleiche Leistungen höhere Preise abzufordern (vgl. Abschn. 4.2). Das ist ein grobes Missverständnis und führt unweigerlich zu einem schweren Vertrauensbruch und zu einer Schädigung der Fan-Beziehung. Dennoch können beide Seiten von dieser Fan-Eigenschaft profitieren. Die Anbieter, indem sie dem Fan einfache Pauschalangebote erstellen, dabei durchaus auch besondere, exklusive Leistungen einpreisen, und der Fans, weil er diese Exklusivität wertschätzt. Ganz anders der Söldner-Kunde. Hier sollten Anbieter ihre Leistung modular anbieten, da bei hoher Preissensibilität eine maximale Transparenz sowie Wahlmöglichkeiten zielführend sind. Um dies an einem Beispiel aus der Automobilbranche zu erläutern: Während der Fan ein Fahrzeug am liebsten in der Vollausstattung inklusive Voll-Leasing mit integriertem Service kauft und die Hersteller ihm vielleicht sogar ein exklusives Premium-Modell anbieten, das es für andere Kunden nicht zu kaufen gibt, sollte dem Söldner das Fahrzeug in der Basisausstattung zum günstigsten Preis angeboten werden, denn er wird vergleichen. Sämtliches Zubehör und jede Sonderausstattung zählt dann als Zusatzleistung – damit ist die Chance, zum Zuge zu kommen, am größten.

5.1.1 Fan-Marketing: Wie Sie aus Fans profitable Kunden machen

Immer wieder fragen uns Unternehmen: „Was ist die wichtigste Kundengruppe im *Fan-Portfolio*?" Für alle Leser dieses Buches ist die Antwort klar: Natürlich sind dies die Fan-Kunden, denn sie erklären einen Großteil des Unternehmenserfolgs (vgl. Kap. 2). Doch anstatt sich um ihre wertvollsten Kunden in besonderem Maße zu bemühen, versuchen Unternehmen bei der Betreuung zu sparen – mit der Begründung, die Fans seien in einer stabilen Beziehungssituation, weshalb man sich nicht intensiver um sie kümmern müsse. Durch diese auf die Beziehungsqualität der Fans reduzierte Sichtweise lassen viele Unternehmen große Chancen ungenutzt. Denn die größte Chance einer zielgruppenspezifisch differenzierten Ansprache der Kundentypen aus dem *Fan-Portfolio* liegt darin, das Potenzial der Fans durch gezieltes Fan-Marketing optimal zu erschließen und sie zu besonders „profitablen" Kunden zu machen. Dies sei an einigen markanten Beispielen erläutert:

Das Experten-Potenzial der Fans konsequent nutzen
Ihr immenses Wissen über die Produkte ihres Anbieters und ihr hohes Involvement machen die Fans zu wertvollen Sparringspartnern in der Produkt- und Prozessoptimierung. Warum? Die wesentliche Prämisse für erfolgreiches Arbeiten mit *FANOMICS* ist die konsequente Ausrichtung auf zentrale Kundenbedürfnisse. Wer könnte innovative Ideen besser auf ihren Beitrag zur Bedürfniserfüllung und ihre Alltagstauglichkeit hin überprüfen als der Fan? Unternehmen können sich dieses Potenzial zunutze machen und Fans gezielt in einer frühen konzeptionellen Phase der Produktentwicklung oder Prozessoptimierung einbinden. Dies hat gleich vier positive Effekte: Erstens werden die Fans mit ihrem Experten-ähnlichen Wissen dafür sorgen, dass die Entwicklungen frühzeitig in die richtige Richtung gehen, was erhebliche Kosten für Fehlentwicklungen „am Markt vorbei" spart. Zweitens sind die Fans die Pioniere, die sich als Erste die neu entwickelten Produkte anschaffen, und damit die Vorreiter jeder Innovation. Drittens werden die Fans als frühe Nutzer möglicherweise notwendigen Optimierungsbedarf nicht umsatzschädlich nach außen kommunizieren, sondern Kontakt zu ihrem Anbieter aufnehmen und so die Chance für frühzeitige Verbesserungen geben. Sie fungieren quasi als Beta-Tester jeder Innovation. Und viertens werden die Fans durch Weiterempfehlung weitere Kunden begeistern und damit den Absatz ankurbeln.

Mittlerweile haben Unternehmen dieses enorme Innovationspotenzial von Fan-Kunden erkannt und nutzen dieses im Rahmen von Crowdsourcing, Crowdtesting, Co-Creating oder Open Innovation. Diese Ansätze eint, dass das Involvement, die Identifikation und das Fachwissen der Fans genutzt werden, um Produkte, Angebote, Leistungen oder Prozesse weiterzuentwickeln und zu optimieren oder exklusive Informationen zu beschaffen – und das grundsätzlich ohne Honorarforderung. Einige häufig zitierte Beispiele dafür sind (Schmidt 2018):

- Die Neuentwicklung des *FIAT* 500: Die Fans wurden im Vorfeld des Launches des neuen *FIAT* 500 in die Produktentwicklung eingebunden und hatten so die Möglichkeit, „ihr“ Auto mitzukreieren. Es gab in den ersten Monaten mehr als 10 Millionen Klicks auf der Webseite und über 170.000 Entwürfe. Dabei ging es um die Innenausstattung, die Gestaltung des Auspuffs, das Design der Seitenspiegel und vieles mehr. Auch Teile der Werbung für den neuen *FIAT* 500 wurden mittels Crowdsourcing generiert.
- *LEGO* Ideas: Auf der Ideenplattform können *LEGO*-Fans eigene Entwürfe vorstellen, die bei entsprechender Unterstützung durch die *LEGO*-Community zu einem echten *LEGO*-Set werden können (Oliver 2020).
- *Red Bull* Streets: *Red Bull* fehlten Daten von unabhängigen Verkaufsgeschäften (z. B. Adressen) in einer Region. Von *Red Bull* als „Streetspotr“ bezeichnete Fans identifizierten bisher unbekannte Händler und lieferten Fotos und Geodaten. Die Qualität der Daten wurde durch Georeferenzierung, Plausibilitätschecks und manuelle Checks gesichert. Die Ergebnisse – 600 vorher unbekannte Verkaufsgeschäfte – wurden innerhalb von 24 Stunden gemeldet und an *Red Bull* weitergeleitet.
- *DHL* bietet Innovations-Workshops an, in denen Best Practices geteilt und Anwendungsfälle in und außerhalb der Industrie besprochen werden sowie über die Zukunft in der Logistikbranche nachgedacht wird. In den „Idea Generation Workshops“ entwickeln Kunden gemeinsam mit *DHL* Ideen für neue Produkte, Services und Prozesse. Ein weiterer angebotener Workshop ist der sogenannte „Trend Workshop“. In Zusammenarbeit mit Experten der *DHL* definieren Kunden ihren eigenen persönlichen Trend-Radar, basierend auf ihren Anforderungen an die Industrie.
- *Coca-Cola Freestyle*: *Coca-Cola* hat Automaten speziell für die Gastronomie entwickelt, mit denen Kunden ihre eigene Geschmacksrichtung kreieren können (Coca-Cola 2019). Etwa 300 solcher Automaten sind zurzeit in Deutschland im Einsatz. Für den Gastwirt hat dies den Vorteil, dass er eine sehr große Anzahl an Getränken anbieten kann. Dafür ist es nicht notwendig, extra Lagerfläche anzumieten, da der Automat kaum Platz und nur einen Wasseranschluss benötigt und die unterschiedlichen Geschmacksrichtungen aus Kartuschen geschaffen werden. Sicherlich kann man den Automaten selbst als ein Neuprodukt ansehen, das die verschiedenen Phasen der Neuproduktentwicklung unter Beteiligung des Kunden durchlaufen hat (*Burger King*-Filialen als Testphase). Interessanter ist hier aber die Perspektive, die *Coca-Cola* Journey aus individueller Sicht zu sehen und das jeweilige Getränk mit persönlicher Geschmacksrichtung als ein Neuprodukt (zumindest für den Kunden) zu betrachten. Danach lässt sich für *Coca-Cola* Freestyle zunächst die Phase der Konzeptentwicklung identifizieren, in der die Idee des Konsumenten zu einer Geschmacksrichtung produktbildend ist. Die Phase der Produktentwicklung ist aus Kundensicht dann (vorläufig) abgeschlossen, wenn er oder sie die bevorzugte(n) Geschmacksvariante(n) zusammengestellt hat. Die Phase der Implementierung ist abgeschlossen, wenn der Kunde das Getränk erhält.

Ebenso gibt es Beispiele von Industrieunternehmen, die wie selbstverständlich ihre Fan-Kunden identifizieren und deren Experten-Potenzial nutzen, indem sie sich bei der Produktentwicklung Anregungen holen, Entscheidungen absichern und so enorme Entwicklungskosten einsparen.

Schließlich wollen wir auf einen ganz besonderen Aspekt der Expertise von Fan-Kunden eingehen: Stellen Sie sich vor, im Kundenservice eines Unternehmens geht eine Beschwerde ein. Sie erkennen, dass es sich um einen Fan handelt. Dann verdient diese Beschwerde in doppelter Hinsicht besondere Beachtung. Zum einen beschwert sich ein Fan nicht, um sich Vorteile zu verschaffen oder Ihnen zu schaden. Vielmehr will er nur Ihr Bestes, er fungiert quasi als Testkäufer. Sie können sich also sicher sein, dass ein wirklich ernst zu nehmendes Problem hinter der Beschwerde steckt. Zudem erkennt der Fan aufgrund seines expertenähnlichen Status Probleme früher und häufiger als andere Kunden. Wenn Sie also schnell reagieren und die richtigen Schlüsse ziehen, ersparen Sie sich viele weitere Beschwerden, und zwar von Kunden, bei denen die Beziehungsqualität längst nicht so stabil ist – und bei denen daher als Konsequenz die gesamte Geschäftsbeziehung in Frage gestellt werden könnte, würden sie mit demselben Problem konfrontiert.

Das Cross- und Upselling-Potenzial von Fans erschließen

Fans sind die Kunden mit dem höchsten Cross-Selling-Potenzial. In keiner anderen Zielgruppe ist die Bereitschaft so ausgeprägt, auch weitere Produkte und Leistungen eines Anbieters zu kaufen. Davon können Anbieter profitieren, vorausgesetzt, sie kennen ihre Fans: Stellen Sie sich vor, Sie wären Autohändler und vor Ihnen säße ein Kunde, mit dem Sie gerade die Konfiguration seines neuen Fahrzeugs durchsprechen. Sie sind unsicher, wie viel Zusatzausstattung Sie ihm anbieten können, und die Beratung ist zeitintensiv. Wenn Sie nun wissen, es handelt sich um einen Fan, dann können Sie getrost aus dem Vollen schöpfen. Hier lohnt sich also Ihre zeitliche Investition in Cross- und Up-Selling – während bei den anderen Kundentypen die Erfolgschancen geringer sind.

Oder ein zweites Beispiel: Ein Versandhändler hat ein besonders exklusives Produkt im Angebot – in geringer Stückzahl, aber mit äußerst attraktiven Margen. Die flächendeckende Bewerbung über Kataloge wäre nicht zielführend, weil die Streuverluste immens wären. Dagegen erweist sich eine direkte Ansprache der Fans mit einem Mailing als besonders erfolgversprechend. Gerade die Fortschritte des CRM, des Data Warehousing und der Data Analytics machen es immer einfacher, Fan-Kunden mit neuen bedarfsgerechten Angeboten zu versorgen, Wertschöpfungsketten auszureizen und Preisbereitschaft abzuschöpfen. Wir alle wissen, wie gezielt uns *Amazon* immer wieder mit passenden Folgeangeboten versorgt, wenn wir erst einmal unseren digitalen Fingerabdruck hinterlassen haben.

Obwohl diese Maßnahmen auf der Hand liegen, wird dieses Cross-Buying-Potenzial der Fan-Kunden oft nicht ausgeschöpft. Warum? Dafür gibt es zwei Gründe: Erstens sind selbst Fan-Kunden manche Angebote unbekannt – ein Phänomen, das wir umso häufiger antreffen, je unbedeutender das Produkt oder die Leistung für den Fan-Kunden ist. Ein solcher Bereich mit geringem Kunden-Involvement ist der Bankensektor, in dem selbst die

Fan-Kunden über die Hälfte der angebotenen Leistungen nicht kennt, wenngleich die Fans damit weit vor den anderen Kundengruppen im *Fan-Portfolio* liegen. Das bedeutet: Je geringer das Involvement der Kunden, desto wichtiger ist die intensive Produktkommunikation. Der zweite Grund ist, dass die angebotenen Produkte selbst für die Fan-Kunden nicht attraktiv sind – und damit nicht bedarfsgerecht. Um das zu verhindern, sollten die Fans wie geschildert in den Prozess der Produktentwicklung involviert werden.

Das Weiterempfehlungspotenzial von Fans nutzen

Eine besondere Eigenschaft von Fan-Kunden ist ihr Weiterempfehlungspotenzial (vgl. Kap. 2). Sie agieren als Verkäufer, ohne dass Sie sie dafür aktivieren müssen. Allerdings ist die Weiterempfehlungsrate von Fans verschiedener Branchen sehr unterschiedlich, und dies hängt im Kern mit zwei Faktoren zusammen.

Erstens spielt auch hier der Grad des Involvements eine wesentliche Rolle. Ein Autoliebhaber wird seine Marke häufiger weiterempfehlen als ein Autofahrer, für den ein Auto vordringlich ein Mittel zum Zweck ist. Und ein *Apple*-Fan empfiehlt sein iPhone häufiger als ein Fan-Kunde seine Bank. Es ist also umso wichtiger, das Weiterempfehlungspotenzial Ihrer Kunden zu aktivieren, je weniger Involvement die Kunden mitbringen. Lassen Sie uns an einem Beispiel erläutern, wie die Aktivierung erfolgen kann: Sie arbeiten im Kundenservice einer Bank. Sie haben gerade ein Beratungsgespräch mit einem Fan geführt. Sie spüren, wie positiv er dieses Gespräch empfunden hat. Dann weisen Sie ihn gezielt auf Ihre Facebook-Seite im Internet hin. Sie können sicher sein, er wird Ihrem Hinweis folgen. Dort wird er anderen von seinen positiven Erfahrungen berichten – und damit zur wertvollen Referenz und Orientierung für Interessenten.

Zweitens benötigen Fans Gelegenheiten, ihren Anbieter weiterzuempfehlen. Das spielt überall dort eine Rolle, wo die Kunden nicht ständig zusammenfinden und sich über ihre Anbieter austauschen. Wie solche Gelegenheiten geschaffen werden können, wollen wir anhand von zwei Beispielen erläutern.

- **Beispiel 1**
  Sie sind Vertriebsverantwortlicher eines Softwareunternehmens. Sie planen eine Roadshow, bei der Sie Interessenten Ihre neue IT-Lösung vorstellen wollen. Dann suchen Sie sich aus Ihrem CRM einige Fan-Kunden, die an den jeweiligen Standorten der Roadshows ansässig sind, und laden sie ein. Sie werden sehen, wie inspirierend sich deren Teilnahme auf die anderen Anwesenden und Interessenten auswirkt. Die hohe Glaubwürdigkeit in Verbindung mit dem exzellenten Fachwissen macht die Fans zu Ihren wertvollsten Vertrieblern.
- **Beispiel 2**
  Für die Kommunikation der Kompetenzen eines Beratungsunternehmens suchen Sie nach geeigneten Referenzen. Die Fan-Kunden werden die Ersten sein, die gerne auch öffentlich sichtbar von ihren positiven Erfahrungen in gemeinsamen Projekten berichten werden. Die authentische Stimme des Fan-Kunden in Verbindung mit seinem expertenähnlichen Wissen zur Erfolgswirksamkeit wird mehr Strahlkraft auf poten-

zielle Kunden haben als jegliche Eigenwerbung. Gleichzeitig bieten Sie dem Fan-Kunden eine Bühne, um sich und die gemeinsamen Erfolge zu präsentieren. So erreicht er potenzielle Kunden und wird zum wertvollen Promoter, was ihm sonst kaum möglich gewesen wäre, da er ihre potenziellen Kunden gar nicht kennt und kontaktiert.

Das Potenzial von Fan-Kunden in der Krise nutzen

Die Corona-Pandemie und die damit einhergehende Krisensituation vieler Branchen und Unternehmen haben deutlich gezeigt, wie kompromisslos sich Fan-Kunden an die Seite ihres Anbieters stellen und wie kreativ und selbstlos sie diesen unterstützen. Gerne wollen wir dies an einigen Beispielen illustrieren:

- Besonders stark betroffen durch die Corona-bedingten Kontaktbeschränkungen war die Gastronomie. Um zu helfen, haben sich überall in Deutschland lokal, regional und bundesweit aktive Plattformen gebildet, die Fan-Kunden den Erwerb von Gutscheinen ermöglichten, die dann zu einem späteren Zeitpunkt eingelöst werden. Viele Restaurants haben diese Gutscheine auch eigenständig verkauft und somit ihre Liquidität verbessert. Das Besondere an dieser Form eines „Darlehens“: Da es sich häufig um Klein- und Kleinstbetriebe handelt, ist jedem Kunden bewusst, dass seine Investition schnell einer Insolvenz zum Opfer fallen kann. Trotzdem sind die Vertrauensbasis und die emotionale Verbundenheit so groß, dass viele Millionen Euro investiert wurden, und zwar häufig von Menschen, die selbst nicht über große finanzielle Reserven verfügen. An diesem Beispiel wird ersichtlich, warum viele Fan-Kunden in Befragungen angeben, sich eine Welt ohne ihr Lieblingsunternehmen nicht vorstellen zu können (Spitznagel 2020).
- Vergleichbare Aktionen gab es in vielen anderen Bereichen, denen eines gemein ist: Sie verfügen über eine breite Fan-Basis:
  - Mit Spenden und vorsorglichen Ticketkäufen für die Zeit nach Corona halfen Fans, zumindest einen Teil der Kosten von Künstlern, Kulturschaffenden und Kulturstätten zu decken.
  - Reisebuchende haben ihre bereits geleisteten Anzahlungen für Pauschalreisen nicht zurückgefordert, sondern als Gutschrift für eine zukünftige Reise genutzt und so der sehr stark betroffenen Touristikbranche bei der Liquiditätssicherung geholfen.
  - Und schließlich waren auch die Kunden der Sportvereine betroffen, insbesondere die Käufer von Dauerkarten. Vor die Möglichkeit gestellt, das bereits gezahlte Geld für Corona-bedingt ausgefallene Veranstaltungen zurückgezahlt zu bekommen, in einen Gutschein für Merchandising-Artikel zu wandeln oder den Vereinen zu spenden, hat die Mehrheit von der letzten Option Gebrauch gemacht. Auch an dieser Stelle sei darauf verwiesen, dass die Spenden häufig von Menschen mit geringen wirtschaftlichen Möglichkeiten ausgingen und im Kern dazu genutzt wurden, die Millionen-Gehälter der Spitzensportler zu finanzieren – ohne dass dies bei den Fans wirkliche Störgefühle auslöste.

Gleichermaßen bedingungslos halten die Fan-Kunden auch zu ihrem Anbieter, wenn die Krise selbst verschuldet ist (vgl. Abschn. 4.2). Fans verteidigen ihren Anbieter, auch wenn er mal Fehler macht, und fühlen sich ihm verbunden. Diese Nibelungentreue endet erst, wenn die Werte der Fans verraten werden, also die Passung zwischen den zentralen Bedürfnissen und den Unternehmensleistungen dauerhaft nicht mehr erlebt wird. Ein prägnantes Beispiel dafür ist *VW;* dem Konzern haben infolge der Kommunikationsdefizite nach dem Abgas-Skandal Fan-Kunden den Rücken gekehrt, weil ihre zentralen Werte nicht mehr erlebbar waren (vgl. Abschn. 3.1).

Sie sehen, wie vielfältig die Möglichkeiten sind, von den Fans und ihren Eigenschaften zu profitieren, wenn man seine Fans wirklich kennt und sie auch persönlich ansprechen kann. Ist dies nicht der Fall, so muss man die beschriebenen Maßnahmen wohl oder übel „mit der Gießkanne über allen Kunden ausschütten". Das kostet sehr viel mehr Geld und Zeit, und vor allem wird sich der gewünschte Effekt im schlimmsten Fall ins Gegenteil kehren: Sicher können Sie sich vorstellen, wie freudig ein Gegner-Kunde Ihrem Aufruf, für Sie zu werben, nachkommt. Allerdings werden seine Botschaften kaum in Ihrem Interesse sein.

5.1.2 Potenzialbasierte Segmentierung versus Segmentierung mit dem *Fan-Portfolio*

Nun wollen wir eine Nutzungsmöglichkeit des *Fan-Portfolios* im Rahmen der Kundenwertermittlung skizzieren. Das *Fan-Portfolio* segmentiert Kunden nicht nur entsprechend ihrer Beziehungsqualität, sondern auch hinsichtlich ihres Kundenwerts. Die Ausführungen in Kap. 2 haben veranschaulicht, dass der *Fan-Kunde* für Unternehmen einen deutlich höheren Wert hat als andere Kundengruppen. Allerdings weicht die zugrunde liegende Bewertungsdimension grundsätzlich von den typischen Kundenwertanalysen und -klassifizierungen ab. Der Kundenwert des Fans basiert weniger auf seinem klassischen wirtschaftlichen Potenzial, das in vielen Unternehmen im Sinne einer ABC-Kunden-Logik eingesetzt wird: Denn Fans sind nicht zwingend umsatzstark. Der wahre Wert des Fans manifestiert sich in seiner maximalen emotionalen Kundenbindung und den daraus resultierenden Verhaltensweisen, die sich positiv auf den Kundenwert auswirken. Vernachlässigt man bei einer kundenwertbasierten Segmentierung diese zweite Betrachtungsperspektive, kann es zu fatalen Fehleinschätzungen kommen:

- Zum einen werden weniger kaufkräftige Fans als unattraktiv eingestuft. Mittelfristig kann die damit einhergehende Vernachlässigung in der Kundenbetreuung dazu führen, dass sich die Liebe der Fans ins Gegenteil umkehrt und sie zu erbitterten Gegnern werden. Dies ist ein wesentlicher Grund dafür, warum sich Ansätze als Irrweg erwiesen haben, die eine Trennung von unprofitablen Kunden propagieren. Fast immer basieren die zugrunde liegenden Profitabilitätsbetrachtungen auf rein umsatzbasierten Kundenwertbetrachtungen und führen deshalb zu Fehlentscheidungen.

- Zum anderen werden kaufkräftige Söldner automatisch als attraktiv eingestuft. Resultierende, aufwändige Maßnahmen führen ins Leere, denn mit Söldnern lassen sich aufgrund der hohen Preissensibilität nur schwer attraktive Renditen erwirtschaften, und beim erstbesten preisaggressiven Angebot gehen sie von Bord.

Solche Fehleinschätzungen gehören der Vergangenheit an, wenn mit der Zuordnung im *Fan-Portfolio* die notwendige Erweiterung erfolgt. Aus der eindimensionalen wird eine zweidimensionale Kundenwertbetrachtung, bei der die klassische Segmentierung mittels wirtschaftlicher Kriterien mit einer Segmentierung nach der Beziehungsqualität einhergeht.

Im Sinne einer gut handhabbaren Klassifizierung nutzen wir für diesen zweidimensionalen Steuerungsansatz nicht das *Fan-Portfolio*, sondern den *Fan-Indikator*. Dies führt zwar zu einem gewissen Informationsverlust. Da der Kundenwert aber primär über die emotionale Bindung beschrieben wird (das entspricht der Vertikalbewegung im *Fan-Portfolio* – vgl. Abb. 3.1) und nur in geringem Umfang durch die Zufriedenheit (diese entspricht einer Horizontalbewegung im *Fan-Portfolio*), bleibt die wesentliche Information erhalten, und wir können diese modifizierte kundenwertbasierte Klassifizierung aus der Kombination von Kundenpotenzial und Beziehungsqualität unverändert in einer anschaulichen Form als zweidimensionale Matrix darstellen (vgl. Abb. 5.3).

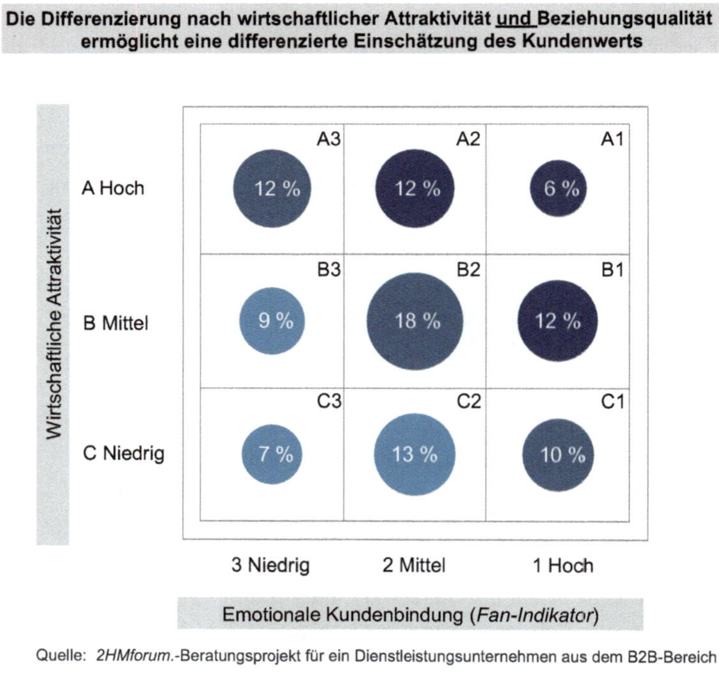

Abb. 5.3 Kundenwertbasierte Klassifizierung

Dabei markiert die X-Achse den Grad der Beziehungsqualität von 1 bis 3, die Y-Achse die wirtschaftliche Attraktivität von A bis C. Durch willkürliche Grenzziehung entsteht eine Matrix mit insgesamt neun Zellen, die von A1 bis C3 durchnummeriert werden. Dies ist die Informationsbasis, um für sämtliche kundenbezogenen Prozesse differenzierte Strategien je Kundengruppe zu definieren. Dabei wird der Ressourceneinsatz nicht mehr eindimensional an wirtschaftlichen Kennziffern festgemacht, sondern die Beziehungsqualität fließt ebenso als ein wesentliches Kriterium ein. Das heißt: Die Ressourcen werden sich nicht einseitig auf die A-Kunden konzentrieren, sondern die B1- und gegebenenfalls die C1-Kunden werden mit einbezogen. Umgekehrt wird man auf die Frage nach einem adäquaten Aufwand bei den A3-Kunden zu differenzierten Antworten kommen: Da sie zwar hochattraktiv für den Anbieter sind, aber keine starke Beziehung haben, wird hier der Schwerpunkt auf beziehungsstärkenden Maßnahmen liegen, um so die Basis für höhere Erträge zu schaffen.

5.1.3 Zuordnung von B2B-Kunden im Rahmen wertbasierter Segmentierung mit dem *Fan-Portfolio*

Zum Abschluss dieses Kapitels wollen wir auf eine Fragestellung eingehen, die sich im B2B stellt, wenn wir es mit mehr als einem Entscheider pro Unternehmen zu tun haben und wir festzulegen haben, ob wir die Zuordnung im *Fan-Portfolio* für jeden einzelnen Entscheider oder für das gesamte Unternehmen vornehmen: Da sich die Zuordnung im *Fan-Portfolio* auf die Beziehungsebene bezieht, macht eine Zuordnung ausschließlich auf der individuellen Entscheider-Ebene Sinn. Dies vorausgesetzt, kann es in der Folge zur Zuordnung von verschiedenen Ansprechpartnern des gleichen Kundenunternehmens in unterschiedliche Segmente des *Fan-Portfolios* kommen. Es stellt sich dann die Frage, inwieweit es durch die differenzierende Betreuung, Ansprache und Behandlung der verschiedenen Ansprechpartner aus ein und demselben Kundenunternehmen zu Zielkonflikten oder subjektiv empfundenen Benachteiligungen kommen kann – und wenn ja, wie man gegensteuern kann.

Auch in diesem Fall werden die maximale Wirksamkeit und Effizienz von Maßnahmen durch die konsequente Befolgung des SOLL-Konzepts für die zielgruppenspezifische Betreuung der Kunden gesichert (vgl. Abschn. 4.4). Grenzfälle resp. Ausnahmen sind bei der Erstellung des SOLL-Konzepts zu berücksichtigen. Einige Beispiele dafür sind im Folgenden beschrieben, wobei wir dabei auch auf das Zusammenspiel von potenzialbasierter Segmentierung des gesamten Unternehmens auf Basis von wirtschaftlichen Kennzahlen (Makroebene) und auf Basis von einzelnen Entscheidern und deren Zuordnung im *Fan-Portfolio* (Mikroebene) eingehen.

- Sie planen Informationsveranstaltungen zu Ihrem Produktangebot und wollen Ihre Kunden dafür selektiv anhand der kundenwertbasierten Segmentierung einladen. Über die Art der zielgruppenspezifischen Behandlung entscheidet in diesem Fall die

Teilnahme an Veranstaltungen zur Produkt-/Leistungsinformation

Fans	Sympathisanten	Söldner	Gefangene	Gegner
› Nicht prioritär, da Fans sehr gut über Produkte und Leistungen informiert sind. › Zielführender ist Einbindung in VIP-Club.	› Nicht prioritär, da Sympathisanten gut über Produkte und Leistungen informiert sind. › Zielführender ist Einbindung in VIP-Club.	› Prioritär, da Defizite im Wissen über Produkte/Leistungen.	› Nicht prioritär, zunächst sollten Ursachen für Unzufriedenheit mit Leistungserbringung geklärt werden. › Sollte dabei mangelnde Informiertheit eine Rolle spielen, dann prioritär.	› Nicht zielführend, da meist kein Interesse an konstruktiver Auseinandersetzung mit Produkt-/ Leistungsangebot. Veranstaltungen können genutzt werden, um dem Unternehmen zu schaden.

Quelle: Eigene Darstellung

Abb. 5.4 Auszug aus dem SOLL-Konzept zur zielgruppenspezifischen Ansprache für einen ausgewählten Touchpoint

Zuordnung des Entscheiders im *Fan-Portfolio*, also die Mikroebene. Wie die grundsätzliche zielgruppenspezifische Vorgehensweise aussieht, haben Sie in Ihrem SOLL-Konzept hinterlegt, das beispielhaft aussehen könnte wie in Abb. 5.4 (vgl. Abb. 5.4):

- Diese Vorgaben Ihres SOLL-Konzepts gelten auch für den Fall, dass mehrere Entscheider aus dem Kundenunternehmen eingeladen werden können (z. B. verschiedene Produktionsverantwortliche). Denkbar wäre in einem solchen Fall, dass Fans und Sympathisanten per Mail eingeladen werden, während die für solche Informationsveranstaltungen priorisierte Zielgruppe der Söldner einen Brief und anschließend einen Anruf erhält. Die potenzialbasierte Klassifizierung des Unternehmens auf der Makroebene hat in diesem Fall keinen Einfluss auf Ihre Segmentierungsstrategie.
- Sie denken über Ihre zielgruppenspezifische Preisgestaltung nach. Dann entscheidet die Zuordnung des anfragenden Entscheiders im *Fan-Portfolio*. Dies gilt auch für den Fall, dass potenziell mehrere Entscheider aus dem Kundenunternehmen Anfragen stellen können. Lediglich die Höhe der Preise und die Preisstrukturen sollten für alle Entscheider aus demselben Unternehmen einheitlich gestaltet werden, und zwar im Sinne der Glaubwürdigkeit und Transparenz. Dies gilt auch bei Preiskampagnen. Die potenzialbasierte Klassifizierung des Unternehmens hat einen Einfluss auf das Basis-Preisniveau. Zum Beispiel können sich eingeräumte Rabatte an dem Gesamtumsatz des Kundenunternehmens im letzten Geschäftsjahr orientieren.
- Sie überlegen, wen Sie in einen Fan-Club einladen – zum Beispiel, um sich dauerhaft Input von Kundenseite für Ihre Produktinnovationen zu holen. Über die zielgruppenspezifische Eignung entscheidet die Zuordnung des Entscheiders im *Fan-Portfolio*. Sie konzentrieren sich demnach auf Ihre Fan-Kunden und laden punktuell Sympathisanten ein, um ihren Status aufzuwerten. Dies gilt auch für den Fall, dass es mehrere Entscheider im Kundenunternehmen gibt. Eine „Diskriminierung" von Söldnern und Gegnern erfolgt nicht und wird von diesen auch nicht so wahrgenommen: Söldner interessiert aufgrund

ihrer geringen emotionalen Verbundenheit mit Ihnen eine entsprechende Einladung nicht, ggf. würden sie diese sogar als Zumutung empfinden. Gefangene würden zunächst eine Lösung ihres aktuellen Problems erwarten und sind daher auch nicht offen für eine Fan-Club-Einladung. Die Klassifizierung des Unternehmens auf der Makroebene hat keinen Einfluss auf die zielgruppenspezifischen Einladungen für den Fan-Club. Möchten Sie die besonders potenzialstarken Unternehmen in ein „VIP-Programm" einbinden, so ist dafür ein anderes Format mit anderen Zielen als der Fan-Club notwendig.

Sie sehen anhand dieser Beispiele, dass sich die intuitiven Bedenken sowohl hinsichtlich der Kombination von kundenwertbasierter Segmentierung auf Entscheider- und Unternehmensebene ebenso zerstreuen lassen wie die gegenüber der Zuordnung von Entscheidern des gleichen Unternehmens in unterschiedliche Kategorien des *Fan-Portfolios*. Voraussetzung ist, dass Sie sich konsequent an Ihr SOLL-Konzept halten und potenzielle Grenzfälle verbindlich regeln.

5.2 *FANOMICS* als Instrument zur effizienten Neukundengewinnung

FANOMICS beschäftigt sich mit der Beziehungsqualität und den Möglichkeiten, diese zu verbessern. Es setzt also auf Bestandskunden auf. Wir unterstellen dabei, dass Fans eines Unternehmens auch Kunden dieses Unternehmens sind. Von Fans aus dem Sport oder aus der Kultur kennen wir jedoch auch Fans, die keine aktive Kundenbeziehung zu ihrem „Star" haben. So gibt es Fans von Fußballvereinen, die ihre Fan-Beziehung durch das Anschauen der wöchentlichen Sportschau oder der Highlights der Spiele im Internet, durch die Lektüre von Web-Beiträgen, in regionalen Tageszeitungen oder durch das Kollegengespräch in der Pause am Arbeitsplatz ausleben, aber keine Merchandising-Artikel kaufen und auch nicht ins Stadion gehen. Genauso gibt es Fans von Musikern, die Konzertmitschnitte auf YouTube anschauen oder auf Spotify, Beiträge über ihren „Star" anhören und sich mit anderen Fans in Foren austauschen, aber keine CDs (oder andere Formate) ihres „Stars" kaufen und auch nicht auf Konzerte gehen. Dies kann persönliche Gründe haben, aber auch finanzielle.

So haben wir uns die Frage gestellt, ob es Fans gibt, die nicht Kunde ihres „geliebten" Anbieters sind, und falls ja, was die Gründe dafür sind. Unser Instrumentarium ermöglicht es uns, auch von Nichtkunden den Grad des Fantums zu identifizieren, indem wir die beiden etablierten Fragen zur Wahrnehmung der Alleinstellung und der Passung stellen und damit den *Fan-Indikator* messen. Da keine aktive Kundenbeziehung besteht, können wir nicht nach der eigenen Zufriedenheit fragen. Wir stellen stattdessen die Frage, wie zufrieden die Kunden des Anbieters in der Wahrnehmung des Befragten insgesamt sind und können auf diese Weise auch die Nichtkunden in unserem *Fan-Portfolio* zuordnen. Das Ergebnis ist im Folgenden für vier ausgewählte Unternehmen unterschiedlicher Branchen dargestellt (vgl. Abb. 5.5).

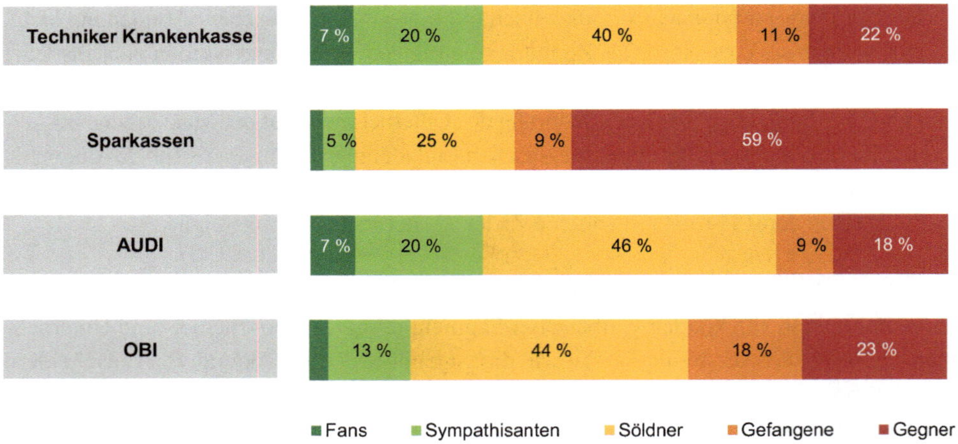

Basis: 1.600 Interviews mit Kunden und Nichtkunden verschiedener Anbieter aus den Branchen GKV, Banken, Automobilhersteller und Baumärkte
Quelle: *2HMforum.*-Grundlagenstudie zu Fan-Beziehungen bei Nichtkunden 2021

Abb. 5.5 Das *Fan-Portfolio* für die Nichtkunden ausgewählter Unternehmen verdeutlicht, dass es auch Fans und Sympathisanten unter den Nichtkunden gibt

Zum einen erkennen wir, dass sich die Ergebnisse zwischen den Unternehmen sehr deutlich unterscheiden: Die höchste *Fan-Quote* unter den Nichtkunden erzielen *AUDI* und die *Techniker Krankenkasse* mit jeweils 7 %, die niedrigste die *Sparkasse* mit 2 %, *OBI* liegt mit 3 % dazwischen. Das sind relativ betrachtet kleine Werte. Berücksichtigt man jedoch die zugrunde liegenden Märkte und somit die absoluten Zahlen, so sieht das Bild anders aus:

- Schauen wir uns das beispielhaft für *AUDI* an. Der aktuelle Marktanteil beträgt etwa 6,8 % von 48,2 Mio. in Deutschland zugelassenen PKW, also gibt es etwa 3,28 Mio. zugelassene Fahrzeuge der Marke *AUDI* (Baumann 2021). Zieht man diese von den 48,2 Mio. ab, verbleiben ca. 45,4 Mio. Fahrzeuge. Setzen wir diese Zahl der Fahrzeuge der Einfachheit halber mit der Zahl der Nichtkunden gleich, dann sind 7 % der 45,4 Mio. Nichtkunden, also ca. 3,2 Mio., *AUDI*-Fans. Berücksichtigt man nun noch die Sympathisanten von *AUDI* unter den Nichtkunden, so sind dies weitere 9,1 Mio. Fahrzeuge. Was zeigen uns diese Zahlen? Auch wenn der Anteil der Fans und Sympathisanten unter den Nichtkunden gering ist, so sind die absoluten Zahlen doch gewaltig und beschreiben auf den ersten Blick ein enormes Wachstumspotenzial.
- Doch warum kaufen diese Menschen keinen *AUDI*, obwohl sie der Marke so zugeneigt sind? Auch dieser Frage sind wir auf den Grund gegangen: Für die Mehrheit spielt der Preis die entscheidende Rolle: Sie können (oder wollen?) sich ein so teures Fahrzeug wie einen *AUDI* nicht leisten. Hier ist *AUDI* gefragt: Zum einen kann dies Lebensphasen-bedingt sein, zum Beispiel könnte es sich um Studenten oder Auszubildende handeln,

die sich aktuell einen *AUDI* (noch) nicht leisten können, aber später nach Berufseintritt möglicherweise doch. Es könnte sich also lohnen, schon jetzt eine Beziehung aufzubauen, um dann zum richtigen Zeitpunkt „zuzuschlagen". Zum anderen könnten es generell weniger kaufkräftige potenzielle Kunden sein. Dann bestünde die Möglichkeit, die Modell-Palette um günstigere Modelle zu erweitern (wie es *AUDI* in den letzten Jahrzehnten auch immer wieder getan hat), dabei immer abwägend, ob dies negative Auswirkungen auf die Fahrer von *AUDI*-Premium-Modellen hat, für die Exklusivität ein wesentlicher Kauffaktor ist.

- Gehen wir noch auf das Beispiel der *Techniker-Krankenkasse (TK)* ein. Auch da beträgt die *Fan-Quote* unter den Nichtkunden auf den ersten Blick bescheidene 7 %. Schauen wir jedoch auch hier auf die absoluten Zahlen: Aktuell ist die *TK* die größte gesetzliche Krankenkasse in Deutschland mit ca. 10,7 Mio. Versicherten (krankenkassen.de 2021). Insgesamt sind ca. 73,4 Mio. Deutsche gesetzlich krankenversichert. Ziehen wir davon die 10,7 Mio. der *TK* ab, so verbleiben 62,7 Mio. Nichtkunden. Davon 7 %, das sind ca. 4,4 Mio. Fans unter den versicherten Nichtkunden, dazu kommen 20 % Sympathisanten, das sind weitere 12,5 Mio. Sie sehen, für die *TK* besteht ein riesiges Wachstumspotenzial. Auch hier sind wir der Frage nachgegangen, was diese stark emotional mit der *TK* verbundenen Nichtkunden aktuell davon abhält, Kunde bei der *TK* zu werden. Hier ist die mit Abstand häufigste Nennung „Ich bin aus Gewohnheit bei einem anderen Anbieter Kunde". Das ist insofern nicht überraschend, da die Krankenversicherung tendenziell insbesondere für die große Masse der gesunden Menschen ein Thema von geringem Involvement ist. Dies in Verbindung mit der unverändert herrschenden Meinung, dass der Wechsel der Krankenkasse sehr aufwändig sei, führt zu geringer Wechselbereitschaft. Sofern die *TK* also weiterhin wachsen und neue Mitglieder gewinnen will, müsste sie gezielt die Einfachheit des Wechsels bewerben und noch aktiver Unterstützung beim Wechseln anbieten.

Diese Beispiele zeigen eindrucksvoll, wie attraktiv es für Unternehmen ist, die *Fan-Quote* unter ihren Nichtkunden zu bestimmen und gezielt die Hürden zu identifizieren, die die Fans unter den Nichtkunden aktuell davon abhält, Kunde zu werden. Denn basierend auf diesen Informationen, die mittels Marktforschung gewonnen werden können, können Unternehmen mit geringem Streuverlust und wirkoptimiert Maßnahmen zur Gewinnung attraktiver Neukunden initiieren. Diese Maßnahmen sind allgemeiner Natur, wie im Beispiel *AUDI* die mögliche Ausweitung der Produktpalette und bei der *TK* das weitere Senken von Wechselbarrieren, da sie sich an alle Nichtkunden richten.

Weiter optimieren lässt sich diese Vorgehensweise, wenn die Maßnahmen zielgruppenspezifisch an die Fans (sowie gegebenenfalls an die Sympathisanten) unter den Nichtkunden adressiert werden können. Das bedeutet, die Unternehmen müssen Nichtkunden, die ihnen besonders zugeneigt sind, identifizieren. Die Methoden der zielgruppenspezifischen Zuordnung von Nichtkunden im *Fan-Portfolio* unterscheiden sich nicht von denen bei den Bestandskunden (vgl. Abschn. 5.1). Auch hier unterscheiden wir zwischen einem expliziten und einem impliziten Vorgehen.

Beim expliziten Ansatz werden Nichtkunden befragt, die eindeutige Zuordnung erfolgt dann aufgrund der beiden Fragen zur emotionalen Verbundenheit sowie der Frage zur wahrgenommenen Kundenzufriedenheit. Dieser Ansatz ist aufwändig, auch wenn er sich mit entsprechenden Tools in Routinekontakte des Vertriebsprozesses oder in Kampagnen integrieren lässt. Handelt es sich um große Mengen an Nichtkunden, empfiehlt sich wie bei den Bestandskunden die implizierte Vorgehensweise mittels Data-Analytics. Dazu ist im Vergleich zu den Bestandskunden jedoch ein weiterer Analyseschritt notwendig: Die vorliegenden internen Daten der Kunden aus dem *CRM* werden mit weiteren externen Informationen aus Marketing-Datenbanken angereichert, also beispielsweise zu Alter, Kaufkraft und Familienstruktur. Basierend auf diesen internen und externen Kundendaten in Verbindung mit der stichprobenartigen Zuordnung im *Fan-Portfolio* können potenzielle Kunden identifiziert werden, die in ihren Merkmalen den Fans oder Sympathisanten sehr ähnlich sind. Man spricht daher von dem Lookalike-Ansatz (Donahue und Hajizadeh 2019; Heineman 2016).

Will man das Bild im Rahmen der Lead-Qualifizierung noch weiter verfeinern, so kann man für die identifizierten Fans unter den Nichtkunden noch eine weitere Betrachtungsperspektive ergänzen, und zwar hinsichtlich der aktuellen Beziehungsqualität dieser Nichtkunden gegenüber ihrem aktuellen Anbieter. Denn überall dort, wo eine geringe emotionale Bindung gegenüber dem aktuellen Anbieter, also bei Söldnern und Gegner-Kunden, mit Fantum gegenüber einem anderen Anbieter korrespondiert, ist die Wechselbereitschaft maximal. Dieses Wissen erleichtert den effizienten Ressourceneinsatz im Vertrieb, Streuverluste reduzieren sich um ein Vielfaches.

5.3 Verzahnung von NPS und *FANOMICS* zu *„NPSplus-Insights"*

In einigen Unternehmen hat die Unzufriedenheit mit den Zufriedenheitsmessungen und dem Zufriedenheitsmanagement den sogenannten Net Promoter Score (NPS) zur bevorzugten Steuerungsgröße der Kundenbeziehungsqualität werden lassen, da dem NPS eine Korrelation mit dem Unternehmenswachstum und dem Unternehmenserfolg unterstellt wird. Zur Berechnung des NPS wird zunächst der Anteil der Promotoren und Kritiker unter den Kunden ermittelt, indem eine einzige Frage gestellt wird: „Wie wahrscheinlich ist es, dass Sie Unternehmen/Marke X einem Freund oder Kollegen weiterempfehlen werden?" (Reichheld 2003). Gemessen werden die Antworten auf einer Skala von 0 (unwahrscheinlich) bis 10 (äußerst wahrscheinlich). Als Promotoren werden die Kunden bezeichnet, die mit 9 oder 10 antworten. Als Kritiker werden hingegen diejenigen angesehen, die mit 0 bis 6 antworten. Kunden, die mit 7 oder 8 antworten, gelten als „Passive". Der NPS ist dann die Differenz zwischen Promotoren und Kritikern (jeweils in %). Der Wertebereich des NPS liegt damit zwischen plus 100 und minus 100.

Nun werden Sie sich fragen, was diese Ausführungen zum NPS in diesem Buch zu suchen haben. Tatsächlich scheint dies zunächst ein Widerspruch zu unserem Ansatz zu sein. Denn der NPS ist zwar verbreitet, und die Unternehmen erhalten mit dem NPS eine brauchbare Diagnostik hinsichtlich der Kundenbeziehungsqualität. Der Ansatz ist allerdings zur Steuerung der Kundenbeziehungen nicht geeignet, da er die gleichen Irrwege wie das Zufriedenheitsmanagement einschlägt. Wir wollen jedoch im Folgenden nicht in die Phalanx der Kritiker des NPS einstimmen, und wir beteiligen uns auch nicht an aktuellen Spekulationen, die einen Ausstieg der Mehrheit der Unternehmen in den nächsten Jahren voraussagen (Gartner 2021). Wer sich damit tiefergehend beschäftigen möchte, der sei auf die einschlägige Literatur verwiesen (Lisch 2014; Baehre et al. 2021). Vielmehr geht es uns darum zu erläutern, wie sich der NPS und die Grundideen von *FANOMICS* sinnvoll miteinander verzahnen lassen, und zwar als *„NPSplus-Insights"*, so dass auch Unternehmen, die den NPS aufgrund von Konzernvorgaben einsetzen müssen, von *FANOMICS* profitieren können.

Der Vorteil des NPS liegt in seiner Einfachheit: Er ermöglicht eine intuitive und benutzerfreundliche Ermittlung der Beziehungsqualität. Das Management kann beurteilen, wie das Unternehmen im Vergleich zur Konkurrenz aufgestellt ist und wie einzelne Märkte, Unternehmensbereiche oder Abteilungen im Vergleich abschneiden. Im Gegensatz zu den aufwändigen Zufriedenheitsmessungen ist die NPS-Frage zudem kostengünstig und stößt bei Kunden durch ihre Kürze auf hohe Teilnahmebereitschaft. Daher ist gut nachvollziehbar, dass Unternehmen, die einmal diesen Weg beschritten und möglicherweise den NPS auch in den Zielvereinbarungssystemen hinterlegt haben, den Aufwand zur Einführung eines anderen Messinstruments scheuen. Diesen Unternehmen bietet sich durch das Zusammenspiel mit *FANOMICS* eine Möglichkeit, die beiden zentralen Schwachstellen des NPS zu kompensieren:

Die *erste zentrale Schwachstelle* ist die Reduktion der Beziehungsqualität auf die Frage nach der Weiterempfehlungsbereitschaft – und damit auf einen Indikator der (emotionalen) Kundenbindung (vgl. Abschn. 2.2). Doch die emotionale Bindung ist nicht der einzige Einflussfaktor, auch der Grad der Zufriedenheit beeinflusst die Beziehungsqualität. Der Blick auf das *Fan-Portfolio* belegt eindrucksvoll die teilweise gegensätzlichen Wirkmechanismen von Bindung und Zufriedenheit: Die Söldner sind hochzufrieden, aber nicht emotional gebunden, und bei den Gefangenen-Kunden ist es genau umgekehrt; sie sind nicht zufrieden, aber emotional gebunden. Diese Differenzierung geht bei der eindimensionalen Betrachtung der Beziehungsqualität durch den NPS komplett verloren. Dies wollen wir anhand von zwei Beispielen erläutern. Dazu haben wir basierend auf Daten aus dem *Fanfocus Deutschland* die drei Gruppen des NPS entsprechend ihrer Verteilung im *Fan-Portfolio* dargestellt (vgl. Abb. 5.6).

1. Die mittels NPS-Score als „Kritiker" identifizierten Kunden rekrutieren sich zu über der Hälfte aus Söldnern und Gefangenen, also aus Kundengruppen, die zwar beide nur mäßig bereit sind, weiterzuempfehlen, dies aber aus fundamental unterschiedlichen Gründen. Außerdem wird die pauschale NPS-Einstufung der „Kritiker" als Kunden, die unzufrieden sind und negativ über ihren Anbieter reden, weder den Söldnern noch den Gefangenen gerecht.
2. In der Gruppe der Promotoren befinden sich annähernd gleich viele Fans und Sympathisanten, obwohl wir zeigen konnten, dass die Sympathisanten eher die „stillen Genie-

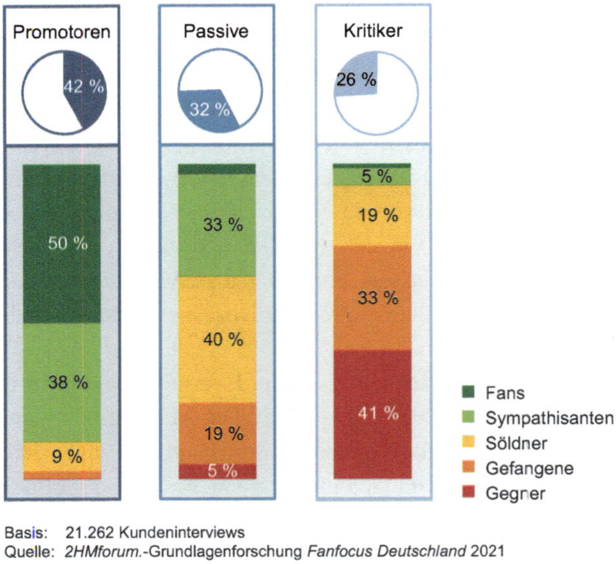

Abb. 5.6 Die Zuordnung der Kunden basierend auf dem NPS wird durch das Zusammenspiel mit dem *Fan-Portfolio* geschärft

ßer" sind, die selten weiterempfehlen (vgl. Abschn. 2.2.2) – Die Einstufung der Sympathisanten als Promotoren weckt demnach Erwartungen, denen die Sympathisanten nicht gerecht werden.

Die Verknüpfung der NPS-Informationen mit denen des *Fan-Portfolios* verschafft Klarheit über die tatsächliche Beziehungsqualität; das Potenzial von Passiven und Kritikern ist viel höher als *nur* auf Basis der NPS-Messung gedacht. So wird deutlich, dass unter den Kritikern jeder vierte Kunde überdurchschnittlich zufrieden mit seinem Anbieter ist (Fans, Sympathisanten und Söldner). Und auch unter den Passiven schlummert erhebliches vertriebliches Potenzial. Diese Kunden empfehlen eben nicht weiter, sind aber loyal und/oder hochzufrieden. Dieses Muster findet sich in dieser Form – mit einigen Verschiebungen – in allen untersuchten Branchen (vgl. Abb. 5.8). Das bedeutet: Die gleichzeitige Messung von NPS und *Fan-Portfolio* erleichtert die präzise Identifizierung von Gruppen mit unterschiedlicher Beziehungsqualität – und damit verbunden auch die Ableitung ursachenadäquater Maßnahmen. Will man Kunden entsprechend ihrer Beziehungsqualität und damit ihrem Kundenwert segmentieren, kommt man am *Fan-Portfolio* nicht vorbei (vgl. Kap. 2).

Dass sich die dafür benötigte zusätzliche Befragungszeit von ca. 30 Sekunden problemlos an anderer Stelle einsparen lässt, werden Sie erkennen, wenn wir auf die zweite zentrale Schwachstelle des NPS-Systems eingehen, die sich durch das Zusammenspiel mit *FANOMICS* ausgleichen lässt: Unternehmen, die den Kundenwert nicht nur messen, sondern auch systematisch steigern wollen, benötigen neben einem „Diagnoseinstrument" auch Hebel, mit denen sie eine gezielte Steigerung des Kundenwerts durch die Verbesserung der Beziehungsqualität erreichen können.

Der NPS ist klar auf die Diagnose ausgerichtet. Wie in Abschn. 1.6 ausführlich dargestellt, ist die Weiterempfehlungsbereitschaft keine Indikation von emotionaler Bindung, sondern eine Folge: Nicht weil Kunden weiterempfehlen, sind sie emotional gebunden, sondern weil sie emotional gebunden sind, empfehlen sie (tendenziell) weiter. Die Argumentation der NPS-Entwickler basiert daher auch lediglich auf einer empirischen Korrelation zwischen dem NPS und dem Unternehmenswachstum. Eine ursächliche Betrachtung im Sinne einer Modellidee, warum bestimmte Kunden häufiger und andere weniger häufig weiterempfehlen, bleiben sie dagegen schuldig. Entsprechend beschränkt sich auch die Empfehlung, wie der NPS und damit die Beziehungsqualität gesteigert werden können, auf eine rein empirische Vorgehensweise. Im Anschluss an die Frage zur Weiterempfehlungsbereitschaft sollen die Befragten angeben, warum sie das Unternehmen (nicht) weiterempfehlen wollen. Basierend auf dem Feedback wird dann insbesondere bei den Kritikern gezielt und individuell gegengesteuert, um die Ursachen für die mangelnde Weiterempfehlungsbereitschaft zu beseitigen. Das ist klassisches Kompensieren von Defiziten, wie wir es aus dem Zufriedenheitsmanagement kennen (vgl. Abschn. 2.1).

Das bedeutet: Zwar handelt es sich bei dem NPS um einen Loyalitätsindikator, allerdings ist das Denkmodell eindeutig auf die Steigerung der Zufriedenheit ausgerichtet „Der Schaden, den schlechte Gewinne anrichten, geht zu einem großen Teil von den Kritikern aus, die sie erzeugen. Kritiker sind Kunden, die sich von einem Unternehmen schlecht behandelt fühlen – so schlecht, dass sie dort weniger kaufen, zur Konkurrenz wechseln, falls das möglich ist, und andere vor dem betreffenden Unternehmen warnen … Kunden, die sich ignoriert oder schlecht behandelt fühlen, finden Wege, es dem Unternehmen heimzuzahlen" (Reichheld und Seidensticker 2006, S. 6). Als Treiber für gute Gewinne und damit für Wachstum werden (am Beispiel von *Toyota* in Deutschland) „in erster Linie eine herausragende Produktpolitik, aber auch ein exzellenter Service, wenn doch Reparaturen notwendig sein sollten" genannt (Reichheld und Seidensticker 2006, S. 7). Es geht also entscheidend darum, aus schlechten Gewinnen gute Gewinne zu machen, indem aus unzufriedenen Kunden zufriedene Kunden werden. Der NPS beschäftigt sich also im Kern mit der Frage, wie eine verstärkte horizontale Bewegung im *Fan-Portfolio* (vgl. Abb. 3.1) ausgelöst werden kann – also mit der Frage, wie unzufriedene Kunden zu zufriedenen Kunden gemacht werden können. Allen aufmerksamen Lesern dieses Buches ist klar, dass damit die Zielstellung des NPS im Widerspruch zur Zielstellung von *FANOMICS* steht. Um dies auch anhand von Daten zu belegen, schauen wir uns den Zusammenhang zwischen NPS und *Fan-Portfolio* in der Zuordnung der Kunden beispielhaft für den Lebensmittelhandel genauer an und stellen dabei insbesondere die Strategien der beiden Konzepte (NPS und *FANOMICS*) zur Steigerung der Kundenloyalität gegenüber.

In Abb. 5.7 weisen wir die Verteilung im *Fan-Portfolio* getrennt für die drei Gruppen des NPS aus. Man erkennt, dass sich die Promotoren hauptsächlich aus Fans und Sympathisanten zusammensetzen, die beiden Ansätze stimmen also in diesem Punkt weitgehend überein. Ganz anders sieht das Bild bei den Kritikern aus: Hier finden sich zu einem Vier-

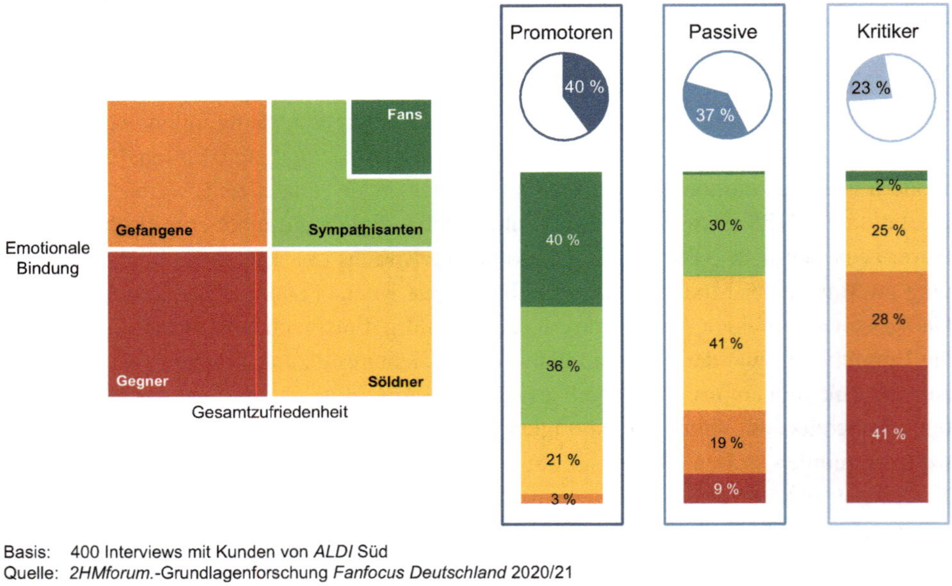

Abb. 5.7 Das Beispiel von *ALDI Süd* verdeutlicht, wie die Zuordnung der NPS-Gruppen durch das Zusammenspiel mit dem *Fan-Portfolio* geschärft wird

tel hochzufriedene Kunden ohne Verbundenheit (Söldner), zu 28 % emotional gebundene Kunden, die unzufrieden sind (Gefangene) und zu 41 % Gegner-Kunden, die weder zufrieden noch emotional gebunden sind. Es ist offensichtlich, dass die Verdichtung der Beziehungsqualität auf eine Dimension mit erheblichen Informationsverlusten einhergeht – mit weitreichenden Konsequenzen für die initiierten Maßnahmen:

Die zentrale Maßgabe des NPS für *alle* Kritiker ist, die Gründe für die mangelnde Weiterempfehlungsbereitschaft abzufragen und individuell gegenzusteuern. Es ist klar, dass diese Abfragetechnik in erster Linie mehr oder weniger relevante wahrgenommene Leistungsdefizite zu Tage fördert. Genauso ist es von den Schöpfern des NPS auch gedacht: „Es ist wichtig, unzufriedenen Kunden die Möglichkeit zu konstruktivem Feedback zu geben. Sie können diese Kunden fragen, ob sie mit einem Ihrer Mitarbeiter sprechen möchten, der versuchen wird, die Enttäuschung besser zu verstehen und ihr Problem zu lösen. Sollte dies nicht möglich sein, kann man die Befragung durch eine weitere Frage ergänzen „Was ist der Hauptgrund für die Bewertung, die Sie uns gerade gegeben haben?"" (Reichheld und Seidensticker 2006).

Auf diese Weise provoziert man von ungefähr einem Viertel der Kritiker (indem man Söldner, Sympathisanten und Fans zusammenzählt) negative Rückmeldungen, obwohl diese Kunden hochzufrieden sind. Ein solcher *ALDI Süd*-Kunde mag an dieser Stelle angeben, dass es in seiner bevorzugten *ALDI Süd*-Filiale immer zu kalt ist. Abgeleitete Maßnahmen sind nicht zielführend, da diese Kunden bereits hochzufrieden sind und weitere Investitionen in die Zufriedenheitssteigerung dem „Mehr ist Mehr"-Mantra des Zufriedenheitsmanagements entspricht. Die eigentliche Ursache für die niedrige Beziehungsqualität eines Großteils dieser Kunden, der Söldner, nämlich die geringe Passung, lässt sich auf diese Weise nicht lösen. Es kann sogar passieren, dass die Beseitigung der von Söldnern subjektiv wahrgenommenen Defizite der Beziehungsqualität von *ALDI Süd* mit seinen Kunden insgesamt schadet, und zwar dann, wenn die Söldner überhaupt nicht zu *ALDI Süd* passen (Abschn. 1.6 und 4.4).

Schauen wir weiter, nämlich auf die Gegner-Kunden. Hier ist völlig klar, dass die Passung in den meisten Fällen nicht gegeben ist. Wie bereits an anderer Stelle illustriert (Abschn. 1.6 und 4.4), würden diese Kunden beispielsweise die Unfreundlichkeit des Personals bei *ALDI Süd* anprangern, und damit der NPS-Logik entsprechend Maßnahmen auslösen, die definitiv der Fokussierung und Orchestrierung zuwiderlaufen und somit die Beziehungsqualität zu den Kunden mit hoher emotionaler Verbundenheit beschädigen. Lediglich bei den Gefangenen-Kunden und damit bei nur rund einem Drittel der Kritiker macht es Sinn, die Leistungsdefizite abzufragen und gezielt gegenzusteuern – sind diese Mängel auf der Leistungsebene doch dafür verantwortlich, dass diese Kunden bei hoher emotionaler Verbundenheit (vorübergehend) aus dem Segment der Fans bzw. Sympathisanten „herausgerutscht" sind. Das bedeutet, dass im Lebensmittelhandel die NPS-konforme Vorgehensweise des Ausgleichs wahrgenommener Defizite bei rund zwei Dritteln der Kritiker zur Ressourcenvernichtung führt und zusätzlich sogar die Beziehungsqualität zu den loyalen Kunden gefährden kann.

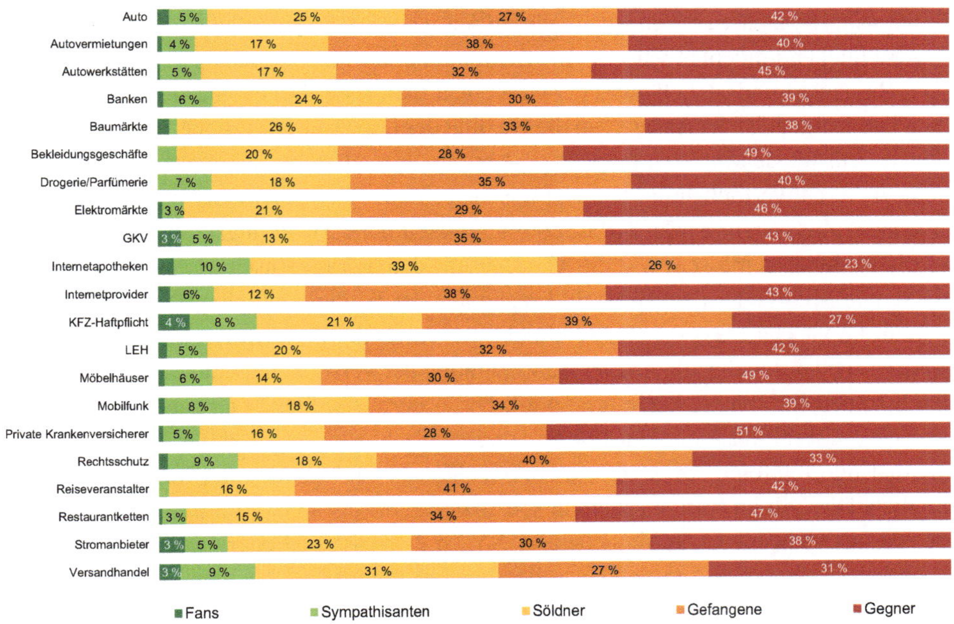

Basis: 21.262 Kundeninterviews
Quelle: *2HMforum.*-Grundlagenforschung *Fanfocus Deutschland* 2021

Abb. 5.8 Das *Fan-Portfolio* innerhalb der NPS-Gruppe „Kritiker"

Doch der Lebensmittelhandel ist kein Einzelfall, dieser Befund zieht sich in unterschiedlicher Ausprägung durch alle Branchen (vgl. Abb. 5.8). Zudem hilft diese Form der Ursachenbeseitigung im Rahmen des NPS nicht dabei, die beiden Schlüsselfragen zu beantworten, nämlich erstens nach den zentralen Kundenbedürfnissen und zweitens nach den hochrelevanten Touchpoints.

Welche Schlussfolgerung können wir daraus ziehen? Nur im Wechselspiel mit den Kerngedanken von *FANOMICS* stellen sich die gewünschten Erfolge ein, wenn der NPS als Messinstrument eingesetzt wird: Die Beziehungsqualität steigt, und damit auch der Kundenwert.

Wie lässt sich das konkret umsetzen? Zur Ableitung der Positionierung und konsequenter Orchestrierung benötigen Sie Informationen über die Bindungstreiber und die hochrelevanten Touchpoints. Sie greifen also auf die in Abschn. 3.4 ausführlich erläuterten Analyseinstrumente der *Fan-Ampel* und der *Touchpoint-Ampel* zurück. Dabei nutzen Sie den *Fan-Indikator* oder, wenn dies nicht realisierbar ist, die NPS-Frage als erklärende Variable für die Kundenbindung in der *Fan-Ampel*. Somit schaffen Sie die Grundlage für eine vollumfängliche Steuerung mittels *FANOMICS* im Sinne der Positionierung und Orchestrierung. Den Erfolg der initiierten Maßnahmen messen Sie in regelmäßigen Abständen mit dem NPS. Wenn Sie die offene Frage nach den Ursachen der Bewertung nicht stellen, die insbesondere in der Codierung und individuellen Nachbearbeitung sehr aufwändig ist, wird sich der Gesamtaufwand kaum verändern. Da *FANOMICS* den NPS-Ansatz um die notwendigen Insights hinsichtlich der zentralen Kundenbedürfnisse sowie der hochrelevanten Touchpoints bereichert, haben wir für diesen Ansatz den Namen *NPSplus-Insights* gewählt.

Abschließend möchten wir auf eine Anwendung des NPS eingehen, von der wir dringend abraten. Grundsätzlich misst der NPS einen Aspekt der Beziehungsqualität. Entsprechend ungeeignet ist der Ansatz, um die Qualität der Leistungserbringung zu erfassen. Das Gleiche gilt für den *Fan-Indikator* (vgl. Abschn. 4.2.) Um das zu erläutern, stellen Sie sich den Verantwortlichen für den telefonischen Kundendialog bei einer Versicherung vor. In seinem Zielsystem ist der NPS-Score als wesentliche Steuerungsgröße hinterlegt. Er wird also daran gemessen, wie die Versicherungskunden im Anschluss an ein Telefonat mit seinen Mitarbeitern auf die NPS-Frage nach der Weiterempfehlungsbereitschaft antworten. Es ist klar, dass die Antwort nicht nur durch die Performance des Call-Agents, sondern auch durch die allgemeine Wahrnehmung der Versicherung, durch das Image und durch frühere Erlebnisse beeinflusst wird. Diese Form der Steuerung sorgt nicht nur bei der Führungskraft für große Frustration, sondern macht auch belastbare Aussagen über die Qualität der Telefonie sowie über ursachenadäquate Maßnahmen zur Verbesserung unmöglich. Dies gilt im Übrigen auch für spezifizierte Abfragen wie zum Beispiel: „Empfehlen Sie das Callcenter von Versicherung XY an einen Freund oder Bekannten weiter?" Auch bei dieser Frageform werden neben der Leistung des Callcenters immer auch die Markenwahrnehmung sowie die Gesamtperformance eine Rolle spielen. Die Leistungsbewertung lässt sich am besten im Rahmen einer Nachkontaktbefragung mit der Gesamtkontaktzufriedenheit als zentralem Parameter messen (vgl. Abschn. 4.2). Die NPS-Frage können Sie bei Nachkontaktbefragungen auch stellen, aber nicht, um die Qualität der Leistung

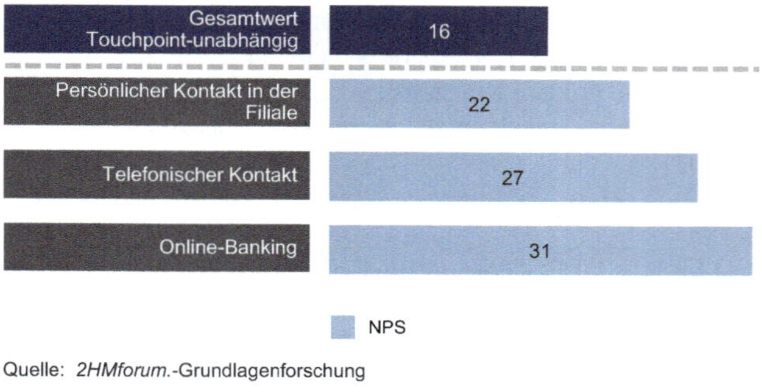

Abb. 5.9 NPS-Werte für drei verschiedene Touchpoints einer Sparkasse

zu messen, sondern um zu verstehen, wie stark sich die wahrgenommene Leistungsqualität auf die Beziehungsqualität auswirkt. Dazu können Sie den Touchpoint-spezifisch gemessenen NPS im Rahmen der Nachkontaktbefragung mit dem Touchpoint-unspezifischen NPS über alle Kunden vergleichen (vgl. Abb. 5.9).

Man erkennt, dass bei einer Sparkasse der Kontakt in der Filiale kaum zur Steigerung des NPS beiträgt, während sich sowohl der telefonische Kontakt und insbesondere das Online-Banking sehr positiv auf die Weiterempfehlungsbereitschaft auswirken.

Übrigens empfiehlt auch NPS-Autor Reichheld (2006, S. 58), für die Touchpoint-spezifische Qualitätsmessung am Beispiel des amerikanischen Autovermieters *Enterprise* die Frage nach der Kontaktzufriedenheit einzusetzen.

Zusammenfassend können wir festhalten, dass durch die Kombination mit den Steuerungsideen von *FANOMICS* bei Unternehmen mit NPS-Historie neben der reinen Messung auch die kundenwertbasierte Segmentierung der Kunden ermöglicht wird und die effiziente Weiterentwicklung der Beziehungsqualität besser gelingt, als wenn diese Unternehmen ausschließlich auf den NPS setzen.

Literatur

Baehre S, O'Dwyer M, O'Malley L, Lee N (2021) The use of Net Promoter Score (NPS) to predict sales growth: insights from an empirical investigation. Journal of the Academy of Marketing Science: 50, 1–18

Baumann U (2021) Kfz-Bestand 2020: Fast 67 Millionen Fahrzeuge zugelassen. https://www.auto-motor-und-sport.de/verkehr/kfz-bestand-2020/. Zugegriffen am 05.07.2021

Coca-Cola (2019) News: Der eigene Mix macht's. https://www.coca-cola-deutschland.de/media-newsroom/coca-cola-baut-freestyle-system-in-deutschland-weiter-aus. Zugegriffen am 05.07.2021

Donahue L, Hajizadeh F (2019) Artificial intelligence in cloud marketing. In: Artificial intelligence and machine learning for business for non-engineers. CRC Press, Boca Raton, S 77–88

Gartner (2021) Gartner predicts more than 75 % of organizations will abandon NPS as a measure of success for customer service and support by 2025. https://www.gartner.com/en/newsroom/press-releases/2021-05-27-gartner-predicts-more-than-75%2D%2Dof-organizations-will-. Zugegriffen am 26.07.2021

Heineman F (2016) Driving performance with programmatic CRM. In: Programmatic advertising. Springer International Publishing, Heidelberg, S 243–254

Krankenkassen.de (2021) Die größten Krankenkassen: Versicherte 2021. Euro-Informationen, Berlin. https://www.krankenkassen.de/krankenkassen-vergleich/statistik/versicherte/aktuell/. Zugegriffen am 05.07.2021

Lisch R (2014) Measuring service performance – practical research for better quality. Routledge, London, S 152–155

Oliver (2020) LEGO Ideas 2.0: LEGO World Builder offiziell gestartet. https://www.stonewars.de/news/lego-world-builder/. Zugegriffen am 05.07.2021

Reichheld F (2003) The one number you need to grow. Harvard Business Review 81(12):47–54

Reichheld F, Seidensticker FJ (2006) Die ultimative Frage. Mit dem Net Promoter Score zu loyalen Kunden und profitablem Wachstum. Carl Hanser Verlag, München

Schmidt S (2018) Erfolgreich Neues: Crowdsourcing. https://www.schwarmorganisation.de/2018/02/15/erfolgreich-neues-crowdsourcing/. Zugegriffen am 29.07.2021

Spitznagel A (2020) Mit diesen Projekten werden Restaurants und Geschäfte in der Corona-Krise unterstützt. https://social-wave.de/2020/04/mit-diesen-projekten-werden-restaurants-und-geschaefte-in-der-corona-krise-unterstuetzt/. Zugegriffen am 05.07.2021

Erfolgsfaktoren von *FANOMICS* 6

Wir wollen in diesem letzten Kapitel auf Erfolgsfaktoren von *FANOMICS* eingehen, die sich in den vielen Jahren des Arbeitens mit dem Ansatz in mehr als einhundert Kundenprojekten immer und immer wieder herauskristallisiert haben. Dabei wollen wir uns auf drei besonders relevante Aspekte konzentrieren:

1. **Der Bewusstseins- und Akzeptanzaufbau**
   FANOMICS ist ein ganzheitlicher Management-Steuerungsansatz, der immer dann besonders erfolgreich eingesetzt werden kann, wenn insbesondere alle Führungskräfte, im besten Fall auch alle Mitarbeiter, frühzeitig integriert werden und den persönlichen Nutzen für ihre eigene Arbeit erkennen. Damit das gelingen kann, gibt es einige spezifische Maßnahmen, die wir Ihnen gerne vorstellen wollen.
2. **Messen des Kundenwerts**
   FANOMICS ist mit Investitionen verbunden. Berechtigt ist daher die Frage nach dem Nutzen. Die wichtigste Währung zu seiner Ermittlung ist der Kundenwert. Wir wollen daher in diesem Kapitel vertiefend darauf eingehen, welche Möglichkeiten Sie haben, den Kundenwert zu messen, welche Vor- und Nachteile die verschiedenen Ansätze haben und wie Sie so die interne Investitionsbereitschaft hoch halten.
3. **Kontinuierliche Mess- und Zielsysteme**
   Um den Fortschritt Ihrer Bemühungen um die emotionale Kundenbindung nachzuhalten, sind Wirkungsmessungen unverzichtbar. Je regelmäßiger und kontinuierlicher diese Wirkungsmessungen durchgeführt werden, desto präsenter ist das Thema im Unternehmen und desto konsequenter wird an den definierten Themen gearbeitet. Die kontinuierliche Erfolgsmessung ist auch eine wesentliche Voraussetzung für das For-

R. Becker, G. Daschmann, *Das Fan-Prinzip*,
https://doi.org/10.1007/978-3-658-35892-1_6

mulieren von Zielen: Wollen Sie *FANOMICS* einsetzen, weil Sie davon überzeugt sind, dass Sie Ihr Unternehmen auf diese Weise nachhaltig erfolgreicher machen, so werden Sie um eine konkrete Zielsetzung in Verbindung mit einer monetären oder nichtmonetären Incentivierung nicht herumkommen. Die beiden Themen sind also eng miteinander verzahnt und sollen deshalb gemeinsam (vgl. Abschn. 6.3) behandelt werden.

6.1 Bewusstseins- und Akzeptanzaufbau

FANOMICS ist ein Management-Steuerungssystem. Die bisherigen Ausführungen mögen bereits verdeutlicht haben, dass nach der Implementierung vieles nicht mehr so sein wird wie zuvor. Wir reden von einem Paradigmenwechsel, der sich an einigen charakteristischen Punkten festmachen lässt:

- Es geht zukünftig nicht mehr um „Mehr ist Mehr", sondern darum, fokussiert das Richtige zu tun – und damit auch Dinge zu unterlassen. Insbesondere das an den Beispielen von *ALDI Süd* und *Miele* beschriebene „Mehr Ja zum Nein"-Prinzip stellt Management, Belegschaft und Organisationen vor große Herausforderungen. Zu weit verbreitet ist die Angst, hierdurch Kunden zu verlieren.
- Lieb gewonnene Verhaltensmuster, wie beispielsweise die in der deutschen Mentalität tief verwurzelte Neigung, sich auf Schwächen und ihre Kompensation zu konzentrieren, müssen überdacht und korrigiert werden.
- Das Starten neuer Projekte und Maßnahmen erfordert eine ständige Reflexion und Überprüfung, ob sich wirklich ein spürbarer Mehrwert für die Kunden einstellt.
- Mit *FANOMICS* ist Kundenorientierung nicht länger nur das Thema einiger Fachabteilungen, es betrifft die gesamte Organisation, insbesondere die strategisch und operativ Verantwortlichen, die sich zukünftig nicht mehr (ausschließlich) an monetären Kenngrößen aus dem Rechnungswesen messen lassen (sollten), sondern auch an ihrem spezifischen Beitrag, Kunden zu Fans zu machen und damit den nachhaltigen wirtschaftlichen Erfolg der Organisation zu sichern.
- Darüber hinaus werden Ihnen detaillierte Analysen der „Kundenreise" und insbesondere der hochrelevanten Kontaktpunkte schnell ein Gefühl dafür vermitteln, dass die notwendige fokussierte Ausrichtung auf die Kundenbedürfnisse nur dann gelingen kann, wenn nicht nur die kundennahen Prozesse wie Vertrieb, Service, Kommunikation und Marketing nach den Grundideen von *FANOMICS* agieren, sondern auch sämtliche Backoffice- und Stabsabteilungen. Was nützt es beispielsweise, wenn der Kundenberater einer Bank den Kreditantrag eines Kunden schnell bearbeitet, dieser dann aber anschließend in der Kreditabteilung mehrere Wochen liegen bleibt? Es muss jeder im Unternehmen zum Fan-Macher werden.

Diese Liste ließe sich beliebig verlängern, und sicher sind Ihnen beim Lesen des Buches weitere Aspekte aufgefallen, die uns mit Fug und Recht von einem Change-Prozess sprechen lassen, der die gesamte Organisation, das Management gleichermaßen wie die Belegschaft, betrifft. Daraus lassen sich einige Faktoren für eine erfolgreiche Unternehmenssteuerung mit *FANOMICS* ableiten:

- Was für alle Change-Prozesse gilt, ist auch für die Einführung der *FANOMICS*-Steuerungssystematik von essenzieller Bedeutung: In Phasen der Veränderungen suchen Menschen Orientierung. Diese Orientierung vermitteln in Unternehmen in erster Linie die Unternehmensführung und das gesamte Management. Das bedeutet für Sie: Wenn Sie selbst der Top-Entscheider sind, sollten Sie sich an die Spitze der Bewegung stellen und in Ihrer Organisation unmissverständlich klarmachen, dass Sie *FANOMICS* als wesentlichen Baustein zur Sicherung nachhaltigen Unternehmenserfolgs einführen. Sind Sie nicht der Top-Entscheider, dann gewinnen Sie Ihren Ansprechpartner aus der Geschäftsführung für *FANOMICS* als „Projektsponsor". Das wird die Chancen einer erfolgreichen Einführung steigern.
- Beim Bewusstseins- und Akzeptanzaufbau kommt es auf eine fundierte Vermittlung an, und zwar zweistufig: zunächst im Management und dann in der Belegschaft unter enger Einbindung des Managements. Hier hat sich in vielen Unternehmen das Format des *FANOMICS*-Workshops bewährt, der gleichermaßen das zugrunde liegende *Fan-Prinzip*, die Wirkmechanismen und insbesondere den Nutzen für das Unternehmen sowie für jeden Einzelnen greifbar macht. Schließlich sollten auch die einzelnen Schritte bei der Implementierung erläutert, Verantwortliche benannt und Zeitpläne geklärt werden. Der Workshop-Charakter bietet insbesondere bei der Ausgestaltung der Implementierung, aber auch bei der Entscheidung über Verantwortlichkeiten genügend Spielräume, um Führungskräfte und Belegschaft direkt zur Mitgestaltung anzuregen und einzubinden. So können die wichtigsten Ausgangsfragen geklärt werden:
  - Was sind die spezifischen Rahmenbedingungen im Unternehmen?
  - Wo steht das Unternehmen aktuell im Kundenmanagement, was sind Stärken, was sind Schwächen, und was sind die Ursachen hierfür?
  - Wo steht der Wettbewerb?
- Ebenso wichtig wie die Fundiertheit der Vermittlung von *FANOMICS* ist ihre Nachhaltigkeit. Dazu können verschiedene Faktoren beitragen:
  - Wenn Sie die *Fan-Quote* als wesentliche Kenngröße der Unternehmenssteuerung neben betriebswirtschaftlichen Kennziffern implementieren, so wird dies automatisch auch eine kontinuierliche Reflexion der Aussagekraft der *Fan-Quote* und der dahinterstehenden Modellidee nach sich ziehen (vgl. Abschn. 1.5).
  - Wenn Sie mit dem *Fan-Portfolio* Ihre Kunden entsprechend ihrer Beziehungsqualität (und damit entsprechend ihrem Kundenwert) segmentieren, so schaffen Sie damit die Grundlage, um sämtliche kundenbezogenen Prozesse zielgruppenspezifisch auszurichten. Auch dies wird zu einer nachhaltigen Verankerung von *FANOMICS* in Ihrem Unternehmen beitragen. Nichts wirkt so motivierend, wie den Erfolg gleich an zwei Punkten zu spüren: durch differenzierte Ansprache mehr Wirkung bei Kun-

den zu erzielen und gleichzeitig durch die zielgruppenspezifisch zugeschnittenen Maßnahmen Ressourcen zu sparen (vgl. Abschn. 4.4).

- Die Implementierung der *Fan-Quote* als Steuerungsgröße und die Segmentierung mit dem *Fan-Portfolio* setzen eine hohe Durchdringung und Akzeptanz beim Management und den Mitarbeitern voraus. Daher erweist es sich als hilfreich, insbesondere in der Implementierungsphase sogenannte „Fan-Botschafter" im Unternehmen zu etablieren, die mit regelmäßigen Beiträgen in der internen Unternehmenskommunikation und in Routinemeetings des Managements ebenso wie in kundennahen Fachabteilungen über den Einführungsprozess berichten. Darüber hinaus sollten die Fan-Botschafter Probleme kanalisieren, sowie gegebenenfalls auftretende Widerstände erkennen und mit den Verantwortlichen besprechen, um den nachhaltigen Erfolg des Implementierungsprozesses zu sichern. Als sehr zielführend hat es sich erwiesen, wenn einer der Fan-Botschafter als Fan-Dirigent agiert – dies in Anspielung auf die zentrale Herausforderung der Orchestrierung. Er verfügt über eine besonders intensive theoretische Ausbildung und idealerweise auch über praktische Erfahrung in der Arbeit mit *FANOMICS*. Er definiert, welche Implementierungsschritte in welcher Abfolge in Angriff genommen werden, schult und trainiert die Fan-Botschafter, misst regelmäßig Erfolge, koordiniert die Schnittstellen zu anderen laufenden Projekten im Unternehmen und berichtet direkt an die Unternehmensführung.

Was uns zur letzten Frage dieses Kapitels führt, nämlich wie die Verantwortlichkeiten organisiert sein sollten. *FANOMICS* ist kein Instrument einer Fachabteilung allein. Als Management-Steuerungssystem betrifft es strategisch und operativ Verantwortliche gleichermaßen. Daher sollte auch die Verantwortlichkeit breit verteilt sein. Denkbar ist ein *FANOMICS*-Lenkungskreis, in dem wenigstens ein Mitglied der Geschäftsführung und drei bis vier Entscheider der operativen Führungsebene (z. B. Vertrieb/Marketing, Personal, Service, Segmentverantwortliche) sowie Mitglieder aus dem Kreis der Fan-Botschafter vertreten sind. Der Fan-Dirigent steht diesem *FANOMICS*-Lenkungskreis vor. Für die Durchführung von operativen Einzelmaßnahmen, z. B. der Statusanalyse oder der kontinuierlichen Messung der *Fan-Quote*, können dann in bewährter Form die zuständigen Fachabteilungen, z. B. Marketing oder Marktforschung, verantwortlich sein.

Unsere Ratschläge zum Bewusstseins- und Akzeptanzaufbau basieren auf zwei Jahrzehnten Beratungserfahrung rund um die Analyse und Optimierung von Kundenbeziehungen. Wie schon erwähnt, lassen sich die daraus abgeleiteten Erkenntnisse nicht eins zu eins auf jedes Unternehmen übertragen. Finden Sie Ihren eigenen Weg, wie Sie *FANOMICS* einführen und ausgestalten. Lassen Sie uns, aber auch andere Unternehmen an Ihren Erfahrungen teilhaben: Nutzen Sie die Plattform www.fan-prinzip.de, auf der wir Informationen und Materialien zur Verfügung stellen, z. B. zur Unterstützung der Fan-Botschafter. Zudem bieten wir Ihnen hier die Möglichkeit zum Austausch mit anderen Unternehmen, die ebenfalls mit *FANOMICS* steuern oder dies gerade in Angriff nehmen.

Die wichtigsten Tipps zur Einführung von *FANOMICS*

1. Die Implementierung des *Fan-Prinzips* ist ein Change-Prozess, der die gesamte Organisation betrifft: Machen Sie ihn zur Chefsache!
2. Binden Sie das gesamte Management frühzeitig ein und lassen Sie es bei der Umsetzung aktiv mitarbeiten.
3. Sorgen Sie für eine nachhaltige Institutionalisierung und Kommunikation. Fan-Botschafter können dabei eine wertvolle Hilfe sein. Der Fan-Dirigent koordiniert alle Aktivitäten zur Implementierung und schafft Schnittstellen zu anderen Projekten im Unternehmen.
4. Verankern Sie die Gesamtverantwortung in einem *FANOMICS*-Lenkungskreis, in den neben der Unternehmensleitung wesentliche operative Entscheider integriert sind.
5. Nutzen Sie die Erfahrungen anderer Unternehmen, die sich auch für die Unternehmenssteuerung mit *FANOMICS* entschieden haben, und nehmen Sie am Austausch teil.

6.2 Validierung der Erfolgswirksamkeit durch Messen des Kundenwerts der Fans

Den Zusammenhang zwischen der *Fan-Quote* und dem wirtschaftlichen Erfolg haben wir sowohl durch unsere Grundlagenforschung als auch durch Auftragsprojekte belegt und die entsprechenden Erkenntnisse ausführlich dargestellt (vgl. Kap. 2). Dies sollte Ihr Unternehmen motivieren, im Rahmen von Kundenstudien auch in den eigenen Daten nach Belegen für diese Zusammenhänge zu suchen, denn es erweist sich als akzeptanzsteigernd, wenn das Management bei der Einführung von *FANOMICS* den Wachstumseffekt einer steigenden *Fan-Quote* im eigenen Unternehmen wiedererkennt. Daher wollen wir alternative Ansätze zur Validierung des Zusammenhangs zwischen *Fan-Quote* und wirtschaftlichem Erfolg im Folgenden vorstellen und gezielt auf Vor- und Nachteile der verschiedenen Vorgehensweisen eingehen. Dabei unterscheiden wir zwischen kundenindividuellen Ansätzen und Betrachtungen der Kunden im Aggregat.

Bei den kundenindividuellen Ansätzen wird durch die Gegenüberstellung der verschiedenen Kundengruppen der Nachweis geführt, dass Fan-Kunden einen höheren Kundenwert haben als die anderen Kundengruppen des *Fan-Portfolios*. Daraus lässt sich ableiten, dass mit steigender *Fan-Quote* insgesamt der Kundenwert steigt – und damit auch der Unternehmenserfolg. Ein solcher kundenindividueller Ansatz ist die Korrelation verschiedener Indikatoren für den Kundenwert des Befragten mit den Kundengruppen aus dem *Fan-Portfolio*. Konkret bedeutet das: Sie stellen im Rahmen einer Kundenstudie die drei Fragen, die die Einordnung in das *Fan-Portfolio* ermöglichen, sowie weitere Fragen, die auf den Kundenwert schließen lassen. Beispiele dafür sind Kaufhäufigkeit und -volumen, Dauer der Kundenbeziehung, Preisbereitschaft (Preissensibilität und -elastizität), Cross-Buying-Bereitschaft, Weiterempfehlungsbereitschaft und faktische Häufigkeit der Weiterempfehlung oder Social-Media-Aktivität (vgl. Kap. 2).

Die Vorteile dieser Vorgehensweise liegen erstens in der hohen Validität der Messung hinsichtlich des Zusammenhangs zwischen Beziehungsqualität (anhand des *Fan-Portfolios*) und dem intendierten Verhalten und zweitens in der einfachen, kostengünstigen Umsetzung. Dagegen sind zwei Nachteile zu nennen: Erstens ist die Validität der Messung hinsichtlich des tatsächlichen Verhaltens schwer einzuschätzen. Mit anderen Worten: Stimmt das, was der Kunde im Interview angibt, auch mit seinem tatsächlichen Verhalten überein? Kann der Kunde zum Beispiel im Interview wirklich einschätzen und wiedergeben, wie häufig er seinen Anbieter tatsächlich weiterempfohlen hat? Und zweitens bleibt für B2B-Unternehmen unklar, inwieweit sich die Antworten von Befragten aus Kundenunternehmen auf den Anbieter insgesamt hochrechnen lassen. Befragen wir beispielsweise einen Produktionsverantwortlichen und identifizieren ihn als Fan, so kann sich das Gesamtunternehmen dennoch söldnerhaft verhalten, wenn der Einkäufer im Unternehmen über den Lieferanten entscheidet und dieser eben ein Söldner ist. Trotz dieser Einschränkungen erweist sich diese Vorgehensweise in vielen Unternehmen als zielführend, weil sie gleichermaßen einfach umzusetzen ist und den Resultaten ausreichende Glaubwürdigkeit zugeschrieben werden kann, um die gewünschte Akzeptanzsicherung zu erreichen.

Ein weiteres Verfahren der kundenindividuellen Analyse des Zusammenhangs zwischen *Fan-Quote* und wirtschaftlichem Erfolg greift eine Schwachstelle des ersten Ansatzes auf, nämlich dass die Verhaltensabsichten der Kunden nicht unbedingt ihr tatsächliches Verhalten widerspiegeln. Deshalb wird im zweiten Ansatz eine Korrelation zwischen dem unmittelbaren monetären Kundenwert des Befragten (oder des von ihm repräsentierten Unternehmens) und seiner Zuordnung im *Fan-Portfolio* gebildet. Dieser Ansatz liefert eine hohe Validität hinsichtlich des Zusammenhangs zwischen Beziehungsqualität und tatsächlichem Kaufverhalten. Die Umsetzung ist einfach und kostengünstig, sofern belastbare kundenspezifische Indikatoren für den unmittelbaren monetären Kundenwert (insbesondere Transaktionsdaten, Kaufvolumina, Deckungsbeiträge) im CRM hinterlegt sind. Konkret hat man sich diesen Ansatz wie folgt vorzustellen: Sie reichern die Kundenadressen für die Befragung mit den Transaktionsdaten aus Ihrem CRM an. In der Befragung werden dann die relevanten Fragen für die Zuordnung im *Fan-Portfolio* gestellt. Anschließend können die Informationen aus dem CRM mit der Zuordnung im *Fan-Portfolio* korreliert werden (vgl. Abschn. 5.1). Auch dieses Verfahren hat bei allen Vorteilen auch Nachteile:

- Da in der Regel nur Transaktionsdaten einfließen, ist eine Operationalisierung des mittelbaren Kundenwerts der Fans nicht möglich. Dies ist bedeutsam, weil dabei die Wertigkeit von weniger zahlungskräftigen, aber extrem aktiven Multiplikatoren unter den Fans nicht erfasst wird. Die Lösung besteht darin, die Fragen zum mittelbaren Kundenwert wie im ersten Ansatz direkt empirisch mitzuerheben.
- Ebenso wie beim ersten geschilderten Ansatz läuft die Messung auf Individualebene ab. Bei Kundenunternehmen aus dem B2B-Bereich bleibt somit unklar, inwieweit sich die Zuordnung des befragten Entscheiders auf sein Unternehmen hochrechnen lässt.
- Sofern vertragliche Bindungen zwischen dem Anbieter und dem untersuchten Kunden bestehen, wird die Wirkung der Beziehungsqualität auf das Kaufverhalten ggf. abge-

schwächt oder überlagert: Typische Beispiele sind die Verträge mit Mobilfunkanbietern oder mit Banken im Rahmen einer Kreditvergabe. Der Kunde mag beispielsweise umsatzstark oder profitabel sein, ohne dass dies Ausdruck einer hohen Beziehungsqualität sein muss. Es kann auch der Zwangslage geschuldet sein, einen langfristigen Vertrag nicht kündigen zu können.

- Eine wesentliche Problematik aller Verfahren der Validierung, bei denen faktische Transaktionsdaten mit Daten zur Beziehungsqualität in Relation gesetzt werden, liegt im unterschiedlichen zeitlichen Bezugsrahmen der Daten: Während die Transaktionsdaten im übertragenen Sinn dem Blick in den Rückspiegel gleichen (es fließen beispielsweise die Umsätze je Kunde aus den letzten zwölf Monaten ein), richtet die Abfrage der Beziehungsqualität den Blick auf aktuelles und zukünftiges Verhalten. Das bedeutet konkret: Wollen wir die Wirkung einer hohen Beziehungsqualität auf den unmittelbaren monetären Kundenwert richtig verstehen, so ist es zielführend, sich die Verhaltensdaten der Zukunft anzuschauen. Die Effekte einer gestiegenen oder gesunkenen Beziehungsqualität lassen sich häufig (und in Abhängigkeit von der Handlungsfreiheit der Kunden) erst mit einem zeitlichen Verzug von ein bis zwei Jahren erkennen. Aus dieser Perspektive heraus ist es ratsam und pragmatisch, vor ein bis zwei Jahren erhobene Daten zur Beziehungsqualität mit aktuellen faktischen Umsatzdaten auf Individualdatenebene zu kreuzen, um Effekte zu erkennen und korrekt zuzuordnen.
- In bestimmten Branchen ist das Transaktionsverhalten der Kunden nicht nur durch ihr „Wollen“, sondern auch durch ihr „Können“ geprägt: Stellen Sie sich klassische Retail-Kunden einer Bank vor. Aufgrund geringer finanzieller Spielräume mögen diese Kunden noch so gerne weitere Sparleistungen ihrer Bank in Anspruch nehmen, das Vorhaben scheitert an der mangelnden Bonität. In einem solchen Fall werden auch entsprechende Messungen zum unmittelbaren monetären Kundenwert nicht das gewünschte Ergebnis zeigen. Fokussiert man sich dagegen bei dieser Betrachtung auf vermögende Private-Banking-Kunden, zeigen sich die erwarteten Zusammenhänge, da diese Kundengruppe über ausreichend finanzielle Mittel verfügt, um Cross-Buying zu betreiben.

In der Praxis hat sich dieses Verfahren immer dann als vorteilhaft erwiesen, wenn belastbares und zuverlässiges Datenmaterial aus dem CRM verfügbar war und das Transaktionsverhalten des Kunden gar nicht oder kaum durch die soeben geschilderten vertraglichen oder sonstigen Rahmenbedingungen eingeschränkt wurde – was bedeutet, dass sich der Grad der Beziehungsqualität ohne (signifikanten) zeitlichen Verzug auf das Kaufverhalten auswirkte.

Schauen wir uns abschließend einen Ansatz an, bei dem die Kunden im Aggregat betrachtet werden. Dies geschieht durch die Gegenüberstellung des wirtschaftlichen Erfolgs des Unternehmens und der *Fan-Quote* respektive des *Fan-Indikators* im Zeitverlauf oder durch entsprechende Gegenüberstellung von Unternehmensbereichen. Dieser Ansatz wird in Abb. 6.1 illustriert. Am Beispiel eines Handelsunternehmens ist zu sehen, wie sich der Zusammenhang zwischen emotionaler Bindung und der Rentabilität in der Gegenüberstellung der einzelnen Filialen darstellt. Das sieht einfach und intuitiv aus. Vergleicht man über alle Filialen des Unternehmens hinweg die gemessene emotionale Kundenbindung mit der Umsatzrendite, so ergibt sich: Je höher die emotionale Kundenbindung, desto hö-

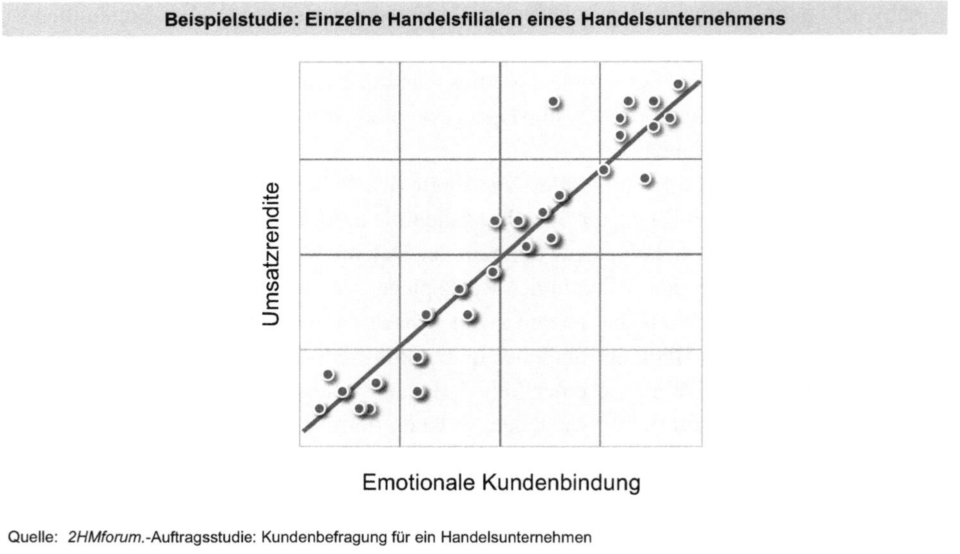

Abb. 6.1 Der Zusammenhang zwischen emotionaler Kundenbindung und Umsatzrendite

her ist die Rendite. Die Vorteile dieses Ansatzes liegen auf der Hand: Er erweist sich als sehr praktikabel bei Zielvereinbarungen (in unserem Beispiel für die Filialleiter), da die emotionale Bindung direkt mit dem Erfolg des Unternehmens respektive der Teileinheiten (in unserem Beispiel der Filialen) korreliert wird. Zudem wird bei diesem Ansatz auch der mittelbare Effekt hoher emotionaler Kundenbindung berücksichtigt, also zum Beispiel der Weiterempfehlung – allerdings auch nur, wenn sich dieser mittelbare Kundenwert auf das Filialgeschäft direkt auswirkt. Sofern er filialübergreifend zum Tragen kommt, zum Beispiel durch Weiterempfehlung gegenüber einem Bekannten, der dann in einer anderen Filiale kauft, ist dieser Effekt nicht erkennbar und der mittelbare Kundenwert nicht nachvollziehbar.

Wer glaubt, damit den Königsweg der Validierung gefunden zu haben, unterschätzt den Aufwand, der für eine belastbare Betrachtung betrieben werden muss. Für valide Aussagen müssen „sonst gleiche Bedingungen" hergestellt werden, was sich in der Praxis als sehr aufwändig erweist und mit hohem personellen und finanziellen Aufwand bei der Umsetzung einhergeht.

Voraussetzungen für Validierung und valide Aussagen

1. Die Zielgröße – sei es die Umsatzrendite, der Deckungsbeitrag oder eine andere betriebswirtschaftliche Kenngröße für Erfolg oder Wachstum – muss standardisiert werden. Das betrifft Kostenstrukturen, Kundenstrukturen, Markt- und Wettbewerbsumfeld sowie singuläre Effekte (Streiks, witterungsbedingte Umsatzeinbrüche etc.).

2. Ebenso müssen für den *Fan-Indikator* oder die *Fan-Quote* identische Rahmenbedingungen geschaffen werden. Dabei gilt es insbesondere, Stichprobeneinflüsse (Auswahl, Umfang) möglichst auszuschließen: Befragen wir für eine Validierung wie in unserem Beispiel pro Filiale nur 50 Kunden (was sich in Abhängigkeit von der Anzahl der Filialen schon zu einer stattlichen Zahl an insgesamt durchzuführenden Interviews aufaddieren kann), so beträgt die statistische Fehlerstreuung noch +/–5,5 Punkte beim *Fan-Indikator* beziehungsweise +/–14 Prozentpunkte bei der *Fan-Quote*. Es ist kaum zu erwarten, dass die Korrelation mit den betriebswirtschaftlichen Kennziffern unter diesen Vorzeichen zu dem gewünschten Ergebnis führt. Dazu kommt, dass auch bei diesem Ansatz eine dynamische Betrachtung zielführend ist, weil die Renditeeffekte einer sich im Aggregat verändernden Kundenbeziehungsqualität zeitverzögert eintreten. Dies gilt – wie bereits erläutert – insbesondere bei langfristigen Vertragsbindungen, da dann die Wirkung der Beziehungsqualität auf das Kaufverhalten abgeschwächt oder überlagert sein kann.
3. Schließlich gilt es auch bei diesem Ansatz zu beachten, dass die Messung der emotionalen Bindung im Rahmen einer Befragung auf Individualebene abläuft. So bleibt bei Kundenunternehmen wiederum unklar, inwieweit sich die Zuordnung des befragten Entscheiders auf „sein" Unternehmen hochrechnen lässt.

Die Ausführungen verdeutlichen, dass dieser Ansatz einer Validierung des Zusammenhangs zwischen emotionaler Bindung und wirtschaftlichem Erfolg zwar sehr intuitiv ist, die praktische Umsetzung aber sehr aufwändig und die Ergebnislage aufgrund der kaum zu kontrollierenden Einflussgrößen dennoch strittig. Das erklärt, warum sich die meisten Unternehmen im Rahmen der Kundenbefragungen auf einen der beiden zuvor beschriebenen Ansätze (oder auf eine Kombination aus diesen beiden) konzentrieren.

6.3 Kontinuierliche Mess- und Zielsysteme zur Erfolgssteuerung

Der erfolgreiche Einsatz von *FANOMICS* in Ihrem Unternehmen verlangt, dass Sie die zentrale Kennziffer, die *Fan-Quote*, nachhaltig als strategisch und operativ relevante Steuerungsgröße platzieren. Das Ziel ist, dass Ihre Unternehmenssteuerung fortan auf zwei Säulen basiert: Ihrem Rechnungswesen mit seinen zentralen betriebswirtschaftlichen Steuerungsgrößen – dies entspricht quasi dem Blick in den Rückspiegel – und der *Fan-Quote* als Währung für die Qualität Ihrer Kundenbeziehungen. Die *Fan-Quote* ermöglicht nicht nur einen Blick in die Zukunft, sondern lehrt uns, wie wir diese Zukunft managen sollten, um profitabel zu wachsen. Teilen Sie diese Idee eines Zwei-Säulen-Modells der Unternehmenssteuerung, das gleichermaßen auf klassischen betriebswirtschaftlichen Steuerungsgrößen *und* solchen der Beziehungsqualität aufbaut? Dann sollte sich dies auch in gleichgewichteten Kennziffernsystemen ausdrücken. Das bedeutet: Man muss das Kunden-Feedback genauso konsequent messen und managen wie die wirtschaftlichen Kennziffern.

Nun könnten Sie einwenden, dass die *Fan-Quote* doch im Rahmen der *Kundenbefragung* (Abschn. 4.1) bereits gemessen worden sei. Dies ist zwar richtig, doch die *klassische Kundenbefragung* basiert auf einer bewusst klein gehaltenen Stichprobe, da sie auf der Suche nach dem gemeinsamen Nenner für Positionierung, Orchestrierung und Fokussierung Aussagen auf einem hohen Aggregatsniveau anstrebt. So betrachtet, ist die Ermittlung der *Fan-Quote* im Rahmen dieser klassischen Kundenbefragung *nur* ein Nebeneffekt – im Kern geht es dabei jedoch um die Analyse der zentralen Kundenbedürfnisse und der relevanten Touchpoints. Damit wird die *klassische Kundenbefragung* den Anforderungen an ein Kundenfeedback im Rahmen von *FANOMICS* nicht gerecht. Schauen wir doch für einen Augenblick auf die „etablierte" Säule jedes Unternehmenssteuerungssystems, auf das Rechnungswesen und dessen Erfolgsfaktoren, um zu verstehen, was wir dort für die Ausgestaltung eines adäquaten Kundenfeedbacksystems lernen können.

- Die betriebswirtschaftlichen Kennziffern stehen in der Regel nicht nur im Aggregat zur Verfügung, sondern lassen sich auch differenziert auswerten, sei es nach einzelnen Betriebseinheiten oder Kostenstellen.
- Die betriebswirtschaftlichen Kennziffern werden kontinuierlich fortgeschrieben. Im modernen Rechnungswesen ist durch rollierende Planung eine exakte Statusermittlung in Echtzeit möglich – und damit auch eine schnelle und ursachenadäquate Reaktion.
- Die betriebswirtschaftlichen Kennziffern haben sich über Jahrzehnte bewährt. Die Techniken zur Ermittlung sind objektiv nachvollziehbar und belastbar. Ihre hohe Glaubwürdigkeit ist die Basis für eine breite Akzeptanz.

Wie lassen sich diese Erfolgsfaktoren aus dem Rechnungswesen auf die Messung des Kundenfeedbacks übertragen? Beschäftigen wir uns zunächst mit der Notwendigkeit differenzierter Auswertungen: Offensichtlich ist es nicht ausreichend, die *Fan-Quote* nur aggregiert zu messen. Denn dann wäre ja die *klassische Kundenbefragung zur Statusermittlung* ausreichend. Erst die differenzierte Messung der Beziehungsqualität ermöglicht es den Verantwortlichen, gezielt zu reagieren. Außerdem ist dies die notwendige Voraussetzung dafür, die zuständigen Entscheider für die erreichten oder nicht erreichten Ergebnisse verantwortlich zu machen: Der Deutschland-Geschäftsführer eines internationalen Industrieunternehmens wird sich beispielsweise kaum an einer *Fan-Quote* messen lassen, die im Rahmen eines Kundenfeedbacks für Gesamteuropa gemessen wurde. Das Gleiche mag auch für die Verantwortlichen bestimmter Produktlinien respektive Geschäftsbereiche gelten. Das bedeutet: Der Erfolg einer Steuerung mit der *Fan-Quote* wird entscheidend davon abhängen, wie differenziert die Ergebnisse erhoben und zur Verfügung gestellt werden.

Bei der Ausdifferenzierung der Ergebnisse des Kundenfeedbacks nach Verantwortungsbereichen und Verantwortlichkeiten ist jedoch auch zu berücksichtigen, dass die *Fan-Quote* nicht für alle Zwecke die richtige Steuerungsgröße ist (Becker und Lang 2013). Die Ausführungen in Abschn. 4.2 verdeutlichen, dass man zwischen der Leistungswahrnehmung von Kunden und ihrer Beziehungsqualität unterscheiden muss. Als kurze Wiederholung: Zur Beurteilung der Leistung einer Führungskraft, die für einen operativen Prozess wie zum Beispiel den Kundenservice oder den Innendienst verantwortlich zeichnet, greift die *Fan-Quote* zu kurz und führt häufig zur Demotivation. Denn wirksam beeinflussen können Prozessverantwortliche die Leistungswahrnehmung der Kunden nur bezogen auf „ihren" Prozess, also beispielsweise auf den Kundenservice. Da die *Fan-Quote* die Gesamtwahrnehmung des Kunden zum Ausdruck bringt, fließen viele Faktoren ein, die der Prozessverantwortliche gar nicht beeinflussen kann, zum Beispiel die Unternehmenskommunikation und damit imagebildende Maßnahmen. Denken Sie an den für den telefonischen Kundenservice verantwortlichen Manager einer Versicherung, der mit seinem Team jeden Anrufer begeistert – und dennoch ist die *Fan-Quote* nur durchschnittlich, weil sich die Schadensbearbeitung durch die eigene Fachabteilung stets ewig hinzieht oder weil das Vertrauen der Kunden durch Berichte über Verzögerungstaktiken der Versicherung angeschlagen ist. Würde er also an der *Fan-Quote* (alleine) gemessen, löste dies ein Gefühl der Ohnmacht aus.

Bei der Ausdifferenzierung des Kundenfeedbacks sollte also zwischen Verantwortlichen für die Beziehungsqualität und Verantwortlichen für Prozesse unterschieden werden. Während die *Fan-Quote* für die Erstgenannten die adäquate Kenngröße ist, sollten Prozessverantwortliche anhand der Kontaktzufriedenheit der Kunden, also leistungsorientiert, bewertet werden. Wie an anderer Stelle ausführlich erörtert, werden dazu Nachkontaktbefragungen unmittelbar nach der Leistungserbringung durchgeführt (vgl. Abschn. 4.2).

Wie lässt sich der zweite Erfolgsfaktor des Rechnungswesens, nämlich die stets aktuelle, am besten rollierende Erfassung und Steuerung auf die Messung der *Fan-Quote* übertragen? Lassen Sie uns zunächst überlegen, warum dies so wichtig ist: Wenn die Messung einmal jährlich (oder noch seltener) durchgeführt würde, bestünde die Gefahr, dass sich die Aufmerksamkeit nur kurzfristig auf die Kundenbeziehung richtete. Nun könnte man einwenden, dass auch durch Zielvereinbarungen und kontinuierliche Kampagnen das Thema „Kunde" stets auf der Agenda sei. Die praktische Erfahrung in den Unternehmen zeigt jedoch, dass der Ressourceneinsatz stark von aktuellen Eindrücken geprägt ist. Jeder kann sich bestimmt ein eigenes Bild davon machen, was passiert, wenn in der Vertriebsabteilung eines Unternehmens zwar täglich die Verkaufszahlen kommuniziert werden – aber nur einmal jährlich die *Fan-Quote*: Eine ausgewogene Präsenz von wirtschaftlichen Kennziffern und Steuerungsgrößen der Beziehungsqualität im Alltagsgeschäft ist also eine notwendige Voraussetzung dafür, dass das propagierte Zwei-Säulen-Steuerungsmodell wirklich funktionieren kann. Unterjährige regelmäßige Erhebungen der *Fan-Quote* sind zielführend. Denn aktuelle Messungen haben noch einen weiteren großen Vorteil: Sie erlauben eine eindeutigere Zuordnung von Ursache und Wirkung, forcieren damit die Lernkurven in den Unternehmen und ermöglichen schnelles Gegensteuern.

Die zeitnahe Erfassung bringt uns direkt zum dritten Erfolgsfaktor: der Belastbarkeit und damit der Glaubwürdigkeit von Daten – im Zusammenhang mit der Messung der *Fan-Quote* also des Kundenfeedbacks. In diesem Zusammenhang ist der Stichprobenumfang respektive die Rücklaufquote ein wesentlicher Aspekt.

Idealerweise basiert das Kundenfeedback auf einer vollständigen Erhebung. Ist dies – aus wirtschaftlichen Gründen oder um bei überschaubarer Grundgesamtheit einzelne

Kunden nicht zu häufig befragen zu müssen – nicht möglich, sollte man zumindest möglichst große Stichproben je Analyseeinheit anstreben, um belastbare und insbesondere trennscharfe Ergebnisse zu generieren. Warum dies wichtig ist, sei an einem konkreten Rechenbeispiel illustriert: Wir unterstellen, dass wir für eine Bank die *Fan-Quote* pro Filiale messen wollen, wobei wir der Einfachheit halber davon ausgehen, dass jede Filiale etwa 1000 Kunden betreut. Wie belastbar wird das Ergebnis für die *Fan-Quote* in Abhängigkeit von der gewählten Stichprobe? Unterstellen wir, es liegen lediglich 50 Feedbacks pro Filiale vor. Die Ergebnisse weisen die *Fan-Quote* in einer ausgewählten Filiale in der Höhe von 30 % aus. Wie bereits ausgeführt, liegt aufgrund der Fehlerspanne bei einer 50-Personen-Stichprobe die tatsächliche *Fan-Quote* dieser Filiale belastbar in einem Bereich zwischen 16 % und 44 %.[1] Was meinen Sie, ob sich der entsprechende Filialleiter an dieser ungenauen *Fan-Quoten*-Erhebung messen lassen würde? Unterstellen wir nun, stattdessen würden 300 Kunden pro Filiale befragt. Dann verringert sich die Schwankungsbreite der tatsächlichen *Fan-Quote* auf +/−5 Prozentpunkte – ein Ergebnis, das auf deutlich höhere Akzeptanz stoßen dürfte. Wichtig für Ihre Überlegungen zur Stichprobengröße ist: Sie benötigen für die eindeutige Zuordnung Ihrer Kunden im *Fan-Portfolio* nur drei Antworten. Für den Kunden ist das in rund 30 Sekunden erledigt. Aufgrund der Kürze sind die Kosten pro Interview also gering – und somit auch größere Stichproben finanzierbar.

Eine Möglichkeit, ressourcenschonend zu starten, besteht darin, sich auf besonders attraktive Kunden zu konzentrieren. Wie die Ausführungen in Abschn. 5.1 verdeutlicht haben, kann dies allerdings auch in die Irre führen. Denn erst die Kundensegmentierung im *Fan-Portfolio* macht den Blick auf den wahren Kundenwert frei. Wer zu befragende Kunden aufgrund typischer Klassifizierungsansätze allein nach ihrem wirtschaftlichen Potenzial auswählt, wird wertvolle Fan-Kunden mit kleinem wirtschaftlichem Budget regelmäßig übersehen.

Dies führt uns zur letzten zentralen Voraussetzung dafür, dass die Entscheider die erhobenen *Fan-Quoten* akzeptieren: nämlich, dass die Antworten und die daraus ermittelte *Fan-Quote* verlässlich sein müssen. Dies ist immer dann fragwürdig, wenn Sie Ihre Entscheider anhand der erzielten *Fan-Quote* bewerten. Dann werden Automatismen greifen, die zu einer Verzerrung der Ergebnisse führen. Entscheider werden versuchen, die Ergebnisse in ihrem Sinne zu manipulieren, zum Beispiel durch Beeinflussung der Befragten (von gutem Zureden und Suggestion bis hin zu Bestechung oder der Androhung von Sanktionen) oder der Stichprobenziehung (beispielsweise durch Auswahl nicht repräsentativer, aber besonders gewogener Kunden). Wenn die Datenerhebung durch eine neutrale Institution durchgeführt wird, lassen sich solche Effekte erfahrungsgemäß besser kontrollieren. Wie in allen Bereichen des Qualitätsmanagements gilt auch hier: Lassen Sie niemanden diejenigen Daten selbst erheben, die über seine eigene Leistungsfähigkeit und Zielerreichung Auskunft geben sollen.

---

[1] Dies ergibt sich aus dem sogenannten 95%-Konfidenzintervall der Stichprobe. Es gibt quasi den Wertebereich an, innerhalb dessen der sogenannte „wahre Wert" mit 95%iger Wahrscheinlichkeit liegt.

Wie wir bereits ausführlich erläutert haben (vgl. Abschn. 4.4 und 5.1), ist es für das nachhaltige Arbeiten mit *FANOMICS* von elementarer Bedeutung, einzelne Kunden im *Fan-Portfolio* eindeutig und personalisiert zuordnen zu können. Wie lässt sich das mit der Idee einer anonymisierten Erhebung der *Fan-Quote* durch einen neutralen Dienstleister in Einklang bringen? Grundsätzlich, indem man diese beiden Zielsysteme getrennt voneinander betrachtet und bearbeitet: einerseits die anonymisierte Abfrage zur Implementierung der *Fan-Quote* als Steuerungsgröße, andererseits die personalisierte Zuordnung der Kunden im *Fan-Portfolio* als Basis einer kundenwertbasierten Steuerung. Und falls Sie der Versuchung – im Sinne des Synergieeffekts – nicht widerstehen können und die Ergebnisse der ersten Abfrage doch personalisiert verwenden wollen: Lassen Sie die Kunden selbst entscheiden, ob sie lieber anonym antworten möchten oder ob sie damit einverstanden sind, dass Sie die Ergebnisse personalisiert nutzen.

1. Wenn Sie mit *FANOMICS* erfolgreich sein wollen, müssen Sie die *Fan-Quote* als zentrale Steuerungsgröße genauso konsequent messen und managen wie die wirtschaftlichen Kennziffern.
2. Als Grundlage einer gezielten Steuerung ist die differenzierte Messung der Beziehungsqualität zum Beispiel nach Regionen, Ländern oder Geschäftsbereichen notwendig. Nur dann können die zuständigen Entscheider für die erreichten oder nicht erreichten Ergebnisse verantwortlich gemacht werden.
3. Unterjährige regelmäßige Erhebungen der *Fan-Quote* sind notwendig, damit die Kundenbeziehungen in der Wahrnehmung der Mitarbeiter ständig präsent sind und die Wirkung initiierter Maßnahmen engmaschig überprüft werden kann.
4. Die Belastbarkeit und damit die Glaubwürdigkeit erhobener Daten zum Kundenfeedback hängen entscheidend von einer ausreichend großen Stichprobe sowie der Rücklaufquote ab.
5. Die Zuverlässigkeit erhobener Daten zur Beziehungsqualität kann gesteigert werden, wenn eine neutrale Institution mit der Durchführung betraut wird.

Literatur

Becker R, Lang J (2013) Wohin will der Kunde wirklich? QZ 58(12):30–34

Mehr als „nur“ Erfolg: Wie *FANOMICS* dem Wirtschaften einen Sinn gibt

Vor einigen Jahren fragte uns der Kommunikationschef eines führenden Haushaltsgeräteherstellers anlässlich eines Gesprächs über das *Fan-Prinzip*, was wir von der folgenden Aussage halten: „Nie war es so leicht, seine Kunden zu Fans zu machen!“ Man neigt spontan zur Zustimmung, denn genau das suggeriert uns das millionenfache Vergeben von „Likes“ in den Social Media, das mit Fantum gleichgesetzt wird, sowie das inflationäre Bekenntnis von Unternehmen, „Kunden zu Fans“ machen zu wollen. Wir sind dennoch vom Gegenteil überzeugt. Nie war es so schwer, seine Kunden zu Fans zu machen.

Um unsere Aussage zu begründen, wollen wir uns noch einmal die beiden Wesensmerkmale des Fans vergegenwärtigen, die wir aus der sozialwissenschaftlichen Forschung herausgearbeitet haben: Fans erkennt man an der Identifikation mit ihrem Star sowie an der subjektiven Einzigartigkeit, die sie ihrem Star bei der Erfüllung ihrer zentralen Bedürfnisse zuschreiben. Diese beiden Wesensmerkmale erklären, warum es für alle Unternehmen attraktiv ist, von Fan-Beziehungen zu lernen und die zugrunde liegenden Mechanismen auf ihr Beziehungsmanagement zu übertragen. Denn als einzigartig werden Unternehmen, ihre Produkte und ihre Leistungen von den Kunden schon lange nicht mehr wahrgenommen.

Das war aber nicht immer so. Früher genügte es, das bessere Produkt zu haben, um sich auch für die Kunden wahrnehmbar zu differenzieren. Die Produktunterschiede waren groß und für die Kunden leicht zu erkennen. Kunden kannten nur wenige Anbieter, da das Internet für einen Vergleich zwischen Anbietern weltweit und in Echtzeit nicht zur Verfügung stand. Also genügte es, die besseren Produkte zu haben, um sich wahrnehmbar zu differenzieren, und damit auch die Kunden zu Fans zu machen.

Doch die Produktentwicklung schritt voran, Produkte wurden immer reifer, und von den Gewinnen wurden immer neue Anbieter angelockt, sodass eine zunehmende Anzahl an Anbietern in der Wahrnehmung der Kunden immer ähnlichere Produkte anbot. Also investierten die Unternehmen mehr und mehr in produktbegleitende Leistungen: In ihre Infrastruktur, ihren Service, ihre Mitarbeiter. So konnten sie sich differenzieren, und damit auch ihre Kunden zu Fans machen – wenn auch mit zunehmend steigendem Aufwand.

R. Becker, G. Daschmann, *Das Fan-Prinzip*,
https://doi.org/10.1007/978-3-658-35892-1

Doch auch bei den Investitionen in produktbegleitende Leistungen zogen immer mehr Anbieter nach, sodass sich Unternehmen auch dahingehend in der Wahrnehmung ihrer Kunden nicht mehr unterschieden. War dieser Punkt erreicht, so drehte sich die Preisspirale immer schneller, denn der Preis war das einzige verbliebene Leistungsmerkmal, über das sich Unternehmen noch wahrnehmbar differenzieren konnten.

Seitdem suchen Unternehmen nach einem Ausweg aus diesem Preiswettbewerb, und wir haben mit *FANOMICS* einen solchen Ausweg entdeckt. Denn *FANOMICS* zeigt einen Weg auf, wie sich Unternehmen in der Wahrnehmung ihrer Kunden trotz austauschbarer Produkte, Leistungen und Services differenzieren können:

- Dabei geht es zunächst um die Fokussierung auf die zentralen Kundenbedürfnisse.
- Dann geht es um die Orchestrierung aller Kontaktpunkte der Kunden entlang der „Kundenreise", denn nur so lässt sich das Gefühl der Einzigartigkeit herstellen. Es reicht also nicht, einzelne Produkt- oder Leistungsaspekte zu optimieren, und es reicht auch nicht, wenn sich einzelne kundennahe Abteilungen besonders anstrengen. Jeder und alles muss fokussiert und abgestimmt agieren.

Obwohl wir seit einigen Jahren mit *FANOMICS* einen Weg aufzeigen, wie sich Unternehmen dem Preiswettbewerb entziehen und so noch erfolgreicher werden können, ergreift längst nicht jedes Unternehmen die Chance zur Implementierung – und das, obwohl sie fast alle propagieren, ihre Kunden zu Fans machen zu wollen. Wir haben drei zentrale Ursachen identifiziert, warum sich viele Unternehmen so schwertun, ihren Worten auch Taten folgen zu lassen:

1. Sicher hat es mit dem notwendigen Paradigmenwechsel vom „Mehr ist Mehr"-Mantra zur Fokussierung und Orchestrierung zu tun, der viele Unternehmen davon abhält, die Komfortzone mit (noch) akzeptablem Erfolg zu verlassen und sich auf den Weg zu machen.
2. Zweifelsohne sind deutsche Unternehmen in ihre Produkte verliebt – und das unbestritten mit einer gewissen Berechtigung: Nicht von ungefähr ist „Made in Germany" in der ganzen Welt ein Synonym für besondere Qualität und Zuverlässigkeit. Im Hinblick auf die erfolgreiche Steuerung von Kundenbeziehungen vernebeln diese produktverliebten Tendenzen aber den Blick auf das Wesentliche: Wo Produkte so ausgereift sind, dass Kunden keine Unterschiede zwischen identischen Leistungen verschiedener Anbieter erkennen können, wird ein Mehr an Leistung nicht zum Erfolgsfaktor, sondern zum Investitionsgrab. Wo Manager so eindimensional von der Erfolgsrelevanz ihrer Produkte überzeugt sind, lässt sich ein Steuerungsmodell wie *FANOMICS*, bei dem die Produkte nur ein Kontaktpunkt unter vielen sind, nur schwer vermitteln.
3. Die Fehlsteuerung des Beziehungsmanagements mit ihrer Ausrichtung auf die Kompensation von Defiziten ist zudem auf eine verzerrte Wahrnehmung zurückzuführen, nämlich auf die Überbewertung negativer Botschaften: Wer in den Medien ständig mit Beispielen für die „Servicewüste Deutschland" konfrontiert wird und als

> Top-Entscheider von seinem Managementteam hauptsächlich negative Kundenurteile übermittelt bekommt, der traut letztlich den positiven Rückmeldungen aus der Marktforschung nicht – wenn er sie denn überhaupt je erhoben hat. Schon einige wenige kritische Kundenstatements sind in der Lage, den positiven Eindruck einer umfassenden, empirisch belastbaren Kundenbefragung zu überstrahlen, die einen Anteil zufriedener Kunden von 80 % oder mehr ausweist. Unternehmen beschäftigen sich also auch deshalb so intensiv mit der Verbesserung ihrer Leistungen, weil sie den tatsächlichen Handlungsbedarf überbewerten und damit völlig falsch einschätzen. Bestätigt werden sie seit Jahrzehnten von Marketinglehrbüchern und von Beratern, die das „Mehr ist Mehr"-Mantra des Zufriedenheitsmanagements verkünden. Es fehlte also an alternativen Steuerungsgrößen und Steuerungsmechanismen.

Wie unter diesen Rahmenbedingungen nicht anders zu erwarten, haben sich trotz erheblicher Bemühungen und Investitionen in die Kundenbeziehungen die erhofften Erfolge in vielen Unternehmen nicht eingestellt. Doch statt die eingesetzten Steuerungsgrößen und -instrumente zu hinterfragen, wurde die Existenz des Zusammenhangs zwischen Kundenbeziehungsqualität und Unternehmenserfolg grundsätzlich in Frage gestellt. Man war eben im Tunnelblickmodus und behielt diesen bei. Es wurde zwar weiter investiert, aber der Stellenwert des Beziehungsmanagements schrumpfte vielerorts auf das Niveau einer Hilfsdisziplin im Marketing oder Vertrieb. Mit anderen Worten: Als Folge der fehlerhaften Ausrichtung war das Beziehungsmanagement den Nachweis seiner Bedeutung für den Unternehmenserfolg schuldig geblieben – mit entsprechend weitreichenden Konsequenzen für die hierarchische Verankerung und die Budgetausstattung und somit für seinen Stellenwert im Unternehmen.

FANOMICS hat das Potenzial, diesen Trend umzukehren – als *der* Gamechanger für das Beziehungsmanagement. Denn *FANOMICS* liefert den Beweis, dass werthaltige Kundenbeziehungen eine wesentliche Voraussetzung für nachhaltiges unternehmerisches Wachstum sind. Notwendige Bedingung ist die Abkehr von der Zufriedenheit als alleinige Steuerungsgröße und vom korrespondierenden Steuerungsmodell – dem Zufriedenheitsmanagement – mit seinem „Mehr ist Mehr"-Paradigma. Und die Einsicht, dass es im Wesentlichen *nicht* darum geht, Kundenzufriedenheit zu steigern.

In jahrelanger Forschung und auf der Grundlage von mehreren hunderttausend Interviews mit Kunden haben wir das *Fan-Prinzip* entdeckt und darauf aufbauend *FANOMICS* und seine Implementierungsfelder entwickelt. Wir konnten nachweisen, wie die konsequente Ausrichtung auf die *Fan-Quote* und das *Fan-Prinzip* Unternehmen erfolgreicher macht. Wir konnten zeigen, dass dies auf den überragenden Kundenwert der Fan-Kunden zurückzuführen ist, die mehr und häufiger kaufen, weniger preissensibel sind, sich bestens mit den Angeboten auskennen und so zu den wertvollsten Botschaftern ihres Anbieters werden. Anhand zahlreicher Beispiele aus verschiedenen Branchen konnten wir den Erklärungs- und Prognosewert der zentralen Steuerungsgrößen von *FANOMICS* immer wieder validieren. Wir konnten zeigen, dass Unternehmen, die nach den Grundsätzen von *FANOMICS* arbeiten, die erfolgreichsten ihrer Branche sind, und umgekehrt, wie plausibel sich der Misserfolg von Unternehmen mit Verstößen gegen die Regeln des *Fan-Prin-*

zips erklären lässt. Eine weitere wesentliche Erkenntnis aus unserer langjährigen Forschungs- und Beratungstätigkeit ist, dass die konsequente Ausrichtung an den Steuerungselementen von *FANOMICS* nicht mit zusätzlichen Kosten einhergeht, im Gegenteil. Durch die konsequente Fokussierung werden Ressourcen effizienter eingesetzt, die notwendigen Investitionen sinken. Das bedeutet, wer sich strikt an die Grundsätze von *FANOMICS* hält, steigert die Beziehungsqualität zu seinen Kunden und spart dabei noch Geld. Beide Effekte zusammen erklären den enormen Wachstumsschub.

Wir fassen zusammen: Dieses Buch führt den Nachweis, dass Fan-Kunden einen höheren Kundenwert als andere Kundengruppen haben, und bietet Unternehmen mit der *Fan-Quote* eine neue, verlässliche Währung, um den Status ihrer Kundenbeziehungen zu messen. Mit dem *Fan-Portfolio* können alle Kunden entsprechend ihres Kundenwerts zugeordnet und damit zielgenau angesprochen werden. Und mit *FANOMICS* liefern wir das Steuerungssystem, mit dem jedes Unternehmen seine *Fan-Quote* steigern kann.

Daher wiederholen wir unser Versprechen aus der Einleitung (denn Fans lieben die Wiederholung), dass – unabhängig von der Branche, unabhängig von der Größe Ihres Unternehmens, unabhängig davon, ob Sie im B2B- oder B2C-Bereich unterwegs sind, ob Sie ein kommerzielles Unternehmen leiten, einen Verband oder eine Non-Profit-Organisation – Ihr wirtschaftlicher Erfolg bei der Anwendung von *FANOMICS* steigen wird.

Doch *FANOMICS* ist im Grunde noch viel mehr als „nur" ein Steuerungsprogramm zu wirtschaftlichem Erfolg. Es wirkt zudem sinnstiftend, weil es Unternehmen auf die Qualität menschlicher Beziehungen ausrichtet.

Wilhelm von Humboldt sagte einmal: *„Im Grunde sind es immer die Verbindungen mit Menschen, die dem Leben seinen Wert geben."* Das bedeutet: Wer nach dem Wert oder dem Sinn im Wirtschaften sucht, der setzt nicht vorrangig auf wirtschaftliche Messgrößen, sondern auf die Qualität der zugrunde liegenden menschlichen Beziehungen. Daraus folgt: Statt Wachstum ausschließlich als Selbstzweck zu begreifen, statt Wachstum als Fix- und Startpunkt allen Denkens und Handelns im Management zu akzeptieren, statt alles andere dem Primat des Wachstums unterzuordnen, bietet das Denkmodell von *FANOMICS* zusätzlich eine Rückbesinnung auf diejenige Sinnstiftung, die dabei möglicherweise verloren gegangen ist.

Nun mögen Sie einwenden, dass wir mit *FANOMICS* doch gerade den Beweis angetreten haben, dass Beziehungsqualität – im Sinne von emotionaler Bindung – Unternehmen erfolgreicher macht und *FANOMICS* somit ja auch ein wachstumsorientiertes Modell sei. Das stimmt, aber in der Umsetzung von *FANOMICS* dreht sich die Zielvorgabe um: Denn es geht zunächst darum, sich und die eigenen Ziele und Wünsche zurückzustellen, sich auf die Motive und Bedürfnisse der Kunden einzulassen und alles, aber auch alles, auf diese auszurichten. Wer bereit ist, diesen Schritt mitzugehen, wird mit *FANOMICS* automatisch auch erfolgreich sein. Aber dieser Erfolg wird quasi zum positiven Nebeneffekt einer Orientierung auf menschliche Beziehungsqualität.

Dieser sinnstiftende Aspekt erschließt sich auch aus dem, was die Ausrichtung an den Idealen von *FANOMICS* bei den Kunden auslöst. Nicht nur, dass sie die konsequente Fokussierung auf ihre zentralen Bedürfnisse und Erwartungen entlang der Kundenreise im wahrsten Sinn des Wortes honorieren, und zwar nicht nur monetär, sondern auch durch bedingungsloses Vertrauen und ebensolche Loyalität. Zudem erleben Kunden diese auf Passung ausgerichteten Beziehungen, die im Kern die stetige Wiederholung dessen bieten, was sie schätzen und lieben, als Gegenpol der Stabilität, Sicherheit und Bestätigung in einer Leistungsgesellschaft, in der wir uns sonst über Bewegung, Veränderung, Erfolg und Macht definieren. Und sie schätzen dieses Erlebnis – ja, sie benötigen es sogar.

Indem wir unsere Kunden zu Fans machen, werden wir also nicht nur erfolgreicher in eigener Sache, sondern wir tragen auch dazu bei, unsere Kunden glücklicher zu machen. Und das ist sinnstiftend – für die Kunden wie für das Unternehmen. Denn was für Kunden gilt, lässt sich natürlich auch auf alle anderen Stakeholder von Unternehmen und Organisationen übertragen, auf Mitarbeiter, Führungskräfte, Mitglieder, ehrenamtlich Tätige und die Öffentlichkeit: Konsequent umgesetzt rückt *FANOMICS* Menschen, deren Bedürfnisse und deren Beziehungen in den Mittelpunkt allen Handelns – die Rendite dieser Fokussierung stellt sich dann quasi von selbst ein. *FANOMICS* ist somit nicht nur der Weg zu wirtschaftlichem Erfolg, sondern auch eine sinnstiftende beziehungsorientierte Ausrichtung des eigenen Handelns für jedes Unternehmen.

Printed by Printforce, the Netherlands